中国特色学徒制试点
学徒岗位教材

U0965099

家畜育种学徒岗位手册

蒋晓新 魏 勇 许 芸 主编

中国农业大学出版社
· 北京 ·

内容简介

本教材是教育部职业教育“双高计划”畜牧兽医专业群人才培养创新建设成果，教材编写是以“家畜育种岗位职业标准为依据，以养殖企业需求为导向，以家畜育种员职业能力为核心”的理念，并根据家畜育种员学徒岗位人才培养、成长规律和过程特点，由企业主导，校企合作开发，按牛、羊、猪育种员岗位实际工作环节组织设计任务内容，融入养牛、羊、猪等领军企业育种岗位技术规范和标准。教材内容按照步入企业、认识学徒岗位、学徒岗位工作任务三大部分编写，其中学徒岗位工作任务又划分牛、羊、猪育种员学徒岗位模块，每个模块主要内容包括家畜选种选配、母畜发情鉴定、精液品质检查等任务，各任务又根据牛、羊、猪育种员学徒岗位学习需要进行有机组合。每个任务按照专业知识准备、任务目标与质量要求、学习产出目标、工作程序与方法要求、业务知识、业务经验、知识拓展、工作任务实施记录与评价组成，并按照任务导向(任务驱动)的教学模式编写，具有较强的针对性和实用性。在学徒完成学习任务后，设计了详尽的“工作任务实施记录与评价”单，对学徒学习成果产出进行科学、充分、有效评价，利于学徒进行“反刍”。教材充分体现以学生为主体，培养过程校企深度融合，实现校、企、学生(学徒)三赢，为畜牧兽医专业群学生在家畜育种岗位现代学徒的培养提供支撑。

图书在版编目(CIP)数据

家畜育种学徒岗位手册 / 蒋晓新，魏勇，许芸主编．--北京：中国农业大学出版社，2023.12

ISBN 978-7-5655-3156-9

Ⅰ.①家… Ⅱ.①蒋… ②魏… ③许… Ⅲ.①家畜育种—手册 Ⅳ.①S82-62

中国国家版本馆 CIP 数据核字(2024)第 023773 号

书　　名 家畜育种学徒岗位手册
Jiachu Yuzhong Xuetu Gangwei Shouce

作　　者 蒋晓新　魏　勇　许　芸　主编

策划编辑 许晓婧　张　玉　　**责任编辑** 许晓婧
封面设计 李尘工作室
出版发行 中国农业大学出版社
社　　址 北京市海淀区圆明园西路 2 号　　**邮政编码** 100193
电　　话 发行部 010-62733489,1190　　读者服务部 010-62732336
编辑部 010-62732617,2618　　出　版　部 010-62733440
网　　址 http://www.caupress.cn　　**E-mail** cbsszs@cau.edu.cn
经　　销 新华书店
印　　刷 河北朗祥印刷有限公司
版　　次 2024 年 4 月第 1 版　2024 年 4 月第 1 次印刷
规　　格 185 mm×260 mm　16 开本　20 印张　500 千字
定　　价 59.00 元

编审人员

主　编	蒋晓新	新疆农业职业技术学院
	魏　勇	新疆天润乳业股份有限公司
	许　芸	新疆农业职业技术学院
副主编	吴新忠	新疆农业职业技术学院
	崔炳灿	新疆农业职业技术学院
	季建莉	新疆农业职业技术学院
	苏应玉	新疆农业职业技术学院
参　编	王志伟	新疆天润乳业股份有限公司
	许建国	新疆农业职业技术学院
	李　毅	新疆农业职业技术学院
	李建斌	山东奥克斯畜牧种业有限公司
	张志国	山东奥克斯畜牧种业有限公司
	李智星	新疆天润乳业股份有限公司
	王建强	新疆天润乳业股份有限公司
	鲁慧文	新疆天康畜牧科技有限公司
	王世伟	新疆正大畜禽有限公司
	冯安学	阿菲金(中国)农业科技有限公司
	葛建军	新疆呼图壁种牛场有限公司
	刘培强	新疆西部生态牧业有限公司
	朱建平	甘肃燎原乳业有限公司
主　审	邓双义	新疆农业职业技术学院

前　言

本学徒制教材系畜牧兽医专业群现代学徒制培养系列教材，是教育部职业教育“双高计划”畜牧兽医专业群人才培养创新建设成果，是“天山英才培养计划——新疆工匠”项目建设成果。教材按照步入企业、认识学徒岗位、学徒岗位工作任务三大部分编写，包括工作环境与生产组织、企业管理文化、企业管理流程与制度规范、职业素质与工匠精神、岗位专业理论知识学习、岗位技术操作与问题解决、创新发展与知识迁移能力等。内容选取立足规模化畜牧养殖企业育种员岗位工作应具备知识理论、岗位能力标准和创新发展要求为主线，以典型工作任务为载体，理论与实践有机融合，融入国家、行业和企业职业资格标准，实现学徒岗位学习和师傅岗位指导相互贯通，学徒经过师傅帮、带、培训、指导规范化学习，在完成岗位工作任务的过程中积累构建自身知识体系，可独自顶岗胜任岗位工作，潜移默化提升学生职业能力和素质水平。教材注重传承与创新，体现专业特色，更加贴近家畜育种岗位学徒学习需求。教材体现学校和企业双重培养学徒人才主体责任，既满足学校人才培养知识、技能、素质标准要求，又满足企业人才育种员岗位能力培养规格要求，可较好地实现中国特色学徒制培养。

党的二十大报告指出，“坚持农业农村优先发展”“加快建设农业强国”。畜牧业是我国农业重要组成部分，在畜牧业大格局中，家畜种质资源始终是核心领域，提高繁育技术人员水平迫在眉睫。本教材编写组由新疆农业职业技术学院与新疆天润乳业股份有限公司、山东奥克斯畜牧种业有限公司、阿菲金（中国）农业科技有限公司、新疆天康畜牧科技有限公司、新疆呼图壁种牛场有限公司、新疆西部生态牧业有限公司、新疆正大畜禽有限公司、甘肃燎原乳业有限公司等多家企业专家组成。在充分定位畜牧行业育种员人才需求及培养目标充分论证基础上，又依据《"十四五"全国畜牧兽医行业发展规划》提出的新要求，围绕家畜育种岗位的需要，以育种岗位能力需求为导向，关键技术为基础，关注未来发展和前沿性先进技术，确定了具体的教学目标和教材内容。在体例安排上充分考虑育种规律、过程特点和行业发展需要，收集总结了大量基层优秀育种员、繁殖技术专家宝贵智慧和工作经验，最终目的是实现技术传承、提高，实现资源共享，为培养家畜育种员提供理论和技术支撑。

编写人员分工：第一部分步入企业由魏勇、王志伟、李智星、张志国编写；第二部分认识学徒岗位由许芸、许建国、王建强编写；第三部分中牛育种员学徒岗位部分由蒋晓新、李建斌、刘培强、葛建军、冯安学、朱建平编写；羊育种员学徒岗位部分由吴新忠、苏应玉、李毅编写；猪育种员学徒岗位部分由崔炳灿、季建莉、鲁慧文、王世伟编写。全书由蒋晓新负责统稿，邓双义审稿。本教材已实现网络在线学习（登录学银在线平台选择新疆农业职业技术学院家畜实用育种技术、家畜人工授精技术课程），学习者可以利用手机客户端直接阅读、检索和观看相关视频，不但适用于在校学徒学习，也适合作为企业员工培训教材。本教材内容充实简要，图文并茂，理论联系实际，在内容编排上做了大胆的尝试。但由于编者水平有限，书中错误之处在所难免，恳切希望广大读者和同行提出宝贵意见，以便不断修订完善。

编　者

2023 年 3 月

目　录

The first part

The first part

第一部分

步入企业

The first part

The first part

入职培训专题 1

了解我国现代畜牧业发展现状

一、我国现代畜牧业快速发展

农业农村部制定印发《“十四五”全国畜牧兽医行业发展规划》，提出重点打造生猪、家禽两个万亿元级产业和奶畜、肉牛肉羊、特色畜禽、饲草四个千亿元级产业。依靠科技创新和技术进步实现的畜禽良种化、生产组织高效化、加工流通增值化、资源利用绿色化以及三大体系构建中形成的制度创新和业态创新，积极推进，加快畜牧业经济转型升级，提质增效。高度关注物联网、大数据、人工智能正在引领我国畜牧业集约化、数字化、智能化发展等新技术、新要素、新模式对畜牧业创新发展，发展畜牧高端产业已成为必由之路。

我国畜牧业由传统养殖正向现代畜牧业、智慧畜牧业转型升级，畜牧生产的集约化、标准化、生态化、智能化不断形成；并与移动互联、大数据、物联网、人工智能、可追溯管理、区块链等信息技术深度融合。例如在奶牛养殖各环节，采用智能喷淋、可控通风系统、遗传繁育分析软件、智能芯片检测发情、自动转盘挤奶、智能分群系统、健康数据分析系统等现代化智能手段，实现智慧畜牧跨越发展。

二、现代畜牧业对人才质量需求现状

现代畜牧业发展的新业态、新动向、新模式，对人才需求不断加大，尤其是智能畜牧生产组织管理、畜牧繁育、智能化畜牧机械设备运行和维护等现代畜牧企业核心岗位工作。要具备现代畜牧智能生产、良种繁育、畜牧智能化机械装备应用、畜牧技术创新及品种培育等能力；要具备畜牧生产中新技术研发、工艺设计、技术实践、科技和实验成果转化能力，能生产畜牧高端产品、提供中高端畜牧生产服务和解决畜牧生产中较复杂问题，满足高效、智能、绿色和可持续发展的现代畜牧业需要，适应一二三产业融合发展需要的高素质、高层次技术技能型人才及高端创新型人才。

三、家畜繁育技术发展现状

良种是畜牧业持续健康发展的基础和种质遗传基因的载体。家畜育种、繁殖工作直接影响家畜养殖企业生产成本和经济效益。根据企业生产需要组建家畜繁育管理团队，科学制定

畜牧养殖企业育种规划、选种选配方案。过硬的家畜繁殖操作技术水平，以及养殖企业繁育信息化管理系统运用是实现繁育管理重要手段。对于乳用家畜生产，繁殖是泌乳的先决条件，所有泌乳动物均须在分娩后才能产奶。对于肉用、皮用和毛用家畜，繁殖影响生产成本和效益。通常，繁殖力越低的动物，生产成本越高；相反，繁殖力越高的动物，生产成本越低，饲养经济效益越高。此外，繁殖还影响肉的品质，早熟品种脂肪沉积较早，在相对较早的时期内屠宰时，早熟品种的肉质比晚熟品种好。

繁殖调控技术主要调控配子发生、性发育和性行为、受精、胚胎发育、分娩和泌乳等繁殖活动；精液性别控制、有腔卵泡卵母细胞体外成熟、体外受精、胚胎冷冻保存、胚胎移植、发情排卵调控等技术已用于畜牧生产，腔前卵泡卵母细胞体外成熟、体细胞克隆、卵母细胞冷冻保存、激素基因免疫等技术尚待提高后，才能用于生产实践。

繁殖监控技术主要用于测定生殖内分泌激素，监测生殖机能。在生产中已应用的繁殖监控技术主要涉及超声诊断技术（主要用于发情鉴定、妊娠诊断、生殖机能监控）、胶体金免疫技术（主要用于发情鉴定和妊娠诊断）和酶免疫测定技术（用于激素测定）。化学发光免疫测定、免疫传感、三维超声诊断等技术灵敏度高或操作简便，但稳定性尚待提高，才能用于畜牧生产。

现代畜牧养殖管理指标越来越科学，越来越全面。多胎动物世代产多胎，繁殖力高的品种世代繁殖力高，说明繁殖性状是可遗传的，必然存在遗传力高的繁殖性状指标。迄今为止，已在奶牛繁殖中发现遗传力较高的指标，如产后第一次发情间隔时间，遗传力达 0.2。繁殖管理技术信息化，操作越来越简便。如将计步技术与信息技术结合开发的奶牛繁殖管理软件，在奶牛生产的应用越来越普及。但随着泌乳、生长等生产性能的提高，繁殖障碍越来越严重。非抗生素类防控药物发展较快，繁殖激素在畜牧生产中的应用更加普及，且越来越科学。

我的学习笔记

<table>
<tr><td>学习时间</td><td></td></tr>
<tr><td>学习资料来源</td><td></td></tr>
<tr><td colspan="2">【学习摘要】</td></tr>
<tr><td colspan="2">收获和体会：

签名：</td></tr>
<tr><td colspan="2">师傅评价：

签名：</td></tr>
</table>

入职培训专题 2

融入畜牧企业文化

一、畜牧企业管理文化内涵

1. 畜牧企业文化

畜牧企业文化是指畜牧企业在生产经营实践中逐步形成的、为全体员工所认同并遵守的、带有本组织特点的使命、愿景、宗旨、精神、价值观和经营理念,以及这些理念在生产经营实践、管理制度、员工行为方式与企业对外形象的体现的总和。企业文化是企业的灵魂,是推动企业发展的不竭动力,它包含着非常丰富的内容,其核心是企业的精神和价值观。这里的价值观不是泛指企业管理中的各种文化现象,而是企业或企业员工在从事商品生产与经营中所持有的价值观念。

2. 畜牧企业精神

畜牧企业精神是指企业基于畜牧企业自身特定的性质、任务、宗旨、时代要求和发展方向,并经过精心培养而形成的企业成员群体的精神风貌。企业精神要通过企业全体员工有意识的畜牧生产实践活动体现出来。因此,它又是企业员工观念意识和进取心理的外化。企业精神是企业文化的核心,在整个企业文化中起着支配的地位。企业精神以价值观念为基础,以价值目标为动力,对企业经营哲学、管理制度、道德风尚、团体意识和企业形象起着决定性的作用。可以说,企业精神是企业的灵魂。企业精神通常用一些既富于哲理,又简洁明快的语言予以表达,便于员工铭记在心,时刻用于激励自己;也便于对外宣传,容易在人们脑海里形成印象,从而在社会上形成个性鲜明的企业形象。

3. 畜牧企业道德

畜牧企业道德是指调整畜牧企业与其他企业之间、企业与顾客之间、企业内部员工之间关系的行为规范的总和。它是从伦理关系的角度,以善与恶、公与私、荣与辱、诚实与虚伪等道德范畴为标准来评价和规范企业的。

4. 畜牧企业团体意识

畜牧企业团体意识是企业内部凝聚力形成的重要心理因素。团体意识的形成使畜牧企业的每位员工把自己的工作和畜牧生产行为都看成是实现企业目标的一个组成部分,使他们对自己作为企业的成员而感到自豪，对企业的成就产生荣誉感，从而把企业看成是自己利益的共同体和归属。因此，他们就会为实现企业的目标而努力奋斗，自觉地克服与实现企业目标不一致的行为。

5. **畜牧企业形象**

畜牧企业形象是企业通过外部特征和经营实力表现出来的，被消费者和公众所认同的企业总体印象。由外部特征表现出来的企业形象称表层形象，如招牌、门面、徽标、广告、商标、服饰、营业环境等，这些都给人以直观的感觉，容易形成印象；通过经营实力表现出来的形象称深层形象，它是企业内部要素的集中体现，如人员素质、生产经营能力、管理水平、资本实力、产品质量等。表层形象以深层形象为基础，没有深层形象这个基础，表层形象就是虚假的，也不能长久地保持。流通企业由于主要是经营商品和提供服务，与顾客接触较多，所以表层形象显得格外重要，但这绝不是说深层形象可以放在次要的位置。

二、畜牧企业文化的功能

畜牧企业文化的功能有导向功能、激励功能、调适功能、辐射功能。

三、培育共同价值的观念

畜牧企业文化核心的价值观念的培养，是企业文化建设的一项基础工作。企业价值观念的培育是一个由服从，经过认同，最后达到内化的过程。服从是在培育的初期，通过某种外部作用（如人生观教育）使企业中的成员被动地接受某种价值观念，并以此来约束自己的思想和行为；认同是受外界影响（如模范人物的感召）而自觉地接受某种价值观念，但对这一观念未能真正地理解和接受；内化不仅是自愿地接受某种价值观念，而且对它的正确性有真正的理解，并按照这一价值观念自觉地约束自己的思想和行为。

企业价值观念的培育是一个长期的过程。在这个过程中，企业组织中个体成员价值观念的转变还可能由于环境因素的影响而出现反复，这更增加了价值观念培育的复杂性。价值观念的培育，需要企业领导深入细致的思想工作，善于把高度抽象的思维逻辑变成员工可以接受的基本观点。这其中，思想政治工作十分重要，它能唤起职工对自己生活和工作意义的深思，对自己事业的信念和追求。

四、构塑畜牧养殖企业精神

畜牧养殖企业精神构塑是在企业领导者的倡导下，根据企业的特点、任务和发展走向，使建立在企业价值观念基础上的内在的信念和追求，通过企业群体行为和外部表象而外化，形成企业的精神状态。

企业精神与企业价值观是既有区别，又密切相关的两个概念，价值观是企业精神的前提，企业精神是价值观的集中体现。价值观具有分散性和内隐性，如存在的价值、工作价值、质量价值等，它是人们的信念和追求。但企业精神则不同，它比较外露，容易被人们所感觉。企业价值观和企业精神共同构成了企业文化的核心。

五、创新型企业文化

创新型企业文化是指创新已经成为企业的核心价值观，创新理念已得到员工的普遍认同，人们坚信只有创新,企业才能生存,才能发展。企业管理人员十分注重创新,并不断倡导创新,企业管理人员和广大员工都积极创新,敢于进取,敢冒风险,创新思想已渗透到企业上上下下人员的意识深处,并已化为企业员工的行为习惯。组织正是在这种创新的正反馈中不断地发展、壮大的。组织学习和创新是这种文化提倡的重要内容,组织鼓励不断创新并把这些思想表达出来。经营管理者深刻认识到只有不断创新,才能使核心竞争力动态化,同时使竞争对手难以跟踪模仿,从而创造持续竞争优势。

六、企业文化案例

1. 企业基本概况

新疆天润乳业股份有限公司(简称天润乳业)成立于2002年,系兵团第十二师控股的上市公司,是国家农业产业化重点龙头企业、国家高新技术企业和科技创新百强企业,国家经济动员办公室西北地区(兵团)乳制品动员中心、中国奶业D20联盟成员单位。天润乳业坚持以乳业为基业,拥有权属企业15家,涵盖种植养殖、乳品加工和市场服务三大产业,拥有天润、盖瑞、佳丽等品牌,拥有新疆天润生物科技股份有限公司、沙湾盖瑞乳业有限责任公司和新疆天润唐王城乳品有限公司三家乳品生产企业。企业秉承发展创新理念,发布新产品质量标准10个,荣获专利37个,形成了纯牛奶、乳饮、特色酸奶等系列产品,品种达68个,被评为新疆最具创新力研发企业。企业确立“围绕市场建工厂、围绕工厂建养殖企业”的产业发展方针,推进向南发展,促进兵地融合,目前已经拥有6家奶牛养殖企业、18个规模化养殖企业,奶牛养殖规模达到4.6万头,自有奶源达到70%。乳制品日产销量达到680多t,先后在内地30个省市建立了市场网络体系,由区域乳品企业成功跻身国内市场,成为全国奶业行业最具影响力品牌企业之一。

2. 企业文化精髓

(1)企业发展愿景　做中国乳品的专家;成为消费者信赖的品牌。

(2)经营理念　抓管理、拓市场、调结构、增效益。

(3)企业使命　以优质奶源为基础创新技术;为消费者提供安全优质健康的乳制品;实现客户股东员工价值最大化。

(4)企业目标　三至五年建成西北五省最大的乳品企业;十年进军中国乳业十强实现百亿营业额。

(5)企业精神　质量、创新、效益、共赢。

(6)核心竞争力　产业化经营提升品牌运营能力、渠道掌控能力、研发创新能力和供应保障能力。

(7)企业理念　专注乳业,对接欧盟标准,成就中国乳品,非凡品质,引领行业发展方向。

(8)工作总基调　坚持、质量、创新、效益。

我的学习笔记

日　期	年　　月　　日　　至　　年　　月　　日		
地　点			
企业名称		培训人	

【培训内容摘要】

1.

2.

3.

4.

5.

6.

7.

8.

9.

10.

收获：

签　名：

入职培训专题 3

认识家畜育种岗位

一、家畜养殖企业组织机构

（1）家畜养殖企业组织机构按“A 管理模式”要求，采用“扁平式机构”模式进行设置。如图 1-3-1 至图 1-3-3 所示（根据企业养殖规模设置岗位和人数，其数量可以适当变化）。

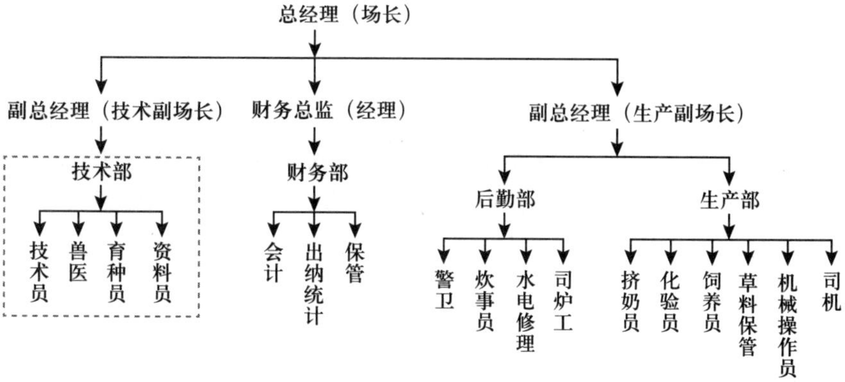

图 1-3-1　养牛企业

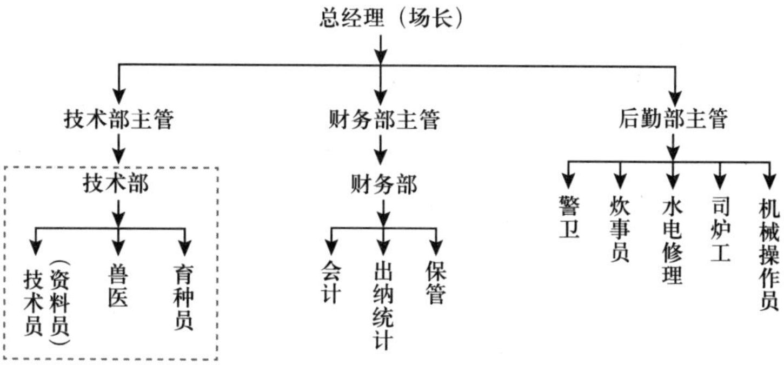

图 1-3-2　养羊企业

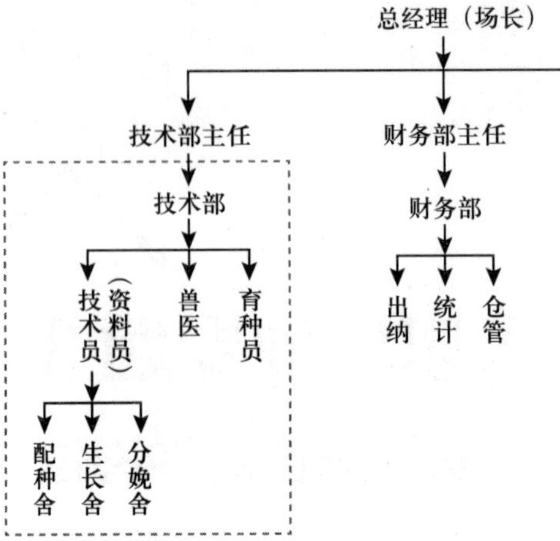

图 1-3-3　养猪企业

⑵家畜养殖企业按管理职能一般分为四个部门:技术部、生产部、财务部、后勤部。各部门设部门经理一名(财务总监可兼财务部经理),主管本部门工作,直接上级为总经理,生产部经理可由副总经理兼,技术部经理可由副总经理兼,具体岗位设置根据企业实际情况确定。

⑶总经理负责财务总监和两个副总经理管理,两个副总经理分别负责技术部、生产部和后勤部工作。副总经理依据岗位职责和总经理授权履行管理职责。

⑷总经理、财务经理和两名副总经理以及部门主管组成管理团队,参加行政管理例会,共同进行生产经营管理的重大决策。

⑸在组织机构的设置和运营过程中,每人只能有一位直接上级,并服从直接上级的管理。正常情况下,上级不能越级指挥,可以越级了解情况;下级不能越级汇报,可以越级投诉。

⑹在工作业绩考核中,每人的工作业绩由直接上级进行考核评定,下级必须服从上级。

⑺部门中各岗位的人数依据实际工作量逐步到位。

二、技术部部门职责

部门名称:技术部

直接上级:副总经理

岗位设置:技术员、兽医、育种员、资料员

部门职责:

⑴负责家畜生产相关技术工作。

⑵进行生产技术资料的记录、采集、整理、分析、汇编及存档管理工作。

⑶制定生产管理技术规程,并监督、检查执行情况,对违反规程的行为及时纠正、制止和处罚并填报处罚单。

⑷拟订选种选配和选育方案,经批准后,负责组织实施,并做好各项育种记录及系谱档案的整理、分析和管理工作。

⑸负责养殖场卫生防疫、疫病诊治、卫生管理及畜群普查、整群工作,及时、准确做好各项记录,认真分析原因、不断总结提高。

(6)进行畜群日粮配方的编制、设计,经审批后下达配方调整命令,及时监督检查、分析总结日粮饲养效果和饲养成本情况。

(7)负责饲养(含日粮)、品种培育、畜产品质量、草料质量等标准制定、监控,行使畜牧生产技术标准、原料、产品内部执法及质量问题分析、协调、编报、解决;对质量、标准监控中的责任事故、失误承担相应责任;拟订饲草料需求计划,把关饲草料入库质量并负责饲草料在运输、存放、使用过程中的质量监控及管理工作,对饲草料质量拥有否决权,并承担相应责任;控制转群(出售、淘汰、购入、内部转群等),对质量问题承担第一责任。

(8)拟订药品、冻精、器械需求计划,监督把关药品、冻精、器械质量,监督药品、冻精、器械的库存管理,与库管人员共同承担库管风险责任。

(9)负责企业生产技术报表工作,按要求及时、准确填报报表及生产技术指标分析报告。

(10)调查、分析、总结生产中出现的技术事故,并划分事故责任。

(11)负责企业科学试验、技术推广、项目编报、实施工作和对外技术服务、技术交流及技术咨询工作,积极做好科研工作。

三、技术部经理岗位职责

岗位名称:技术部经理(副总监)

直接上级:副总经理

直接下级:技术员、兽医、育种员、资料员

岗位职责:

(1)主管技术部工作,审核日粮配方;负责本部门员工和业务的管理及具体费用控制;对本部门工作管理成效负责。

(2)与分管领导一同制订年度技术工作规划和年度、月技术工作计划及目标,并组织实施、负责完成。

(3)建议本部门人员招聘、解聘、任免。

(4)负责制定本部门岗位职责、岗位目标、绩效管理办法、规章制度、工作标准、工作程序;负责本部门目标分解、落实、管理、激励;协助分管领导考核技术人员。

(5)制订技术部年度及月培训计划,并组织实施。负责技术部员工工作技能培训,协助领导完成员工企业文化理念、现代管理理念培训,建立良好的工作心态、职业素质及团队精神。

(6)制订上报技术部每月、周的工作计划、工作目标及资金计划,组织、协调、督导员工完成计划、达成目标,并进行总结、奖罚、初步考核。

(7)组织技术部每月业务会议和周例会,编报本部门会议纪要。

(8)负责企业对外技术合同的拟定、上报和初步洽谈工作,并负责执行。

(9)合理划分技术片区,制定各片区目标、任务,建立各片区间协调规程。

(10)服从上级主管单位对企业专业技术方面的指导工作(如畜群防疫检疫安排,企业发展规划等)。

(11)协助领导和在领导授权下完成企业其他事务性工作。

(12)完成企业公益性、义务性、临时性工作。

(13)培养教育员工保持“诚信、关爱”的团队精神,维护公司利益和企业形象。

四、育种员岗位职责

岗位名称:育种员

直接上级:技术部经理

直接下级:无

岗位职责:

(1)制定畜群育种规划,制订选种选配计划和培育计划,经批准后,组织实施。

(2)负责制订人工输精、转群、停奶、产前产后的检查、妊检等各项计划,并认真实施。

(3)制订畜群繁殖疾病治疗计划,认真填写整理繁殖资料,及时分析上报繁殖情况,编报有关报表。

(4)负责责任区管理制度及生产技术规程的培训、监督、检查工作,对违反规定的行为及时纠正、制止和上报处罚。

(5)协助兽医做好畜场的防疫、检疫工作,参加畜群普查工作。

(6)配合部门领导、技术员、兽医做好各项生产及技术工作。

(7)完成畜场公益性、义务性、临时性工作。

(8)培养教育员工保持团队精神,维护畜场利益和企业形象。

五、育种员要求

(1)育种主管　从事育种工作5年以上,无重大责任事故和违纪事件,有很强育种工作经验。负责承担全场育种计划和月、年度考核,配合领导实施制定育种任务和各项考核分配工作。对日常育种操作规范负责,有能力处置问题并具有大局管理意识。

(2)育种主要操作人员　从事育种工作2年以上,无重大技术事故和违纪事件,能够完成育种工作的各项操作,参与畜场生产管理和一般事务处置。

(3)育种助手(发情鉴定员)　能够进行育种的基本操作,能够完成育种主管及上级安排的日常工作。

六、家畜养殖企业育种员具备的基本素质

(一)思想政治素质

(1)坚定拥护中国共产党领导,树立中国特色社会主义共同理想,践行社会主义核心价值观,具有深厚的爱国情感和中华民族自豪感。

(2)具有科学的世界观、人生观和价值观。

(3)具备法制观念、法律意识,遵纪守法。

(4)具备正确的国家观、民族观、历史观、文化观、宗教观,维护民族团结。

(5)具有社会责任感和社会参与意识。

(二)文化素质

(1)具备先进科学知识、科学意识和科学态度。

(2)具有良好的文化素养、丰富的人文知识和文明的行为举止。

(三)职业素质

(1)具有学农、爱农、务农的职业理念和服务“三农”的职业追求。

(2)具有吃苦耐劳、奉献、创新的精神。

(3)具有团队合作精神,有基本的人际和社会交往能力。

(4)及时学习掌握新知识并运用于岗位工作。

(5)具备诚实守信、敬业守信、精益求精的职业精神。

(6)树立畜牧科学养殖、畜产品安全生产职业素养。

(四)身心素质

(1)具有健康的身体,养成良好的体育锻炼意识与习惯。

(2)具有乐观、向上的心理品质,健全的人格,良好的心理素质。

七、繁育工作计划及内容

根据畜牧生产企业生产情况制订繁育工作计划和内容,分为日、周、月、年计划。

(1)每日 发情观察,适时配种,子宫净化,卵巢疾病治疗与复查,分娩母畜补液灌服保健汤。母畜胎衣不下治疗,各畜群孕检记录。各类资料录入和档案登记。操作间卫生清理,各种器具清洗消毒备用,交班值班记录上墙公布。

(2)每周 直检待配畜群,列出周配种计划,定期输精程序,畜群调整,建立系谱。列出每周上班育种员和晚间值班计划。

(3)每月 计划月应配数、月受孕数,执行月度考核。统计各种繁育报表并及时上报。

(4)每年 为建立畜群核心群,提升企业选种选育水平,选择最佳适合本畜场选种选配方案。制订全年畜群繁育计划,按照生产计划表分解到月。签订繁育承包合同,落实考核分配方案。重视后备人才培养,做好传、帮、带工作。

八、繁育指标和计算方法

(一)奶牛场繁育指标和计算方法

1. 主要繁育指标

(1)21 d 参配率和妊娠率 ① 21 d 参配率 无计步器检测≥65%、计步器检测≥85%;② 21 d 妊娠率 ≥60%(B 超诊断)。

(2)平均配种指数 ≤2.5 支。

(3)年总受胎率 ≥95%。

(4)年情期受胎率 ≥65%。

(5)一次配种的情期受胎率 ≥65%。青年牛性控冻精≥60%、常规冻精≥75%;成母牛≥60%。

(6)年空怀率 ≤5%。

(7)年综合受胎率指数 ≥55%。

(8)胎间距 ≤395 d。

(9)初产月龄 ≤26 月龄。

(10)始配天数 ≥60 d,群体平均始配天数为 70～90 d。

(11)平均配种天数 80～100 d。

(12)半年以上未妊牛 ≤5%。

(13)年流产率 ≤6%。

(14)年繁殖率　≥90%。

2. 相关计算方法

(1)21 d参配率　21 d参配率＝实际参与配种的奶牛数/21 d可以配种的奶牛数 ×100%。

(2)21 d妊娠率　21 d妊娠率＝妊娠的奶牛数/21 d可以配种的奶牛数 ×100%。

(3)平均配种指数　平均配种指数＝总配种次数/参与配种的奶牛数。

(4)年总受胎率　年总受胎率＝受胎母牛数/实配母牛数 ×100%。一年内受胎2次的母牛，受胎头数以2头计，实配母牛数以2头计。配种后60 d内死亡、淘汰、出售的母牛，不能确定是否妊娠的不参加统计。配种后60 d以上死亡、淘汰、出售的母牛，都应参加统计。

(5)年情期受胎率　年情期受胎率＝年受胎母牛数/年输精情期数 ×100%。一个情期内无论几次输精，只计一个情期数。60 d以内死亡、淘汰、出售的母牛和不能确定是否妊娠的那个情期，不计情期数。

(6)一次配种的情期受胎率　一次配种的情期受胎率＝第一次配种受胎母牛数/第一次配种输精情期数 ×100%。

(7)年空怀率　年空怀率＝平均空怀头数/平均母牛头数 ×100%。成母牛产后110 d及流产后90 d，后备母牛年满18月龄仍未受胎的，每超过1 d，为一个空怀日，365个空怀日为一头空怀牛(平均母牛头数指年平均成母牛头数加18月龄以上青年母牛的平均头数)。

(8)年综合受胎率指数　年综合受胎率指数＝总受胎率 × 情期受胎率 ×(1－空怀率)。

(9)胎间距　成母牛两次连续产犊的时间间隔。

(10)初产月龄　青年牛第一次产犊月龄。

(11)始配天数　产后第一次配种的天数。

(12)平均配种天数　实际参加配种泌乳牛天数平均值。

(13)半年以上未妊娠牛比率　半年以上未妊娠牛比率＝半年以上未妊娠牛/全群头数[待检牛(妊娠40～60 d的未直检牛)不计入半年以上未妊娠牛]。

(14)年流产率　年流产率＝年内流产母牛头数/(年内正常繁殖母牛头数＋年内流产母牛头数)×100%。

(15)年繁殖率　年繁殖率＝年产犊胎数/年应繁殖母牛头数 ×100%。

(二)羊场繁育指标和计算方法

1. 主要繁育指标

主要繁育指标包括：受配率≥90%，总受胎率≥95%，情期受胎率≥80%，产羔率≥200%(多胎羊)，羔羊成活率≥95%，繁殖成活率≥95%。

2. 相关计算方法

(1)受配率　受配率表示本年度内参加配种的母羊数占羊群内适龄繁殖母羊数的百分率。主要反映羊群内适龄繁殖母羊的发情和配种情况。受配率＝配种母羊数/适龄母羊数 ×100%。

(2)受胎率　受胎率指在本年度内配种后妊娠母羊数占参加配种母羊数的百分率。实际工作中又可以分为以下几种：

①总受胎率　指本年度受胎母羊数占参加配种母羊的百分率。它反映母羊群中受胎母羊的比例。计算方法为：总受胎率＝受胎母羊数/配种母羊数 ×100%。

②情期受胎率　指在一定期限内受胎母羊数占本期内参加配种的发情母羊数的百分率。反映母羊发情周期的配种质量。计算方法为：情期受胎率＝受胎母羊数/情期配种数 ×100%。

(3)产羔率　指产羔数占产羔母羊数的百分率。反映母羊的妊娠和产羔情况。计算方法为:产羔率 = 产羔羊数 / 产羔母羊数 ×100%。

(4)羔羊成活率　指在本年度内断奶成活的羔羊数占出生羔羊的百分率。反映羔羊的抚育水平。计算方法为:羔羊成活率 = 成活羔羊数 / 产出羔羊数 ×100%。

(5)繁殖成活率(又称繁殖率)　指本年度内断奶成活的羔羊数占适龄繁殖母羊数的百分率。反映母羊的繁殖和羔羊的抚育水平。计算方法为:繁殖成活率 = 断奶成活羔羊数 / 适龄繁殖母羊数 ×100%。

(三)猪场繁育指标和计算方法

1. **主要繁育指标**

主要繁育指标包括:情期受胎率≥95%,总受胎率≥98%,能繁母猪年产窝数≥2.2 窝,总产仔数和产活仔数分别为 12、10 头,窝产活仔≥11 头,产活仔率≥95%,断奶到再配种 5 d 配种分娩率≥90%,健仔率≥95%。

2. **相关计算方法**

(1)情期受胎率　妊娠母猪头数占配种情期数的百分数。情期受胎率 = 妊娠母猪数 / 配种情期数 ×100%。

(2)总受胎率　妊娠母猪数占配种母猪数的百分数。总受胎率 = 妊娠母猪数 / 配种母猪数 ×100%。

(3)总产仔数和产活仔数　总产仔数是指初生时一窝的总仔猪数,包括死胎和木乃伊在内。产活仔数是指一窝的活仔猪数。

(4)初生个体重和初生窝重　初生个体重指仔猪生后吃第一次奶前的个体重量,称个体重应在生后 12 h 内。初生窝重指生后全窝活仔猪的总重量。

(5)产活率　产活仔数占总产仔数的比例。产活率 = 产活仔数 / 总产仔数 ×100%。

(6)断奶头数　断奶时仔猪总头数,包括寄入的仔猪在内。

(7)断奶个体量和断奶窝重　断奶个体重是指仔猪断奶时个体重量。断奶窝重是指断奶时全窝仔猪的总重量,包括寄入的仔猪在内。

(8)哺乳率(断奶成活率)　断奶时育成仔猪(包括寄入仔猪数)数 / 产活仔数 - 寄出仔猪数 + 寄入仔猪数。

(9)配种分娩率　分娩母猪数与配种母猪数的比值,用百分比表示。

分娩率 = 分娩头数 / 配种头数 ×100%。

(10)猪场分娩指数 = 全年分娩窝数 / 全年月平均母猪数。

制定学徒岗位职责

制定时间	
我的岗位	
计划承担岗位时间	年　月　日　至　年　月　日
【岗位职责】 学徒签名：　　　师傅审核：	
岗位评价： 师傅审核：	

入职培训专题 4
具备财务知识

畜牧企业财务管理制度、流程因畜牧生产企业性质、大小、规模等有所不同，财务制度差异较大，以下是某规模化牛场财务制度，结合学徒岗位工作需要摘录部分。

一、公司财务职责

规范公司财务管理及有效控制费用支出，审核各项资金使用和费用开支；办理日常现金收付、费用报销、税费交纳、银行票据结算，保管库存现金及银行空白票据；做好公司筹融资工作；处理、协调与工商、税务、金融等部门间的关系，依法纳税；保证公司的合法利益，及时掌握分公司的经营状况。

二、财务报销分类

根据相关的法律、法规及公司的实际情况，将财务报销分为日常办公费用报销、工薪福利及相关费用报销、税费支出及专项支出等，以下分别说明各项支出具体的财务报销制度和报销流程。所有款项的支付，须经公司总经理批准。财务部经理应委派专人直接从银行获取各银行账户对账单，并核对每月的银行对账单和银行存款日记账，编制银行存款余额调节表；同时应不定期盘点出纳保管的现金以保证账目相符。

（一）日常办公费用

(1) 公司办公用品、会议费用及其他费用由办公室统一采购、管理。

(2) 借款流程　①借款人按规定填写《借款单》，注明借款事由、借款金额（大小写须完全一致，不得涂改）、支票或现金。②审批流程：部门经理审核签字→财务复核→总经理审批。③财务付款：借款人凭审批后的借款单到财务部办理领款手续。

(3) 日常费用主要包括差旅费、电话费、交通费、办公费、低值易耗品、业务招待费、培训费及资料费等。

(4) 费用报销的一般规定　①报销人必须取得相应的合法票据。②填写报销单应注意：根据费用性质填写对应单据；严格按单据要求项目认真填写，注明附件张数；金额大小写须完全一致，不得涂改；简述费用内容或事由。③按规定的审批程序报批。④各类报销单据必须分门别类、按照出差的时间先后顺序粘贴整齐，方便财务部门复核，否则财务部门有权拒签。

(5)差旅费报销流程　①出差申请：拟出差人员首先填写《出差申请表》，详细注明出差地点、目的、行程安排、交通工具及预计差旅费用项目等，出差申请单由总经理批准。②借支差旅费：出差人员将审批过的《出差申请表》交财务部，按借款管理规定办理借款手续，出纳按规定支付所借款项。③购票：出差人员持审批过的出差申请复印件，到行政部订票。④返回报销：出差人员应在回公司后五个工作日内办理报销事宜，根据差旅费用标准填写《差旅费报销单》，部门经理审核签字，财务部审核签字，总经理审批。

(6)费用标准　①招待费：为了规范招待费的支出，大额招待费应事前征得总经理的同意。②培训费：为了便于公司根据需要统筹安排，此费用由公司行政部统一管理，各部门培训需求应及时报送行政部，行政部根据实际需要编制培训计划报总经理审批。③资料费：在保证满足需要的前提下，尽量节约成本，注意资源共享。④公司伙食费开支：公司负责员工午餐伙食费，标准为每人每月 600 元(依据公司规定标准)，由公司统一支付，不发放给个人。⑤员工通讯费补助报销标准：每人每月不超过 300 元(依据公司规定标准)，采用实名制以合法凭证实报实销。

(7)其他费用　根据实际需要据实支付。

(8)付款流程　①由经办人整理发票等资料并填写费用报销单(填写规范参照日常费用报销一般规定)。②按审批程序审批：主管部门经理审核签字→财务复核→总经理审批。③财务部根据审批后的报销单金额付款。④若需提前借款，应按借款规定办理借支手续，并在 5 个工作日内办理报销手续。

(9)报销时间的具体规定　每个会计年度终结前，财务部应提前通知公司各部门将应在当期报销的各类费用在最后一个月度会计结账之前完成报销流程并报销。无法取得相关票据的，应根据各类证据合理估计应报销金额，并在完成当期企业所得税汇算清缴之前补办报销流程。如果实际报销金额与估计金额差异过大，应调整所属会计年度会计报表。

(二)工薪福利及相关费用

(1)工薪福利等支出包括工资、临时工资、离职工资、社会保险及其他福利费等。

(2)公司于每月 26 日发放工资，流程如下：行政部核对考勤(包含人员变动、额度变动、捐款、社会保险等信息)→财务部会计人员进行工资核算(编制成标准格式的工资领取表)→财务经理审核工资编制的准确性→总经理审批→财务部出纳发放工资。

(3)临时工资及其离职人员及公司辞退员工的支付在按审批程序审批后进行支付。

(4)按公司规定，员工试用期限满后，公司根据其工作表现办理转正手续，转正后的工资按入职时承诺工资调整。

(5)社会保险支付由行政部根据每月社保部门的《保险清单》和《参保人员清单》汇总、整理本月符合社保办理条件的员工，每月 25 号之前上交财务部上月的《社保统计表》。

三、财务用章制度

(1)财务专用章、公司法人章、支付密码器及支票必须分开保管，公司法人章由公司财务部或董事长指定专人保管，财务专用章和支付密码器由财务总监保管，支票由出纳负责保管。财务总监或出纳不在公司期间，印章应由法定代表人指定的专人保管。印章代管须办理交接手续。

(2)财务部原则上不得将已加盖财务专用章及公司法人章的支票预留在公司,如因工作需要,需先填好限额,并经公司总经理批准。

(3)开具的支票须写明经批准同意的收款人全称,收取的发票抬头须与收款人相符。如收款人因特殊情况需要公司予以配合支付给第三者,必须有收款人的书面通知、第三者同意代收的书面文件并经公司总经理批准。

(4)往来款项的冲转(指非正常经营业务),须与涉及的第三方达成书面一致协议,并经公司总经理批准。

(5)非正常经营业务调出资金须经过公司总经理批准。

(6)用以支付各种款项的原始凭证必须保存原件,复印件不得作为原始凭证。如遇特殊情况须经公司总经理批准。

四、行政费用报销制度

(1)公司行政费用现金支出范围为:向职工支付工资、奖金、津贴、差旅费,向个人支付的其他款项及不够支票起点100元的零星开支。

(2)公司职员报销行政费用应填写报销单,由经办人员填写,公司主管领导签字认可后报送财务部按照本制度有关规定进行审核,并按本章第一条的规定进行审批支付。

(3)应酬、礼品费用支出实行一票一单、事前申报制,批准后方可实施。

(4)凡未具备报销条件(如没有对方单位的收款凭证),需领用支票或现金者必须填写借款单。借款单留财务存底,待借款还回时财务开冲账收据给经办人。

(5)支票领用单、借款单必须由经办人填写,公司总经理签字,财务审核后,由财务部直接支付。

(6)银行支票如发生丢失,有关责任人应及时向财务部和开户银行报告。如系空白支票所造成的损失,丢失人员负有赔偿责任。

(7)其他有关费用及成本支出的程序以公司规定为准。

五、财产管理制度

1. 公司财产范围描述

(1)公司财产包括固定资产和低值易耗品。

(2)凡公司购入或自制的机器设备、动力设备、运输设备、工具仪器、管理用具、房屋建筑物等,同时具备单项价值在2 000元以上(具体价值依据公司规定)和耐用年限在一年以上的列为固定资产。

(3)凡单项价值在2 000元以下或价值在2 000元以上,但耐用年限不足一年的用品用具均属低值易耗品,按照第一条相关规定办理。

2. 公司财产核算及管理

(1)公司本部使用的所有固定资产及公司所有办公用品用具由财务部统一管理。

(2)财务部负责公司财产的业务核算,应设立台账,登记公司财产的购入、使用及库存情况,负责组织公司财产的保管、维修并制定相应的措施、办法。

(3)财产在公司内部之间转移使用应办理移交手续,移交手续由财产统一管理部门办理,送财务部备案。

(4)财务部应定期进行财产清查盘点工作,年终必须进行一次全面的盘点清查。

(5)财产盘点清查后发现盘盈、盘亏和毁损的,均应填报损益报告表,书面说明亏、损原因。对因个人失职造成财产损失的,必须追究主管人员和经办人员的责任。

(6)凡已达到自然报废条件的固定资产,应由财务部进行评估,评估情况上报公司领导,由公司主管领导决定处理意见。

(7)凡尚未达到自然报废条件,但已不能正常使用的固定资产,使用部门应查明原因,如实上报;属个人责任事故的应由有关责任人员负责赔偿损失;属自然灾害或其他不可抗力原因造成损失的,应上报总经理,决定处理意见。

我的学习笔记

<table>
<tr><td>学习时间</td><td colspan="3"></td></tr>
<tr><td>学习资料来源</td><td colspan="3"></td></tr>
<tr><td>企业相关培训</td><td>1. 是　2. 否</td><td>培训人</td><td></td></tr>
<tr><td colspan="4">【学习摘要】</td></tr>
<tr><td colspan="4">财务部评价:

签名:</td></tr>
</table>

入职培训专题 5

精通家畜繁育信息化管理

养殖企业运营效率的提升是企业管理永恒的主题，而养殖企业信息化建设将成为提升运营效率的核心驱动力。信息化技术进入养殖企业有三个核心驱动力：第一，企业大量生产数据收集、整理、使用的需求；第二，信息化技术准确性和可靠性提升，且在养殖企业生产管理的很多方面已经优于并替代人工操作；第三，信息化技术成本下降。而当前国内畜牧业发展进入快车道，当然也面临一些机遇和挑战，比如畜产品需求持续增长，养殖企业建设如火如荼，但是养殖企业劳动力急剧短缺，而且养殖企业生产效率的提升也已经成为当前养殖企业生产中最重要也是最紧迫的目标，所以信息化技术正在且已经成为新时代一线养殖企业管理者的必备技能。

以奶牛养殖业为例，在信息化、数字化时代，信息化养牛最大的亮点是配置高精准度的实时在线传感器，可实现牛奶的精准计量和奶厅牛只识别，同时在线监测奶牛行为，基于精准实时采集的真实数据和科学算法，智能自动分群，完美呈现新时期养殖企业的派工单。养殖企业从经验式管理正式进入信息化、数字化、智能化时代的精益管理。

一、养殖企业信息化软件开发

养殖企业信息化软件是通过对生产数据的运营和分析，出具养殖企业日常工作及生产报告（定制个性化报告），对养殖企业繁殖、健康、饲养、奶厅和牛群进行数据化分析管理，从而实现发情自动提示，疾病自动预警，舒适度自动报警，挤奶自动报警等，实现最优决策的相关工作流程及建立相关评价工具、方法和流程，体验大数据分析带来的“以数赋智”养殖企业管理，做到信息化精细化养殖。

二、信息化实现功能

现代牛场智慧化、精细化管理模式，实现以下功能：智能预警、决策支持、牛群管理、繁殖管理、产奶管理、DHI 管理、兽医保健、饲料配方与营养、物资管理等。具体功能介绍如下。

1. 智能预警

针对奶牛生长、繁育、生产、保健等生命体征特点，自动进行日常工作提示、异常业务警示和安全威胁警报等智能化服务。具体包括:预警参数定义、首次发情预警、适配牛预警、干奶预警、妊检预警、产前围产期预警、转舍预警、淘汰牛预警、休药期预警、检/免疫预警等。

2. **决策支持**

利用联机分析技术和数据挖掘技术,对已经积累的业务数据,根据管理决策需要进行多维矩阵式图示对比分析。如养殖企业生产报告(日报、月报、年报)、牛群周转分析、产奶综合分析、牛群饲喂成本分析等。

3. **牛群管理**

完成牛只基本档案登记、生长性能测定、体型评定、体况评分及日常转舍处理、离场登记等,并与繁殖登记、产奶登记、兽医保健模块关联建立完整牛只档案库,提供适时动态牛群结构分析报表。

4. **繁殖管理**

根据牛只繁育周期变更规律,流程化实现繁殖过程管理与跟踪,并提供产停计划制定、近交系数分析和配种计划模拟功能。如发情配种、妊检、干奶、产犊、流产等业务批量登记,近交系数计算、产停计划制订与跟踪、配种计划制订等。

5. **产奶管理**

完成实际产奶信息登记与分析,提供与数控挤奶设备的数据导入接口程序。根据历史产奶记录、当前牛群结构等信息预测制订月度产奶计划,并跟踪、反馈计划执行情况。

6. **DHI 管理**

提供丰富的 DHI 数据采集、分析模板自定义功能,支持各种 DHI 检测分析设备分析数据导入功能,并可协助用户完成各种客户化的 DHI 分析和预警报告。

图 1-5-1　功能导航界面

7. **物资管理**

该子系统主要完成养殖企业常见物资(饲料、药品、精液、耗材等)的进出库存管理,可以适时监控养殖企业物资动态,提供物资库存预警、财务实际库存台账结转和物资盘点功能。

8. **兽医保健**

实现基于专家疾病库支撑下的奶牛疾病登记,检疫和免疫计划制订与跟踪等。

9. **饲料配方与营养**

提供国标最新最权威奶牛营养标准库和多个奶牛饲料标准配方供用户参考选用,并提供客户化的配方制作、优化计算、营养/日粮分析及配方输出功能。

三、信息化管理系统设计

(一)牛场信息化管理系统

根据现代牛场生产管理,常见信息化管理系统主要包括数据录入、生产日志、统计分析等部分(图 1-5-1),其中常用功能介绍如下。

(1)数据录入　繁殖部分设计包括个体繁殖登记、批量繁殖登记、围产登记、子宫检查登记、胚胎移植登记、繁殖用药登记等(图 1-5-2)。

图 1-5-2　数据录入界面

(2)生产日志　包括综合(全群档案、综合预警、事件查询报表和建议淘汰牛)、繁殖、兽医等多项日常工作(图 1-5-3)。

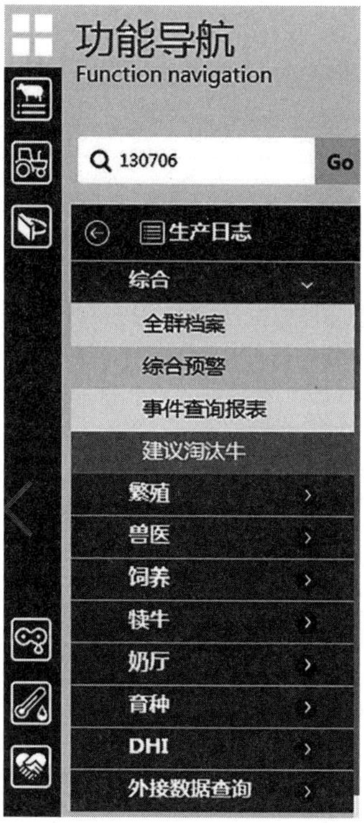

图 1-5-3　生产日志界面

(3)历史牛群结构　包括各生产阶段(已孕、泌乳、干奶)的奶牛信息(图 1-5-4)。

图 1-5-4　自助设置界面

(4)繁殖记录　包括管理号、牛号、牛场及胎次、配种日期、发情日期等信息(图 1-5-5)。

图 1-5-5　繁殖记录界面

(5)牛只信息查看　是指可以按管理号查询或按电子耳标号查询某一奶牛的信息,包括管理号、牛舍编号、胎次等(图 1-5-6)。

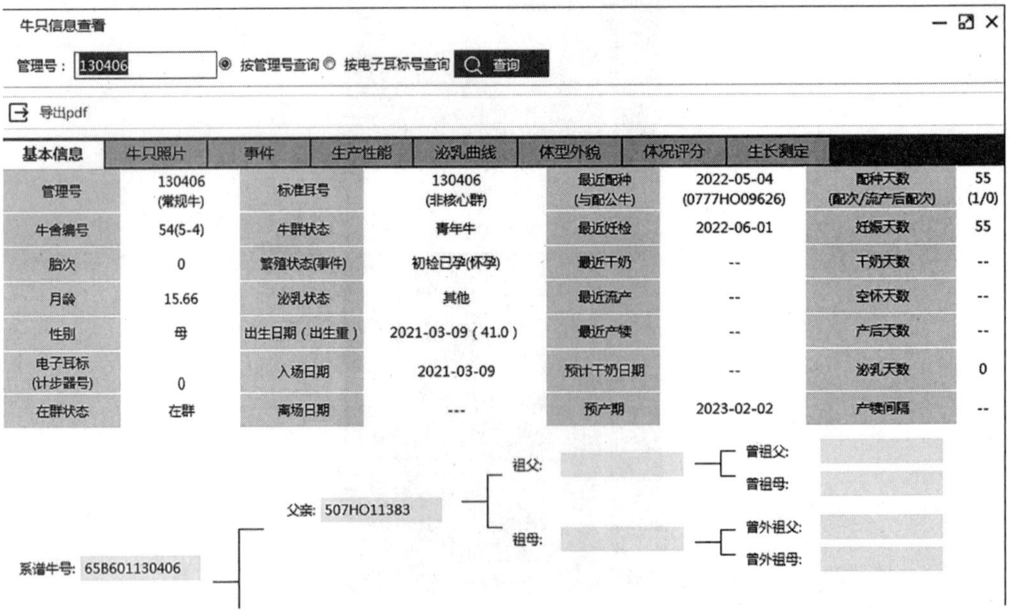

图 1-5-6　查询界面

(6) 自定义查询　包括自定义流程(产后护理流程、疾病治疗流程和自定义疾病)、自定义免疫、自定义同期等查询内容(图 1-5-7)。

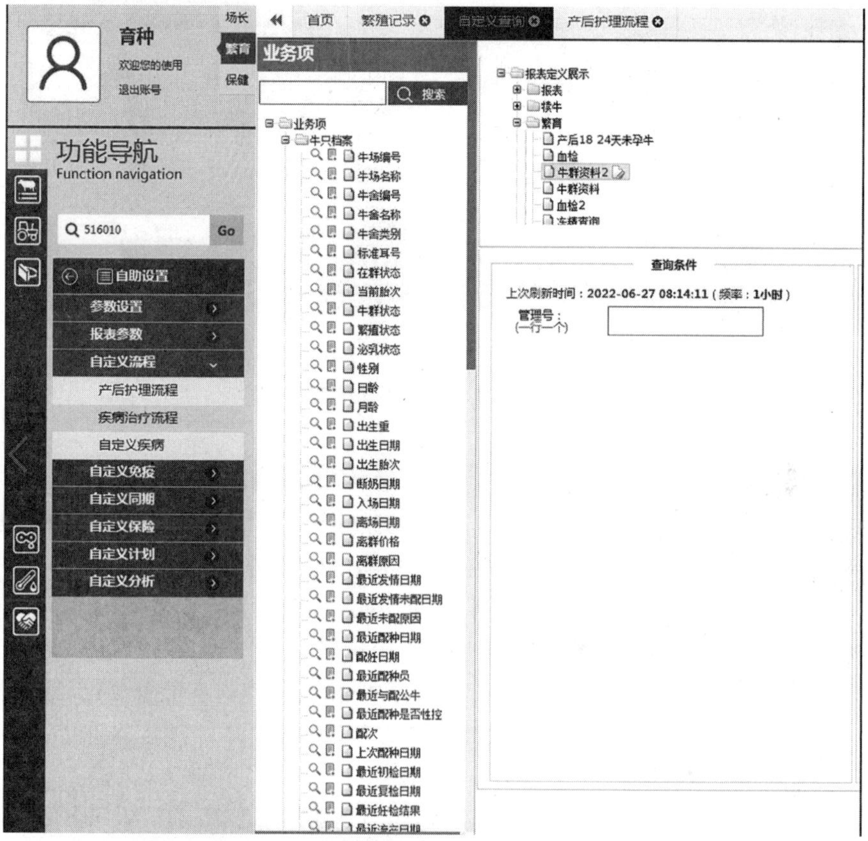

图 1-5-7　自定义查询界面

(7) 参配率　是以时间为横坐标(单位:月),参配指标值为纵坐标(单位:%)做出的折线图(图 1-5-8)。

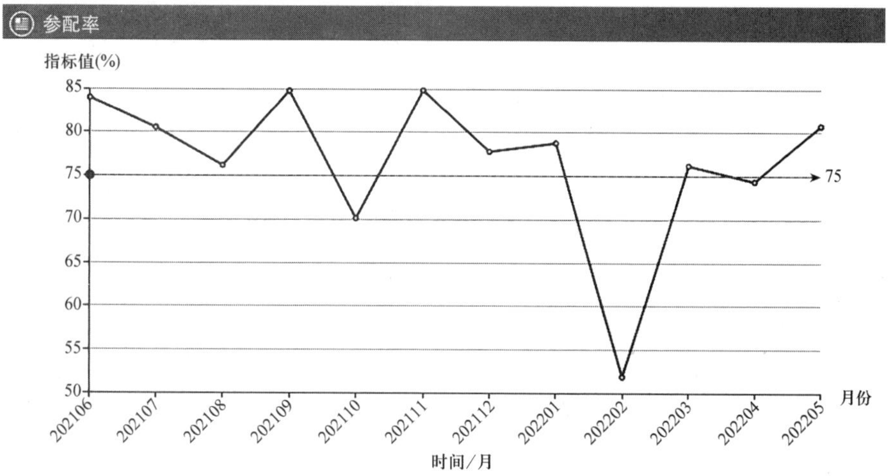

图 1-5-8　参配率界面

(8)待办事项　指适配、初检、复检等类型的牛只数、工作操作(领单和结单)和状态(图 1-5-9)。

待办事项　2022-06-30

类型	牛只数	工单操作	状态
适配	201	领单 结单	初始态
初检	17	领单 结单	初始态
复检	309	领单 结单	初始态
临产	57	领单 结单	初始态
转围产	9	领单 结单	初始态
子宫检查	91	领单 结单	初始态
同期	0	结单	初始态
配次大于3未妊提醒	129	领单	初始态

图 1-5-9　待办事项界面

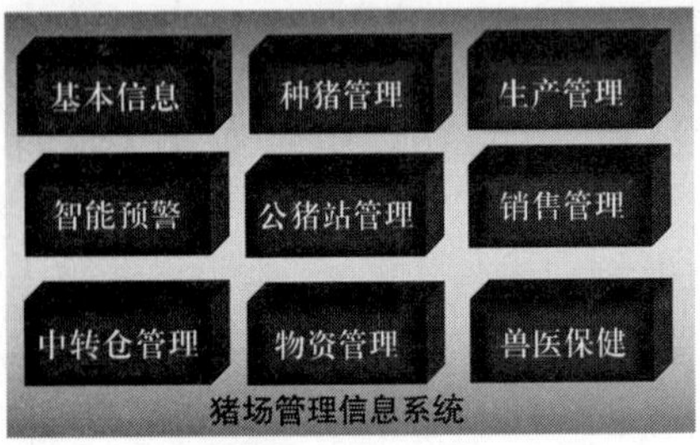

图 1-5-10　管理系统主界面

（二）猪场信息化管理系统

根据现代猪场生产管理，常见信息化管理系统主要包括基本信息、种猪管理、生产管理等(图 1-5-10)，其中常用功能介绍如下。

1. 种猪管理

种猪管理包括个体基本信息登记、猪舍管理、发情配种管理等功能，其中部分管理界面如图 1-5-11 至图 1-5-14 所示。

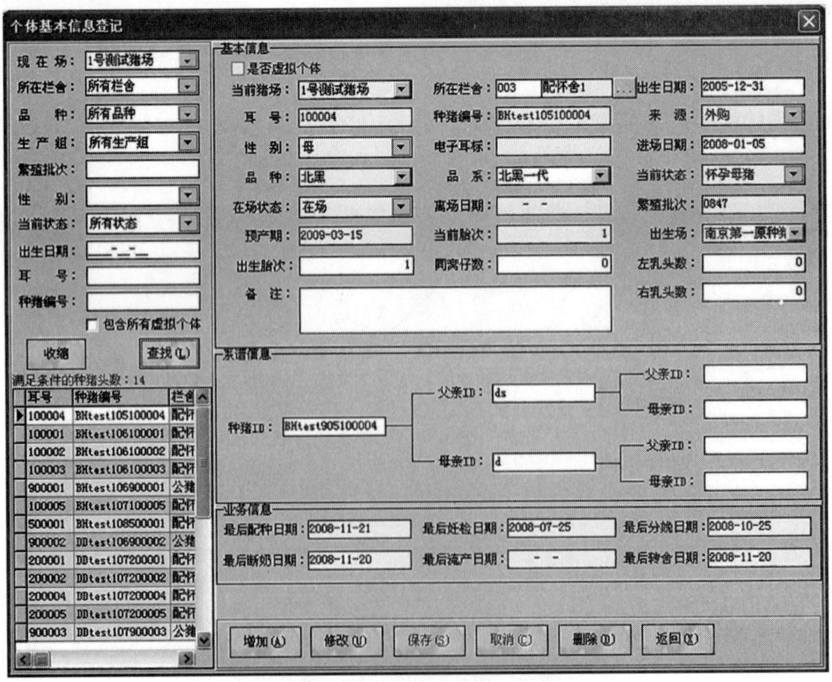

图 1-5-11　个体基本信息管理界面

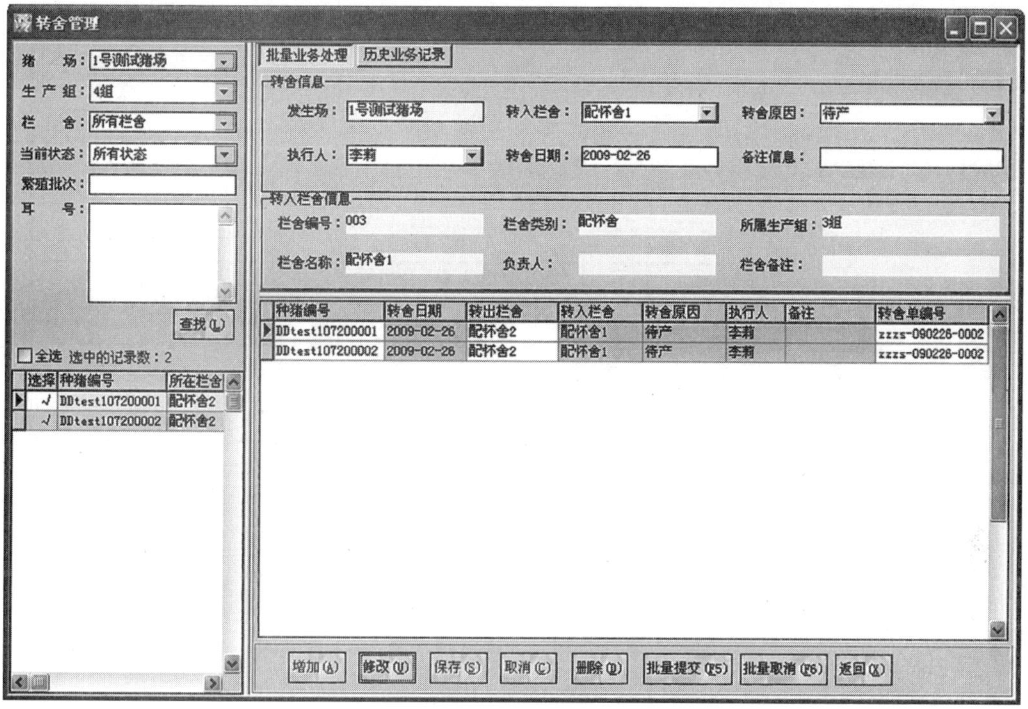

图 1-5-12 猪舍管理界面

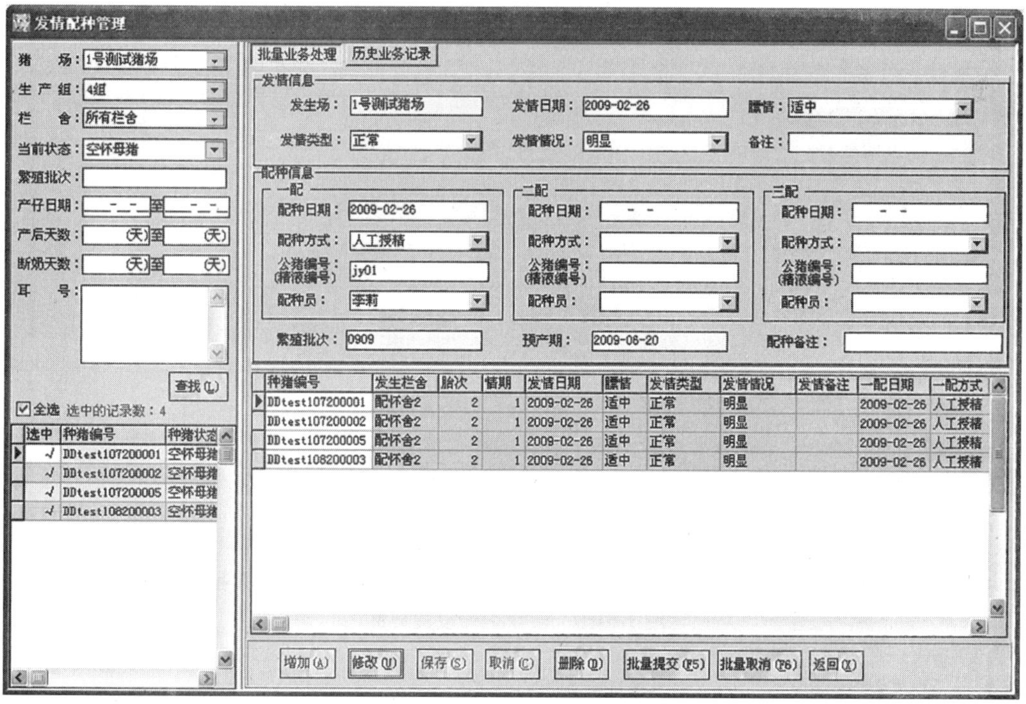

图 1-5-13 发情配种管理界面

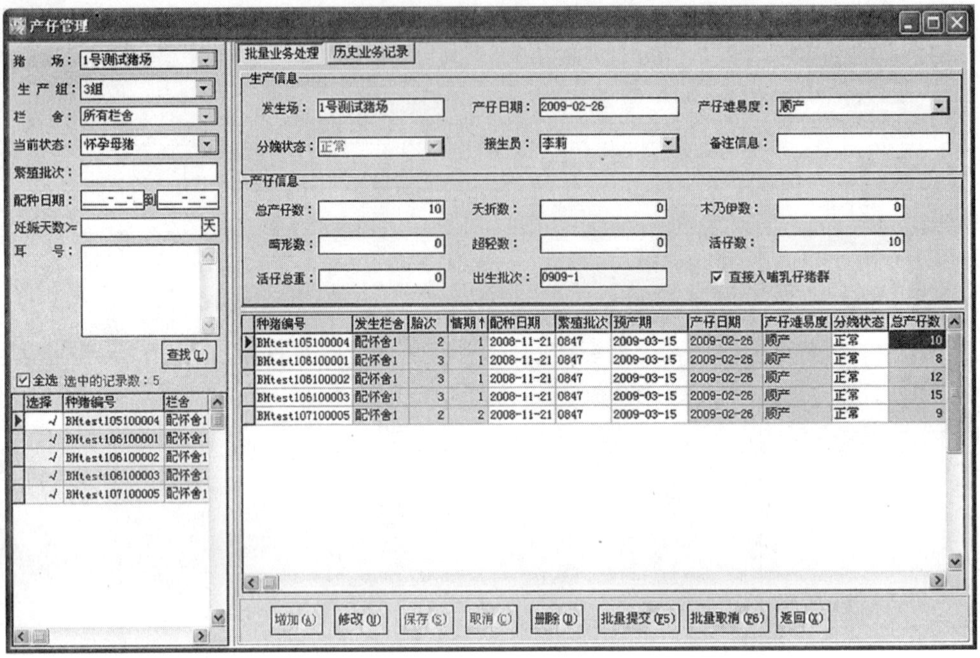

图 1-5-14　产仔管理界面

2. 智能预警

适配猪预警、妊检预警、预产期预警、母猪断奶预警、淘汰母猪预警、哺乳仔猪断奶预警、转仔培预警、转生长预警、可销售猪预警，可在智能预警功能中进行参数设置，见图 1-5-15。

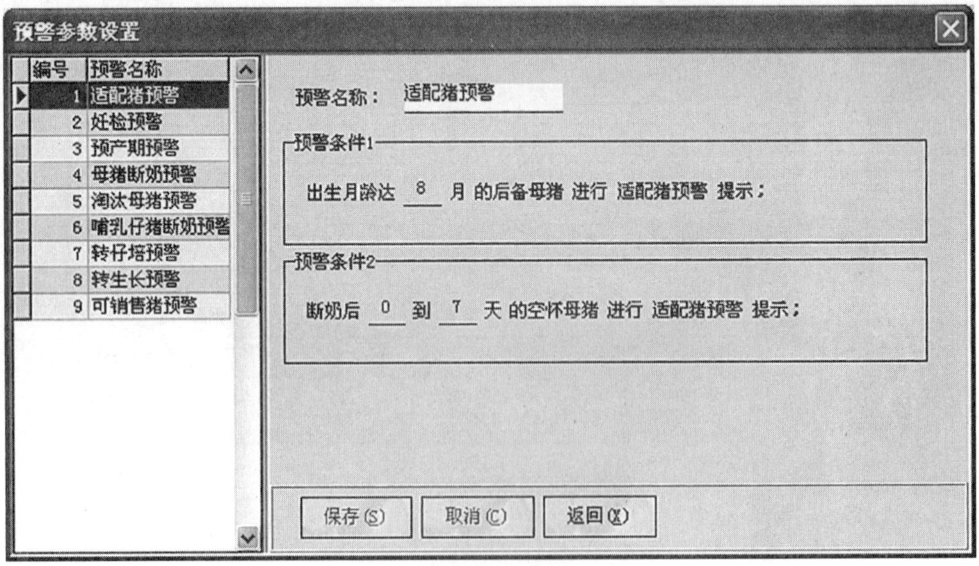

图 1-5-15　预警参数设置界面

3. 公猪站管理

公猪站管理包括采精管理、精液入库、精液领用、精液报废、精液管理查询等功能，其中部分管理界面如图 1-5-16至图 1-5-18 所示。

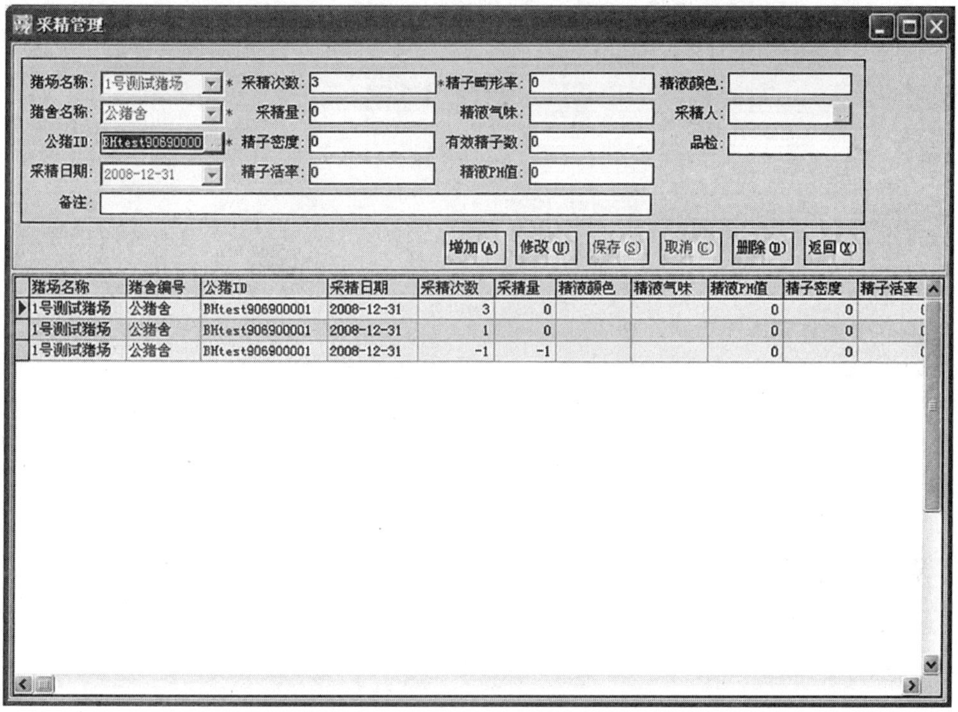

图 1-5-16　采精管理界面

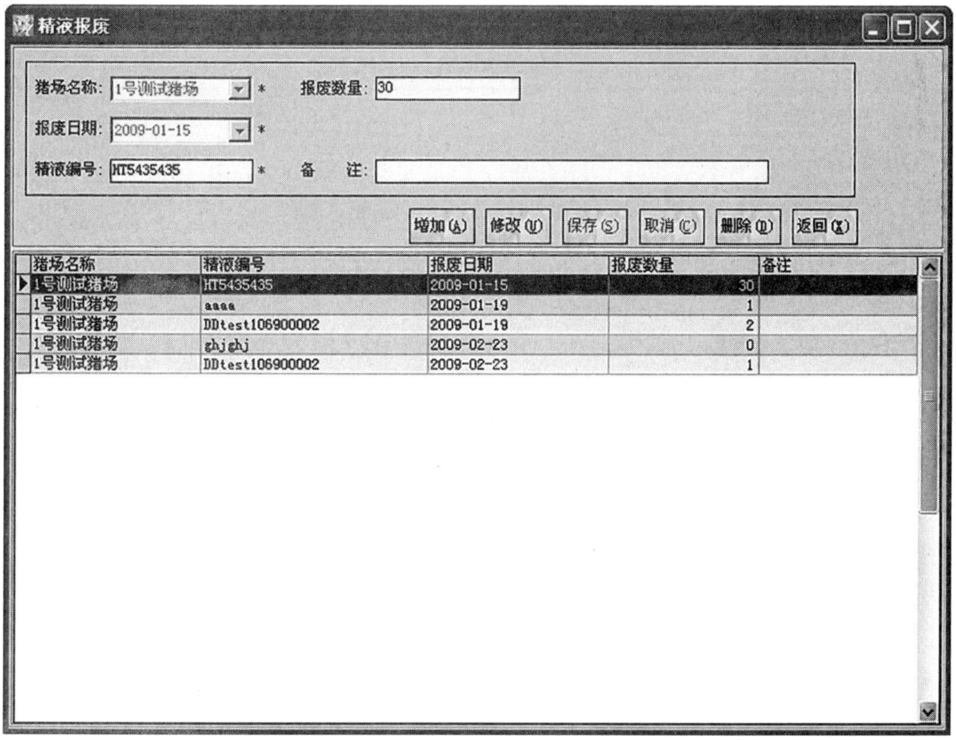

图 1-5-17　精液报废界面

图 1-5-18　精液管理查询界面

我的学习笔记

学习时间			
学习资料来源			
学习信息化系统		企业师傅	
【学习摘要】			
技术部评价： 签名：			

入职培训专题 6

熟知家畜繁育工作考核

为了更好发挥技术人员的潜能，充分调动技术人员工作积极性和责任心，激励技术人员提高专业技能和学习兴趣，体现多劳多得和技能强回报高原则，养殖企业一般会制订繁育工作人员月、年度目标和奖惩办法。以某万头奶牛场奶牛育种工作岗位为例，考核办法如表 1-6-1 至表 1-6-4 所示。

表 1-6-1　发情揭发员绩效考核

<table>
<tr><th>序号</th><th colspan="3">绩效项目</th><th>权重</th><th>全年任务(目标)</th><th>奖惩设置</th><th>考核部门</th><th>备注</th></tr>
<tr><td rowspan="2">1</td><td rowspan="4">个人绩效</td><td rowspan="2">发情揭发率</td><td>成母牛</td><td>35%</td><td>以上年度经营预算为准</td><td rowspan="2">1. 标准发放比 100%，最高 150%，最低 40%
2. 每高于目标值 1%，正激励此项工资的 10%
3. 每低于目标值 1%，负激励此项工资的 7%</td><td rowspan="2">技术部</td><td rowspan="2"></td></tr>
<tr><td>青年牛</td><td>45%</td><td>以上年度经营预算为准</td></tr>
<tr><td rowspan="2">2</td><td rowspan="2" colspan="2">孕检空怀率</td><td>10%</td><td>初检 <30%(怀孕前 60 d)</td><td rowspan="2">1. 标准发放比 100%，最高 150%，最低 40%
2. 每比目标低 1%，正激励此项工资的 5%
3. 每比目标高 1%，负激励此项工资的 10%</td><td rowspan="2">技术部</td><td rowspan="2"></td></tr>
<tr><td>10%</td><td>复检 <5%(怀孕 60～90 d)</td></tr>
<tr><td colspan="4">小计</td><td>100%</td><td>/</td><td></td><td></td><td></td></tr>
</table>

表 1-6-2　配种员 / 助理配种员绩效考核

<table>
<tr><th>序号</th><th colspan="3">绩效项目</th><th>权重</th><th>全年任务(目标)</th><th>奖惩设置</th><th>考核部门</th><th>备注</th></tr>
<tr><td rowspan="2">1</td><td rowspan="8">个人绩效</td><td rowspan="2">发情揭发率</td><td>成母牛</td><td>25%</td><td>以上年度繁育制定目标为准</td><td rowspan="2">1. 标准发放比 100%,最高 150%,最低 40%
2. 每高于目标值 1%,正激励此项工资的 10%
3. 每低于目标值 1%,负激励此项工资的 7%</td><td rowspan="2">技术部</td><td rowspan="2"></td></tr>
<tr><td>青年牛</td><td>10%</td><td>以上年度繁育制定目标为准</td></tr>
<tr><td rowspan="2">2</td><td rowspan="2">情期受胎率</td><td>成母牛</td><td>25%</td><td>以上年度繁育制定目标为准</td><td rowspan="2">1. 标准发放比 100%,最高不封顶,最低 0
2. 每比目标高 1%,正激励此项工资的 10%
3. 每比目标低 1%,负激励此项工资的 7%</td><td rowspan="2">技术部</td><td rowspan="2"></td></tr>
<tr><td>青年牛</td><td>10%</td><td>以上年度繁育制定目标为准</td></tr>
<tr><td rowspan="2">3</td><td colspan="2" rowspan="2">孕检空怀率</td><td>10%</td><td>初检 <30%</td><td rowspan="2">1. 标准发放比 100%,最高 150%,最低 40%
2. 每比目标低 1%,正激励此项工资的 5%
3. 每比目标高 1%,负激励此项工资的 10%</td><td rowspan="2">技术部</td><td rowspan="2"></td></tr>
<tr><td>10%</td><td>复检 <5%</td></tr>
<tr><td rowspan="2">4</td><td rowspan="2">未孕比例</td><td>15 月龄未孕青年牛</td><td>5%</td><td>目标 <5%</td><td rowspan="2">1. 标准发放比 100%,最低 40%
2. 每比目标低 1%,正激励此项工资的 10%
3. 每比目标高 1%,负激励此项工资的 7%</td><td rowspan="2">技术部</td><td rowspan="2"></td></tr>
<tr><td>产后 150 d 未孕成母牛</td><td>5%</td><td>目标 <12%</td></tr>
<tr><td>5</td><td colspan="2">激励项</td><td>0%</td><td>180 d 以上未孕参配数</td><td>每有 1 头 180 d 以上未孕进行参配,奖励 2 元 / 头</td><td>技术部</td><td></td></tr>
<tr><td colspan="4">小计</td><td>100%</td><td>/</td><td></td><td></td><td></td></tr>
</table>

表 1-6-3　主配员绩效考核

<table>
<tr><th>序号</th><th colspan="3">绩效项目</th><th>权重</th><th>全年任务(目标)</th><th>奖惩设置</th><th>考核部门</th><th>备注</th></tr>
<tr><td rowspan="2">1</td><td rowspan="4">个人绩效</td><td rowspan="2">发情揭发率</td><td>成母牛</td><td>25%</td><td>以上年度经营预算为准</td><td rowspan="2">1. 标准发放比 100%,最高 150%,最低 40%
2. 每高于目标值 1%,正激励此项工资的 10%
3. 每低于目标值 1%,负激励此项工资的 7%</td><td rowspan="2">技术部</td><td rowspan="2"></td></tr>
<tr><td>青年牛</td><td>15%</td><td>以上年度经营预算为准</td></tr>
<tr><td rowspan="2">2</td><td rowspan="2">情期受胎率</td><td>成母牛</td><td>25%</td><td>以上年度经营预算为准</td><td rowspan="2">1. 标准发放比 100%,最高不封顶,最低 0
2. 每比目标高 1%,正激励此项工资的 10%
3. 每比目标低 1%,负激励此项工资的 7%</td><td rowspan="2">技术部</td><td rowspan="2"></td></tr>
<tr><td>青年牛</td><td>15%</td><td>以上年度经营预算为准</td></tr>
</table>

续表 1-6-3

序号	绩效项目		权重	全年任务(目标)	奖惩设置	考核部门	备注
3	个人绩效	孕检空怀率	10%	初检 <30%(怀孕前 60 d)	1. 标准发放比 100%,最高 150%,最低 40% 2. 每比目标低 1%,正激励此项工资的 5% 3. 每比目标高 1%,负激励此项工资的 10%	技术部	
			10%	复检 <5%(怀孕 60～90 d)			
4		激励项	0%	180 d 以上未孕参配数	每有 1 头 180 d 以上未孕进行参配,奖励 200 元 / 头	技术部	
小计			100%	/			

表 1-6-4 繁育主管绩效考核

序号	绩效项目			权重	全年任务(目标)	奖惩设置	考核部门	备注
1	组织绩效	主营业务收入		5%	销售收入目标(　　)万元	1. 标准发放比 100%,最高 120%,最低 0 2. 月度按完成率兑现,半年度、年度平衡	财务部	
		净利润		5%	年度净利润(　　)万元	1. 标准发放比 100%,最高 120%,最低 0 2. 月度按完成率兑现,半年度、年度平衡	财务部	
2	个人绩效	21PR 值	成母牛	20%	以上年度繁育制定目标为准	1. 标准发放比 100%,最高不封顶,最低 0% 2. 每高于目标值 1%,正激励此项工资的 5% 3. 每低于目标值 1%,负激励此项工资的 3%	技术部	
			青年牛	10%	以上年度繁育制定目标为准			
3		发情揭发率	青年牛	10%	以上年度繁育制定目标为准	1. 标准发放比 100%,最高 150%,最低 0% 2. 每比目标低 1%,正激励此项工资的 5% 3. 每比目标高 1%,负激励此项工资的 3%	技术部	
			成母牛	10%	以上年度繁育制定目标为准			
4		孕检空怀率		10%	初检 <30%	1. 标准发放比 100%,最高 150%,最低 40% 2. 每比目标低 1%,正激励此项工资的 5% 3. 每比目标高 1%,负激励此项工资的 10%	技术部	
				10%	复检 <5%			
5		冻精费用		10%	以新牛人系统取数为准	1. 标准发放比 100%,最高 150%,最低 40% 2. 每比目标低 / 高 0.1,正 / 负激励此项工资的 5% 3. 半年度、年度平衡	财务部	
6		淘汰率		5%	以牛场上年度经营预算为准	1. 标准发放比 100%,最高 150%,最低 40% 2. 每比目标低 / 高 0.1%,正 / 负激励此项工资的 5% 3. 半年度、年度平衡	技术部	
				5%	以牛场上年度经营预算为准			
7		激励项		0%	180 d 以上未孕参配数	每有 1 头 180 d 以上未孕进行参配,奖励 200 元 / 头	财务部	
8	技术改善			0%	每季度不低于 4 次理论知识培训	未按时完成,负激励 100 元 / 次	办公室	
小计				100%	/			

我的岗位指标

制订时间	
具体岗位	
指标完成时间	年 月 日 至 年 月 日
【制定指标】 学徒签名： 师傅审核：	
达标评价： 师傅审核：	

第二部分

认识学徒岗位

The second part

The second part
The second part
The second part

学徒认知 1
学徒培养体系

一、畜牧企业学徒制岗位的确定

现代畜牧企业集约化、自动化生产的特点是，生产各环节“牵一发而动全身”，畜牧兽医专业明确现代学徒培养“养、繁、治”三大岗位，并要求三岗位全覆盖学习。家畜育种岗位现代学徒制培养是根据现代畜牧企业高层次技术复合型和创新型能力需求，进行全岗位、多循环的实景培养。学生在现代畜牧企业学习周期长，充分保证了育种岗位的全覆盖学习，通过在校内生产性实践和企业真实环境的循环学习，毕业生职业综合能力全面提升，为成长为技术管理人员和提升创新创业能力奠定基础。

二、育种岗位“四阶段二层次”人才培养模式

畜牧兽医专业育种岗位现代学徒制按照专业“四阶段”人才培养设计，校企合作、以师带徒，采用“四阶段二层次”人才培养模式(图 2-1-1)。以校企合作为主线，学生入校即明确学徒身份，以专任教师为主校内拜师、以企业教师为主企业拜师，分基础素质培养、专业基础能力培养、岗位技术能力培养和岗位综合能力培养四个阶段，校内学徒、企业学徒两个层次，“双学徒”培养。

第一阶段在新生入校第 1、2 学期，重点在学生人文、思想素质、基础文化和素质(计算机、外语)培养，并同步引入养牛企业文化，集中开展现代畜牧企业职业素质培养。第二阶段在教学第 3、4 学期，校企合作，企业兼职教师入校加强校内生产性实训条件，重在学生专业基础能力的训练和培养，养、繁、治三岗位实现一轮校内培养(畜牧企业活畜生产的特殊性，学徒前具备生产全环节常识能力)；同时定期赴企业参加内训，于企业文化浸润中。第三阶段在第 5 学期，学生根据岗位技术技能训练需要分“养、繁、治”模块进入企业，学生在企业身份是学徒，在企业师傅指导下，在干中学，在学中干，完成岗位综合技术的学习并积累起岗位工作经验。第四阶段在第 6 学期，学生在合作企业顶岗工作，确定一个技术岗位以准技术员的身份带薪上岗，承担一定的工作任务，企业进行工作绩效考核，校企联合小组完成对学生综合职业能力培养和职业资格水平考核。第 1、2、3、4 学期，以专任教师为主，校内拜师；第 5、6 学期，以兼职教师为主，企业拜师；培养全程中企业人力资源部骨干、企业技术骨干根据需要来校，养牛方向专

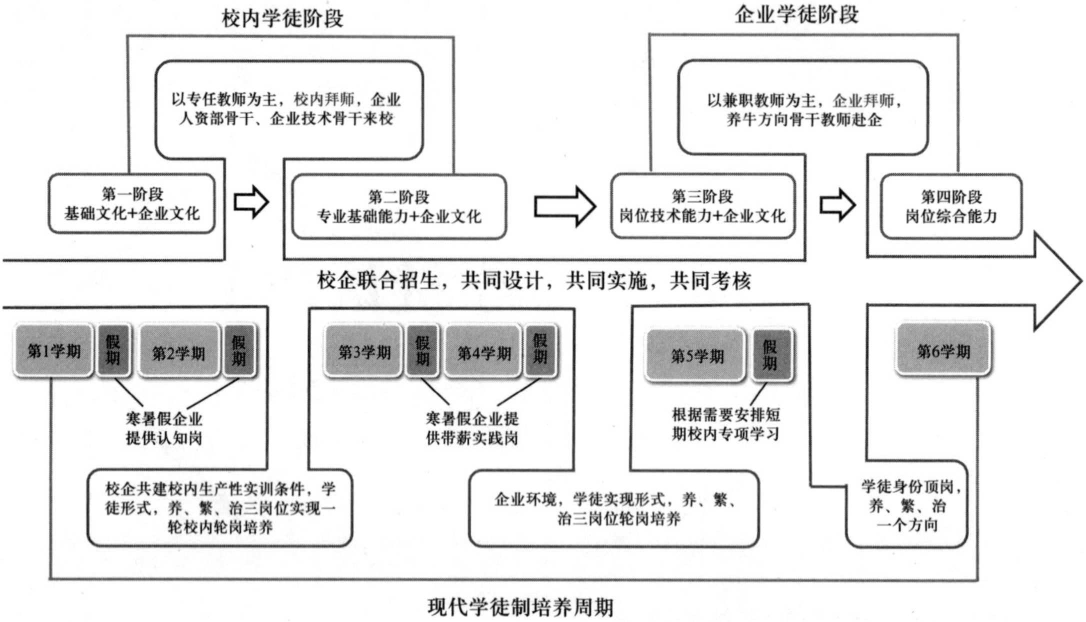

图 2-1-1　育种岗位“四阶段二层次”现代学徒制人才培养模式图

任骨干教师根据需要赴企。人才培养模式设计中始终以企业和学校双主体作用为主线，最大限度共用、共享企业管理文化、职业标准、生产技术革新、技术专家资源。

三、双主体课程体系构建

彻底打破传统畜牧专业“两段式”“四段式”课程体系，构建适合现代学徒制的“模块 + 融合 + 项目化”专业课程体系。以牛育种岗位为例，开发课程体系如图 2-1-2 所示。

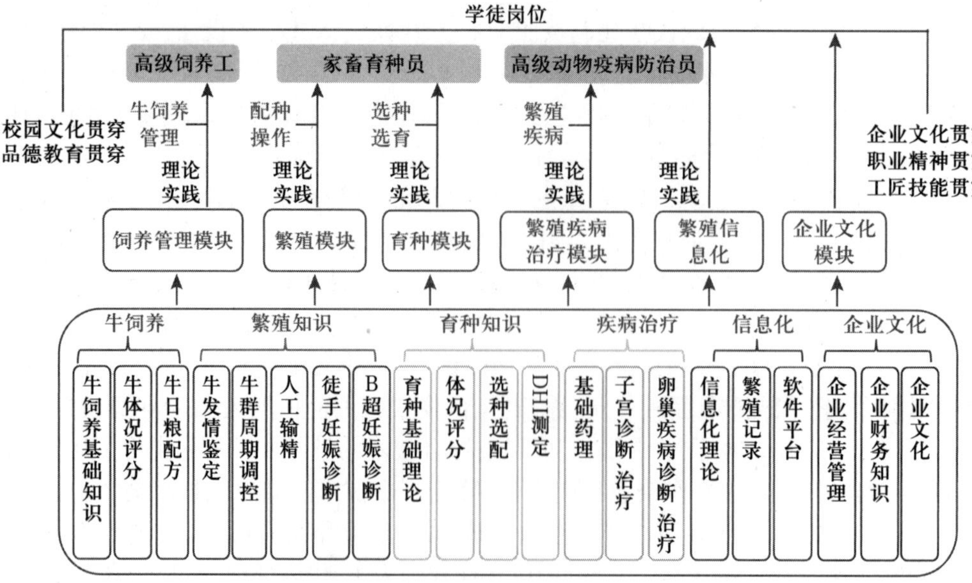

图 2-1-2　畜牧兽医专业育种岗位现代学徒制课程体系图

在学徒培养中，建立对接育种员职业标准和围绕岗位职业能力培养目标，系统化构建课程体系。课程体系围绕繁育岗位知识、技能、素质目标要求和人才培养工作特点，并遵循人才培养和成长规律，按照"专业基础能力、专业综合能力、岗位能力、职业能力"的培养路线(图 2-1-3)，由简单到复杂，由简单技能到核心技能，再到综合技能，形成能力递进式的实践培养体系。过程中融入企业文化培养，实现学生可持续发展所需要的基础知识课程体系及文化标准；最终建立"模块＋融合＋项目化"双主体课程体系，将岗位核心工作内容模块化、课程化，项目化进行实施。学徒在真实岗位开展学习，并进行岗位绩效考核管理。为达到预期培养效果，校企共建开放式执行标准，即校企共同制订教学标准、课程标准、岗位标准、企业师傅聘用标准、质量评价监控标准，同时制订学生"满师"标准，并以此作为薪资的主要依据。各项标准的制订要突出校企双主体育人作用，积极开发开放式个性化培养模式。

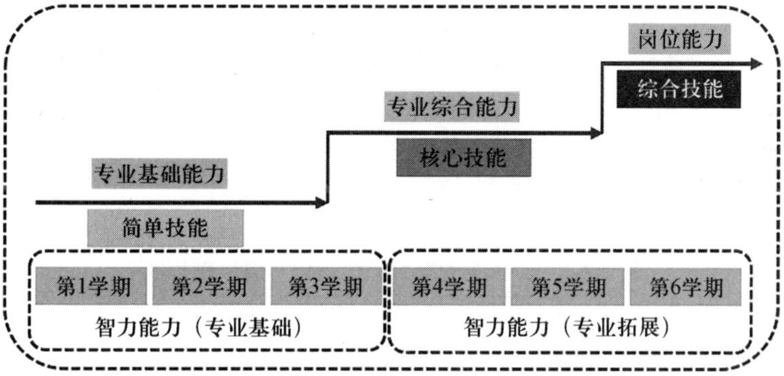

图 2-1-3　学徒岗位实践技能体系模式图

专业实践教学体系包括：①社会与生产实践，第 1～4 学期按照学校社会与生产实践相关要求开展，并获取相应学分；②专业项目实训，第 1～6 学期，按照各项目实训课程标准实施、考核，考核通过获得相应学分。顶岗学习阶段第 5 学期开展，学生选择牛专业方向，2～3 人组成一个实习小组，以学徒身份进入跟岗实习岗位，在"牛智能饲养、繁育、疾病防治"三大岗位进行轮岗实习，在实践中学习牛处于不同生长时期和生理时期饲养管理技术；牛品种培育和人工授精技术；养殖场具体生产管理技术和环境控制技术；牛场消毒防疫技术和牛常见病临床诊疗技术等，掌握相应的技术技能，跟岗实习结束由企业和专业联合发企业学徒经历证书。毕业实习第 6 学期开展，学生选择养牛与牛病专业方向"养、繁、治"的一个具体岗位，在校企"师傅"指导下以准员工身份独立承担工作任务，并进行绩效评价。实践过程强化学生将所学的理论知识转化为实际操作和应用能力，提高学生生产实践能力，强化职业道德意识，实现毕业即就业，获取相应学分。毕业设计或论文答辩达到学院论文撰写要求、通过答辩、通过理论与实践的考核，获取职业资格证书。

学徒认知 2
认识学徒岗位

一、养牛企业育种岗位现代学徒培养标准(表 2-2-1)

表 2-2-1 养牛企业育种岗位现代学徒培养标准

岗位名称	牛育种员学徒岗位		
培养时间	1～3 年	起止时间	年 月 日 ～ 年 月 日
培养目标	专业知识	牛繁殖理论基础知识;牛育种规划基础理论知识;牛育种、繁殖操作基础理论知识;牛发情调控基础理论知识;难孕牛治疗基础理论知识;牛繁殖数据分析、运用基础理论知识	学习产出目标:通过牛繁殖理论测试
	专业技能	制定牛选种选配方案;细管冷冻精液解冻及品质检查;母牛发情周期调控和发情鉴定;母牛人工输精技术;母牛早期妊娠诊断技术	训练产出目标:能够熟练完成母牛繁殖各环节操作,达到养牛企业育种岗位上岗标准
	岗位综合能力	能够制定牛场育种规划;能够制定牛选种选配方案;能够对母牛进行人工输精繁殖操作;能够对牛进行发情周期调控;能运用牛场繁育信息化管理系统,进行数据收集、分析、运用;能够运用牛性控和胚胎移植操作	训练产出目标:企业考核成绩达到合格以上
	职业素养	具有学农、爱农、务农的职业理念和服务"三农"的职业追求。具有吃苦耐劳、奉献、创新的精神。具有较强的集体意识和团队合作能力。及时学习掌握新知识并运用于岗位工作。具备诚实守信、敬业守信、精益求精的职业精神	培养产出目标:企业评价考核良好以上

续表 2-2-1

工作任务清单	工作任务 1	牛选种选配	产出目标:制定牛群选种选配方案,通过技术部审核
	工作任务 2	母牛发情鉴定	产出目标:发情母牛检出率≥ 90%
	工作任务 3	细管冷冻精液解冻及精液品质检查	产出目标:按照企业操作标准考核,达到合格以上
	工作任务 4	发情母牛人工输精	产出目标:配种数量 >500 头次
	工作任务 5	配种后妊娠诊断	产出目标:年情期受胎率≥ 60%。年总受胎率≥ 93%
	工作任务 6	母牛同期发情	产出目标:能够制定牛场牛群同期发情技术方案,组织开展同期发情操作
	工作任务 7	母牛繁殖疾病诊断与治疗	产出目标:能制定牛产后子宫保健程序,组织开展牛产后子宫保健相关技术工作
合作企业与岗位标准	企业员工规模	企业员工规模 50 人以上,生产母牛存栏规模 1 000 头以上	
	企业管理文化	爱与支持、创值分享、说事实、负责任、不断创新、正直诚信	
	学徒岗位技术要求	能独立承担饲养各项技术管理工作,养殖成活率高于企业标准;发病率低于企业要求标准	
	学徒岗位安全要求	岗位安全生产无事故	
	企业师傅资质与能力要求	企业 5 年以上工作经历或取得中级以上职称;能对学生进行业务指导和组织管理,与学校指导教师、学生进行沟通、交流,掌握学生的思想和工作动态;能尽职尽责全过程进行学徒学习评定	
	企业需提供食宿条件	按照企业正式员工标准提供食宿	
	学生教学及管理	学徒期间在岗位技能学习、协岗、顶岗、就业见习期间推行“双导师”管理,即学校专业指导老师、企业师傅双导师分工负责,指导完成学生培养,提高职业综合能力,实现高质量对口就业	

二、养羊企业育种岗位现代学徒培养标准(表 2-2-2)

表 2-2-2 养羊企业育种岗位现代学徒培养标准

岗位名称	羊育种员学徒岗位		
培养时间	1 年	起止时间	年 月 日 ～ 年 月 日
培养目标	专业知识	羊选种选配基础知识;羊繁殖理论基础知识;羊育种、繁殖操作基础理论知识;羊发情调控基础理论知识	学习产出目标:通过羊繁殖理论测试
	专业技能	制定羊选种选配方案;种公羊采精;母羊发情周期调控和发情鉴定;母羊人工输精;母羊早期妊娠诊断	训练产出目标:能够熟练完成羊繁殖各环节操作,达到羊场育种岗位上岗标准

续表 2-2-2

培养目标	岗位综合能力	能够制定羊场育种规划；能够制定羊选种选配方案；能够对羊只进行人工输精繁殖操作；能够对羊群进行发情周期调控；能够进行羊胚胎移植操作；能够对羊只进行妊娠诊断操作	训练产出目标：企业考核成绩达到合格以上
	职业素养	具有学农、爱农、务农的职业理念和服务“三农”的职业追求。具有吃苦耐劳、奉献、创新的精神。具有较强的集体意识和团队合作能力。及时学习掌握新知识并运用于岗位工作。具备诚实守信、敬业守信、精益求精的职业精神	培养产出目标：企业评价考核良好以上
工作任务清单	工作任务 1	母羊发情鉴定	产出目标：发情母羊检出率≥85%
	工作任务 2	种公羊采精	产出目标：按照企业操作标准考核，达到合格以上
	工作任务 3	精液品质检查	产出目标：按照企业操作标准考核，达到合格以上
	工作任务 4	发情母羊人工输精	产出目标：配种数量 >1000 只次
	工作任务 5	配种后妊娠诊断	产出目标：年情期受胎率≥65%。年总受胎率≥90%
	工作任务 6	母羊同期发情	产出目标：制定本牧场母羊同期发情处理的操作流程，熟练掌握同期发情常用方法的操作步骤
	工作任务 7	羊的选种选配	产出目标：制定羊群选种选配方案，通过技术部审核
合作企业与岗位标准	企业员工规模	企业员工规模 20 人以上，生产母羊存栏规模 5 000 头以上	
	企业管理文化	爱与支持、创值分享、说事实、负责任、不断创新、正直诚信	
	学徒岗位技术要求	能独立承担饲养各项技术管理工作，养殖成活率高于企业标准；发病率低于企业要求标准	
	学徒岗位安全要求	岗位安全生产无事故	
	企业师傅资质与能力要求	企业 3 年以上工作经历或取得中级以上职称；能对学生进行业务指导和组织管理，与学校指导教师、学生进行沟通、交流，掌握学生的思想和工作动态；能尽职尽责全过程进行学徒学习评定	
	企业需提供食宿条件	按照企业正式员工标准提供食宿	
	学生教学及管理	学徒期间在岗位技能学习、协岗、顶岗、就业见习期间推行“双导师”管理，即学校专业指导老师、企业师傅双导师分工负责，指导完成学生培养，提高职业综合能力，实现高质量对口就业	

三、养猪企业育种岗位现代学徒培养标准(表 2-2-3)

表 2-2-3　养猪企业育种岗位现代学徒培养标准

<table>
<tr><td>岗位名称</td><td colspan="3">猪育种员学徒岗位</td></tr>
<tr><td>培养时间</td><td>1 年</td><td>起止时间</td><td>年　月　日　～　年　月　日</td></tr>
<tr><td rowspan="4">培养目标</td><td>专业知识</td><td>猪选种选配基础知识;猪繁殖理论基础知识;猪育种、繁殖操作基础理论知识;猪发情调控基础理论知识</td><td>学习产出目标:通过猪繁殖理论测试</td></tr>
<tr><td>专业技能</td><td>制定猪选种选配方案;种公猪采精;母猪发情周期调控和发情鉴定;母猪人工输精;母猪早期妊娠诊断</td><td>训练产出目标:能够熟练完成猪繁殖各环节操作,达到猪场育种岗位上岗标准</td></tr>
<tr><td>岗位综合能力</td><td>能够制定猪场育种规划;能够制定猪选种选配方案;能够对猪只进行人工输精繁殖操作;能够对猪群进行发情周期调控;能够对猪只进行妊娠诊断操作</td><td>训练产出目标:企业考核成绩达到合格以上</td></tr>
<tr><td>职业素养</td><td>具有学农、爱农、务农的职业理念和服务“三农”的职业追求。具有吃苦耐劳、奉献、创新的精神。具有较强的集体意识和团队合作能力。及时学习掌握新知识并运用于岗位工作。具备诚实守信、敬业守信、精益求精的职业精神</td><td>培养产出目标:企业评价考核良好以上</td></tr>
<tr><td rowspan="6">工作任务清单</td><td>工作任务 1</td><td>母猪发情鉴定</td><td>产出目标:发情母猪检出率≥90%</td></tr>
<tr><td>工作任务 2</td><td>种公猪采精</td><td>产出目标:按照企业操作标准考核,达到合格以上</td></tr>
<tr><td>工作任务 3</td><td>精液品质检查</td><td>产出目标:按照企业操作标准考核;达到合格以上</td></tr>
<tr><td>工作任务 4</td><td>发情母猪人工输精</td><td>产出目标:配种数量 >500 头次</td></tr>
<tr><td>工作任务 5</td><td>配种后妊娠诊断</td><td>产出目标:年情期受胎率≥75%。年总受胎率≥95%</td></tr>
<tr><td>工作任务 6</td><td>猪的选种选配</td><td>产出目标:制定猪群选种选配方案,通过技术部审核</td></tr>
</table>

续表 2-2-3

合作企业与学徒岗位标准	企业员工规模	企业员工规模 30 人以上，生产母猪存栏规模 1 000 头以上
	企业管理文化	爱与支持、创值分享、说事实、负责任、不断创新、正直诚信
	学徒岗位技术要求	能独立承担饲养各项技术管理工作，养殖成活率高于企业标准；发病率低于企业要求标准
	学徒岗位安全要求	岗位安全生产无事故
	企业师傅资质与能力要求	企业 3 年以上工作经历或取得中级以上职称；能对学生进行业务指导和组织管理，与学校指导教师、学生进行沟通、交流，掌握学生的思想和工作动态；能尽职尽责全过程进行学徒学习评定
	企业需提供食宿条件	按照企业正式员工标准提供食宿
	学生教学及管理	学徒期间在岗位技能学习、协岗、顶岗、就业见习期间推行“双导师”管理，即学校专业指导老师、企业师傅双导师分工负责，指导完成学生培养，提高职业综合能力，实现高质量对口就业

四、育种岗位现代学徒成长阶梯

职业生涯规划是指在客观分析个人的性格、资质、人生态度、个人潜能等因素的基础上，结合社会的人才需求期望，采取有效的职业发展策略，选择合适的职业发展道路，一步步攀登事业的阶梯，取得事业上的成功，实现人生价值的过程(图 2-2-1)。

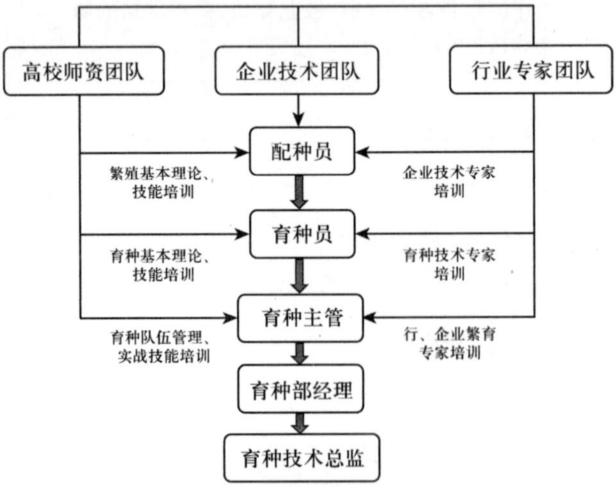

图 2-2-1　育种管岗位学徒培养模式图

育种岗位现代学徒在高校师资团队、企业技术团队、行业专家团队培养下实现从配种员、育种员、育种主管、育种部经理、育种技术总监等职位快速提升。

制定学徒岗位任务

制定时间	
我的岗位	
完成时间	年　月　日　至　年　月　日
【学徒岗位任务】	
完成情况评价：	
	签名：

第三部分

学徒岗位工作任务

The third part

The third part
The third part
The third part

学徒岗位一

牛育种员学徒岗位

我国奶牛养殖正在向大型集约化转变,而奶牛繁育工作成为当前牛场快速发展的瓶颈,奶牛繁育是牛场健康可持续发展关键、核心工作。通过奶牛选育快速扩繁,提高奶牛的存栏规模和生产能力,对提高牛奶产量和牛场经济效益意义重大。本篇将对奶牛育种、繁殖操作、奶牛生产周期控制、胚胎移植、性别控制等重点技术工作进行阐述。但是对于牛场来说,要实现繁育工作目标,必须通过加强繁殖管理、提升员工技能水平、运用现代化信息化繁育管理软件来提升工作效率,最终实现牛场繁育工作的整体优化。

奶牛繁育管理水平不仅直接影响泌乳母牛某胎次产奶量的高低,而且对母牛生产性能的发挥和经济效益的提高有着重要的作用。繁殖是决定奶牛业生产成败的首要和重要因素,实际生产工作中,繁殖障碍是造成奶牛淘汰的第二大因素,临床生产中因为发生繁殖障碍而淘汰的母牛超过淘汰牛总数的1/4。所以,牛场的养殖人员应该了解奶牛的正常繁殖生理,在繁殖配种工作中采用正确的方法进行繁殖配种操作,以获得比较理想的经济效益。

实践证明,在母牛的繁殖过程当中,对母牛繁殖力影响最大就是母牛本身的健康。一个正确的牛场繁殖流程和工作方式,才能把牛场的繁殖率最大化,只有把牛群的健康状态调整到最好,才能让牛群有合理的繁殖能力。

以奶牛养殖为例,数字化(“智慧养殖企业”也称“数字化养牛”)帮助养殖企业提升繁殖管理效率,将其发挥到最佳水平,实现资源优势最大化,实现高效管理。

我国养牛业经过数十年规模化的发展,设备设施的标准化和标准操作流程推广应用保证了养殖企业规模化效应的发挥。这期间,我国在奶牛养殖群组层面的管理取得了长足进步,满足了群组中大部分牛只在全生命周期中的各项需要,关注了牛只群组层级的共性需求,但忽略了牛只的个性需求。当前,中国奶牛养殖业规模化发展面临的挑战是如何盈利,精细化是实现盈利的重要途径。要想实现精细化,首先要从基于传感器基础的信息化管理做起,信息化是解决规模化养殖企业精细管理困境的重要工具。

【典型人物案例】

郭志勤，中共党员，研究员，博士生导师，浙江省杭州市人，1936 年 1 月出生，1959 年毕业于北京农业大学（中国农业大学）畜牧专业，1960 年初来疆参加工作。历任新疆农科院畜牧兽医科研所研究室主任、新疆畜牧科学院畜牧所副所长、新疆畜牧科学院院长、新疆畜牧科学院农业部畜牧兽医生物技术重点实验室主任、自治区动物生物技术重点实验室主任，并先后担任中国畜牧兽医学会常务理事、中国畜牧兽医学会动物繁殖分会副理事长、全国动物胚胎生物技术专业委员会主任、中国畜牧协会常务理事、中国农业生物技术学会理事、新疆畜牧兽医学会副理事长、新疆奶协副理事长。曾先后被聘为中国农业大学、南京农业大学、石河子大学、新疆农业大学兼职教授、博士生导师及新疆大学兼职教授、硕士生导师，中国农业科学院兰州畜牧所特邀研究员。

郭志勤研究员自工作以来，主持和参加 40 余项国家重大攻关、国家科技支撑、国家 863 计划和省部级重大科技攻关项目，先后获全国科学大会奖 1 项，国家科技进步奖二、三等奖各 1 项，新疆科技进步一等奖 2 项、二等奖 3 项，出版了《家畜胚胎工程》专著，发表学术论文 150 余篇。先后获得国家人事部有突出贡献中青年专家（1986 年）、全国先进工作者（1989 年）称号，享受政府特殊津贴（1992 年），一直工作到 78 岁才退休。1996—2014 年，先后主持和承担国家九五 863 项目“牛胚胎移植产业化研究与示范”“胰岛素原生物反应器”和国家十五奶业专项和国家支撑计划、自治区科技支撑等项目 13 项。先后获得了中国畜牧兽医学会“荣誉奖”（1996 年）、新疆科技进步奖特等奖（2002 年）、全国优秀奶业工作者（2002 年）、自治区优秀共产党员（2006）、全国杰出专业技术人才（2006 年）、开发建设新疆奖章（2006 年）、中国畜牧兽医学会第二届振兴中国畜牧贡献奖（杰出人物）（2009 年）、中国畜牧兽医学会动物繁殖分会功勋奖（2010 年）等多项表彰和奖励。

典型人物事迹感想，工匠精神总结凝练：
我的启发：

任务1　牛选种选配

选种就是对种畜的选择，主要目的是提高优良基因比例。选配就是把具有优良遗传特性的公母牛进行组合交配，使后代取得较大的改进和提高，目的是产生新的优良基因型。在我国由传统奶业向现代奶业转变的过程中，如何做好牛群选种选配工作已经成为制约牛只生产性能提升的重要瓶颈。本任务要求徒弟在师傅指导带领下，熟练开展牛群选种选配工作。

【专业知识准备】

一、奶牛选种技术

1. 奶牛外貌评定

春秋时期齐国的《相牛经》是世界上较早根据牛的体型外貌推断牛生产、繁殖和役用性能的书籍。据《相牛经》记载，相牛有如下要领："眼圆且大，眼白与瞳仁相通，脖长脚大股阔毛短者为佳""上看一张皮，下看四只蹄；前看龙关广，后看屁股齐"等。牛品种的育成过程中，也注意了毛色、花片、体高、体长、头部、乳房等特征的直观感受，作为选育的参考。随着生物统计学和遗传学研究深入，奶牛体型外貌与其生理解剖、生产性状、繁殖性状、健康水平和利用年限等性状的相关性和因果关系越来越明了。

1987年农业部审定通过了中国黑白花牛品种，1992年更名为中国荷斯坦牛。1995年中国奶牛协会颁发了《中国荷斯坦牛体型线性鉴定实施方案（试行）》。经不断修订，2017年中国农业大学、中国奶业协会制定了国家标准《中国荷斯坦牛体型鉴定技术规程》（GB/T 35568—2017）。标准规定了中国荷斯坦牛体型鉴定的基本要求、体型鉴定的实施、体型鉴定方法、各部位线性评分功能分和体型总分的计算方法以及体型等级的划分等。标准要求鉴定20个线性评分性状和23个缺陷性状，使用1～9整数分值的线性分，并转化为50～100分值的功能分。通常，我们认为功能分达85分以上的母牛体型非常好。

2. 种公牛选择方法

奶牛的繁殖力一般都是很高的，特别是应用人工授精技术以后，不需要将育种群中同一世代出生的所有后备公牛全部留作种用，而是将各方面优秀的个体选留下来，用于繁衍下一代。因此，选种是改进群体遗传进展的重要手段。

奶牛与育种相关的生理特性与其他生物有很大区别。首先，世代间隔长，一个世代约4～5年时间；其次，奶牛繁殖率很低，约13个月产一胎，每胎一头，且采用常规繁殖手段一半的可能性是公犊；再次，公牛在育种体系中很重要，却不能直接表现生产性能（限性性状）；最后，为了保证牛群尽快地扩繁更新，就无法对母牛进行严格的选择和淘汰。奶牛选育的主要责任落在了公牛身上。

（1）系谱选择法　要求父母双亲具有较完整的数据记录，公牛评估数据可以通过后裔测定或者基因组值评估获得，母牛数据通过自身的生产数据或基因组评估数据获得。

根据双亲系谱中各性状的育种值或综合育种值，计算系谱指数。计算出结果后，按指数大小进行排队选择。

系谱指数有两种算法。

①系谱指数 =1/2 父亲育种值 + 1/4 外祖父育种值

②系谱指数 =1/2 父亲育种值 + 1/2 母亲育种值

⑵根据后裔测定成绩选择　后裔测定（progeny test）是指根据后裔的生产性能和外貌等特征来估测种畜的育种值和遗传组成，以评定其种用价值，是奶牛选种最重要方法之一。

而产奶性能等又仅在母牛上表现，所以公牛评定只能借助母牛亲属尤其是女儿的数据；许多繁殖性状、体型性状、长寿性状等的遗传力很低，很难直接选择。人工授精等技术的发展促使公牛的选择强度可以逐渐增加，公牛评价的准确性要求也更为迫切。后裔测定的可靠性高于其他鉴定方法，因此成为 2010 年之前最主要的评估方法。

测定时主要以种公牛后代平均表型值为依据，其随机取样须有一定数量，以便使取得的遗传信息可靠和正确。测定方法有：①女儿平均值法。即以一定数量的女儿平均表型值来鉴定种公牛。②女、母对比法。即以女儿平均表型值与所配母牛的平均表型值之差来反映种公牛的遗传作用。③同期同龄比较法。即将种公牛的女儿与其他公牛的同期同龄女儿做对比，是采用较普遍的方法。④最优线性无偏预估。即利用混合模型的最小二乘分析来估测公牛育种值，是近年发展起来的方法，准确性更高。

后裔测定优点是准确性高，可以高达 99%。缺点是费事费时，且延长了世代间隔。通常，一头公牛需要 5～6 年才能获得后裔测定成绩。大多数国家每年至少公布一次后裔测定的评估结果。中国的遗传评估结果可以在中国奶牛数据中心或全国畜牧总站的网站查询和下载。

⑶基因组选择　2002 年基因组选择（Genomic selection，GS）被首次提出。利用覆盖全基因组的高密度分子标记进行标记辅助选择，可以追溯到大量影响不同数量性状的基因，从而实现对数量性状进行更准确的评定。

基因组选择关键基于高通量标记基因型测定技术、大规模高质量的参考群体、准确的基因组育种值估计方法。

基因组选择自 2009 年起陆续在世界各奶牛业发达国家中开始应用，2012 年中国开始实施。目前，基因组选择已成为奶牛育种的常规技术，给奶牛育种带来革命性变化。

基因组选择的优势：a. 能够捕获所有的遗传变异；b. 建立参考群估计出一套 SNP 效应值后，对于候选个体不依赖表型信息；c. 选择准确性远高于系谱选择法（70%～90%）；d. 可以早期选择（缩短世代间隔）；e. 可准确评定一些难于测定或新定义的性状；f. 降低育种成本；g. 大幅度提高育种进展（20%～50%）。

二、奶牛选配技术

1. 群体育种计划制定

奶牛群体改良是在对牛群的状况和各项记录等技术资料认真分析的前提下，确定牛群存在的缺陷，制定出进一步改良的方向。首先应该了解牛群的情况，包括产奶量、体型、繁殖、牛群结构等，清楚牛群存在的不足和缺陷，确定改良的目标和方向。改良的重点目标主要有：

⑴生产性能　奶牛的生产性能主要包括产奶量和乳品质。产奶量是关系到奶牛场经济效益的主要因素。乳品质主要包括乳脂率、乳蛋白率和体细胞数。随着乳品市场的发展，多数乳品加工企业已探索实施在鲜奶收购过程中按质论价，这就要求奶牛场必须高度重视乳成分。

(2) 奶牛体型外貌　奶牛体型外貌直接关系到其健康水平、利用年限、产奶能力及产奶持续力，也是影响奶牛场经济效益的重要因素。因此，在重视奶牛生产性能改良提高的基础上，必须要重视奶牛体型外貌的改良，从而提高奶牛的泌乳能力和持久力，提高奶牛健康水平，延长奶牛使用年限，做到平衡育种，提高效益。

(3) 健康性状　国内育种系统对健康性状数据的收集不是很完整，所以公布的育种值没有包括该部分。国际育种已经重视该性状的遗传表现，主要包括难产率、女儿难产率、受精力、女儿怀孕率、生产寿命等。

2. 奶牛选配

选配即有目的、有计划地决定公母牛配对，让双亲结合产生更理想的后代。选种是选配的基础，但选种的作用必须通过选配来体现。选配时，主要考虑与配个体之间的品质关系和特点而进行的选配称个体选配。个体选配又可分为品质选配和亲缘选配。

品质选配是根据雌雄个体间的品质对比进行选配，又可分为同质选配和异质选配。同质选配指选择在外形、生产性能或其他经济形状上相似的优秀公、母牛交配，可以稳定牛群优良性状，增加纯和基因型的数量，但同时也有可能提高有害基因结合的频率，把双亲的缺点也固定下来，导致适应性和生活力下降。异质选配指选择在外形、生产性能或其他经济性状上不同的优秀公、母牛交配，通过基因重组综合双亲的优点或提高某些个体后代的品质，丰富牛群中所选优良性状的遗传变异。

亲缘选配是依据交配双方间的亲缘关系远近进行的选配。选配中要严格控制近交。控制近交，首先要准确而完整地记录个体的祖先，熟悉系谱。在中国奶业协会的数据库里有完整的系谱资料，甚至包括全世界的系谱，有助于摸清公牛谱系和计算近交系数。其次，近交在育种群中可以有目的地使用，在生产群中要尽量避免使用。目前国内部分公牛的血缘关系很近，建议采购冻精时要认真查看公牛系谱，把近交系数控制在 6.25% 以内（即三代内无关系）。

在避免近交的前提下，应该根据牛群的血缘、生产性能和体型等情况，结合本场的育种目标，合理进行选配。

3. 遗传力应用

遗传力就是表达一个特定群体中，某一数量性状的表型变异中有多大比例是由遗传因素所致的。一般情况下所说的遗传力是狭义遗传力，指数量性状的加性效应方差占表型方差的比例，由于世代传递中加性效应是可以稳定遗传的部分，因此它在育种上具有重要意义。

遗传力可以唤醒人们对待育种工作的一些原则问题，诸如繁育方法、建系方法和选择方法等，不能不顾性状的特点而一律处置，而应根据遗传力的不同分别施以不同的对策。首先，遗传力不同的性状适合于不同的繁育方法。遗传力高的性状上下代的相关大，通过对亲代的选择可以在子代得到较大的反应，因此选择效果好。这一类性状适合采用纯繁来提高。遗传力低的性状杂种优势明显，可通过经济杂交利用杂种优势。其次，遗传力与选择方法也有很大关系。遗传力中等以上的性状可以采用个体表型选择这种既简单又有效的选择方法。遗传力低的性状宜采用均数选择法。最后，建系方法的实质是选择方法的问题。以遗传力高的性状为特点的品系，宜采用性状建系法。以遗传力低的性状为特点的品系，宜采用系谱建系法。

4. 配合力应用

近代育种学在杂种优势进展方面取得了巨大的进展，近一个世纪以来，在畜牧业中，广泛利用杂种优势的问题引起越来越多人们的重视。不同品系、品种甚至物种之间个体的交配称为杂交。杂交后代的表现主要取决于双亲，不同品种、品系间杂交的效果是不同的，盲目杂交甚至可能导致杂种劣势。

在大规模的杂交之前，必须用少量的动物进行配合力试验。配合力是通过不同种群的杂交所能获得的杂种优势程度，是衡量杂种优势的一种指标。一般配合力是指一个品种或品系与其他品种或品系杂交所产生的F1的平均杂种优势值，记作GCA。一般配合力的遗传基础是基因的加性效应。特殊配合力指两个特定的品种或品系之间杂交所能获得的超过一般配合力的杂种优势，记作SCA。特殊配合力的遗传基础是非加性效应。

5. DHI应用

DHI是Dairy Herd Improvement的缩写，意为牛群改良方案，也称牛奶记录系统，奶牛产奶性能可通过它来测定。DHI系统的分析结果即DHI报告可以为牛场管理牛群提供科学的方法和手段，同时为育种工作提供完整而准确的数据资料。DHI记录信息主要包括：牛的泌乳天数、胎次、牛群测定奶量、乳脂率、乳蛋白率、体细胞计数、繁殖状况等，以及根据上述资料由计算机分析统计的其他数据。测试结果用计算机处理，最终得出DHI报告，反馈到奶牛场。

【任务目标与质量要求】

根据牛群状况进行奶牛选种选配；制定育种计划；掌握奶牛DHI测定方法，进行奶样采集、贮存与运输、检测、数据分析工作，撰写DHI分析报告。具备较强动手操作能力以及细致、严谨专业态度，高质量完成检测工作。

【学习产出目标】

(1)能够对奶牛进行选种选配工作。

(2)能够对奶牛制定育种规划工作。

(3)能按照DHI检测要求，熟练进行奶样采样、贮存与运输、检测工作。

(4)能对DHI检测数据进行分析工作，撰写分析报告。

【工作程序与方法要求】

一、奶牛DHI测定的主要内容和方法

1. 奶样采集

参测奶牛应是产后5～305 d的泌乳牛。每头泌乳牛每个泌乳月采样一次，两次采样间隔26～33 d。每头牛的采样量为40 mL，一般采用混合样，即一天三次挤奶按4∶3∶3(早∶中∶晚)比例取样，两次挤奶按6∶4(早∶晚)比例取样。采样的同时，记录每头泌乳牛的日产奶量。采样是DHI工作的第一步，采样的准确程度直接决定了DHI报告的应用效果。准确采样的关键有两个：一是接奶样前要混匀，二是要严格按照取样比例取样。具体操作如下：

(1)采样前应根据奶厅大小、泌乳牛数量，配置流量计、采样瓶，并在奶量记录表上填好牛场名、班组号。开始挤奶前15 min安装流量计或采样杯，流量计应垂直悬挂，倾斜度应在±5°内。

(2)将采样牛号记录到奶量记录表上，再将牛号按顺序大小抄写到采样瓶上。挤奶结束即奶杯脱落后，才可记录奶量并按比例采集奶样。每一次采样结束后将流量计中的剩奶完全回放。

(3)每班次采样操作完成后，将奶样与防腐剂充分混匀，下一班次采样时，用与上一班次牛

号相对应的采样瓶进行采样并摇匀。

(4)完成所有采样后，在样品筐(箱)的标签上准确填写牛场名称、牛舍号或筐(箱)号；奶量记录表应填写采样日期、牛场名称、牛舍或筐(箱)号、班组号以及牛号和日产奶量，核对后由采样员签名。样品箱应放在凉爽、安全的地方。

2. 奶样贮存与运输

(1)样品运输　采样前应在样品瓶中加入适量的防腐剂，防止奶样腐坏。

牛场采样人员采集奶样后，装箱，加贴标注“牛场名称”“采样时间”“采样数量”和“发货人”标识的标签。通过采样车或快运方式运送至实验室，运输过程中应防止样品箱翻覆，导致奶样洒漏。

(2)样品贮存　检测人员负责待检样品的管理，建立样品台账，填写样品接收与检测记录表，内容包括：牛场名称、样品到达日期、交/接人、实际采样数、实际测样数、不合格样品数、不合格原因、不合格样品处理措施、检测日期、检测人、审核人、结果发出日期、结果接收人。对要求在特定环境条件下贮存的样品，应严格控制环境条件，环境条件应定期加以记录。

3. 奶样检测原理与方法

样品采集完成后，应在 3 d 内送达 DHI 中心，4 ℃冷藏保存。乳成分分析仪采用近红外技术进行测定，主要测定乳脂率、乳蛋白率、乳糖率、尿素氮、总干物质等指标；体细胞分析仪采用体细胞染色、电脑计数的方法测定样品中的体细胞数。以 FOSS 乳成分分析仪为例，具体的测样过程如下：

(1)准备工作　在奶样检测前要做好准备工作。

①样品记录　检查全部样品，剔除已腐坏或异常奶样。记录采样管上的牛号，然后按牛号记录先后安排测定顺序。

②样品预热　打开恒温水槽，水浴温度设定为 42 ℃。待水温稳定后，将记录好的样品放入水槽中 15～20 min。

③仪器准备　正常开机，清洗，调零，直至测定结果在 ±0.03 范围之内。

(2)测样　建立新工作表，输入牛场名称和样品数量。按牛号记录顺序将预热好的样品摆放在测样架上，打开瓶盖，放入轨道，点击“开始”按钮，仪器由待机(standby)状态进入测样(measuring)状态，开始测样。

(3)清洗　测样过程中每测定 200 个样品(根据仪器要求)清洗并调零 1 次，也可根据需要及时清洗。当天样品测定完毕后，按程序清洗仪器。

(4)奶牛 DHI 测定的应用成果　参测牛头数从 2008 年的 24.5 万头增加到 2019 年的 126 万头，日产奶量从 22.1 kg 增加到 31.0 kg，乳脂率从 3.6% 到 4.05%，乳蛋白率从 3.19% 到 3.39%，体细胞数量从 61.0 万个/mL 降至 25.3 万个/mL。牛奶质量不断提高，全国的平均单产从 1998 年的 2.8 t 增加到上年度 7.8 t，DHI 参测牛场日产奶量从 2008 年 6.24 t 增加到上年度的 9.45 t。

二、DHI 测量指标和数据分析

1. DHI 测量指标

分娩日期，精确的分娩日期是 DHI 分析的基础。

泌乳天数(DIM)，计算机按照分娩日期统计的挤奶天数。

胎次，计算机需要精确的胎次以识别何种泌乳曲线。

牛群测定奶量(HTM),牛群以千克为单位的牛只日产奶量。

校正奶量(HTACM),以泌乳天数和乳脂率校正产奶量而得出的。将实际产量校正到产奶天数为150 d,乳脂率为3.5%,同等条件下,这提供了不同泌乳阶段的牛之间的比较。

上次奶量(PREM),以千克为单位的上个测奶日该牛的产奶量。

乳脂率(F%),从测奶日呈送的样品中分析出的乳脂百分比。

乳蛋白率(P%),从测奶日呈送的样品中分析出的乳蛋白百分比。

乳脂、蛋白比例(F/P),该牛在测试日的牛奶中乳脂率与乳蛋白率的比值。

体细胞计数(SCC),单位为个 /mL,是每毫升样品中的该牛体细胞数。

牛奶损失(MLOSS),这是计算机产生的数据,用于确定奶量的损失。

前次体细胞计数(PRESCC),即上次样品中体细胞数。

累计奶量(LTDM),这是计算机产生的数据以千克为单位,基于胎次及泌乳日期,可以用于估计该牛只本胎次产奶的累计总量。

累计乳脂量(LTDF),这是计算机产生的数据以千克为单位,基于胎次及泌乳日期,用于估计该牛只本胎次生产的脂肪总量。

累计蛋白量(LTDP),这是计算机产生的数据以千克为单位,基于胎次及泌乳日期,用于估计该牛只本胎次生产的蛋白总量。

峰值奶量(高峰奶 PEAKM),以千克为单位的最高的日产奶量,是以该牛本胎次以前几次产奶量比较得出的。

峰值日(PEAKD),表示产奶峰值发生在产后的多少天。305 d奶量,这是计算机产生的数据,以千克为单位,如果泌乳天数不足305 d则为预计产量,如果完成305 d奶量,该数据为实际奶量。

预产期(DueDate),如果牛场改良者提供繁殖信息,如怀孕检查,指出是怀孕状态,这一项将以上次的配种日期计算出预产期。

2. DHI数据分析

(1)牛群测定奶量　牛奶生产中最大成本是饲料,降低饲料成本、供给全价的配合料,按群体或个体的生产水平设计饲料配方。并按产奶水平分组,分类供给不同营养水平日粮。

①饲养水平低于个体或群体的生产水平,最终会导致产奶量降低、繁殖性能差,摄入营养优先维持需要,其次生产(生长或产奶)与繁殖。这一点也可以说明为什么高产奶牛很难怀孕产犊,可能它没有摄取到足够的能量使之进入下一个繁殖循环。

②饲养水平若远高于生产水平则增加生产成本,浪费了饲料资源,因牛只过肥引起疾病、难产、繁殖问题。

(2)前次奶量　前次奶量可以用于比较经过饲养或管理改变之后的生产水平的变化,通过比较目前的生产水平和上月的生产水平可以确定出适当饲料配方,这一方法可以用于单个母牛,分群饲养的牛或整群牛。

(3)前次个体产奶量　前次个体产奶量可以比较个体产奶水平的变化,与上个月比较产奶水平的显著提高或下降,是一个管理水平的指示性指标。明显下降可能预示该动物受到应激,如生病、肢蹄发生问题,或在槽上争吃草料问题。如果牛只表现出一个月到下一个月较大的产量波动应尽早地找出可能的原因。两次测奶间产量较大的波动可能的起因如下:

从一个配方到下一个配方过渡时牛只可能未给予足够让其适应的时间,例如从干奶配方到产奶配方的过渡。母牛在产犊时太肥,这样的牛产后食欲时好时坏,结果是产量波动。牛只采食了高精料型日粮常常表现出酸中毒,跛行,而常未被发现,作为牛场场长两个方面必须经常观察。牛粪的组成成分,蹄子的边缘,这些都是与营养有关的引起酸中毒和跛行的指示性指标。

(4)牛群测定奶量与前次奶量　当牛只的测定奶量就前次奶量放在个体上结合在一起考虑时,可以提供一个新的数据,称为泌乳持续性。这个数据可以用于比较个体的生产持续能力,最简单的方法就是目前奶量除以前次奶量。

(5)牛群测定奶,前次奶量,305 d 预计产量　检查牛群测定奶量,前次奶量及 305 d 预计奶量是可以提供个体牛是否盈利的指标,应确定牛群的 305 d 产量及日生产成本是否平衡,不赚钱牛应尽早淘汰,以降低饲料费、配种费、管理费,并腾出空间来饲养可赚钱的牛。

(6)DIM　如果牛群为全年均衡产犊,也就是使得全年的产奶量均衡,许多乳品加工厂希望奶源均衡,这样的话 DIM 应该处于 150～170 d,这一指标可以显示牛群繁殖性能及产犊间隔。如果数据比这一水平高许多,表明存在繁殖问题,场长可以用此手段来监测牛群繁殖状况,然后再检查影响繁殖的因素使其得到改善。

(7)HTACM　DHI 记录项目 HTACM 值是由计算产生的按泌乳阶段和乳脂率校正的产奶量,泌乳天数被校正到 150 d,乳脂率为 3.5%,公式如下:

$$(0.432\times \text{奶量})+[16.23\times(\text{奶量}\times 90\text{BF}/100)+(\text{ADIM}-150)\times 0.002\,9\times \text{奶量}]$$

式中:ADIM——平均泌乳天数

BF——乳脂率

一胎和二胎以上牛的泌乳曲线的不同必须被考虑进去,校正系数 0.002 9 是用于一胎牛占 35% 的牛群,如果考虑一胎牛校正系数为 0.002 7,这样考虑二胎以上的牛校正系数为 0.003 3,这样考虑到一胎牛有较强的泌乳持续性。校正乳脂率是因为生产乳脂需要能量,另外有些乳品厂以脂论价。

如果一个牛群上一月产量为 25.6 kg,DIM 为 173 d,本月产量为 24.9 kg,DIM 为 193 d,这个牛群的产量是上升了还是下降了?

$$193\ \text{DIM}-173\ \text{DIM}=20\ \text{DIM}$$

20×(25.6–24.9)=1.4(kg),由于 DIM 的 20 d 差别,该牛群的产量应该下降 1.4 kg。25.6–1.4=24.2(kg),这将是预期的产量。然而,实际奶量为 24.9 kg,这表明本牛群本月的产量有所提高,每头牛多产了 24.9–24.2=0.7(kg)的校正奶量。

(8)牛群校正奶量　该值也可用于估计 305 d 平均奶量,也可以用于牛群经济预算。

(9)DIM、HTM、HTACM 及繁殖状况　分析报告中的这四项目前用于制订计划,如果在近期内分娩的牛数比正常多,DIM 应该下降,HTM 的水平应该上升,月产量也应上升,相反,如果临产牛只少就会下降。

(10)乳脂率、乳蛋白率　乳脂率和乳蛋白率可以指示营养状况,乳脂率低可能是瘤胃功能不佳,代谢紊乱,饲料组成或饲料物理形式有问题等;如果产后 100 d 蛋白率很低(3%),可能的原因是干奶牛日粮差,产犊时膘情差,泌乳早期碳水化合物缺乏,蛋白含量低,日粮中可溶性蛋白或非蛋白氮含量高,可消化蛋白和不可消化蛋白的比例不平衡,配方中包含了高水平的瘤胃活性脂肪(根据不同配方多添加脂肪 >0.5～0.75 kg)。

正常情况下,低乳脂率可分两类。

①乳脂率低

A. 特征：牛只体重增加；过量的精料采食（高于体重的 2.5%）；乳脂率测定 <2.8%；乳蛋白率高于乳脂率。

B. 主要原因：瘤胃功能不正常。

C. 减缓办法：降低精料采食；避免在泌乳早期过早给太多的精料；提高粗纤维水平或其物理形式；添加缓冲剂；纠正蛋白的缺乏；去掉日粮中多余的油脂；避免发酵不正常的青贮草；增加饲喂次数。

②低脂测定

A. 特征：牛瘦；脂肪测定 2.5%～3.2%；蛋白和脂肪的比例基本正常；产奶峰值低；泌乳天数 >120 d。

B. 普遍原因：能量不足；饲料配方不平衡。

C. 校正办法：平衡日粮；提供高质量的饲料；增加干物质采食量；高能量精料。

（11）脂蛋比　该项目是乳脂率与乳蛋白率之比产生的，正常情况下，荷斯坦牛的比例在 1.12～1.13。这一数字应用于检查饲喂不同日粮和不同泌乳阶段的个体牛。高产牛比值偏小，如 3% 乳脂和 2.9% 的蛋白，特别是处于泌乳 30～120 d。如果比例太大，高脂低蛋白可能是日粮中添加了脂肪，或日粮中蛋白不足，或可降解的蛋白不足；而低比例则相反，蛋白大于脂肪，可能是由于日粮中太多的谷物精料，或者日粮中缺乏纤维素。

（12）SCC　体细胞计数是乳房健康的指示性指标。乳房的健康与牛的产奶能力有关，根据 SCC 记录，牛场经理可以监测乳房健康状况。SCC 也关系到牛奶的质量和数量及乳制品存放时间，可用于牛奶的奖罚系统中。

（13）SCC 与 DIM　这两项结合使用可以确定乳房健康相关问题在什么地方发生。如果高的 SCC 在泌乳早期发生，可能预示着较差的干奶期治疗，或挤奶程序、挤奶设备有问题，如果这些问题得以解决，SCC 就会下降。二者结合起来考虑，预示问题在什么时候发生，也可以显示治疗是否有利可图，例如，如果高 SCC 在产奶峰值期发生，有很大的机会解决这一问题，而且解决问题后提高的产量能够回报治疗的成本，如果在泌乳后期，适当的干奶牛产品可以利用，也许更适于干奶治疗。

（14）MLOSS　由表 3-1-1 可以看到降低 SCC 值所能增加牛的产奶能力。还可以用奶价乘以损失奶量，这笔钱可以用来进行挤奶设备维修，校正挤奶过程，投入药物。应注意到，预防高 SCC 的花费所得到的回报比治疗乳房炎的回报要高得多。

表 3-1-1　与胎次相关的 SCC 与奶量损失

一胎牛 SCC 引起的潜在的 305 d 损失		二胎以上 SCC 引起的潜在的 305 d 损失	
SCC 计数 /（个 /mL）	奶量损失 /mL	SCC 计数 /（个 /mL）	奶量损失 /mL
<150 000	0	<150 000	0
151 000～300 000	180	151 000～300 000	360
301 000～500 000	270	301 000～500 000	550
501 000～1 000 000	360	500 000～1 000 000	725
>1 000 000	454	>1 000 000	900

(15)前次 SCC　前次 SCC 可以显示是什么引起的乳房炎，如果 SCC 持续很高，常常预示着传染性乳房炎，是由葡萄球菌或链球菌引起的，一般在挤奶时传染；如果 SCC 先低，后高，再低，预示着环境型乳房炎，一般与卫生问题相关。

(16)峰值奶量　所有管理的目的是增产，峰值奶量是最重要的指标。如前所述，峰值奶量推动着胎产的提高，峰值奶量与营养日粮的有效性和产犊时体况有关，峰值奶量每提高 1 kg，相当于胎次奶量一胎牛提高 400 kg，二胎牛提高 270 kg，三胎以上提高 256 kg（表 3-1-2）。

影响峰值奶量的因素包括：膘情、育成牛饲养、产期管护、泌乳早期营养、遗传、乳房炎、产后疾病并发症、挤奶不完全等。由上已知峰值奶量对胎次总产的重要性，生产中应采取相对措施以提高峰值奶量。

表 3-1-2　峰值奶量与胎次奶量的关系

峰值奶量 /（kg/d）	胎次奶量 /（kg/ 头）
26.5	5 440～6 350
30.3	6 350～7 260
34.3	7 260～8 160
38.2	8 160～9 070
42.0	9 070～9 980
46.1	9 980～10 890
50.1	10 890～11 800
55.8	11 800～13 600

【业务知识】

一、奶牛体况评分

随着奶牛生产水平和集约化程度的提高，在牛群中常常会出现过于肥胖或过于瘦弱的牛只。成母牛若过于肥胖，往往容易导致脂肪肝、酮病、真胃移位、胎衣滞留、食欲减退、难产、繁殖障碍等健康问题；反之，过于消瘦的成母牛，由于缺乏足够的体能储备支持泌乳需要，泌乳期峰值不高、持续期短、产奶量低。而对于后备牛，营养不良会延迟初情期，奶牛发情比例低、发情症状不明显，影响投产时间及投产后的奶产量。因此，育种员要掌握奶牛体况评分技能。

体况评分是根据目测和触摸尾根、尻角（坐骨结节）、腰角（髋结节）、脊柱（主要是椎骨棘突和腰椎横突）及肋骨等关键骨骼部位的皮下脂肪蓄积情况而进行的直观评分（图 3-1-1）。

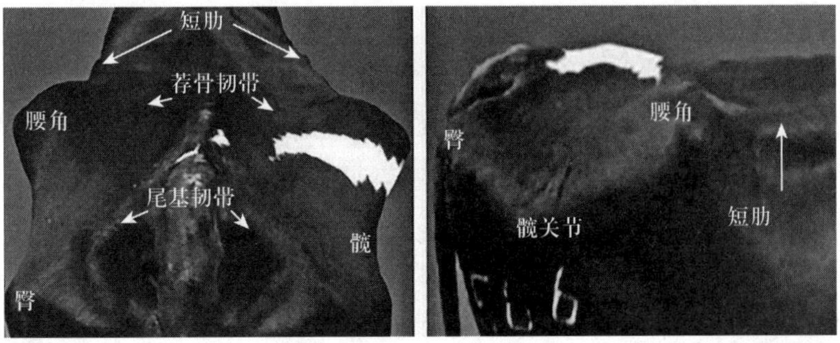

图 3-1-1　评分部位及名称

1. 体况评分标准

牛场中奶牛采用 5 分制评分标准。

1 分：呈皮包骨样，尾根和尻角凸陷很深呈“V”字形的窝，臀角显露，皮下没有脂肪，骨盆容易触摸到，各脊椎骨清晰可辨，棘突呈屋脊状，腰角与尻角之间深度凹陷，肋骨根根可见。

2 分:皮与骨之间稍有些肉脂,整体呈消瘦样。尾根和尻角周围的皮下稍有些脂肪,但仍凹陷呈“U”字形,骨盆容易触摸到,腰角与尻角之间有明显凹陷。

3 分:体况一般,营养中等。尾骨和尻骨周围仅有微弱下陷或较平滑。在尻部可明显感觉有脂肪沉积,需轻轻按压才能触摸到盆骨,腰角与尻角之间稍有凹陷,背脊呈圆形稍隆起,一节节椎骨已不可见,用力按压才能感触到椎骨棘突和横突。

4 分:从整体看有脂肪沉积,体况偏肥。尾根周围和腰角明显有脂肪沉积,腰角与尻角之间比较平坦,尻角稍圆,脊椎呈圆形且平滑,需较重按压才能触摸到盆骨,肋骨已经触摸不到。

5 分:过度肥胖。尾根似埋于脂肪组织中,皮肤被牵拉,即使重压也触摸不到盆骨和其他骨骼结构,牛体的背部体侧和尻部皮下为脂肪层所覆盖,腰角和尻角丰满呈圆形。

2. 体况评分操作

5 分制评分分值范围 1～5,增量为 0.25 分;牛场奶牛分值主要集中在 2.5～4 分。体况评分主要是在牛的骨盆和腰部做出评分。

(1)髋关节到髋结节和坐骨结节间所呈现的角度,可以做出高于 3 分、3 分或者低于 3 分的评分(图 3-1-2、图 3-1-3)。

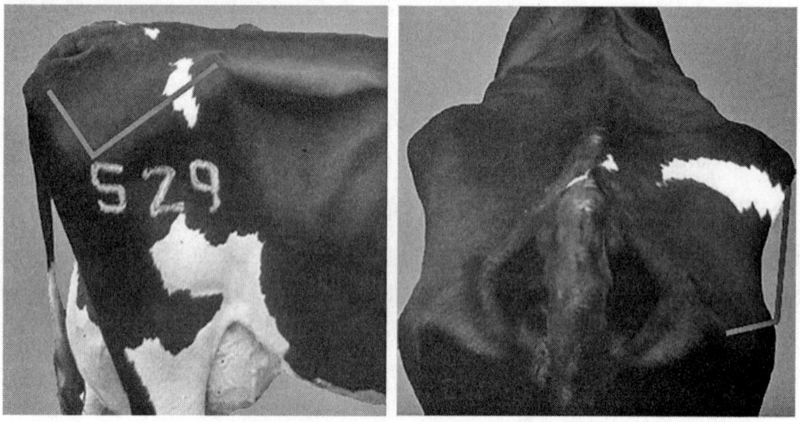

图 3-1-2　角度呈“V”字形,评分为 3 或者低于 3

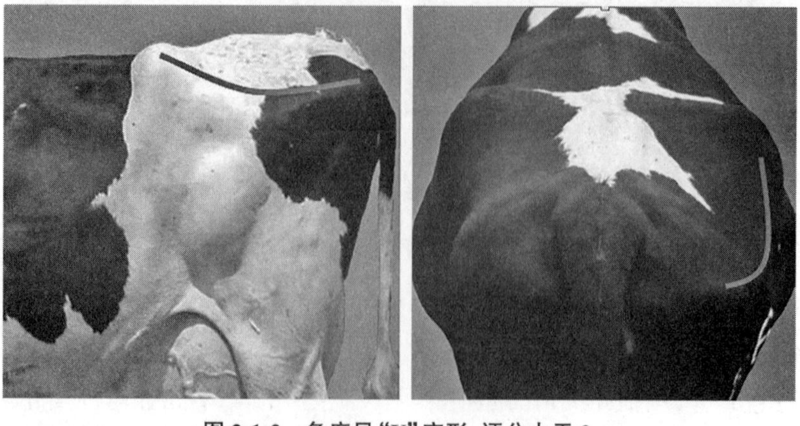

图 3-1-3　角度呈“U”字形,评分大于 3

(2)髋结节部位可以做出 3 分还是低于 3 分的评分(图 3-1-4)。

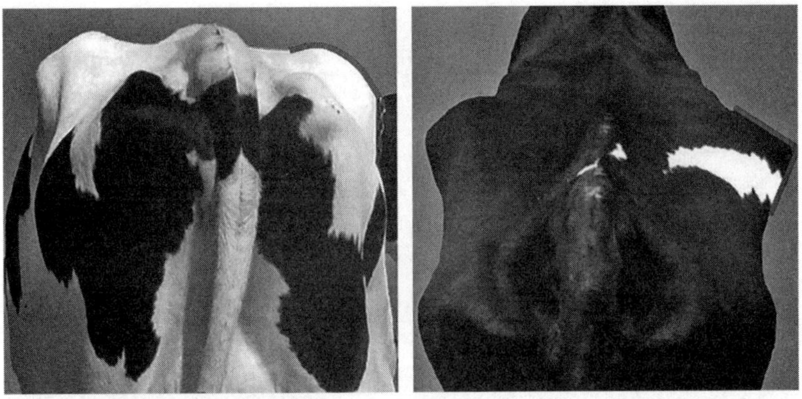

图 3-1-4　髋结节部位是圆的评分为 3(左),较尖的评分为 2.75 或者低于 2.75(右)

(3)坐骨结节部位可以确定分值是 2.75 还是低于 2.75(图 3-1-5、图 3-1-6)。评分低于 2.75 时,要通过触摸坐骨结节处脂肪的厚度来做出精确的判断。

图 3-1-5　坐骨结节部位评分为 2.75

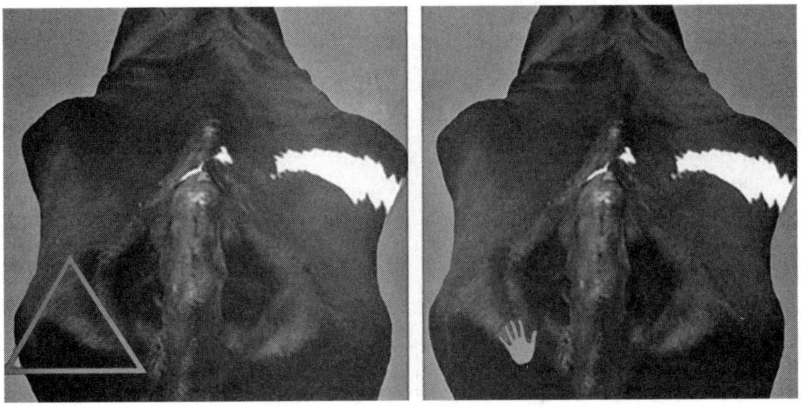

图 3-1-6　坐骨结节部位无脂肪覆盖,评分低于 2.75

(4)腰椎横突和脊椎对评分低于2.5分的进行精确评分(图3-1-7)。

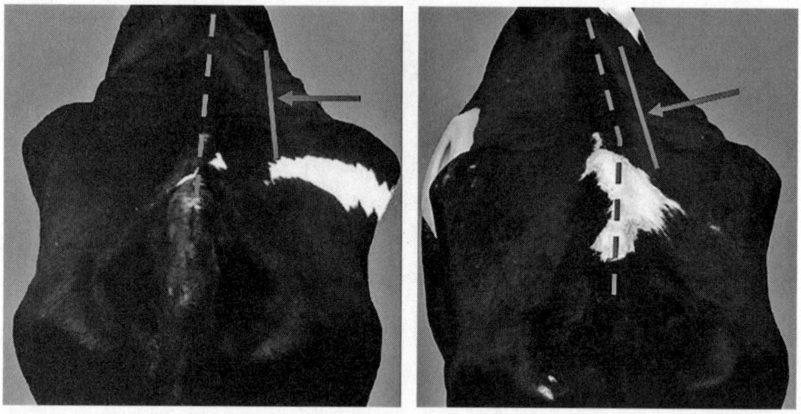

图3-1-7　明显可见的椎骨是一半宽度的,评分为2.25(左);明显可见的椎骨是四分之三宽度的,评分为2(右)

(5)尾根和荐骨韧带对评分高于3分的进行精确评分(图3-1-8、图3-1-9)。

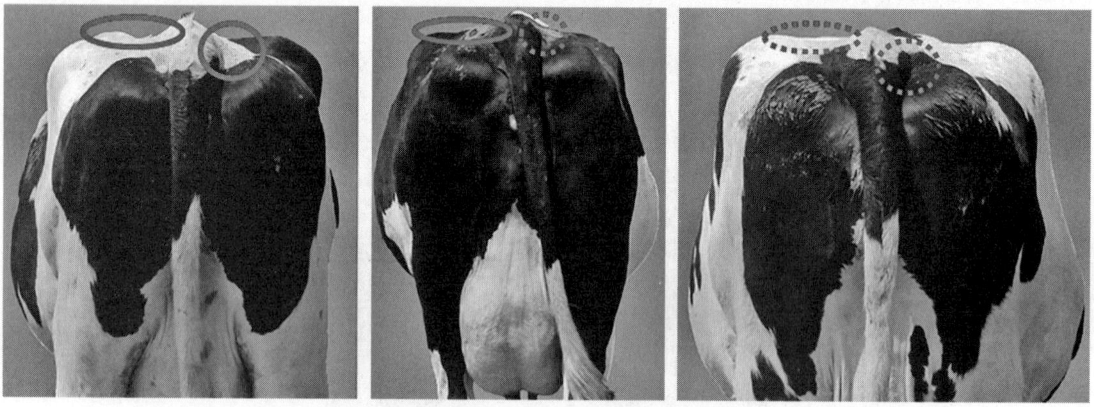

图3-1-8　可以明显看见两个韧带,评分为3.25(左);有部分尾根韧带被脂肪覆盖,评分为3.5(中);不能看见明显韧带,评分为3.75(右)

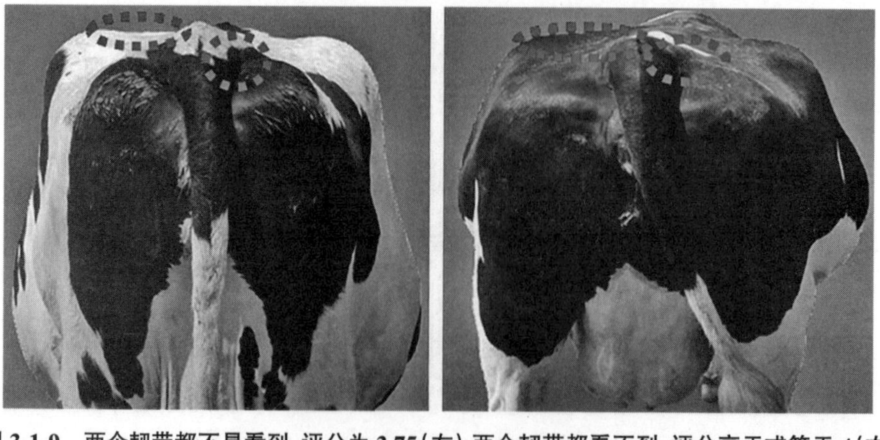

图3-1-9　两个韧带都不易看到,评分为3.75(左);两个韧带都看不到,评分高于或等于4(右)

(6)髋关节、腰椎横突、坐骨结节和髋结节的观察可对评分高于4分的进行精确评分(图3-1-10、图3-1-11)。

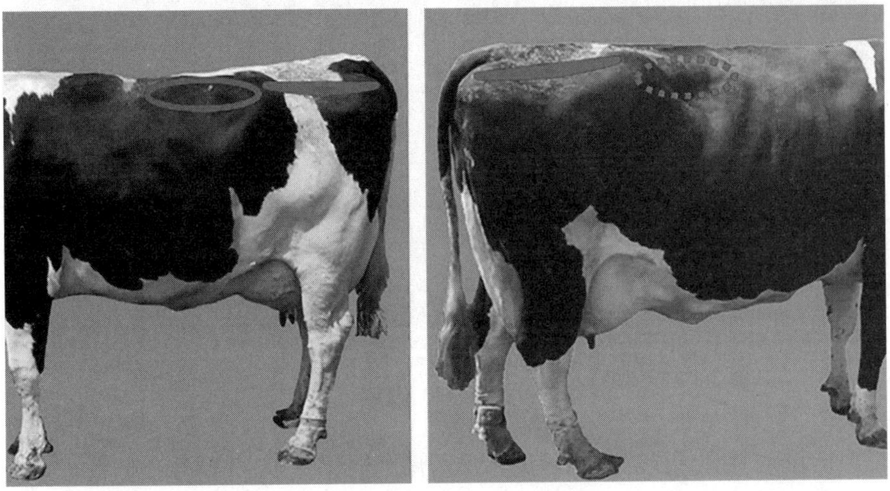

图 3-1-10　髋结节和坐骨结节间充满脂肪、腰椎横突顶端可见,评分为 4(左);髋结节和坐骨结节间充满脂肪、隐约可见腰椎横突顶端,评分为 4.25(右)

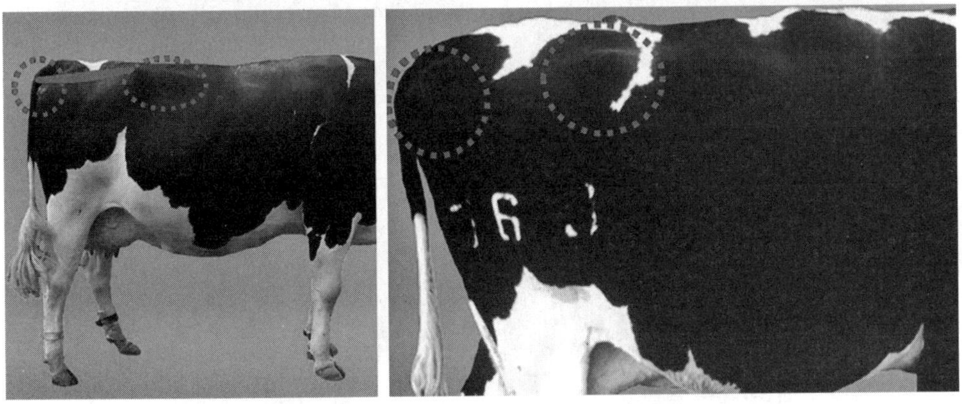

图 3-1-11　髋结节和坐骨结节部分充满脂肪、腰椎横突顶端不明显、坐骨结节不明显,评分为 4.5(左);没有明显的骨头,评分为 5(右)

二、奶牛体尺测量

(一)测量要求

(1)正确使用测杖、软尺、圆形测量器、测角计等测量工具。

(2)调整牛的站势,呈自然站势。

(3)读数要准确。

(二)主要测量项目及标准

(1)体高:由鬐甲最高点到地面的距离(测杖)(图3-1-12)。

(2)腰高(十字部高):两腰角连线与腰椎相交点到地面的垂直距离(测杖)(图3-1-13)。

图 3-1-12　体高

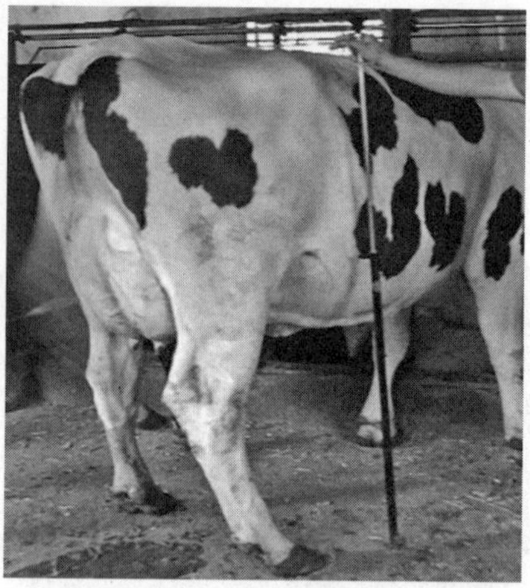

图 3-1-13　十字部高

(3)体直长:由肩胛骨到坐骨端后缘的水平距离(测杖)(图 3-1-14)。

(4)体长(体斜长):由肩端到同侧坐骨端的距离(卷尺、测杖,须说明)(图 3-1-15)。

图 3-1-14　体直长

图 3-1-15　体斜长

(5)胸围:肩胛骨后缘处体躯的水平周径,其松紧度以能插入食指和中指自由滑动为准(卷尺)(图 3-1-16)。

(6)腹围:腹部最粗处的周径(卷尺)(图 3-1-17)。

(7)管围:前肢掌骨上 1/3 处的周径,即前管最细处的周径(卷尺)(图 3-1-18)。

(8)胸深:肩胛骨后方从脊椎到胸椎的直线距离(测杖)(图 3-1-19)。

(9)尻宽:两坐骨结节(端)的距离(图 3-1-20)。

(10)尻长:从腰角前缘到坐骨结节后缘的直线距离(测杖)(图 3-1-21)。

(11)腰角宽:两腰角外缘的距离(测杖、圆测器)(图 3-1-22)。

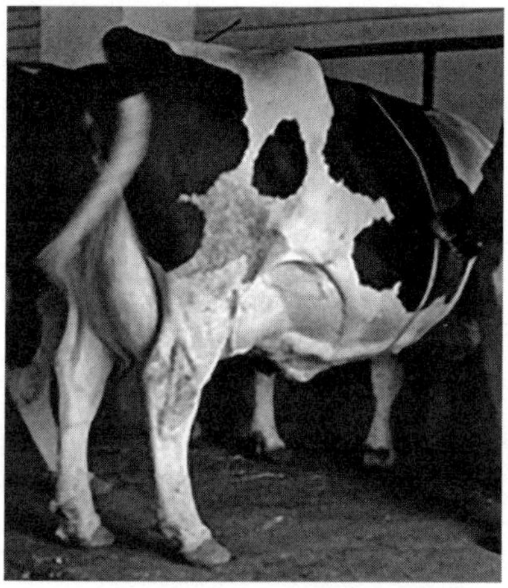

图 3-1-16　胸围

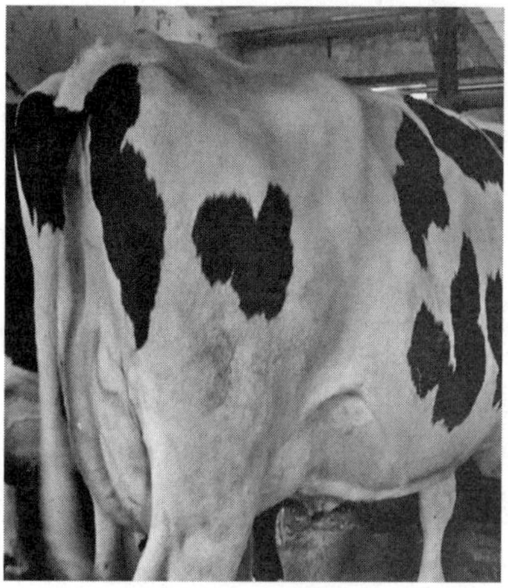

图 3-1-17　腹围

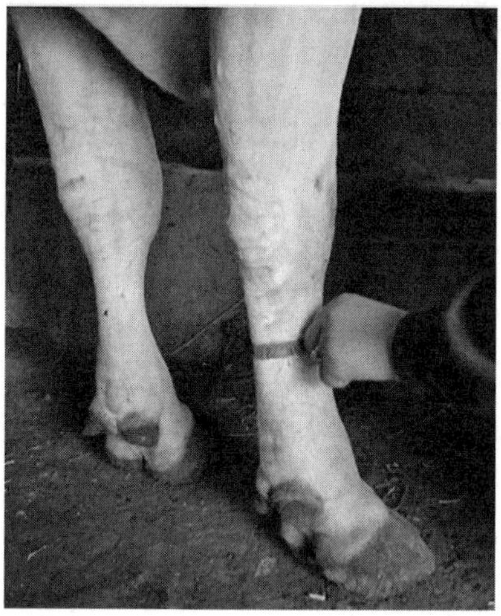

图 3-1-18　管围

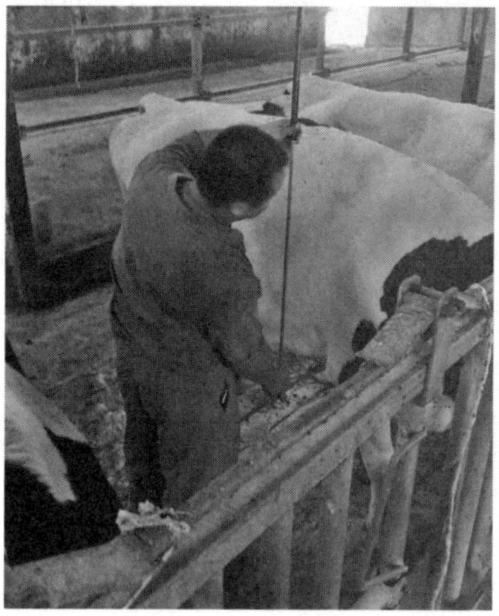

图 3-1-19　胸深

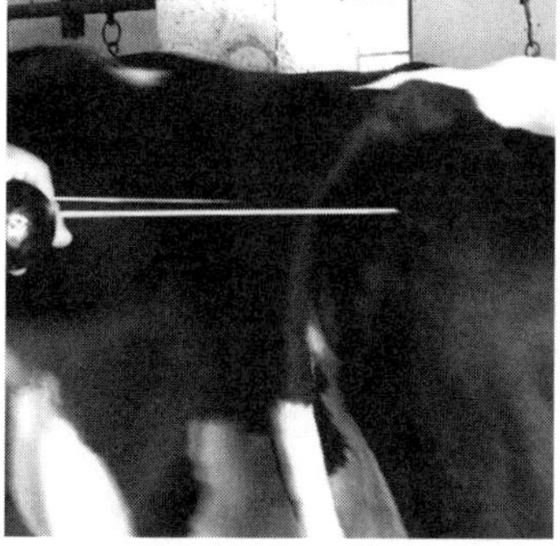

图 3-1-20　尻宽

图 3-1-21　尻长

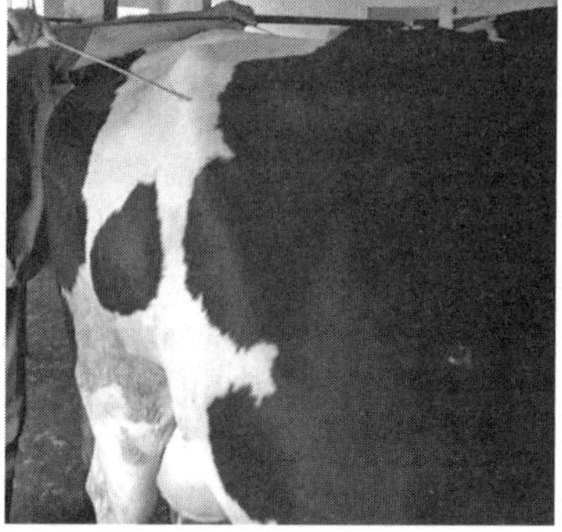

图 3-1-22　腰角宽

三、荷斯坦牛体型线性鉴定

自2002年1月1日起，全国统一实行9分制评分。该现行标准参考加拿大9分制评分标准和美国50分制评分标准，结合我国推广线性鉴定十余年来的情况，制定我国的现行标准，并根据各性状的重要性制定了计算部位评分的加权系数；为了便于计算评分，设置了性状评分的功能和加权分，其标准如下：

（一）鉴定部位及描述性状和缺陷性状

1. 体躯结构 / 容量

本部位包括6个描述性状，9个缺陷性状，占牛只总评分的18%。

（1）描述性状

①体高　在部位评分中所占权重为15%；评分标准与功能分、加权分见表3-1-3。

表3-1-3　体高评分标准表

评分	1	2	3	4	5	6	7	8	9
30月龄以下标准 /cm	≤130	132	135	137	140	142	145	147	≥150
30月龄以上标准 /cm	≤132	135	137	140	142	145	147	150	≥152
功能分	57	64	70	75	85	90	95	100	95
加权分	8.55	9.6	10.5	11.3	12.75	13.5	14.25	15	14.25

②体躯前段　在部位评分中所占权重为8%；评分标准与功能分、加权分见表3-1-4。

表3-1-4　体躯前段评分标准表

评分	1	2	3	4	5	6	7	8	9
标准	极低 前低5 cm		低 前低3 cm		平		高 后低3 cm		极高 后低5 cm
功能分	56	64	68	76	80	90	100	90	85
加权分	4.48	5.12	5.44	5.68	6.4	7.2	8	7.2	6.8

③体躯大小　在部位评分中所占权重为20%；评分标准与功能分、加权分见表3-1-5。

表3-1-5　体躯大小评分标准表

	评分	1	2	3	4	5	6	7	8	9
一胎	体重标准 /kg	410	434	456	478	500	522	544	566	590
	胸围标准 /cm	173	178	181	184	188	191	194	197	200
二胎	体重标准 /kg	454	476	500	522	544	576	590	612	635
	胸围标准 /cm	181	184	188	191	194	197	200	203	206
	功能分	55	60	65	75	80	85	90	95	100
	加权分	11	12	13	15	16	17	18	19	20

④胸宽　在部位评分中所占权重为29%；评分标准与功能分、加权分见表3-1-6。

表 3-1-6　胸宽测量评分标准表

评分	1	2	3	4	5	6	7	8	9
标准	极窄 13 cm		窄 19 cm		中等 25 cm		宽 31 cm		极宽 37 cm
功能分	55	60	65	70	75	80	85	90	95
加权分	15.95	17.4	18.85	20.3	21.75	23.2	24.65	26.14	27.55

⑤体深　在部位评分中所占权重为 20%;评分标准与功能分、加权分见表 3-1-7。

表 3-1-7　体深评分标准表

评分	1	2	3	4	5	6	7	8	9
标准	极浅		浅		中等		深		极深(腹下垂)
功能分	56	64	68	75	80	90	95	90	85
加权分	11.2	12.8	13.6	15	16	18	19	18	17

⑥腰强度　在部位评分中所占权重为 8%;评分标准与功能分、加权分见表 3-1-8。

表 3-1-8　腰强度评分标准表

评分	1	2	3	4	5	6	7	8	9
标准	极弱		弱		中等		强		极强
功能分	55	60	65	70	75	80	85	90	95
加权分	4.4	4.8	5.2	5.6	6	6.4	6.8	7.2	7.6

(2)缺陷性状　凡属缺陷性状的扣分均在体躯结构 / 容量中扣除,缺陷严重者加倍扣除。①面部歪:扣 2 分;②头部不理想:扣 1 分;③双肩峰:扣 1 分;④背腰不平:扣 1 分;⑤整体结合不匀称:扣 1 分;⑥肋骨不开张:扣 1 分;⑦凹腰:扣 1 分;⑧窄胸:扣 1 分;⑨体弱:扣 1 分。

2. 尻部

本部位包括 3 个描述性状,6 个缺陷性状,占牛只总评分的 10%。

(1)描述性状

①尻角度在部位评分中所占权重为 36%;评分标准与功能分、加权分见表 3-1-9。

表 3-1-9　尻角度评分标准表

评分	1	2	3	4	5	6	7	8	9
标准 /cm	−5 (腰角低)	−3	−1	0 (前后等高)	+4	+5	+6	+7	+8 (腰角高)
功能分	55	62	70	80	90	80	75	70	65
加权分	19.8	22.3	25.2	28.8	32.4	28.88	27	25.2	23.4

②尻宽在部位评分中所占权重为 42%;评分标准与功能分、加权分见表 3-1-10。

表 3-1-10　尻宽评分标准表

评分	1	2	3	4	5	6	7	8	9
标准 /cm	10	12	14	16	18	20	22	24	26
功能分	55	60	65	70	75	79	82	90	95
加权分	23.1	25.2	27.3	29.4	31.5	33.18	34.44	37.8	39.9

③腰强度在部位评分中所占权重为22%；评分标准与功能分同体躯结构 / 容量中之腰强度，评分与加权分见表3-1-11。

表3-1-11　腰强度评分标准表

评分	1	2	3	4	5	6	7	8	9
加权分	12.1	13.2	14.3	15.4	16.5	17.6	18.7	19.8	20.9

(2)缺陷性状　凡属缺陷性状之扣分均在尻部评分中扣除，缺陷严重者加倍扣除。①肛门向前：扣2分；②尾根凹：扣1分；③尾根高：扣1分；④尾根向前：扣1分；⑤尾歪：扣1分；⑥髋位偏后：扣1.5分。

3. 肢蹄

本部位包括5个描述性状，1个研究性状和7个缺陷性状，占牛只总评分的20%。

(1)描述性状

①蹄角度在部位评分中所占权重为20%；评分标准与功能分、加权分见表3-1-12。

表3-1-12　蹄角度评分标准表

评分	1	2	3	4	5	6	7	8	9
标准	15°	25°	35°	40°	45°	55°	65°	70°	75°
	蹄上沿延伸线到前肢肘部				蹄上沿延伸线到前肢膝关节				蹄上沿延伸线到前肢膝关节以下
功能分	56	64	70	76	81	90	100	95	85
加权分	11.2	12.8	14	15.2	16.2	18	20	19	17

②蹄踵深度在部位评分中所占权重为20%；评分标准与功能分、加权分见表3-1-13。

表3-1-13　蹄踵深度评分标准表

评分	1	2	3	4	5	6	7	8	9
标准	0.5 cm		1.5 cm		2.5 cm		3.5 cm		4.5 cm
功能分	57	64	69	75	80	85	90	95	100
加权分	11.4	12.8	13.8	15	16	17	18	19	20

③蹄瓣均衡(研究性状)在部位评分中不计分，因此部位评分的权重，可以评分也可不评分。

④骨质地在部位评分中所占权重为20%；评分标准与功能分、加权分见表3-1-14。

表3-1-14　骨质地评分标准表

评分	1	2	3	4	5	6	7	8	9
标准	极粗、圆、疏松		粗、圆、疏松		中等		宽、扁平、细致		极宽、扁平、细致
功能分	57	64	69	75	80	85	90	95	100
加权分	11.4	12.8	13.8	15	16	17	18	19	20

⑤后肢侧视在部位评分中所占权重为20%；评分标准与功能分、加权分见表3-1-15。

表 3-1-15　后肢侧视评分标准表

评分	1	2	3	4	5	6	7	8	9
标准	165°直飞		155°较直飞		145°		135°较曲飞		125°极曲飞
功能分	55	65	75	80	95	80	75	65	55
加权分	11	13	15	16	19	16	15	13	11

⑥后肢后视在部位评分中所占权重为 20%；评分标准与功能分、加权分见表 3-1-16。

表 3-1-16　后肢后视评分标准表

评分	1	2	3	4	5	6	7	8	9
标准	飞节内向、后肢 X 状				中等				飞节间宽、后肢平行
功能分	57	64	69	74	78	81	85	90	100
加权分	11.4	12.8	13.8	14.8	15.6	16.2	17	18	20

(2) 缺陷性状　缺陷性状的扣分均在肢蹄评分中扣除，缺陷严重加倍扣除。①卧系：扣 1 分；②后肢抖：扣 3 分；③飞节粗大：扣 1 分；④蹄叉开张：扣 0.5 分；⑤后肢前踏或后踏：扣 1.5 分；⑥过于纤细：扣 1 分；⑦前蹄向外：扣 1 分。

4. 乳房

本部位分三个系统：泌乳系统、前乳房、后乳房，占牛只体型总评分的 42%。

泌乳系统评定

本系统包括 3 个描述性状和 3 个缺陷性状，评分占乳房总评分的 20%。

(1) 描述性状

①乳房深度在泌乳系统评分中所占权重为 30%；评分标准与功能分、加权分见表 3-1-17。

表 3-1-17　乳房深度评分标准表

评分		1	2	3	4	5	6	7	8	9
标准	一胎	极低 飞节平	飞节上 3 cm	低 飞节上 6 cm	飞节上 8 cm	适中 飞节上 12 cm	飞节上 14 cm	高 飞节上 16 cm	飞节上 18 cm	极高 飞节上 20 cm
	三胎	飞节下 6 cm	飞节下 4 cm	飞节下 2 cm	飞节平	飞节上 5 cm	飞节上 7 cm	飞节上 9 cm	飞节上 12 cm	飞节上 15 cm
功能分		55	65	75	85	95	85	75	65	55
加权分		16.5	19.5	22.5	25.5	28.5	25.5	22.5	19.5	16.5

②乳房质地在泌乳系统评分中所占权重为 35%；评分标准与功能分、加权分见表 3-1-18。

表 3-1-18　乳房质地评分标准表

评分	1	2	3	4	5	6	7	8	9
标准	结缔组织				半腺结缔组织				全腺结缔组织
功能分	55	60	65	70	75	80	85	90	95
加权分	19.25	21	22.75	24.5	26.25	28	29.75	31.5	33.25

③中央悬韧带在泌乳系统评分中所占权重为35%;评分标准与功能分、加权分见表3-1-19。

表 3-1-19　中央悬韧带评分标准表

评分	1	2	3	4	5	6	7	8	9
标准	乳中沟极浅		乳中沟浅		乳中沟中等		乳中沟深		乳中沟极深
	0 cm	0.6 cm	1.5 cm	2.1 cm	3 cm	3.7 cm	4.5 cm	5.2 cm	6 cm
功能分	55	60	65	70	75	80	85	90	95
加权分	19.25	21	22.75	24.5	26.25	28	29.75	31.5	33.25

(2)缺陷性状　缺陷性状扣分均在泌乳系统扣除,缺陷严重加倍扣除。

①乳房前吊:扣1分;②乳房后吊:扣1分;③乳房形状差:扣1分。

前乳房评定

本系统包括6个描述性状和7个缺陷性状,评分占乳房总评分的35%。

(1)描述性状

①前乳房附着在前乳房评分中所占的权重为45%,评分标准与功能分、加权分见表3-1-20。

表 3-1-20　前乳房附着评分标准表

评分	1	2	3	4	5	6	7	8	9
标准	极弱		弱		中等		强		极强
功能分	55	60	65	70	75	80	85	90	95
加权分	24.75	27	29.25	31.5	33.75	36	38.25	40.25	42.75

②前乳头位置在前乳房评分中所占的权重为20%,评分标准与功能分、加权分见表3-1-21。

表 3-1-21　前乳头位置评分标准表

评分	1	2	3	4	5	6	7	8	9
标准	极外		偏外		中间		偏内		极内
功能分	57	65	75	80	85	90	85	80	75
加权分	11.4	13	15	16	17	18	17	16	15

③前乳头长度在前乳房评分中所占的权重为5%,评分标准与功能分、加权分见表3-1-22。

表 3-1-22　前乳头长度评分标准表

评分	1	2	3	4	5	6	7	8	9
标准	极短 2.5 cm		短 4 cm		适中 5 cm		长 7.5 cm		极长 10 cm
功能分	55	60	65	75	80	75	70	65	55
加权分	2.75	3	3.25	3.75	4	3.75	3.5	3.25	23.75

另:泌乳系统所鉴定的3个性状也参加前乳房的评分,其评分与加权分分别如下:

④乳房深度在前乳房评分中所占权重为8%,评分标准与加权分见表3-1-23。

表 3-1-23 乳房深度评分标准表

评分	1	2	3	4	5	6	7	8	9
加权分	4.4	5.2	6	6.8	7.6	6.8	6	5.2	4.4

⑤乳房质地在前乳房评分中所占权重为 12%,评分标准与加权分见表 3-1-24。

表 3-1-24 乳房质地评分标准表

评分	1	2	3	4	5	6	7	8	9
加权分	6.6	7.2	7.8	8.4	9	9.6	10.2	10.8	11.4

⑥中央悬韧带在前乳房评分中所占权重为 10%,评分标准与加权分见表 3-1-25。

表 3-1-25 中央悬韧带评分标准表

评分	1	2	3	4	5	6	7	8	9
加权分	5.5	6	6.5	7	7.5	8	8.5	9	9.5

(2)缺陷性状 缺陷性状扣分均在前乳房评分中扣除,缺陷严重加倍扣除。①前乳房膨大:扣 1 分;②前乳房肥赘:扣 1 分;③左右不均衡:扣 2 分;④前乳房短:扣 1 分;⑤前乳头不垂直:扣 1 分;⑥前乳头有副乳头:扣 1.5 分;⑦前乳房有瞎乳区:扣 4 分。

后乳房评定

本系统包括 6 个描述性状和 6 个缺陷性状,评分占乳房总评分的 45%。

(1)描述性状

①后乳房附着高度在后乳房评分中所占权重为 23%,评分标准与功能分、加权分见表 3-1-26。

表 3-1-26 后乳房附着高度评分标准表

评分	1	2	3	4	5	6	7	8	9
标准	极低 32 cm		低 28 cm		适中 24 cm		高 20 cm		极高 16 cm
功能分	55	65	70	75	80	85	90	95	100
加权分	12.65	14.95	16.1	17.25	18.4	19.55	20.7	21.85	23

②后乳房附着宽度在后乳房评分中所占权重为 23%,评分标准与功能分、加权分见表 3-1-27。

表 3-1-27 后乳房附着宽度评分标准表

评分	1	2	3	4	5	6	7	8	9
标准	极窄 7 cm		窄 11 cm		中等 15 cm		宽 19 cm		极宽 23 cm
功能分	55	65	70	75	80	85	90	95	100
加权分	12.65	14.95	16.1	17.25	18.4	19.55	20.7	21.85	23

③后乳头位置在后乳房评分中所占权重为 14%,评分标准与功能分、加权分见表 3-1-28。

表 3-1-28　后乳头位置评分标准表

评分	1	2	3	4	5	6	7	8	9
标准	极外		偏外		中间		偏内		极内
功能分	55	60	65	75	80	75	70	65	55
加权分	19.25	21	22.75	26.25	28	26.25	24.5	22.75	19.25

此外，泌乳系统所鉴定的 3 个性状也参加后乳房的评分，其评分与加权分分别如下。

④乳房深度在后乳房评分中所占权重为 12%，评分标准与加权分见表 3-1-29。

表 3-1-29　乳房深度评分标准表

评分	1	2	3	4	5	6	7	8	9
加权分	6.6	7.8	9	10.2	11.4	10.2	9	7.8	6.6

⑤乳房质地在后乳房评分中所占权重为 14%，评分标准与加权分见表 3-1-30。

表 3-1-30　乳房质地评分标准表

评分	1	2	3	4	5	6	7	8	9
加权分	7.7	8.4	9.1	9.8	10.5	11.2	11.9	12.6	13.3

⑥中央悬韧带在后乳房评分中所占权重为 14%，评分标准与加权分见表 3-1-31。

表 3-1-31　中央悬韧带评分标准表

评分	1	2	3	4	5	6	7	8	9
加权分	7.7	8.4	9.1	9.8	10.5	11.2	11.9	12.6	13.3

(2) 缺陷性状　缺陷性状扣分均在后乳房评分中扣除，缺陷严重加倍扣除。①后乳房左右不均匀：扣 3 分；②后乳房短：扣 1 分；③后乳头不垂直：扣 1 分；④后乳头位置向外：扣 1 分；⑤后乳头上有副乳头：扣 1.5 分；⑥后乳房上有瞎乳区：扣 4 分。

5. **乳用特征**

本部位包括 4 个描述性状和 1 个缺陷性状，占牛只体型总评分的 10%。

(1) 描述性状

①棱角性在部位评分中所占权重为 60%，评分标准与功能分、加权分见表 3-1-32。

表 3-1-32　棱角性评分标准表

评分	1	2	3	4	5	6	7	8	9
标准	极差		差		中等		明显		极明显
功能分	57	64	69	74	78	81	85	90	95
加权分	19.25	21	22.75	26.25	28	26.25	24.5	22.75	19.25

此外，肢蹄部位的骨质地，乳房部位的乳房质地与体躯结构 / 容量部位的胸宽 3 个描述性状也参与乳用特征部位的评分，其权重与加权分如下。

②骨质地在乳用特征评分中所占权重为 10%，评分与加权分见表 3-1-33。

表 3-1-33　骨质地评分标准表

评分	1	2	3	4	5	6	7	8	9
加权分	5.7	6.4	6.9	7.5	8	8.5	9	9.5	10

③乳房质地在乳用特征评分中所占权重为 15%,评分与加权分见表 3-1-34。

表 3-1-34　乳房质地评分标准表

评分	1	2	3	4	5	6	7	8	9
加权分	8.25	9	9.75	10.5	11.25	12	12.75	13.5	14.25

④胸宽在乳用特征评分中所占权重为 15%,评分与加权分见表 3-1-35。

表 3-1-35　胸宽评分标准表

评分	1	2	3	4	5	6	7	8	9
加权分	8.25	9	9.75	10.25	11.25	12	12.75	13.5	14.25

(2)缺陷性状　缺陷性状扣分在乳用特征评分中扣除,缺陷严重加倍扣除。肋间近:扣 1 分。

（二）体型鉴定的分数计算方法

(1)功能分　体型线性评分所表现的生物学状态称之功能分,最高的体型线性评分为该性状的最佳评分。

(2)加权分　线性评分的功能分乘以该性状在部位评分中的权重,即为该性状在所属部位的加权分。如:体高,某一头牛线性评分为 6 分,其功能分为 90 分,体高在体躯结构 / 容量评分中的权重为 15%,那么,它的加权分即为 90 分 ×15%=13.5 分;所有加权分均这样计算。

(3)部位评分　奶牛体型线性鉴定评分分为五大部位,各部位分数的计算公式为:部位评分 =∑(功能分 × 权重)–∑(缺陷性状扣分)或∑加权分 –∑(缺陷性状扣分)。

例如,某头奶牛,体躯结构 / 容量各线性性状评分、权重、功能分与加权分如下。

表 3-1-36　某头奶牛体躯结构 / 容量评分表

性状	体高	体躯前段	体躯大小	胸宽	体深	腰强度
权重	15%	8%	20%	29%	20%	8%
评分	6	7	6	7	6	5
功能分	90	100	85	85	90	75
加权分	13.5	8	17	24.65	18	6

缺陷性状扣分:背腰不平(严重)扣 2 分,凹腰扣 1 分。

体躯结构 / 容量 =(90×15%+100×8%+85×20%+85×29%+90×20%+75×8%)–(2+1)=84.15,即 84 分或(13.5+8+17+24.65+18+6)–(2+1)=84.15(分)。

乳房部位的评分计算方法:应先计算三个系统的评分,然后计算乳房的评分。其他肢蹄部、尻部、乳用特征以此计算。

(4)奶牛体型评分总分的计算　部位计算所得分数乘以在体型外貌总分中的权重,即为该部位计算体型外貌总分的加权分,各部位加权分相加,即为该牛的体型外貌总分。

①各部位在计算体型外貌总分时的权重如表 3-1-37。

表 3-1-37　各部位权重表

部位	体躯结构 / 容量	尻部	肢蹄	乳房	乳用特征
权重	18%	10%	20%	40%	12%

②体型外貌总分 = ∑(各部位评分 × 权重)= ∑(各部位加权分)。

③例如,某奶牛的体型各部位评分与权重、加权分如表 3-1-38。

表 3-1-38　某奶牛体型评分标准表

部位	体躯结构 / 容量	尻部	肢蹄	乳房	乳用特征
评分	85.2	82.5	79.6	80.1	82.3
权重	18%	10%	20%	40%	12%
加权分	15.336	8.25	15.92	32.04	9.876

体型外貌总分 = ∑(各部位加权分)=15.336+8.25+15.92+32.04+9.876=81.422

(三)体型外貌的等级划分

体型外貌的划分是依据奶牛体型线性鉴定结果计算出的体型外貌总分来进行划分的,共分为 6 个等级。等级划分标准如下:

①优秀(EX)90～100 分;②很好(VG)85～89 分;③好 +(GP)80～84 分;④好(G)75～79 分;⑤一般(P)65～74 分;⑥差(F)65 分以下。

【业务经验】

以荷斯坦牛为例体型线性鉴定分享。

一、体躯结构 / 容量鉴定

本部位鉴定包括 6 个描述性状和 9 个缺陷性状。

1. 描述性状

(1)体高　是牛体骨骼结构的综合表现,是一个相当重要的指标。是基于地面到牛体十字部的相对高度进行度量,是一个可度量的指标。鉴于奶牛体高在一胎时,仍在继续发育,到三胎(4～5 岁)时,体格发育完成,制定了一胎和三胎两个指标。体高在 130 cm 时,属于极低个体,应评最低分 1 分;140 cm 时,属于中等评 5 分;体高在 150 cm 时,属于极高个体评 9 分。三胎牛在相应的一胎标准上降低 1 分。荷斯坦牛的体高理想评分 7～9 分。

(2)体躯前段　观察部位应为奶牛的鬐甲部与十字部之相对高度差,变化范围由鬐甲部高于十字部到鬐甲部低于十字部,由极低到极高变化范围为 10 cm,即鬐甲部低于十字部 5 cm 为极低;中等为平的;鬐甲部高于十字部 5 cm 为极高,评 9 分。从生物学角度来说,鬐甲部若低于十字部,则奶牛的站立姿势前低后高,内脏器官均向前倾斜,相对胸腔压力增大,不利于肺和心脏的运动,同时,生殖系统也向前下方倾斜,不利于生殖系统的分泌物排除,容易造成生殖系统疾病。而鬐甲部比十字部过高,形成前高后低,相对体躯内之内脏器官向后倾斜,腹腔压力增大,特别是怀孕母牛的后期,腹腔压力更大,使宫内胎儿发育等受到一定影响,最理想的是鬐甲部比十字部高 3 cm,即评分为 7 分(奶牛站立地面必须是水平面)。

(3)体躯大小(体重) 奶牛体躯的大小,主要是根据其体重进行评分,目前一般都是根据测量奶牛的胸围来估计体重。评分时一胎母牛胸围在 173 cm,估计体重 410 kg,为极小个体,评 1 分;胸围 188 cm,估计体重 500 kg,属于中等,评 5 分;胸围达到 200 cm,估计体重可达 590 kg,属于极大个体,评 9 分。

(4)胸宽 可以表现出个体是否具有高产能力和维持高产的持久力。胸部宽的个体相应的肋骨开张大、肺活量大、心力强、代谢能力强,身体健康是维持牛高产的结构基础。观察奶牛胸底部两前肢之间的内裆宽度进行评分。胸宽在 37 cm 以上的个体为极宽个体,评 9 分;胸宽 25 cm 之个体为中等个体,评 5 分;胸宽 13 cm 的个体为极窄个体,评 1 分。

(5)体深 对体深的评分是以奶牛体躯最后一根肋骨处,腹下沿的深度为评分基准。如果腹下沿很深,呈下垂状态,评 9 分;腹下沿比较深,但很紧凑,呈下垂状态,评 7 分,是比较理想的体深;中等评 5 分;腹深很浅,呈犬腹状态,评 1 分。

(6)腰强度 主要是鉴定奶牛腰部的结实程度。腰部不结实的奶牛往往会出现子宫下沉,产道在体躯内向下方弯曲,因而影响到产犊时胎儿产出的难易,同时,子宫内分泌物也不易排出,引起生殖系统疾病,影响奶牛的配种受胎率。腰强度的评分主要是观察被鉴定牛臀部(十字部)的荐椎至腰部第一腰椎之间的连接强度和腰部之短肋的发育状态。极强的个体评 9 分;极弱的个体评 1 分;中等的评 5 分。

2. 缺陷性状

(1)面部歪 弯曲的下颌,扭曲的鼻梁骨,影响咀嚼和呼吸。

(2)头部不理想 缺少品种特征,如头短、口笼窄,两眼太近或太远。

(3)双肩峰 指鬐甲和肩后连接成凹形,即双飞翼。

(4)背腰不平 即母牛背腰凹、凸不平,但应和腰强度很强的腰椎微隆起相区别。

(5)整体结合不匀称 一个部分与另一个部分的结合不紧凑,整体结合不好。

(6)肋骨不开张 从牛的后部观察,其肋骨应呈长、平、弧形的开张。而肋骨不张开个体其肋骨不呈弧形开张。

(7)凹腰 腰椎和髋骨、荐椎之连接点应是高、宽、紧凑的。连接点差的,呈下凹状态,但应与腰强度的极弱个体区别开。

(8)窄胸 胸部应大而深,在肘部有很好的张开前肋,并平滑地充满肩部。而窄胸的个体,则在肘部很窄,从上到下呈向内夹的状态。

(9)体弱 牛只体况极瘦,缺乏强壮感,缺乏支持高产的能力和应变能力。

二、尻部鉴定

本部位鉴定的描述性状有 3 个,缺陷性状有 6 个。

1. 描述性状

(1)尻角度 对尻角度的评分应从母牛的侧面观察,从腰角到臀部之坐骨结节端之倾斜角度。腰角高于坐骨结节端 8 cm 者,其尻角度为倾斜,评 9 分;腰角高于坐骨结节端 4 cm 者,其尻角度属于理想角度,评 5 分;若腰角低于坐骨结节端 5 cm 者,为极逆斜,评 1 分。适当的尻角度有利于母牛生殖道中分泌物和产后恶露的排出,无论是逆斜或极斜的状态,均对生殖道内分泌物的排除有影响,直接影响奶牛的繁殖率。

(2)尻宽 尻宽直接关系到产犊的难易,尻越宽的母牛产犊越容易,尻宽这一性状的评分主要是以臀端两坐骨结节的宽度进行评分。两坐骨结节间宽 10 cm 者，为极窄个体，评 1 分；每增加 2 cm 提高 1 分，18 cm 为中等，评 5 分；26 cm 为极宽个体，评 9 分。

(3) 腰强度　主要是鉴定奶牛腰部的结实程度。腰部不结实的奶牛往往会出现子宫下沉，产道在体躯内向下方弯曲，因而影响产犊时胎儿产出的难易程度，同时，子宫内分泌物也不易排出，易引起生殖系统疾病，而影响奶牛的配种受胎率。腰强度的评分主要是观察被鉴定牛臀部（十字部）的荐椎至腰部第一腰椎之间的连接强度和腰部短肋的发育状态，极强的个体评 9 分，极弱的个体评 1 分，中等的个体评 5 分。

2. 缺陷性状

(1) 肛门向前　母牛的阴门和肛门应该呈垂直状态，若肛门在尾根部前置，其排泄物会污染母牛的生殖道，引起生殖系统疾病。

(2) 尾根凹　即尾根在臀部间陷入，这样，当母牛排粪时，尾根部高度不够，使尾根紧紧压在肛门上，使排泄物严重污染生殖道。

(3) 尾根高　尾根位于臀骨之顶端，这样的牛配种受胎比较困难。

(4) 尾根向前　尾根的起始点应是在臀角 2.5 cm 处，如果其距离超过 2.5 cm，即为尾根向前，这一缺陷的影响，与尾根下凹相同。

(5) 尾歪　尾应与背线呈一条直线，如果与背线呈扭曲状态，即为尾歪。这类牛尾巴不能掩盖住阴门，使阴门失去最后一道屏障，暴露在外面而受到环境的污染。

(6) 髋位偏后　髋部应位于腰角和臀角之间，髋位偏后的母牛会影响到髋端位置和后肢结构。

三、肢蹄鉴定

本部位包括 6 个描述性状（其中 1 个为研究性状）及 7 个缺陷性状。

1. 描述性状

(1) 蹄角度　指后蹄外侧前蹄壁与地面所形成夹角的陡峭程度。与地之夹角小的牛，蹄冠薄使蹄壁变得长而平展，需要经常修蹄，极容易引起蹄损伤、蹄变形和蹄病，其蹄角度很小，即 15°角，评 1 分；45°角，评 5 分；75°角，评 9 分。

(2) 蹄踵深度　主要观察鉴定牛只的后蹄踵上沿与地面之间的相对高度，该性状直接关系奶牛的蹄健康，影响奶牛的运动能力。蹄踵深度在 0.5 cm 时，为极浅个体，评 1 分；每增加 0.5 cm，评分增加 1 分，蹄踵深度在 2.5 cm 时为中等，评 5 分；蹄踵深度在 4.5 cm 时为极深个体，评 9 分。

(3) 骨质地　骨质地的优劣关系到奶牛的耐久力和灵活性。对骨质地的评分主要是观察奶牛的后肢骨骼细致程度与结实程度。后肢骨骼粗圆、疏松者，其活动的灵活性和后肢的耐久性比较差，显得无力量，评 1 分；后肢骨骼宽、扁平、细致，其活动性灵活，耐久性好，显得结实有力，评 9 分；中等者评 5 分。

(4) 后肢侧视　鉴定本性状时，鉴定员应该从侧面观察奶牛后肢飞节处的弯曲程度。腿越直，弯曲程度越小，评分越低。当飞节角度大于 145°角时，即为直飞。飞节呈 165°角时，为极直个体，评 1 分；飞节角度小于 145°角时，即为曲飞，弯曲程度越大，即镰刀状越严重，打分越高。飞节呈 125°角时，即为极曲个体，评 9 分；中等程度评 5 分，其飞节呈 145°角。

(5) 后肢后视　本性状是与肢蹄的耐久力有关的性状。站立姿势端正的奶牛，其底部磨损比较均匀，内蹄和外蹄比较均匀。对本性状的评分，鉴定员站到奶牛后部，观察其后肢站立姿势及两飞节间的距离和弯曲状况。两飞节间的距离很宽，两后肢呈平行状态站立的牛只，不仅其肢蹄耐久力好，且蹄部磨损均匀，蹄病发病率低，而且，两后裆之间空间比较大，为具有一个宽大的后乳房提供足够的空间，因而最理想，评 9 分。而两飞节内向，后肢呈 X 状的牛只，不仅肢蹄持久力差，内、外蹄磨损很不均匀，容易蹄变形，蹄病发病率高，后裆窄，后乳房被后裆夹得很紧，造成乳房排汗差，行走摩擦，易造成乳房皮肤损伤，发生溃疡。

(6)蹄瓣均匀(研究性状)　奶牛肢蹄健康的因素之一，与奶牛四肢站立、行走姿势和饲养管理、环境因素有关。

2. 缺陷性状

(1)卧系　指系部软，悬蹄接近地面，影响奶牛肢蹄的耐久力。

(2)后肢抖　后肢站立或行走时，有痉挛或发抖时，表现关节炎或神经系统疾病。

(3)飞节粗大　主要指飞节粗圆、不平滑结实。

(4)蹄叉张开　无论前蹄或后蹄的两趾之间间隙较大，容易造成损伤。

(5)后肢前踏或后踏　两后肢站立时，其姿势向前踏或后踏，表明后肢无力，也是奶牛缺钙的一种症状。

(6)过于纤细　指后腿骨骼纤细。

(7)前蹄向外　指前肢站立姿势呈“八”字形。

四、乳房鉴定

(一)泌乳系统与牛体连接

(1)皮肤　作用很小，主要起保护作用。

(2)皮下结蹄组织　连接乳房深部组织与皮肤。

(3)索状组织　乳房前四分之一处与腹臂之间，形成比较松弛的连接。

(4)纤维弹性组织　悬垂韧带。

(5)坚硬的纤维化悬垂组织　深层组织，覆盖整个乳房。

(6)亚骨盆腱　像缆绳或索一样从骨盆和髋的底部一直延伸到乳房的中心线。

(7)中央悬韧带　也叫乳房中隔，是把乳腺固定在胸壁上的一组弓形纤维。

(8)乳房组织　结缔组织和腺体组织。

(9)血管和血流量　产 1 L 乳需 540 L 流量。

(10)乳房的重量　乳房重量 23.5 kg，高峰期 33 kg。

(二)泌乳系统鉴定

泌乳系统鉴定包括 3 个描述性状和 3 个缺陷性状。

1. 描述性状

(1)乳房深度　乳房深度指乳房底部到飞节的距离，若乳房是倾斜状态，则指乳房底部最低点到飞节的距离。对于一胎母牛，其乳房底部到飞节 12 cm，评 5 分，最理想的；飞节平为极深，评 1 分；距飞节 18 cm，则为极浅，容积最小，评 8～9 分。对于三胎以上牛只，乳房底部到飞节 5 cm，最理想状态，距飞节 12 cm，则其容积小，为很浅的个体，评 8 分；与飞节平，4 分；低于飞节则其乳房深度为较深和极深，1 分。

(2)乳房质地　乳房质地是对奶牛泌乳能力影响很大的性状。腺体乳房皮肤薄，弹性好，挤奶前后变化较大，触摸乳房质地细软。结缔组织乳房的皮肤粗、厚、弹性差。

(3)中央悬韧带　中央悬韧带也叫乳房中隔，主要观察中央悬韧带的强度。中央悬韧带极强的个体明显把乳房分为四个区，乳中沟明显很深，可达 5～6 cm，从乳房的后部看，后乳房也有明显的乳沟直达后乳房上端，把后乳房分为左右两个部分，这样的中央悬韧带可评 8～9 分；乳沟成钝角，深 3 cm，评 5 分；无乳中沟，评 1 分。

2. 缺陷性状

(1)乳房前吊　前乳房附着很差，下垂，乳房底部向前倾斜。

(2)乳房后吊　后乳房附着差，韧带松弛或断裂，使乳房底部向后倾斜。

(3)乳房形状差　乳房形状如袋状或山羊乳状。

（三）前乳房鉴定

本部位鉴定包括 3 个描述性状和 7 个缺陷性状。

1. 描述性状

(1)前乳房附着　决定前乳房的悬重能力和可能引起的损伤，对前乳房附着的评分是从侧面观察，借助触摸，附着极强的个体手很难伸入乳房的基部，评 9 分；而极弱的个体，手几乎无什么阻力，很容易伸入腹壁与前乳房之间，评 1 分；中等评 5 分。

(2)前乳头位置　乳头位置直接关系到挤奶的难易，无论是手工挤奶还是机器挤奶，乳头的位置极度向外和极度向内，均给挤奶带来困难，乳头极外的个体，易造成乳头损伤。乳头极内评 9 分；极外评 1 分；理想评 6 分。

(3)前乳头长度　前乳头长度 5 cm，无论是手工挤奶还是机器挤奶，都比较好，评 5 分；前乳头长度达 10 cm，评 9 分；极短的 2.5 cm，评 1 分。

2. 缺陷性状

(1)前乳房膨大　指前乳房附着部位下方乳房组织，向前下方凸出。

(2)前乳房肥赘　指前乳房组织向左右两侧突出很多。

(3)左右不均衡　左右两个乳区大小不一致，平时叫偏乳房。

(4)前乳房短　乳房向前延伸很差，没有足够的长度，容积小。

(5)前乳头不垂直　应与乳头位置区别，主要指乳头向外或向内倾斜。

(6)前乳头有副乳头　并不是乳房上长有副乳头，而是乳头基部或乳头上面附着有小乳头。

(7)前乳房有瞎乳区　主要指非乳房炎造成的乳区发育不全而产奶极少或无奶。

（四）后乳房鉴定

本部位鉴定包括 3 个描述性状和 6 个缺陷性状。

1. 描述性状

(1)后乳房附着高度　后乳房的高度指后乳房腺体组织最上缘与阴门基部之间的距离，后乳房的高度是乳房容量重要指标，后乳房附着高度越高，说明乳房发育越好。对后乳房附着高度的评分，乳腺上缘距阴门之间的距离越近越好，距阴门基部的距离小于 16 cm，评 9 分；距离在 24 cm 为中等，评 5 分；距离大于 32 cm 时评 1 分。

(2)后乳房附着宽度　后乳房的宽度是乳房容量重要指标，指后乳房腺体组织的上缘在奶牛后裆之间的附着宽度。附着宽度≥23 cm，为极宽，评 9 分；宽度在 15 cm，为中等，评 5 分；宽度≤7 cm，为极窄，评 1 分。

(3)后乳头位置　本性状的评分与前乳头的位置评分基本一致，前乳头最佳评分 6 分，而后乳头最佳评分5分。

2. 缺陷性状

(1)后乳房左右不匀称　后乳房左右两个乳区大小不一致,即偏乳房。

(2)后乳房短　后乳房发育向后延伸不够,很浅,乳房容积小。

(3)后乳头不垂直　后乳头向内或向外倾斜,一般向外倾斜得多。

(4)后乳头位置向后　后乳头位置靠后,给挤奶带来不便。

(5)后乳头上有副乳头　后乳头基部或乳头上有副乳头。

(6)后乳房有瞎乳区　主要指非乳房炎造成的乳区发育不全而产奶极少或无奶。

五、乳用特征鉴定

本部位1个描述性状和1个缺陷性状

(1)描述性状　棱角性与产奶量的相关系数高达0.6,是奶牛泌乳能力一个十分重要的指示性状。对棱角性的评分主要观察奶牛整体乳用特点是否明显,三个三角形(背部、侧面和正面)是否明显,骨骼轮廓是否明显,清秀,结实,肋骨的开张程度和其间距的大小,尾巴的粗细,股部大腿肌肉丰满和凹凸程度,以及颈长,鬐甲棘突的高低,皮肤的薄厚等。三个三角形及其明显,整体匀称的牛评9分;中等评5分;极差评1分。

(2)缺陷性状　肋间近,主要是看奶牛最后两根肋骨之间的间隙,如果两肋骨之间的距离小于一指宽,大约2 cm,即为肋间近。

【知识拓展】

国际上通常用DHI(Dairy herd Improvement)进行奶牛牛群的改良工作,而繁殖技术的发展对奶牛改良方案影响很大。国内牛场的奶牛生产、育种工作在整体水平上与国际先进牛场还有较大的差距。要缩小与先进水平的差距,就要求我们规范DHI性能测定工作,多运用后裔测定公牛,同时对奶牛性能测定和后裔测定的数据进行分析处理,进行奶牛遗传参数估计和遗传评定等工作,使牛场的奶牛遗传育种工作水平跟上行业发展的步伐。下面学习农业农村部《全国奶牛遗传改良计划(2021—2035年)》。

一、基础与要求

(一)发展基础

2008年以来,全国奶牛群体生产水平显著提高。2020年全国成母牛平均单产达到8 300 kg,较2008年增加了3 500 kg,增幅达73%,总体遗传改良成效显著。

1. 繁育体系不断健全

遴选国家奶牛核心育种场10家,核心群规模达到6 400余头,建设了24家奶牛种公牛站;建立生产性能测定中心38个、标准物质制备实验室1个、全国奶牛数据中心1个,生产性能测定能力显著提升;推动形成了多个奶牛育种自主创新联盟,联合育种工作取得实质性进展。

2. 基础工作不断完善

制订了《中国荷斯坦牛公牛后裔测定技术规程》等一系列国家及行业标准和规范。累计品种登记195.4万头、体型鉴定45.3万头,2020年生产性能测定规模达到129.5万头,持续开展全国青年公牛联合后裔测定。

3. 遗传评估日趋规范

建立了我国奶牛遗传评估技术平台，制定了中国奶牛性能指数（CPI）；构建了奶牛基因组选择参考群体，2012 年启动荷斯坦青年公牛基因组遗传评定，实现青年公牛基因组检测全覆盖；每年定期发布《中国乳用种公牛遗传评估概要》，指导全国奶牛场科学选种选配。

4. 良种推广水平稳步提升

奶牛人工授精技术得到普及，人工授精比例达到 95% 以上，国产冻精质量合格率达到 99.4%；性控冻精在奶牛良种扩繁中发挥重要作用，胚胎生产和胚胎移植技术日臻完善；科学选种选配技术广泛应用，良种推广模式不断创新。

（二）发展要求

《国务院办公厅关于推进奶业振兴保障乳品质量安全的意见》（国办发〔2018〕43 号）对做大做强奶业进行了全面部署，明确提出要加强良种繁育及推广工作。第一期奶牛遗传改良计划的实施，还未从根本上扭转我国奶牛种业自主创新能力弱、整体竞争力不强的局面。现阶段，奶牛育种基础性工作薄弱，生产性能测定参测比例低、数据质量不高，繁殖、健康等性状数据收集不完善；基因组选择参考群体规模小，性别控制和胚胎扩繁等现代繁育技术研发与应用力度不足；种牛自主选育体系不完善，育种核心群规模小，联合育种机制相对松散，冻精质量监管不全面等问题依然存在。新形势下，有必要继续实施奶牛遗传改良计划，着力解决我国奶牛种业发展的短板弱项，夯实奶业全面振兴的根基。

二、思路与目标

（一）发展思路

坚持自主创新，以提升奶牛种业核心竞争力为总目标，聚焦奶牛种源自主培育，优化完善良种繁育体系，夯实基础性工作，加快现代育种技术创新与应用，建立以市场需求为导向、企业为主体、产学研深度融合的技术创新体系，统筹奶牛种业发展和疫病安全，培育具有国际竞争力的现代奶牛种业企业，为实现奶业竞争力整体水平进入世界先进行列提供有力支撑。

（二）总体目标

到 2035 年，建成一批高标准、高水平的国家奶牛核心育种场，建立全国奶牛育种大数据和遗传评估平台，育种新技术实现自主突破，高效扩繁效率得到全面提升，群体遗传改良技术体系达到国际先进水平，国家奶牛核心育种场和种公牛站生物安全水平显著提高，奶牛群体平均产奶性能显著提升，培育出 2～3 家具备国际竞争力的奶牛种业企业。

（三）核心指标

⑴年自主培育后备公牛 1 000 头以上，选留优秀种公牛 150 头。

⑵奶牛群体平均年单产达到 9 500 kg 以上，每世代产奶量遗传进展提高 350 kg、乳蛋白量提高 10 kg、乳脂量提高 12 kg。

⑶自主培育种公牛占比达到 70% 以上。

三、技术路线

以中国荷斯坦牛为主，以提高奶牛生产性能测定、体型鉴定、品种登记的比例和质量为基础，以国家奶牛核心育种场和种公牛站建设为依托，以分子育种技术创新应用为支撑，坚持高产、高效和健康的育种目标，在持续提升奶牛产奶性能的同时，不断优化育种目标，加强对繁殖、健康和抗病力等性状的选育。构建国际一流的育种技术支撑平台，重点通过核心种源自主培育体系建设和良种扩繁技术应用，显著提升核心种源自主培育能力，实现奶牛群体遗传改良。

四、主要任务

（一）完善生产性能测定体系

1. 主攻方向

推进育种数据采集标准化，建立高效智能化奶牛生产性能测定体系，大幅提高数据采集能力和质量。

2. 主要内容

(1) 完善奶牛品种登记规程，在全国组织开展登记工作。完善奶牛良种登记规程，重点对种公牛及国家奶牛核心育种场核心群实施登记，向社会推荐优良种牛。

(2) 扩大奶牛生产性能测定规模，增加奶牛健康、繁殖等性状的测定，加强标准物质制备与研发，提升生产性能测定中心检测能力。

(3) 加强奶牛体型鉴定工作，扩大体型鉴定规模，规范体型鉴定员管理。

(4) 建立全国奶牛育种大数据平台，制定奶牛育种数据标准，加快智能化精准数据采集技术研发与应用，扩大数据采集范围，提高数据采集效率，深入开展大数据信息挖掘、分析与综合应用。

3. 预期目标

累计品种登记、良种登记数量分别达到 500 万头和 30 万头，每年新增生产性能测定奶牛 10 万头以上，生产性能测定参测率达到 45% 以上，体型鉴定数量累计完成 150 万头。

（二）强化种源基地建设

1. 主攻方向

建立以国家奶牛核心育种场和种公牛站主导的核心种源培育体系，创新联合育种组织机制，提升核心种源自主创新能力，保障优质种源供给。

2. 主要内容

(1) 采用企业申报、省级畜牧种业行政主管部门审核推荐的方式，继续遴选一批种群质量高、育种基础好的国家奶牛核心育种场。完善管理办法和遴选标准，加强管理。

(2) 支持种公牛站加快种源自主创新，开展青年公牛培育。持续实施后裔测定，增加参测公牛数量，提高后裔测定时效性。开发新型种质产品，提高遗传物质生产效率和质量。

(3) 支持种公牛站、国家奶牛核心育种场开展联合育种，创新联合育种机制，培育市场化运作的风险共担、收益共享、多元协同的联合育种实体，促进育种水平全面提升。

(4) 支持优势育种企业有效整合资源、人才、技术等要素，参与国际市场竞争，提升国产种质产品品牌影响力。

3. 预期目标

遴选国家奶牛核心育种场数量达到 50 个，核心群母牛数量达到 2 万头以上，每年新增后裔测定公牛 150 头，打造具有国际竞争力的奶牛种业企业 2～3 家。

（三）加强育种科技创新

1. 主攻方向

构建国际一流的育种技术支撑平台，加快繁育新技术的突破与应用，驱动我国奶牛种业科技创新快速发展。

2. 主要内容

(1)系统挖掘影响产奶量、牛奶品质、繁殖和健康等性状的关键基因，加强创新利用，开展特色种质创制。

(2)扩大奶牛基因组选择参考群规模，加快基因组检测技术的迭代升级，优化产奶、体型、繁殖、健康等育种目标性状的基因组遗传评估技术，提高基因组评估准确性。

(3)建设国家奶牛遗传评估中心，开发具有自主知识产权的遗传评估软件，研究健康、繁殖和饲料效率等新性状的遗传评估，完善中国奶牛性能指数。定期发布评估结果，指导奶牛场科学选种选配。

(4)加快良种高效扩繁新技术创新应用，利用超数排卵、胚胎移植、性别控制等先进繁育技术，提高良种扩繁效率，扩大高水平种质群体规模。

3. 预期目标

参考群规模达 10 万头以上，基因组选择技术达到国际先进水平并广泛应用，荷斯坦青年公牛基因组遗传评估率达到 100%，实现遗传评估与国际接轨，奶牛种业创新能力持续增强。

（四）规范遗传材料监管

1. 主攻方向

加强奶牛遗传物质监管，提高种质质量安全水平，加快优良种质推广应用。

2. 主要内容

(1)制修订《牛冷冻精液》《奶牛胚胎移植技术规程》等遗传物质相关技术标准，完善精液、胚胎等遗传物质监管机制，开展遗传性能、遗传缺陷等质量监督检测，确保遗传物质质量安全。

(2)开展人工授精人员技术培训。坚持市场化方向，创新良种推广模式，发展一批技术实力强、运行规范、服务高效的社会化服务组织，提高优良种质的利用效率。

3. 预期目标

实现奶牛遗传物质质量监管全覆盖，优良种质利用效率显著提高。

（五）健全生物安全防控

1. 主攻方向

重点做好奶牛布鲁氏菌病、结核病、口蹄疫等重大疫病防控工作。

2. 主要内容

(1)完善国家奶牛核心育种场和种公牛站环境控制和管理配套技术，建立更加严格、规范的生物安全体系，提高疫病净化能力，确保种牛质量。

(2)完善准入管理，将布鲁氏菌病、结核病、口蹄疫等主要疫病监测结果作为国家奶牛核心育种场遴选和核验的考核标准。

(3)加快推进国家奶牛核心育种场、种公牛站疫病净化，创建无疫区、无疫小区或净化示范场。

3. **预期目标**

国家奶牛核心育种场和种公牛站率先达到农业农村部动物疫病防控的有关要求。

五、保障措施

1. **强化组织管理**

全国畜禽遗传改良计划领导小组办公室负责本计划的组织实施。全国奶牛遗传改良计划专家委员会负责制修订相关标准和技术规范、评估遗传改良进展、开展相关育种技术指导等工作。省级畜禽种业主管部门负责本区域内新增种公牛审核与备案、国家奶牛核心育种场推荐和管理,全面落实遗传改良计划各项任务。中国奶业协会、各生产性能测定中心等有关单位配合做好技术支撑工作。鼓励优势产区制定实施本地区奶牛遗传改良计划。

2. **加大政策支持**

积极争取中央和地方财政对奶牛遗传改良计划的投入,逐步建立以政府资金为引导、企业投入为主体、社会资本参与的多元化投融资机制。重点加大对生产性能测定、育种新技术的研究与应用、联合育种、遗传物质监管、疫病防控等方面的支持力度。现代种业提升工程优先支持国家奶牛核心育种场、种公牛站、生产性能测定中心等育种单位建设。定期对测定数据的可靠性和准确性进行第三方抽查和考核。鼓励将长期致力于奶牛育种的技术人员纳入各级政府的人才计划,激发人才创新活力。

3. **创新运行模式**

加强本计划实施监督管理工作,完善运行管理机制。加强对国家奶牛核心育种场的监督管理,建立定期考核和随机抽查相结合的考核制度,通报考核结果,对考核不达标的及时取消资格。鼓励生产性能测定中心形成第三方服务机制。完善国家奶牛核心育种场专家联系制度,鼓励核心育种场与种公牛站加强合作,提高育种水平和供种能力。加强体型鉴定员等专业技术人员规范管理。

4. **加强宣传培训**

采取多种形式加强全国奶牛遗传改良计划的宣传,增强社会各界对奶牛种业自主创新的理解和支持。实时公布奶牛遗传评估概要,并加强在生产实际中的指导与应用,支持开展种牛评比、展示和拍卖活动。多层次、多渠道组织开展技术培训和指导,提高我国奶牛种业从业人员素质。

5. **推进国际交流**

积极引进国外先进育种技术,有序引进国外优良种质资源,鼓励国内育种单位与国际育种组织开展技术交流与合作,促进我国奶牛种业与国际接轨。

【工作任务实施记录与评价】

一、工作任务实施记录

学习周期	年　月　日　至　年　月　日	过程评价
师傅指导记录	学徒任务实施记录	
日期：　年　月　日 指导内容： 日期：　年　月　日 指导内容： 日期：　年　月　日 指导内容： 日期：　年　月　日 指导内容： 日期：　年　月　日 指导内容： 日期：　年　月　日 指导内容： 日期：　年　月　日 指导内容： 日期：　年　月　日 指导内容： 日期：　年　月　日 指导内容： 日期：　年　月　日 指导内容：		师傅签字：

二、绩效评价

<table>
<tr><td colspan="4">年　　月　　日～　　年　　月　　日</td><td rowspan="2">评价成绩</td></tr>
<tr><td colspan="4">选种选配工作评价</td></tr>
<tr><td>母牛鉴定头数</td><td>准确率≥ 80%</td><td>公牛系谱鉴定头数</td><td>准确率≥ 90%</td><td rowspan="2"></td></tr>
<tr><td></td><td></td><td></td><td></td></tr>
<tr><td colspan="5">过程记录：</td></tr>
<tr><td colspan="5">师傅评价：

签字：</td></tr>
</table>

任务 2　母牛发情鉴定

母牛发情鉴定在养牛生产中非常重要，是实施母牛人工输精的前提和基础，只有准确地判定母牛的发情，才能保证输精工作的顺利进行，并提高母牛的妊娠率。在师傅指导下，根据本牛场牛群结构、母牛产后时间、生产计划，制定本牛场母牛发情鉴定操作规程和鉴定标准，并制定发情母牛发情鉴定计划，应用于实际生产，提高发情母牛检出率。

【专业知识准备】

一、繁殖术语和定义

(1) 初情期　母牛初次发情和排卵的时期，是性成熟的初级阶段，是具有生殖性能的开始。这时期生殖器官仍在继续发育。牛的初情期为 6～12 月龄。

(2) 性成熟　母牛 12 月龄以后，开始表现性行为，具有第二性征，特别是以能产生成熟的生殖细胞为特征。如果进行繁殖操作就有使雌性受胎的可能，这一时期常称为性成熟期。此时不进行配种操作。

(3) 初配月龄　初配月龄应在性成熟的后期或更迟一些。母牛初配时间一般≥16 月龄，且体重、腹围、体高达到相应标准(体重 370～380 kg;体高≥130 cm)。生产中,应根据牛场饲养管理和后配牛培育水平,制定符合本牛场牛群初配适龄具体标准。

(4)发情　指达到性成熟的母牛与排卵相关的周期性的性生理表现。正常发情母牛的生理特征为:有求配欲,愿接受公牛交配或其他母牛爬跨,兴奋不安、敏感和食欲减退,处于泌乳高峰的母牛,泌乳量可能降低。此外,还表现为:阴道红肿,有黏液流出,子宫颈口开张,卵泡发育及排卵。安静发情:又称安静排卵,即母牛无发情症状,但卵泡能发育成熟而排卵。年轻或体弱的母牛易发生安静发情。

(5)发情周期　母牛到初情期以后,生殖器官及整个有机体便发生一系列周期性变化,周而复始(除怀孕期外)一直到性机能停止活动的年龄为止。通常以一次发情的开始到下次发情开始的间隔时间来计算。母牛的发情周期一般为 21 d,范围为 18～24 d。

(6)产后发情　指母牛分娩后的第一次发情。母牛产后第 21～40 天开始第一次发情,一般在 40 d 左右症状较明显。

(7)发情持续期　母牛发情开始到发情停止所持续的时间。母牛的发情持续期平均为 18 h,范围是 10～26 h。

(8)发情鉴定　指根据母牛在发情期间行为表现和生殖器官的变化,多以外部观察、阴道检查、涂蜡笔、直肠检查等方法,把发情母牛及时找出来,并适时与之配种的一项技术。

(9)人工授精　用器械采取公牛的精液,经处理后,再用器械把精液适时注入到母牛的生殖道内,使其受胎的一种繁殖技术。

(10)妊娠诊断　根据母牛在妊娠期间发生的一系列生理变化,采取相应的检查方法(如外部检查、阴道检查、B 超检查、直肠检查、实验室诊断等),来判断母牛是否妊娠与妊娠时间的一项技术。

(11)妊娠与妊娠期　妊娠(又叫怀孕)指胚胎在母牛体内的发育过程。妊娠期是指从卵子受精开始到发育成熟的胎儿出生为止。母牛的妊娠期为 275～282 d。预产期推算方法为:配种月份减 3,日期加 6。

(12)妊娠中断　包括早期胚胎死亡、干胎、流产、早产。早期胚胎死亡:一般出现在受精后 16～25 d,即胚胎和胚胎外膜迅速生长和分化的阶段。干胎:由于子宫颈闭锁,不发生流产,胎水被吸收,胎儿及胎膜脱水,造成胎儿干尸化。流产:经妊检确认为怀孕的母牛,不足 210 d 产犊的。早产:经妊检确认为怀孕的母牛,在 210～260 d 出现产犊情况。

(13)胚胎移植　又叫受精卵移植。指将供体母牛的胚胎由输卵管或子宫角取出(冲卵),移植到受体母牛的输卵管或子宫内,使其继续发育成正常个体的一项繁殖技术。这种技术能够提高良种母牛的繁殖效率,它的主要过程包括供体、受体的选择。

①供体牛　指提供胚胎或卵母细胞的母牛。一般选用生产性能较高或具有某种遗传特性、体质健康、繁殖性能正常的母牛作供体牛。

②受体牛　指接受移植胚胎的母牛。一般选用生产性能较低、繁殖性能正常的健康母牛作受体牛。

(14)同期发情　对母牛发情周期进行同期化处理的方法,即利用激素制剂人为控制并调整一群母牛发情周期的进程,使之在预定的时间内集中发情,以便有计划地合理组织配种。

(15)超数排卵　胚胎移植技术中的一个重要操作环节。指在一定时期,给母牛注射(或施用)某些激素药物,使卵巢有更多的成熟卵泡,排出更多卵子的过程。

二、母牛发情及周期

母牛初情期后，卵巢呈周期性的卵泡发育、排卵、黄体形成、黄体退化，并伴随着生殖器官及整个机体发生一系列周期性生理变化，其过程周而复始，这种周期性的性活动称为发情周期，母牛平均发情周期为 21 d。

母牛在发情周期中，卵巢经历着卵泡的生长、发育、成熟、破裂、排卵、黄体和退化等一系列变化过程，左右卵巢表面任何位置，都有机会发生排卵（图 3-1-23）。在发情前 2～3 d，卵泡发育很快，卵泡内膜增厚。排卵多在发情开始后 28～32 h，或发情结束后 10～15 h。部分母牛排卵后约 1 d 发生排红现象。在卵泡期，母牛发情时有性欲表现，接受爬跨；在黄体期，母牛则恢复常态。颗粒层细胞增殖、血细胞、血管内皮等细胞进一步填充排卵窝形成黄体；在黄体退化时，颗粒层黄体细胞很快退化，形成白体。

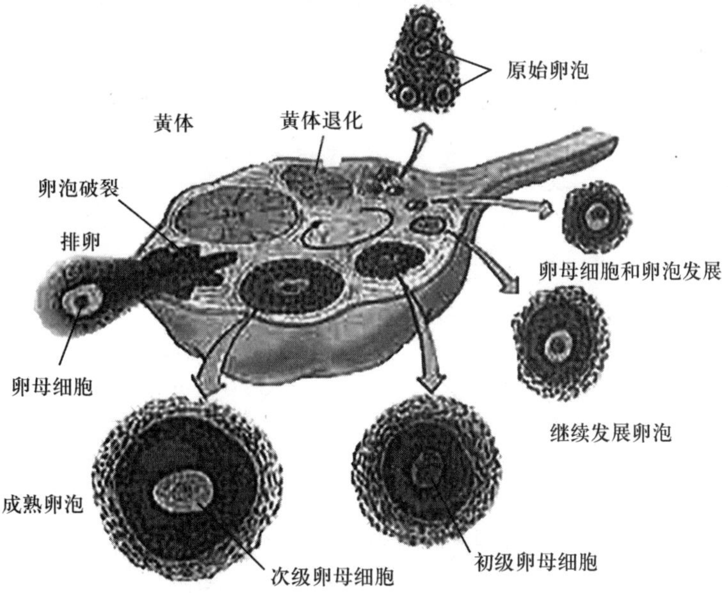

图 3-1-23　卵泡的发育过程及分级

在发情周期中，卵泡和黄体交替出现，卵泡分泌雌激素，黄体分泌孕激素也呈现周期性变化。我们通过控制性腺（卵巢）来控制母牛周期。

卵泡期，卵巢上的卵泡分泌雌激素（图 3-1-24），刺激生殖道、阴道，阴门黏膜充血肿胀，子宫黏膜显著增生，子宫颈充血，子宫颈口开张，子宫肌层蠕动加强，腺体分泌增多，有大量透明稀薄黏液。

黄体期，卵巢上的黄体分泌孕酮（图 3-1-24），使子宫黏膜增厚，子宫腺体高度发育、增生、分泌作用加强，产生子宫乳供胚胎发育的营养需要。如果精卵完成受精，这一阶段将延续，动物不再发情。如未孕则增厚的子宫内膜回缩；腺体缩小、分泌活动停止，周期黄体也开始退化萎缩，卵巢又有新的卵泡开始发育，进入到下一次发情周期。

发情周期中按四期分法分为发情前期、发情期、发情后期和间情期四个阶段；按二期分法分为卵泡期和黄体期。卵泡期包括发情前期和发情期。黄体期包括发情后期和间情期对比如

图 3-1-25 所示。

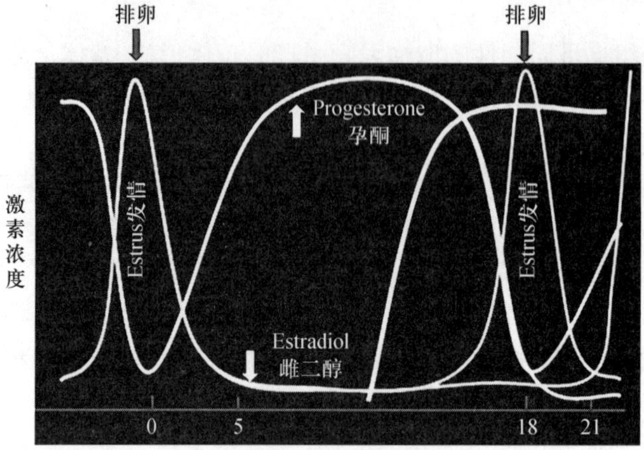

图 3-1-24　发情周期激素变化

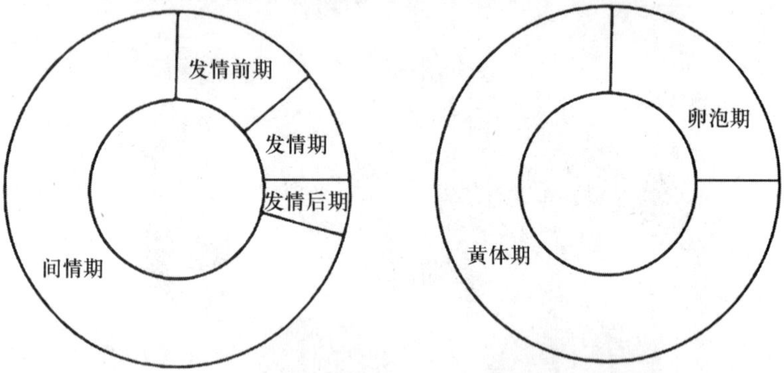

图 3-1-25　卵泡期和黄体期对比

产前、后 100 d 是繁殖工作关键时段，最佳配种时间是母牛产后 50～70 d（图 3-1-26），子宫恢复正常。但此时奶牛正处于泌乳高峰期，产奶量高，体况膘情差，发情特征不明显。产前 30 d 至产后 70 d 做好子宫保健工作，减少产后子宫感染发生。

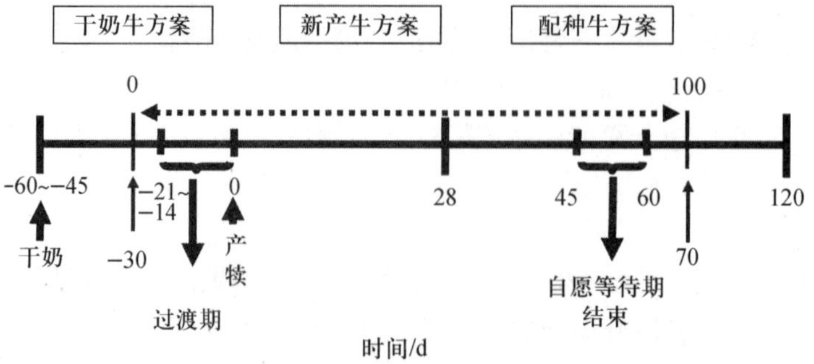

图 3-1-26　奶牛生产阶段划分

在生产中我们通过直肠检查、B 超检查等手段，准确判断母牛所处生殖周期，为牛只繁殖疾病治疗和繁殖周期调控打下基础。

三、发情揭发

当前国内使用的发情揭发方案主要有外部观察法、尾根涂蜡笔法和计步器发情报告法。

1. 外部观察法

外部观察法是最为传统、设施成本投入最少的发情揭发方式。主要通过观察行为或身体等表征，如活跃躁动，嗅闻其他母牛外阴，下巴依托他牛背部，爬跨或接受爬跨，外阴肿胀，外阴有清亮黏液流出等症状，来判断母牛是否发情。其中站立发情被普遍认为是发情质量最高的表征。

但这种方法却面临诸多挑战，有研究表明，站立发情的持续时长仅约 7 h，高产奶牛甚至更短，而且牛群中只有约 60% 的发情牛可被观察到站立发情的症状。此外，奶牛表现出爬跨行为在全天分布的时间并不均匀，研究表明，近 70% 的奶牛在晚 21 点至早 7 点的牛舍安静时表现出爬跨行为；如果晚间牛舍灯光较暗，或者像北方地区冬天牛舍雾气较大，这些无疑给外部观察发情带来了重重困难。因此，外部观察的成效取决于工作人员花费在牛舍观察的时间长短，工作人员鉴别发情的技能经验与责任心，以及奶牛自身表现出的发情征状的强烈程度。

2. 尾根涂蜡笔法

尾根涂蜡笔法是一种简便、经济、较为有效的发情揭发方式。主要依靠定期在奶牛尾根部涂上蜡笔痕迹，然后根据蜡迹被擦除的程度来判断奶牛是否被爬跨过，进而判断奶牛是否发情。该方法无需每日多次进入牛舍进行观察，只需每日 2～3 班次挤奶结束夹牛时检查蜡迹被擦除情况判定奶牛是否发情。

但由于尾根蜡迹的易擦除性，诸如因牛体刷，奶牛之间的社交接触，与牛舍其他物体的摩擦触碰，牛舍水泥地面湿滑影响牛只爬跨，特别是夏季喷淋降温等都会造成蜡迹减少，干扰工作人员的判断，乃至误导做出假阳性或假阴性的发情判断。

此外，在实践中，牛场常常会定期将孕检有胎牛调往有胎组（妊娠圈舍），只对可配牛和已配未检牛进行涂蜡笔鉴定，而孕检有胎牛常因得不到定期涂蜡笔而无法监测流产返情牛。因此，尾根涂蜡笔法的成效将取决于工作人员对尾根蜡迹的定期重涂维护和蜡迹擦除程度判断真实发情的能力。

3. 计步器发情报告法

计步器因其优异的稳定性和准确性，以及为牛场节省大量的人工花费，受到越来越多牛场的青睐。计步器采用 3D 加速度传感器对奶牛的活动行为进行 24 h 不间断记录监测，然后运用科学的内部算法，自动将因发情而引起的活动量异常升高实时甄别出来，并在管理软件中给出提示（图 3-1-27）。经实践验证，计步器的发情揭发率可达 98% 以上，揭发准确率可高达 95% 以上。

图 3-1-27　计步器发情报告软件

由于计步器是 24 h 不间断监测，系统能准确地给出发情开始和结束的时间，这样就免去了牛场工作人员频繁进入牛舍，特别是在夜晚和凌晨进行发情观察。更重要的是，根据牛只发情的起始时间，系统可以推算出最适配种的时间窗口，配种员根据提示时间进行配种，从而精确地提高受胎成功率(图 3-1-28)。

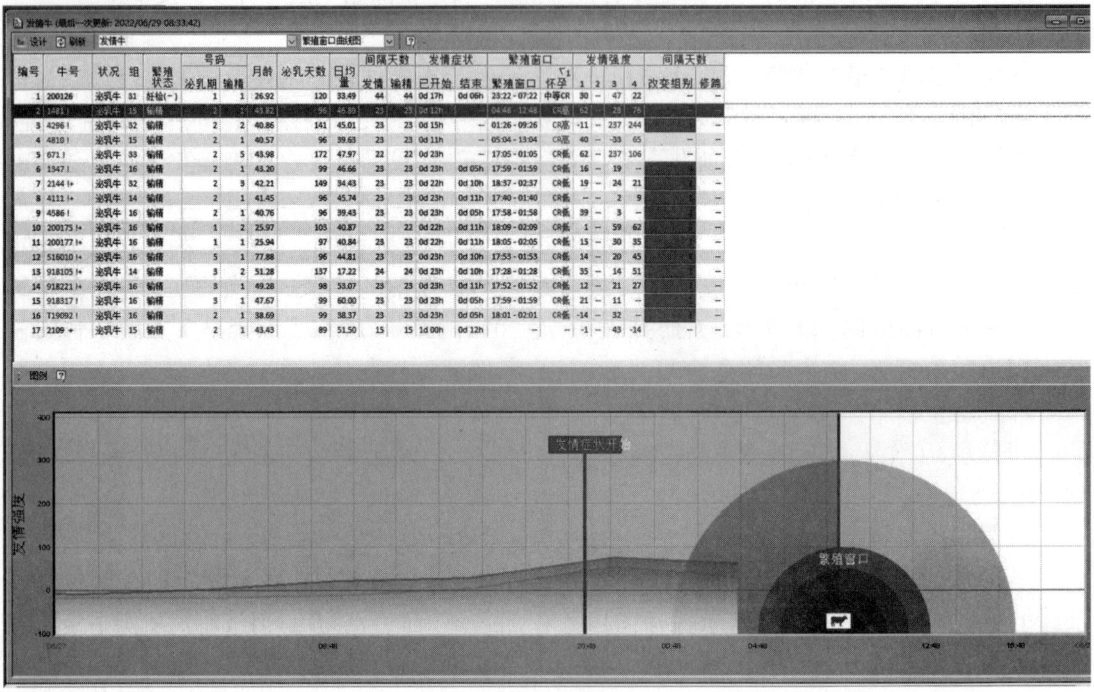

图 3-1-28　繁殖管理

奶牛发情后的 8～16 h 为最佳输精时间，在最佳输精时间配种能获得更好的配种率。传统发情揭发方式不能准确判定奶牛发情起点，不利于判定最佳输精时间。计步器发情监测系统能进行全天候的跟踪监控，精确锁定每头奶牛的发情起点，准确判定奶牛最佳输精时间；更方便的是系统还能自动生成《需要输精牛》报告，简化繁殖员工作，帮助提高奶牛怀孕率。

【任务目标与质量要求】

制定本牛场母牛发情鉴定操作规程和鉴定标准，熟练运用外部观察鉴定、尾根涂蜡笔法、直肠检查、B 超检查、计步器发情报告等发情鉴定手段，提高本牛场发情母牛检出准确率达到 90%。过程中使学徒具备工作仔细、认真职业精神；团队合作意识；培养学徒主动学习掌握新知识并运用于岗位工作能力。

【学习产出目标】

(1)熟知母牛发情周期及相关名词概念，能够熟练生产运用。

(2)制定本牛场母牛发情鉴定操作规程及标准。

(3)熟练运用外部观察法、尾根涂蜡笔法、计步器发情报告法等发情鉴定手段进行发情揭发。

(4)基本掌握运用直肠检查、B 超检查进行辅助发情揭发。

(5)准确登记发情牛，认真填写检查记录。

【工作程序与方法要求】

一、外部观察法鉴定发情

1. 观察前准备

穿雨靴、带笔纸、夜晚带照明设备。

2. 操作步骤

进牛舍、慢慢走、勿惊动、贴近看。

图 3-1-29　牛静卧休息

3. 观察时间选择

发料前或牛只采食结束后，牛群静卧休息时(图 3-1-29)。

4. 观察内容

观察内容包括母牛行为表现如接受爬跨(H)、爬跨别的牛(J)；外阴表现：红肿、充血、出血(B)、黏液(M)，黏液颜色、黏度、黏液透明度等；尾部、后驱黏液遗留痕迹、荐部被毛杂乱、摩擦划伤等被爬跨痕迹。

5. 观察次数

每天巡视牛舍 3～5 次观察发情，为提高发情检出率，次数越多越好，对已孕牛群每天进行 2 次发情观察，及时发现及记录流产牛信息。

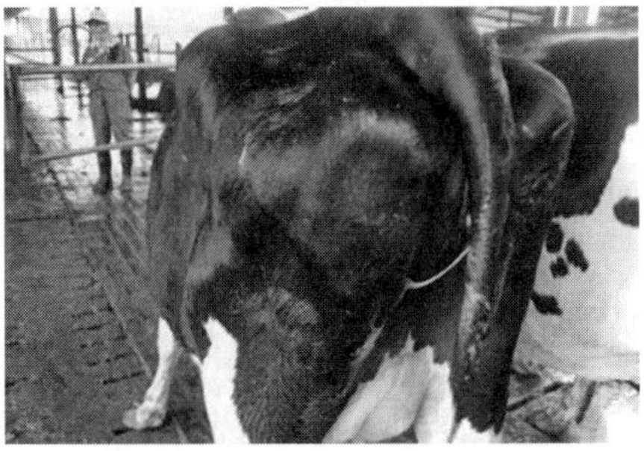

图 3-1-30　站立分泌物观察

6. 观察范围

所有牛舍(包括干奶、围产、产房、12 月龄以上后备牛舍)。

7. 发情及疑似发情牛观察及记录

发情母牛精神兴奋，活动量增加，相互嗅闻外阴部；阴户红肿，有黏液在尾巴上(图 3-1-30)；经常发生互相爬跨行为。当发现有奶牛接受其他奶牛稳定爬跨时(被爬跨时站立不动)，记录这头被爬跨的牛号及时间，判定为发情(图 3-1-31)。

图 3-1-31　发情爬跨观察

对于爬跨而没有接受稳定爬跨母牛，观察其阴门，如有肿胀并流出透明黏液，判定为发情，同时记录牛号。如外阴不肿胀也未见黏液则继续观察和资料信息查找。牛只卧床休息，阴道口流出稀薄、透明黏液（图 3-1-32）。

图 3-1-32　静卧观察分泌物

8. 详细记录

(1) 产后 30 d 和 12 月龄以上后备牛，观察其发情表现，将发情牛号填写在每日事件报告单上，并录入电脑。

(2) 每天进行发情观察的同时记录有脓性分泌物的牛，把牛号、舍组、观察日期填写在子宫流脓记录单上。

(3) 每天进行发情观察的同时对流产牛做详细记录，如是否见胎、在胎天数、下次发情是否能配种、是否胎衣不下等信息填写在每日事件报告单和每月流产牛记录单上。

(4) 任何异常情况（黏液异常、表现异常）均详细记录，所有记录需备案。

9. 资料查询和确定需直肠检查牛只

观察结束后，查询详细信息，判断、筛选和确定需直肠检查牛只。泌乳天数超过主动停配期 60 d，可以配种。没有则记录好发情时间。距离上一次配种的时间在 18～25 d 之内的可以直接配种，超过 25 d 或小于 18 d 的应进行直肠检查，以确定是否发情；如果资料显示牛只繁殖状态为怀孕，需进行直肠检查，以确定是否发生过流产，及子宫恢复程度是否适合配种。对于发情不明显的牛只进行跟踪观察或通过直肠检查（子宫张力、提取黏液或卵巢检查，前两者检查确认后不需要检查卵巢）来确定其是否发情。

10. 发情异常牛只

直肠检查卵泡发育情况距离上一次配种的时间小于 18 d 发情牛只，直肠检查卵泡发育情况进一步确定。

11. 适时配种

遵循一天 2 次（上午、下午）配种原则：上午鉴定为发情的牛下午进行配种，下午鉴定为发情的牛次日上午配种。对刚配后的牛进行 24 h 跟踪观察，必要时进行补配。

二、尾根涂蜡笔法鉴定发情

1. 首先确定要涂蜡笔牛只

产后牛查看资料信息，当同一牛舍内奶牛平均泌乳天数达到 50 d 时，需要涂蜡笔。当后备牛达到参配标准，全部涂蜡笔（图 3-1-33）。

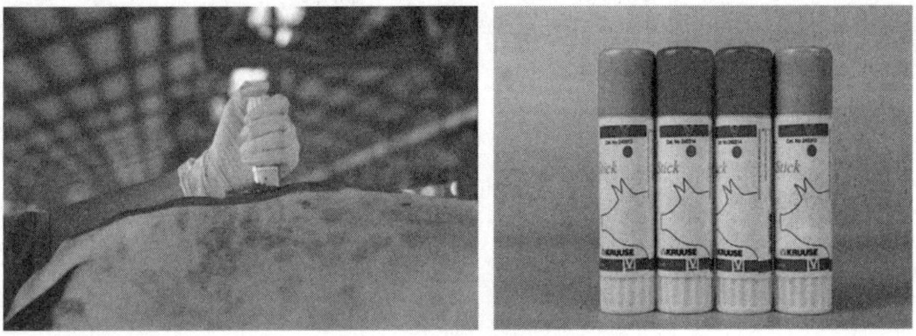

图 3-1-33　涂蜡笔操作

2. **颈枷保定**

设定好自动颈枷，投喂饲料后，所有牛赶上颈枷采食。尽量不要锁牛超过 1 h，锁颈枷时注意与牛保持安全距离，当心牛只顶人，或踢、踩伤人。

3. **尾根涂蜡笔操作方法**

（1）站位：操作人员侧身站在牛的侧面，保持一定距离，避免被牛踢。

（2）涂抹部位：脊柱尾根背侧。涂抹长度：从髋骨向尾根方向，涂颜料 15～18 cm。涂抹宽度：2 指宽（4 cm 左右）。涂抹厚度：保证涂抹处尾毛和皮肤上均染有颜色，但应注意保持毛发清晰可见（涂得过厚的涂料不容易被蹭去）（图 3-1-34）。在使用蜡笔标记发情的时候，确保蜡笔的蜡露出 23 cm 左右的长度。

图 3-1-34　涂蜡笔标记位置

4. **牛只涂抹检查**

检查该群牛是否全部涂蜡笔，一头不漏。第一天务必 100% 的整个牛区的奶牛尾根都做涂蜡笔。

5. **尾根涂蜡笔发情观察要点**

（1）接受爬跨：尾毛被压，染料被蹭去或颜色明显变浅或极少部份残留（图 3-1-35）。

（2）未接受爬跨：尾毛保持直立、染料颜色仍然鲜艳或略变浅（略有褪色、而大部分染料仍明显可见）。

（3）被舔舐：有被舔痕迹，尾毛倒向一侧，其他部分颜色不变。尾根染料被蹭掉一部分疑似发情时，则可采用直肠检查卵泡发育情况进一步确定。

6. **及时补充涂蜡笔**

每天牛上颈枷采食时，及时巡视，及时补充涂抹。如果牛的尾根蜡笔颜色变浅，因爬跨引

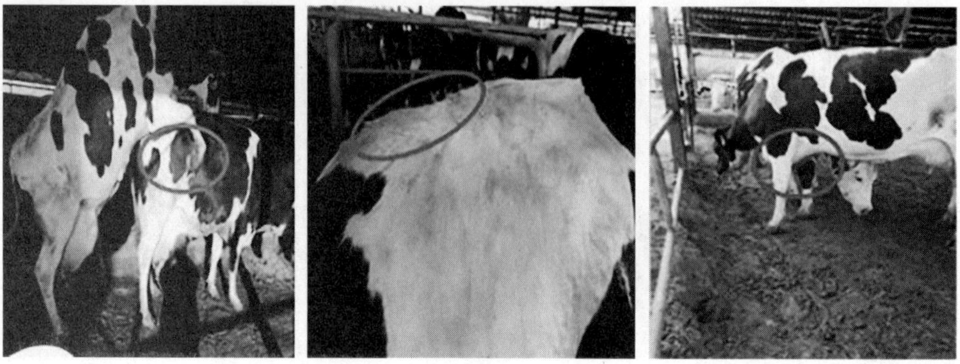

图 3-1-35 涂蜡笔标记后观察

起的褪色，继续补充涂蜡笔，并在尾部中段进行标记。舔食引起的褪色，继续补充涂蜡笔。

三、直肠检查鉴定发情

(1) 准确筛选、登记好待检查牛只，查清所在圈舍。

(2) 检查前穿好工作服、戴好长臂手套、穿雨靴、带笔纸等。

(3) 隔直肠壁触摸子宫和卵巢的变化。发情旺盛期子宫充血勃起、有弹性；子宫触之有收缩反应，两子宫角对称。发情后期，子宫勃起消退，子宫开始变软。

(4) 触摸卵巢有优势卵泡突出于表面，发情盛期触之有波动感，临排卵前有一触即破之感（图 3-1-36）。

(5) 直肠检查注意手法要轻，防止压迫卵泡，卵子掉入腹腔。

卵泡鉴定　发情牛触摸有卵泡突出于卵巢表面，凸面平缓，有波动感，手指轻轻拨动，能感觉到里面有液体。在周期中，卵泡发育大小、质地、形态受牛只卵巢发育状况和激素分泌水平直接影响（图 3-1-37）。

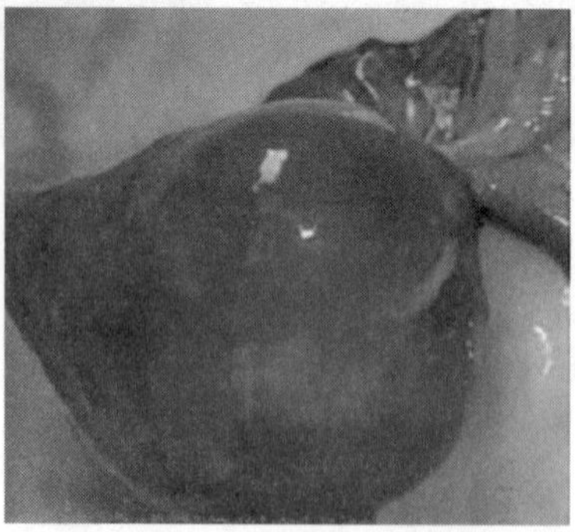

图 3-1-36 卵巢上优势卵泡

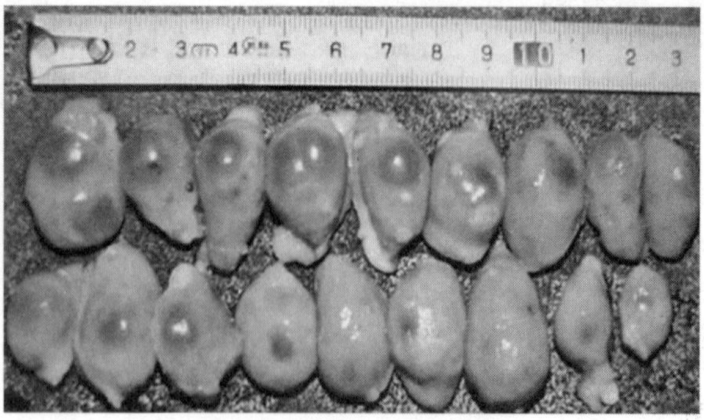

图 3-1-37 卵巢上优势卵泡

四、B 超检查鉴定发情

应用 B 超观察卵巢的发育状态，测量卵泡和黄体发育的大小。

1. 测量准备

检查前穿好工作服、雨靴，准备 B 超仪、检查记录等。连接好 B 超仪，呈开启冻结状态。

2. B 超探头在奶牛直肠中操作(图 3-1-38)

隔直肠壁进行 B 超检查。观察卵泡发育情况,有大的优势卵泡影像。发情后期,卵泡破裂排出卵子,形成排卵窝影像。冻结保存影像,作为检查后处理依据。注意手法要轻,防止压迫卵泡,卵子掉入腹腔。

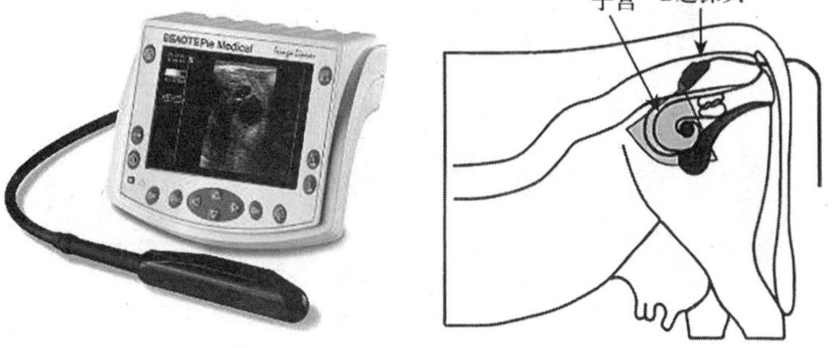

图 3-1-38　便携 B 超仪使用方法

3. B 超识别、测量卵巢

如图 3-1-39 至图 3-1-42 所示。

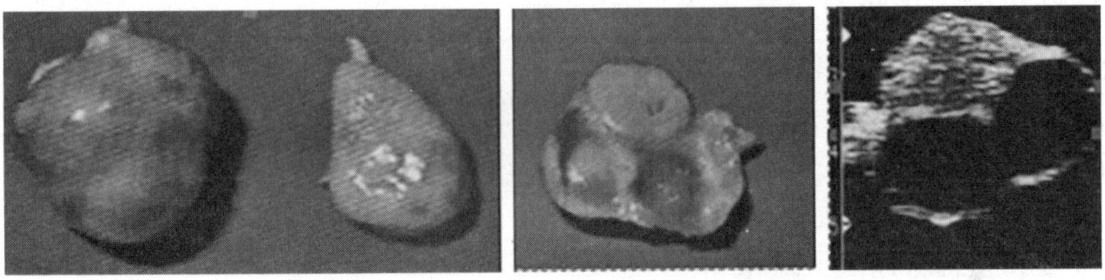

图 3-1-39　发情牛优势卵泡发育(退化黄体、卵泡共生)

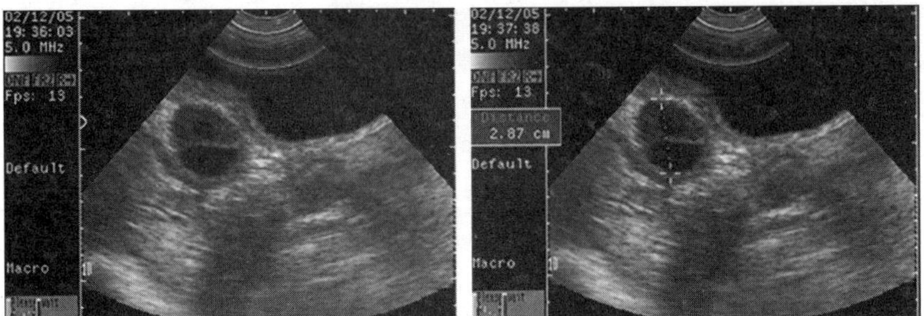

图 3-1-40　有腔黄体(测量卵巢为 2.87 cm)

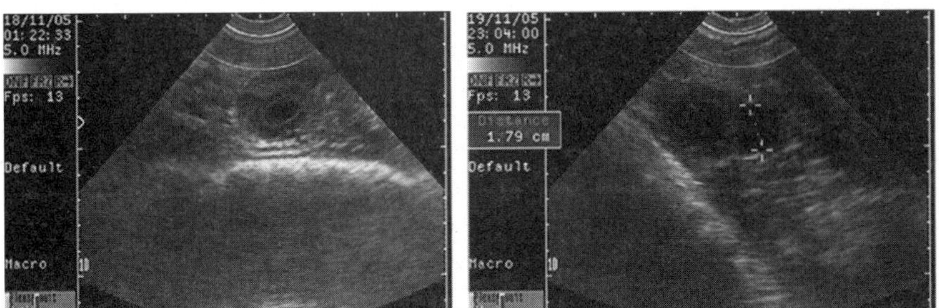

图 3-1-41　黄体腔(测量卵泡为 1.79 cm)

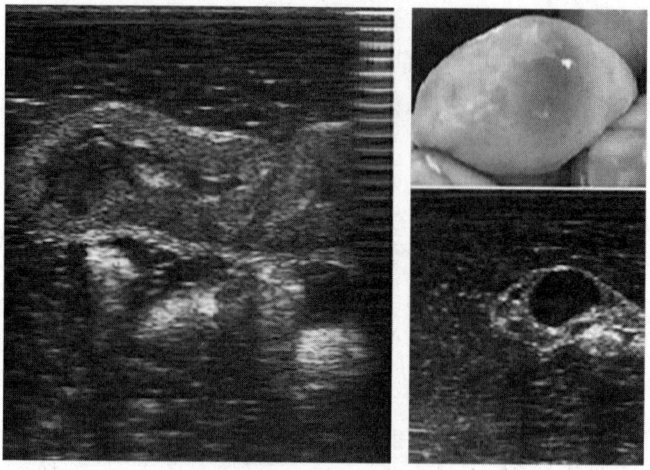

图 3-1-42　B 超影像下卵泡

（B 超影像下卵泡液为低回声的液性暗区，子宫角内少量低回声为发情黏液）

五、计步器发情报告法鉴定发情

（1）计步器发情报告法鉴定发情的原理　利用计步器和软件，监控牛的运动量，对超过正常值一定幅度的奶牛进行预警和报告。提高发情鉴定率，降低人员工作量，提高繁殖工作效率。

（2）根据不同牛场的开配时间制定发情筛选事件设计（图 3-1-43），这里选择泌乳牛、在群牛（除去淘汰牛）、泌乳天数、代码组合（筛选的牛只选择代码会生成输精事件）、输精（发情筛选与配种完成）。

（3）提高发情筛选效率　可使用快捷方式快速查看发情鉴定牛只，选择文件夹目录下的繁殖事件，把发情筛选、代码 FJ 需要输精的奶牛（该）、怀疑流产牛只拖拽至左侧快捷栏中（图 3-1-44）。

（4）在“发情报告”菜单中打开发情筛选页面，根据当前所在潮次进行筛选（活动量 1、2、3 分别对应早潮、中潮、晚潮牛只活动量），早上筛选昨日中潮与晚潮，下午筛选早潮（图 3-1-45）。

图 3-1-43　发情牛筛选

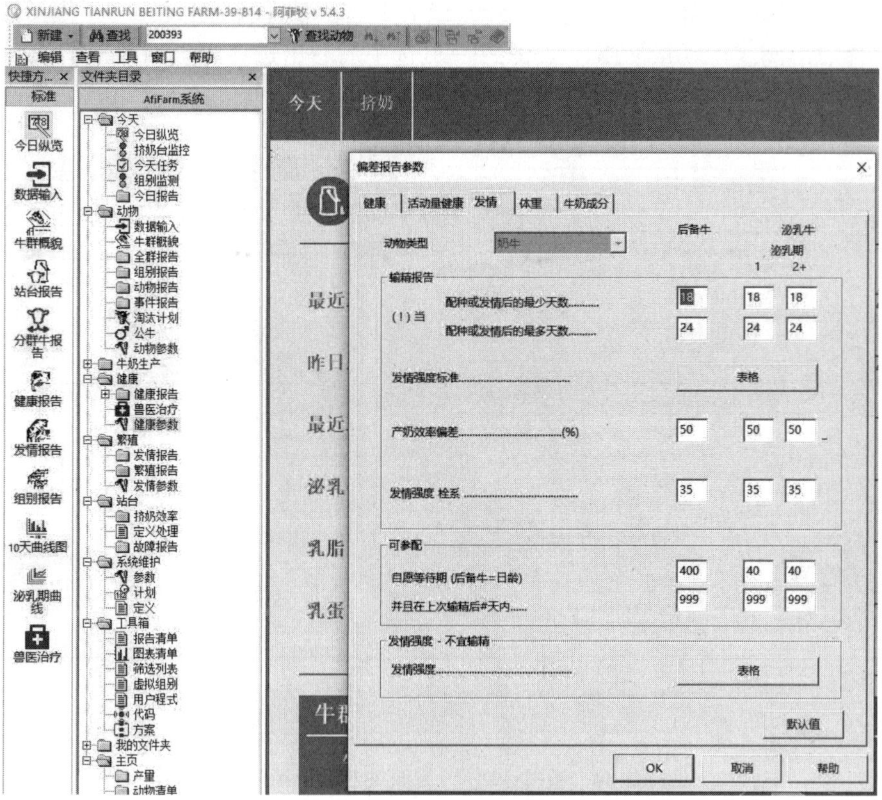

图 3-1-44 发情牛筛选快捷方式

发情牛 (最后一次更新: 2022/07/04 06:39:07)

设计 刷新 发情牛 繁殖窗口曲线图

编号	牛号	状况	组	繁殖状态	号码		月龄	泌乳天数	日均量	间隔天数		发情症状		繁殖窗口		发情强度				间隔天数	
					泌乳期	输精				发情	输精	已开始	结束	繁殖窗口	怀孕	1	2	3	4	改变组别	修蹄
1	4133 !	泌乳牛	15	输精	2	1	40.93	96	48.73	20	20	0d 06h	--	08:44 - 16:44	中等CR	109	-15	34	48	--	--
2	1576 !	泌乳牛	15	输精	2	1	40.83	93	40.38	20	20	0d 06h	--	08:44 - 16:44	中等CR	75	-16	-10	-1	--	--
3	3779	泌乳牛	12	产犊	2	--	41.62	61	50.52	--	--	0d 05h	--	10:03 - 18:03	中等CR	84	-15	7	12	6	--
4	4615	泌乳牛	32	妊检(－)	2	2	43.33	142	43.15	35	35	0d 13h	--	01:10 - 09:10	CR高	55	12	148	124	6	--
5	3810	泌乳牛	16	输精	2	1	40.70	99	49.32	28	28	0d 14h	0d 04h	00:32 - 08:32	CR高	3	26	102	56	6	--
6	5015	泌乳牛	16	妊检(－)	2	1	42.24	98	46.08	33	33	0d 15h	--	23:10 - 07:10	CR高	-4	--	253	169	6	--
7	1574 !	泌乳牛	12	输精	1	1	40.99	95	35.76	21	21	0d 15h	--	23:58 - 07:58	CR高	173	2	118	160	6	--
8	6379 !	泌乳牛	15	输精	2	1	41.06	94	26.54	21	21	0d 12h	--	02:54 - 10:54	CR高	0	0	50	100	--	--
9	1547	泌乳牛	14	产犊	2	--	40.86	77	41.99	--	--	0d 14h	--	00:10 - 08:10	CR高	0	-20	259	154	6	--
10	200173	泌乳牛	12	产犊	1	--	26.17	62	34.24	--	--	0d 10h	--	04:13 - 12:13	CR高	351	-6	67	155	6	--
11	200007	泌乳牛	18	妊检(－)	1	5	29.88	192	37.02	35	35	0d 04h	--	11:08 - 19:08	CR低	223	-35	-8	41	--	--
12	1776 !	泌乳牛	32	输精	2	3	43.49	143	56.06	20	20	0d 20h	--	18:32 - 02:32	CR低	298	112	298	341	6	--
13	675 +	泌乳牛	17	妊检(－)	2	2	43.29	135	55.59	39	39	0d 23h	0d 10h	16:02 - 00:02	CR低	6	163	-2	2	--	--
14	3010	泌乳牛	16	妊检(－)	2	1	42.54	113	36.52	42	42	0d 21h	0d 04h	18:05 - 02:05	CR低	-18	270	151	70	6	--
15	6394	泌乳牛	17	妊检(－)	2	1	40.76	103	46.10	37	37	0d 23h	--	16:01 - 00:01	CR低	-5	234	263	116	--	--
16	200247 +	泌乳牛	12	产犊	1	--	24.95	73	41.34	--	--	0d 21h	0d 10h	17:17 - 01:17	CR低	-26	266	-23	-32	6	--
17	1550 +	泌乳牛	15	产犊	2	--	42.50	72	34.33	--	--	0d 23h	0d 12h	15:43 - 23:43	CR低	-13	123	-18	-19	--	--
18	916124	泌乳牛	12	产犊	5	--	74.62	57	47.81	--	--	0d 21h	--	17:10 - 01:10	CR低	163	174	234	205	6	--
19	917239 +	泌乳牛	31	妊检(－)	3	8	61.44	332	32.26	45	45	1d 09h	0d 16h	--	--	-4	20	-8	-12	--	--
20	T19269 +	泌乳牛	18	妊检(－)	1	4	30.44	195	41.47	36	36	1d 08h	0d 14h	--	--	-6	-7	-19	-19	--	--
21	200024 +	泌乳牛	18	流产	1	2	29.39	192	35.84	77	77	1d 04h	0d 14h	--	--	-4	-3	-34	-30	--	--
22	107 +	泌乳牛	18	流产	2	1	43.46	183	42.97	77	77	1d 08h	0d 14h	--	--	18	-19	-21	-14	--	--
23	4263	泌乳牛	34	妊检(－)	2	3	43.59	180	33.87	36	36	1d 04h	0d 05h	--	--	-10	--	--	-6	6	--
24	568 !+	泌乳牛	32	输精	2	3	41.22	147	46.14	18	18	1d 07h	0d 09h	--	--	7	188	27	-2	6	--
25	493 !+	泌乳牛	32	输精	2	3	41.22	145	51.41	21	21	1d 03h	0d 13h	--	--	-6	38	-12	-19	6	--
26	200132 !	泌乳牛	17	输精	1	2	27.02	129	34.80	20	20	1d 10h	0d 06h	--	--	-2	309	91	40	--	--
27	5335 !	泌乳牛	16	输精	2	2	43.82	118	42.06	20	20	1d 08h	--	--	--	268	--	--	327	6	--

图 3-1-45 发情牛潮次筛选

(5)选择对应潮次运动量降序，选中 150% 以上牛只，纳入代码。

(6)选择对应潮次运动量 90%～150% 牛只(选中后右击选择泌乳期图)，进行每一头的曲线详细查看(图 3-1-46)，如遇到异常牛只需进行直肠检查。

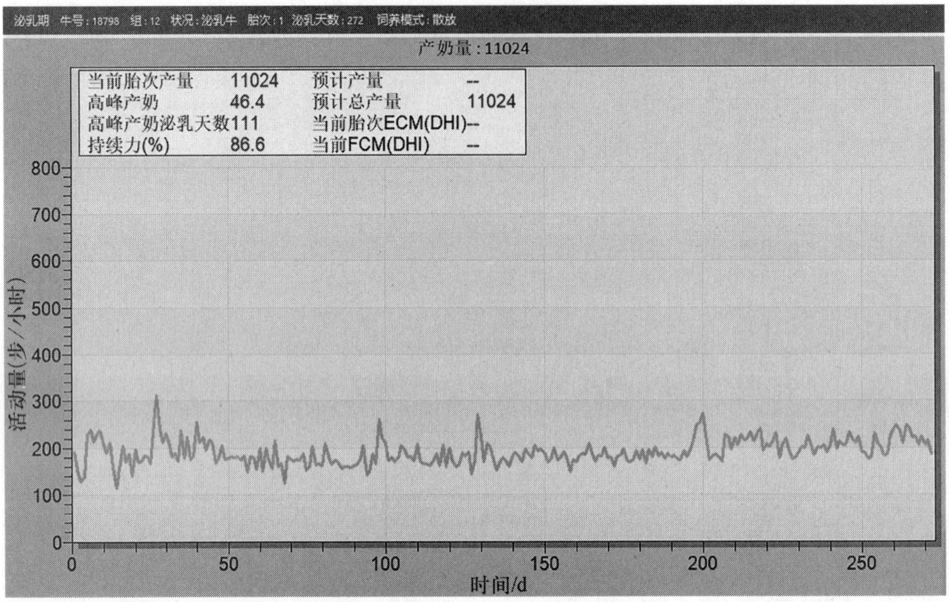

图 3-1-46 根据运动量 - 泌乳曲线逐个筛查牛只

如图 3-1-47 显示该牛是在晚上发情高峰，适合上午配种。

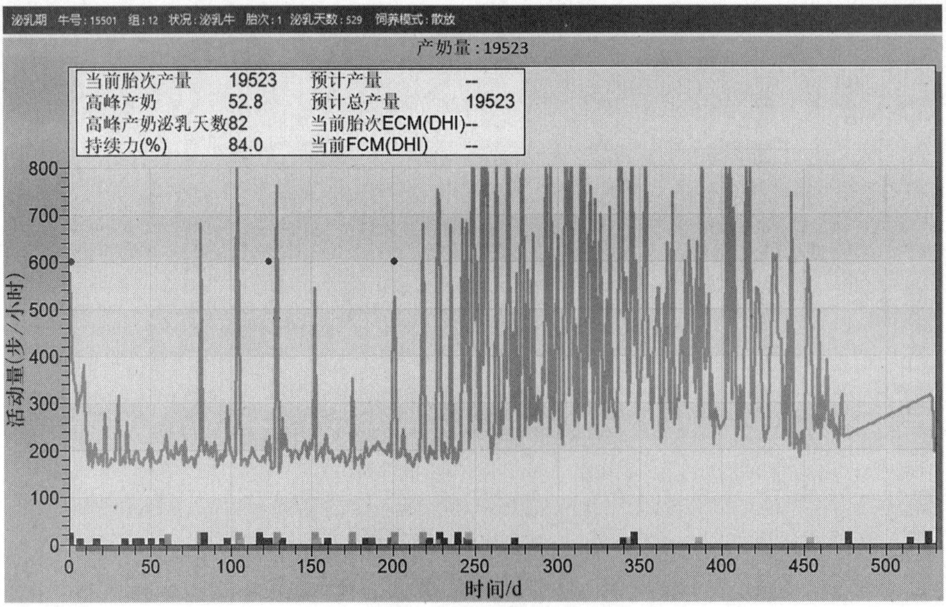

图 3-1-47 根据运动量变化确定发情高峰

如图 3-1-48 显示发情情况，先通过事件查看是否调舍、错误组别等，再去牛舍检查确认是否发情，可分析出发情异常牛只。

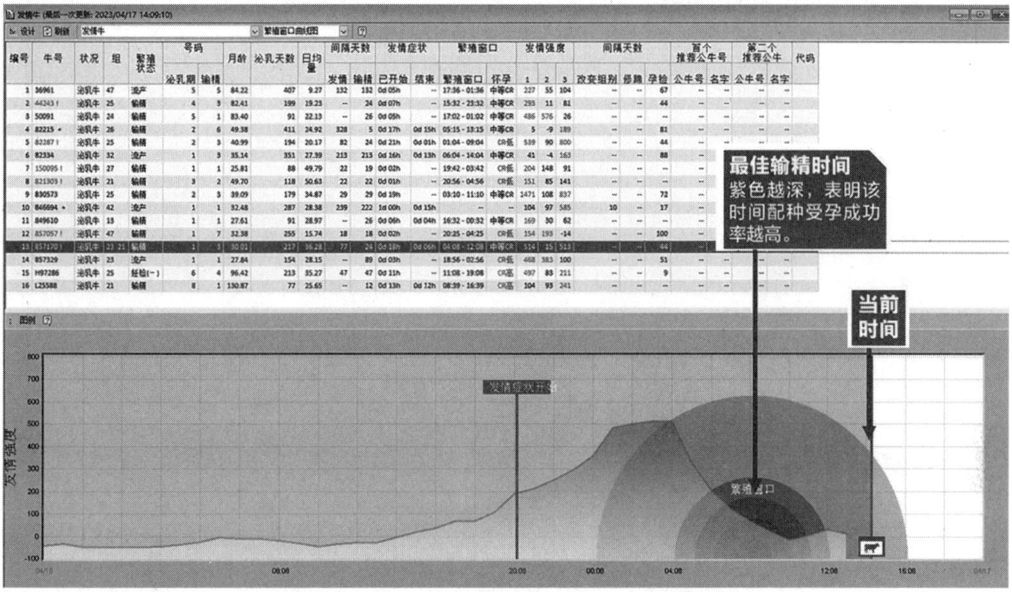

图 3-1-48　发情牛只信息核对和确定输精时间

(7) 从左侧的快捷栏里选择代码 FJ 需要输精的奶牛，选择筛选的牛号，右击进行打印(图 3-1-49)。

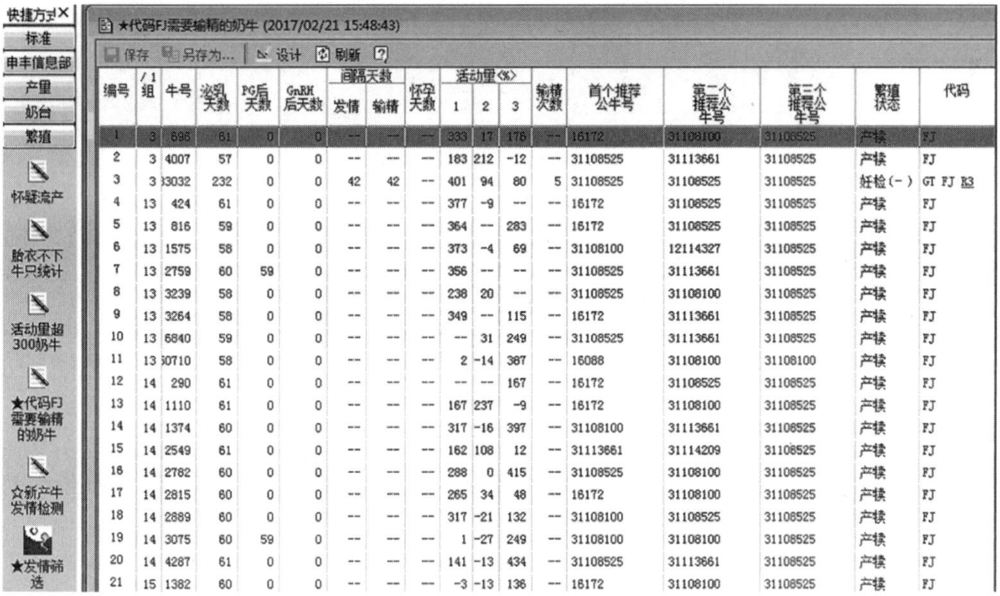

编号	/1 组	牛号	泌乳天数	PG后天数	GnRH后天数	间隔天数		怀孕天数	活动量(%)			输精次数	首个推荐公牛号	第二个推荐公牛号	第三个推荐公牛号	繁殖状态	代码
						发情	输精		1	2	3						
1	3	695	61	0	0	--	--	--	333	17	176	--	16172	31108100	31108525	产犊	FJ
2	3	4007	57	0	0	--	--	--	183	212	-12	--	31108525	31113661	31108525	产犊	FJ
3	3	33032	232	0	0	42	42	--	401	94	80	5	31108525	31108525	31108525	妊检(－)	GT FJ R3
4	13	424	61	0	0	--	--	--	377	-9	--	--	16172	31108525	31108525	产犊	FJ
5	13	816	59	0	0	--	--	--	364	--	283	--	16172	31108525	31108525	产犊	FJ
6	13	1575	58	0	0	--	--	--	373	-4	69	--	31108100	12114327	31108525	产犊	FJ
7	13	2759	60	59	0	--	--	--	356	--	--	--	31108525	31113661	31108525	产犊	FJ
8	13	3239	58	0	0	--	--	--	238	20	--	--	31108525	31108100	31108525	产犊	FJ
9	13	3264	58	0	0	--	--	--	349	--	115	--	16172	31113661	31108525	产犊	FJ
10	13	6840	59	0	0	--	--	--	--	31	249	--	31108525	31113661	31108525	产犊	FJ
11	13	30710	58	0	0	--	--	--	2	-14	387	--	16088	31108100	31108100	产犊	FJ
12	14	290	61	0	0	--	--	--	--	--	167	--	16172	31108525	31108525	产犊	FJ
13	14	1110	61	0	0	--	--	--	167	237	-9	--	16172	31108100	31108525	产犊	FJ
14	14	1374	60	0	0	--	--	--	317	-16	397	--	31108100	31113661	31108525	产犊	FJ
15	14	2549	61	0	0	--	--	--	162	108	12	--	31113661	31114209	31108525	产犊	FJ
16	14	2782	60	0	0	--	--	--	288	0	415	--	31108525	31108100	31108525	产犊	FJ
17	14	2815	60	0	0	--	--	--	265	34	48	--	16172	31108100	31108525	产犊	FJ
18	14	2889	60	0	0	--	--	--	317	-21	132	--	31108100	31108525	31108525	产犊	FJ
19	14	3075	60	59	0	--	--	--	1	-27	249	--	31108100	31108100	31108525	产犊	FJ
20	14	4287	61	0	0	--	--	--	141	-13	434	--	31108525	31113661	31108525	产犊	FJ
21	15	1382	60	0	0	--	--	--	-3	-13	136	--	16172	31108100	31108525	产犊	FJ

图 3-1-49　发情牛只信息输出

(8) 流产牛跟踪。打开快捷方式怀疑流产，选择怀疑流产牛只，查看牛只的泌乳曲线图(图 3-1-50)，无特殊事件活动量异常升高需要进行检查。

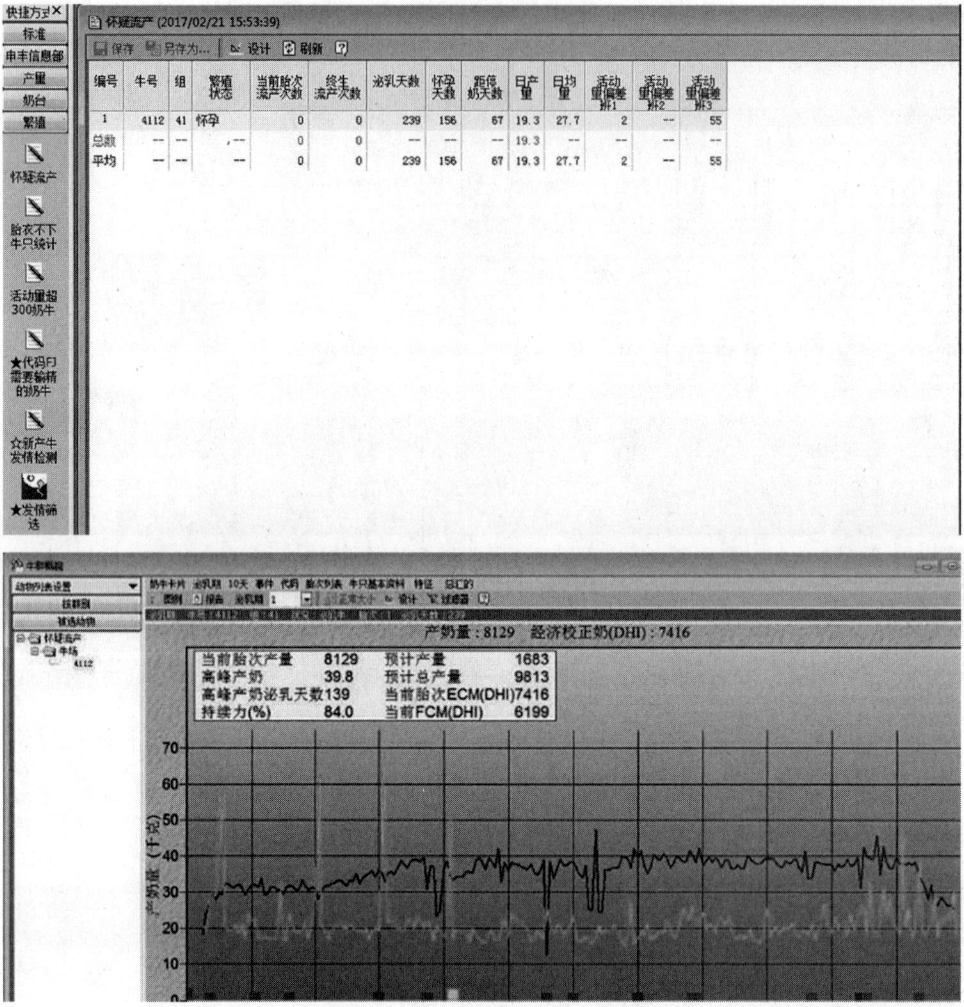

图 3-1-50　怀疑流产跟踪

(9) 注意事项：异常曲线牛只需要逐个检查；每一潮必须检查怀疑流产牛只；遇到计步器曲线异常牛只及时上报。

【业务知识】

一、发情揭发员职责

(1) 热爱繁殖育种工作，为人诚实、工作作风踏实，身体健康、能适应岗位工作环境和条件要求。

(2) 制定牛场母牛发情揭发制度、规程。

(3) 及时记录奶牛发情技术数据，详细填写记录表。

(4) 按时整理、分析各种发情技术资料，及时上报并提出合理化建议。

(5) 加强学习，提高自身技术水平，掌握科技信息，推广先进技术和经验。

(6) 培养后备人才，以身作则，做好传、帮、带。

(7) 与各岗位人员团结互助，服从领导安排，有牺牲小我的精神。

二、发情记录表设计

制定发情鉴定记录表格(表 3-1-39),对母牛的发情状况予以记录,建议使用电子记录。

表 3-1-39 发情记录表

序号	牛号	舍号	产犊日期	发情日期	外观表现		直检情况			观察人	配否	配种日期	操作人	备注
					黏液是否正常	是否接爬	子宫情况	左卵巢	右卵巢					

三、电脑信息化录入

熟悉牛场奶牛管理系统,录入以上相关信息,并定期对数据进行分析,检出发情异常牛只。

【业务经验】

一、发情鉴定应用

当前国内使用的发情揭发方案主要有外部观察法、尾根涂蜡笔法和计步器发情报告法。详见本任务【专业知识准备】的发情揭发。

二、牛的发情鉴定注意事项

(1)每天早晚对放牧或在运动场运动牛群进行至少 0.5 h 的观察,记录接受爬跨的牛号。奶牛吃草挤奶后静卧休息时,观察其尾部分泌物的黏性和颜色,记录牛号。对外阴红肿爬跨其他牛只、骚动不安的牛只记录牛号。对上述三种情况记录的牛只在观察完成后立即查阅繁殖记录,剔除产后时间不合适、正在进行繁殖疾病治疗和其他不适合进行配种的牛只。

(2)对观察到上述症状的适合冷配的空怀牛只,在 10～12 h 后进行直肠检查,首先判断子宫的大小和质地,然后检查两侧卵巢是否正常,是否有排卵卵泡。如果有排卵卵泡,根据卵泡的大小和质地推测排卵时间,判断在 8 h 之内排卵并适合进行冷配的牛只立即进行配种。对适合使用性控冻精的牛只用性控冻精配种,不适合的用常规冻精配种,并做好子宫、卵巢情况、发情时间及输精时间和部位等内容的详细记录。

三、母牛不发情怎么办

母牛不发情常见于营养不良、环境条件不当、卵巢疾病和子宫疾病的母牛;还有泌乳力高而又在泌乳旺季新分娩的母牛。产后久不发情的母牛则是由于各种不良因素引起卵巢萎缩或产生持久性黄体,或使卵巢处于静止状态所致。改善这种情况的措施有:

(1)改善饲养条件。长期、均衡、全面、适量地提供蛋白质、能量、维生素、矿物质等营养物质。贫乏饲养和过度饲养都会使母牛不发情。

(2)改善环境条件。做好防暑、抗旱工作。为奶牛创造凉爽、低湿和舒适圈舍环境。

(3)清除引起不发情的病因。实践证明子宫内膜炎或其他生殖道疾病、持久黄体、卵巢发育不全也会造成母牛不发情。在直肠中挤掉黄体，可使母牛重新发情，但此方法容易造成卵巢黏连，不提倡。通过直肠按摩卵巢也有活化卵巢的作用。注射促性腺激素，常能恢复卵巢功能，促进卵泡生长。

【知识拓展】

一、发情季节

牛属于常年均衡性发情动物，但受泌乳期、气候、人为激素调控等因素变化。

二、乏情、产后发情和异常发情

1. 乏情判断

乏情是指已达初情期的母牛不发情，或卵巢无周期性机能活动，处于相对静止状态。乏情多属于一种生理现象，而不是由疾病引起，称为生理性乏情。例如，母牛在妊娠、泌乳期间不发情，还有营养不良、衰老等引起的暂时性或永久性卵巢活动降低以致不发情等都属于生理性乏情。至于卵巢和子宫一些病理状态引起的不发情，则属病理性乏情，如持久黄体、卵巢机能障碍等。

(1) 泌乳性乏情　母牛在产后泌乳期间，由于卵巢周期性活动机能受到抑制而引起不发情。母牛在产后 2 周左右就可出现发情和排卵，但因哺乳和挤乳方法不同而有所差异，如挤乳乳牛在产后 30～70 d 就表现发情，而哺乳的黄牛和肉牛在产后往往需要 90～100 d 或更长时间才能发情。每天挤乳多次比每天挤乳 2 次的母牛出现发情时间要延长。母牛的分娩季节、挤奶和产后子宫复原的程度，对乏情的发生和持续时间也有影响，如春季分娩的母牛，乏情期较短，高产乳牛或哺乳仔数多的，乏情期一般要长。

(2) 营养性乏情　日粮中营养水平对卵巢机能活动有明显的影响，营养不良可以抑制发情，且青年母牛比成年母牛影响更大。放牧母牛缺磷引起卵巢机能失调，缺乏维生素 A 和维生素 E 会出现性周期不规则或不发情。

(3) 应激性乏情　不同环境引起的应激，如气候恶劣、牛群密集、栏舍卫生不良、长途运输等都可抑制发情、排卵及黄体功能，这些应激因素可使下丘脑 - 垂体 - 卵巢轴的机能活动转变为抑制状态。

(4) 衰老性乏情　母牛因衰老使下丘脑 - 垂体 - 性腺轴的功能减退，导致垂体促性腺激素分泌减少，或卵巢对激素的反应性降低，不能激发卵巢机能活动而表现不发情。

2. 产后发情判断

产后发情是指母牛分娩后的第一次发情。在良好的饲养管理、气候适宜、哺乳时间短以及无产后疾病的条件下，产后出现第一次发情时间就相对早一些，反之就会推迟。由于产后发情时卵巢内无黄体，以及产后泌乳和幼仔吮乳等的影响，发情表现不同于正常发情。母牛在产后 25～30 d 排卵但发情征状不明显，一般在产后 40～50 d 正常发情，但本地耕牛一般产后发情还要晚些。

3. 异常发情判断

母牛的异常发情多见于初情期后、性成熟前性机能尚未发育完全的一段时间内；性成熟以后由于环境条件的异常也会导致异常发情，如劳役过重，营养不良，内分泌失调，泌乳过多，饲养管理不当和温度等气候条件的突变以及繁殖季节的开始阶段。常见的异常发情有安静发情、短促发情、断续发情、持续发情、孕后发情等。

(1)安静发情　又称静默发情或隐性发情，是指母牛发情时缺乏发情外表症状，但卵巢上有卵泡发育、成熟并排卵。常见于每天挤奶次数过多、体质衰弱或营养不良的带仔母牛产后第一次发情，引起安静发情的原因是由于体内有关激素分泌失调所致，例如雌激素分泌不足，发情外表症状就不明显；促乳素分泌不足或缺乏，促使黄体早期萎缩退化，于是孕酮分泌不足，降低了下丘脑中枢对雌激素的敏感性。对安静发情可以通过直肠检查卵泡发育情况来发现，如能及时配种也可正常受胎。

(2)短促发情　指母牛发情持续时间短，如不注意观察，往往错过配种时机。乳牛发生率较高。其原因可能是神经 - 内分泌系统的功能失调，发育的卵泡很快成熟破裂排卵，缩短了发情期，也可能是由于卵泡突然停止发育或发育受阻而引起。

(3)断续发情　母牛发情延续很长，且发情时断时续。其原因是卵泡交替发育，先发育的卵泡中途发生退化，新的卵泡又再发育。因此，产生了断续发情的现象。当其转入正常发情时，就有可能发生排卵，配种也可能受胎。

(4)持续发情　持续发情是慕雄狂的一种症状。表现为持续强烈的发情行为。发情周期不正常，发情期长短不规则，经常从阴户流出透明黏液，阴户浮肿、荐坐韧带松弛，同时尾根举起，配种不受胎。患慕雄狂的母牛，表现为极度不安，大声哞叫，频频排尿，追逐爬跨其他母牛，产奶量下降，食欲减退，身体消瘦，皮毛粗乱失去光泽，母牛往往具有雄性特征，如颈部肌肉发达，短而粗壮似公牛，阴门肿胀。

(5)孕后发情　又称妊娠发情或假发情，母牛在怀孕最初 3 个月内，常有 3%～5% 的母牛发情，孕后发情发生的主要原因是由于激素分泌失调，即妊娠黄体分泌孕酮不足，而胎盘分泌雌激素过多所致。母牛有时也因在怀孕初期，卵巢上仍有卵泡发育，致使雌激素含量过高而发情，并常造成怀孕早期流产，有人称之为“激素性流产”。

三、发情检测系统

发情检测系统是一套由计步器、接收器、管理软件等组成繁殖管理为主的专门化管理系统。它能敏捷精准地揭发发情奶牛，提高怀孕率，缩短胎间距，使牛场盈利最大化。现以阿菲金发情检测系统为例进行阐述(图 3-1-51)。

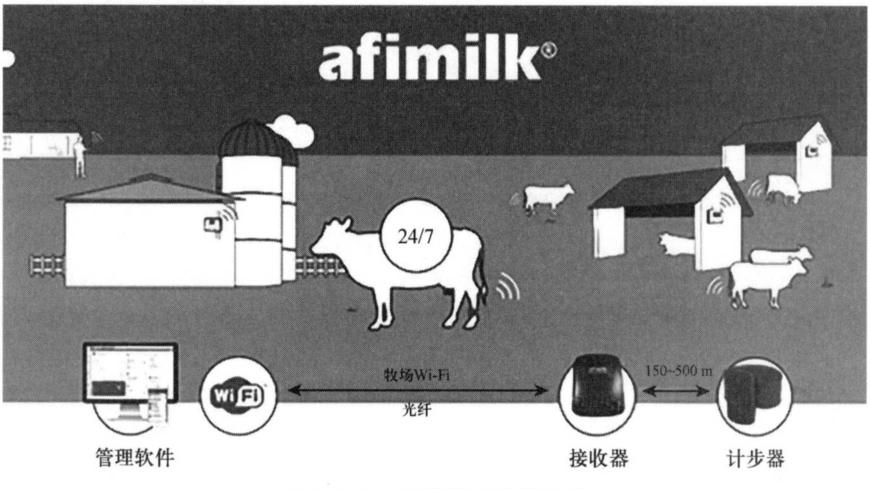

图 3-1-51　发情检测系统模式

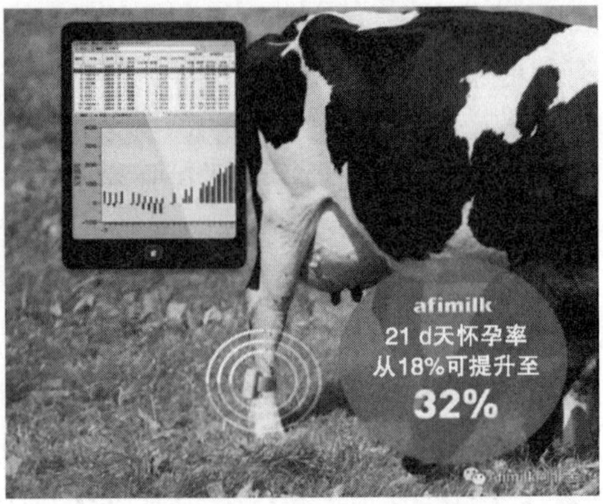

图 3-1-52　信息化终端

计步器记录奶牛活动量、躺卧时间、站立时间、躺卧次数等数据，并将数据传输给接收器；接收器安装在牛舍内，信号覆盖范围半径超过 100 m，如果是运动场覆盖半径可达 500 m；接收器通过局域网将收集的数据传输到办公室电脑的管理软件，软件对数据进行整理和分析，并制定相应报告。如图所示阿菲金独立发情系统（图 3-1-52）。

计步器发情系统能帮助提升牛场繁殖管理，能通过提高发情揭发率和怀孕率，缩短胎间距和空怀天数；能及时进行产犊预警，降低奶牛产犊风险。奶牛发情时大多呈现精神亢奋状态，坐立不安活动量升高。阿菲金计步器能够全天候监控奶牛的活动量，每隔 5 min 更新活动量数据，再加上独有的数据算法，能更加敏捷精准地揭发发情奶牛。

四、监控活动状态

发情系统可通过监测奶牛的站立时间、卧地时间、躺卧次数来监测牛群舒适度，综合分析牛群休息时间减少的原因。通过对牛群活动量、躺卧时间的分析，能帮助牛场建立起群组的福利指数、牛群密度大小、卧床舒适度、转群应激、热应激的有效管理手段。

例如，通过系统能监测牛群的平均休息时间，对每个组躺卧时间的降低进行报警并给予提示，能够为设定最佳的奶牛饲养密度提供指导（图 3-1-53）。

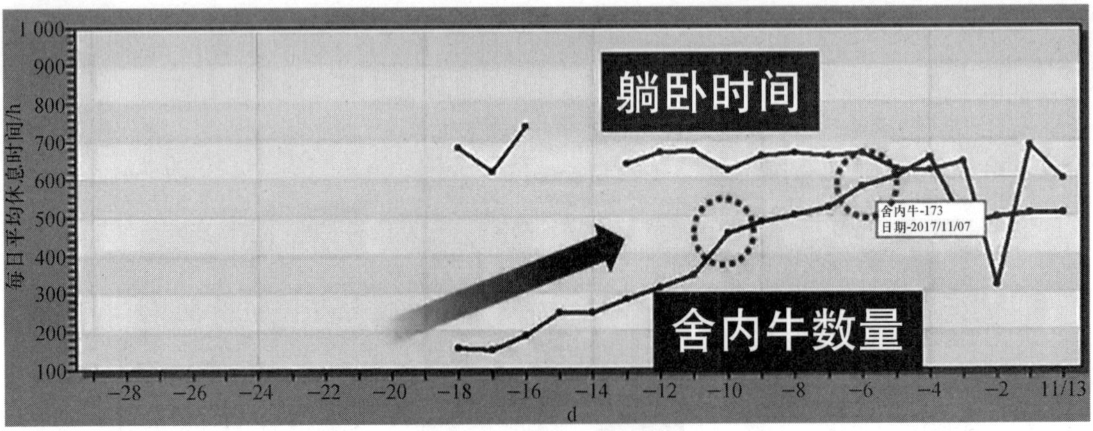

图 3-1-53　奶牛活动规律

牛群每增加一个小时躺卧时间可提高 1.7 kg 奶产量，阿菲金独立发情系统可提高牛群躺卧时间，增加牛场盈利。

五、产犊预警

头胎牛难产率 28%～50%，经产牛难产率 11%～30%，确定产犊时间是确保成功产犊和最优化处理的关键，往往是挽救犊牛和母牛生命的决定性因素。发情检测系统通过手机 App 发送产犊预警信息，能大大降低产犊风险。具体有 3 种预警(图 3-1-54)。

图 3-1-54　产犊管理系统

产前预警：在产犊前 4 h 提醒牛场主什么时间产犊开始。工作人员接收到预警信息后需要将预计产犊的牛只转至分娩圈。

难产预警：提醒牛场主难产及超过预产期的牛，确认是否需要人为介入，及时采取措施可避免损失大牛和小牛。

产后预警：提醒将新生犊牛及时转至安全环境并饲喂初乳。

【工作任务实施记录与评价】

一、工作任务实施记录

任务 1　外部观察法鉴定发情

<table>
<tr><td>鉴定周期</td><td colspan="3">年　月　日　至　　年　月　日</td><td rowspan="2">过程评价</td></tr>
<tr><td>师傅指导记录</td><td colspan="3">鉴定结果</td></tr>
<tr><td rowspan="2">日期：　　年　月　日
指导内容：

日期：　　年　月　日
指导内容：

日期：　　年　月　日
指导内容：</td><td>应揭发头数</td><td>实际准确揭发头数</td><td>揭发率</td><td rowspan="2">师傅签字：</td></tr>
<tr><td></td><td></td><td></td></tr>
</table>

任务 2 尾根涂蜡笔法鉴定发情

鉴定周期	年 月 日 至 年 月 日			过程评价
师傅指导记录	鉴定结果			
日期： 年 月 日 指导内容：	应揭发头数	实际准确揭发头数	揭发率	
日期： 年 月 日 指导内容：				
日期： 年 月 日 指导内容：				师傅签字：

任务 3 直肠检查鉴定发情

鉴定周期	年 月 日 至 年 月 日			过程评价
师傅指导记录	鉴定结果			
日期： 年 月 日 指导内容：	应揭发头数	实际准确揭发头数	揭发率	
日期： 年 月 日 指导内容：				
日期： 年 月 日 指导内容：				师傅签字：

任务 4 B 超检查鉴定发情

鉴定周期	年 月 日 至 年 月 日			过程评价
师傅指导记录	鉴定结果			
日期： 年 月 日 指导内容：	应揭发头数	实际准确揭发头数	揭发率	
日期： 年 月 日 指导内容：				
日期： 年 月 日 指导内容：				师傅签字：

任务 5　计步器发情报告法鉴定发情

<table>
<tr><td>鉴定周期</td><td colspan="3">年　月　日　至　　年　月　日</td><td rowspan="2">过程评价</td></tr>
<tr><td>师傅指导记录</td><td colspan="3">鉴定结果</td></tr>
<tr><td rowspan="2">日期：　年　月　日
指导内容：

日期：　年　月　日
指导内容：

日期：　年　月　日
指导内容：</td><td>应揭发头数</td><td>实际准确揭发头数</td><td>揭发率</td><td rowspan="2">师傅签字：</td></tr>
<tr><td></td><td></td><td></td></tr>
</table>

二、绩效评价

<table>
<tr><td>序号</td><td colspan="2">绩效项目</td><td>权重</td><td>发情揭发率目标值</td><td>考核分数</td><td>激励制度</td><td>备注</td></tr>
<tr><td rowspan="2">1</td><td rowspan="2">发情揭发率</td><td>成母牛</td><td>35%</td><td>85%</td><td></td><td rowspan="2">标准发放比 100%，最高 150%，最低 40%；每高于目标值 1%，正激励此项工资的 10%；每低于目标值 1%，负激励此项工资的 7%</td><td rowspan="2"></td></tr>
<tr><td>青年牛</td><td>45%</td><td>90%</td><td></td></tr>
<tr><td rowspan="2">2</td><td colspan="2" rowspan="2">孕检空怀率</td><td>10%</td><td>初检 <30%（妊娠前 60 d）</td><td></td><td rowspan="2">标准发放比 100%，最高 150%，最低 40%；每比目标低 1%，正激励此项工资的 5%；每比目标高 1%，负激励此项工资的 10%</td><td rowspan="2"></td></tr>
<tr><td>10%</td><td>复检 <5%（妊娠 60～90 d）</td><td></td></tr>
<tr><td colspan="3">小　计</td><td>100%</td><td></td><td></td><td>考核 60 为合格，90 为优秀</td><td></td></tr>
<tr><td colspan="8">企业评价：

部门负责人签字：</td></tr>
</table>

任务3　细管冷冻精液解冻及精液品质检查

牛细管冷冻精液解冻后进行精液品质检查主要是活力和密度检查。在师傅指导下，熟练使用各种解冻设备，严谨制定解冻程序，并严格按照冷冻细管精液解冻程序，即冻精保存、提取、解冻、消毒、剪封口、装枪等进行解冻无菌操作，能最终实现独立高质量完成此项技术操作。

【专业知识准备】

一、正确使用液氮罐

(1)新购置的液氮罐，应先加入液氮后做性能检查方可使用，新罐初次使用时，加满液氮搁置1 h，待罐内充分冷却后再加满液氮，然后静态放置24 h，确认液氮挥发正常后方可放入冻精使用(正常新罐挥发0.8 L/d)。

(2)液氮罐放置场所应清洁、阴凉、干燥、通风，远离热源。挪动液氮罐时必须轻拿轻放，避免碰撞。

(3)使用配套的盖塞，严禁使用自制的盖塞堵紧罐口，更严禁用塑料袋和绳子把罐口扎紧，以免液氮罐内压增大，发生安全事故。

(4)液氮罐在使用中，要经常检查罐内的液氮量，及时补充。10 L以下的液氮罐应每天检查一次，并及时添满液氮。10 L以上的液氮罐应每两天检查一次，并及时补充、添满液氮。

(5)在液氮储存罐内储存的冷冻精液，必须切实地浸没于液氮中。

(6)取放储存冷冻精液的提桶，只允许上提到液氮罐的罐颈段之下，严禁提出罐外，在罐内脱离液氮的时间不得超过10 s。

(7)在向另一液氮储存罐内转移冷冻精液时，精液提桶不得脱离液氮5 s。

(8)填充液氮后，要跟踪检查。发现罐子瓶盖上和罐体上部有水珠或结霜情况，说明罐子质量有问题，应立即上报，停止使用。

(9)每次添加液氮后必须记录。添加液氮记录，应至少每周1次拍照，拍照后存档保存。

(10)液氮储存罐及液氮运输罐装车运输时，应在罐底加防震软垫。罐体应加外套装入木箱，牢固地加以栓系，防止倾倒。

二、精子的活力检查

精子活力又称活率，是指精液中作直线运动的精子占整个精子数的百分比。活力是精液检查的重要指标之一，在采精后、解冻后、保存和运输前后、输精前都要进行检查。

1. 检查方法

检查精子活力需借助显微镜，放大100～200倍把精液样品放在镜前观察。采用平板压片法。主要操作是取一滴精液于载玻片上，盖上盖玻片，放在镜下观察。此法简单、操作方便，但精液易干燥，检查应迅速。

2. 评定方法

评定精子活力多采用“十级评分法”(0.1~1.0)，如果精液中有60%的精子呈直线前进运动，精子活力计为 0.6；如有 50% 的精子呈直线前进运动，活力计为 0.5，以此类推。在具体评定中，采取估测法并结合精子的运动速度、运动形态进行精子的活力判定。温度对精子活力影响较大，为使评定结果准确，要求检查温度在 37 ℃左右，需用有恒温装置的显微镜。

三、精子的密度检查

精子密度是指单位体积（1 mL）精液内所含有精子的数目。精子密度大，稀释倍数高，进而增加可配母牛数，也是评定精液品质的重要指标。

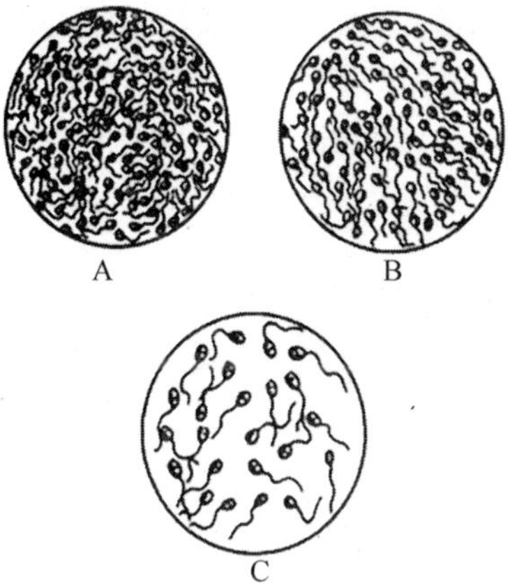

图 3-1-55　牛精子密度示意图

A. 稠密　B. 中等　C. 稀薄

1. 估测法评定

估测法通常结合精子活力检查来进行，根据显微镜下精子的密集程度，把精子的密度大致分为稠密、中等、稀薄 3 个等级（图 3-1-55），这种方法能大致估计精子的密度，主观性强，误差较大。

（1）精子活力评定　在显微镜视野下，呈直线前进运动的精子数占全部精子数的百分率来评定精子活力。100% 的精子呈直线前进运动者评为 1.0；90% 的精子呈直线前进运动者评为 0.9，以此类推。

每头份冷冻精液的直线前进运动精子数必须达到以下标准：

细管型 1 000 万个以上 / 支；颗粒型 1 200 万个以上 / 粒；安瓿型 1 500 万个以上 / 安瓿。

（2）精子顶体完整率评定　采用吉姆萨染色法做显微镜观察或用相差显微镜观察（图 3-1-56）。每个样品应观察精子总数 500 个。解冻后精子顶体完整率不得低于 40%。

（3）精子的畸形率检查　凡形态和结构不正常的精子都属畸形精子。牛精子畸形率不超过 18%，如果畸形精子超过 20%，则视为精液品质不良，不能用于输精（图 3-1-57）。

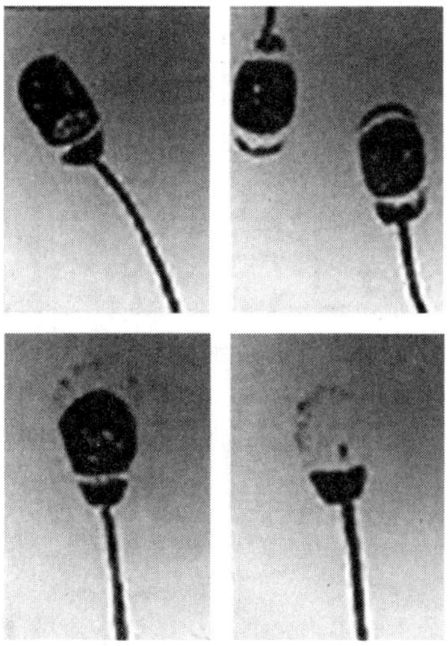

图 3-1-56　精子顶体完整率检查

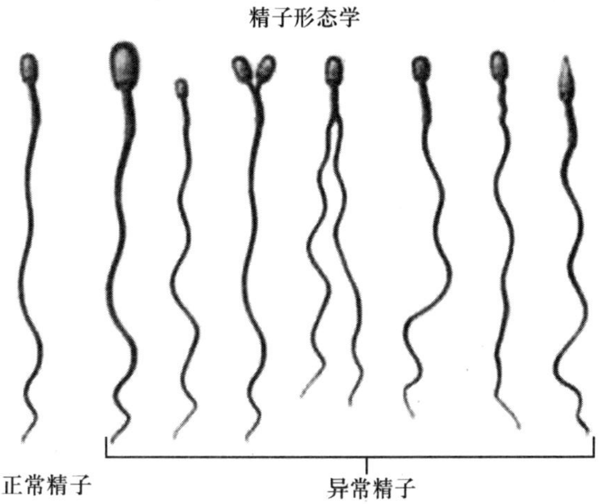

图 3-1-57　畸形精子与正常精子的形态学对比

2. 血细胞计数法测定

用血细胞计数法定期对公畜的精液进行检查，可较准确地测定精子密度。基本操作步骤如下：

(1) 精液实验室处理。以微量加样器取具有代表性原精液 100 μL、3% NaCl 900 μL，混匀，使之稀释 10 倍。在血细胞计数室上放一盖玻片，取 1 滴上述精液放入计数板的槽中，靠虹吸将精液吸入计数室内。

(2) 在显微镜下找到红细胞计数板上的计数室。计数室的高度为 0.1 mm，为一正方形，边长 1 mm，由 25 个中方格组成，每一中方格分为 16 个小方格。寻找方格时，先用低倍镜看到整个格的全貌，然后再用高倍镜进行计数（图 3-1-58）。

(3) 稀释精液。用 3% 的 NaCl 液对精液进行稀释，同时杀死精子，便于精子数目的观察。牛、羊的精液用红细胞吸管（100 倍或 200 倍），猪的精液用白细胞吸管（10 倍或 20 倍）稀释，抽吸后充分混合均匀，弃去管尖端的精液 2～3 滴，把一小滴精液充入计数室（图 3-1-59）。

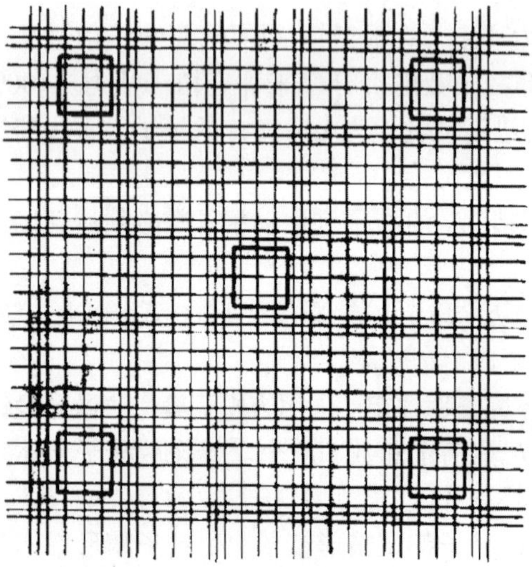

图 3-1-58　血细胞计数板的计算方格
（粗方格为应计数的方格）

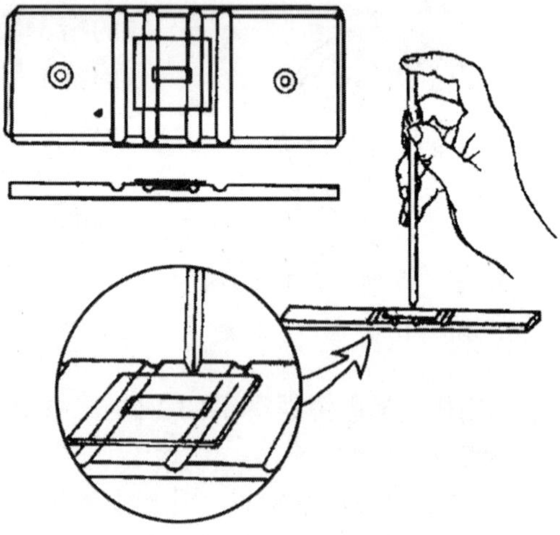

图 3-1-59　稀释后的精液从吸管滴入计数室

(4) 镜检。把计数室置于 400 倍镜下对精子进行计数。在 25 个中方格中选取有代表性的 5 个（四角和中央）计数，按公式进行计算。1 mL 原精液中的有效精子数 =5 个中方格的精子数乘以 5（等于 25 个中方格的精子数）乘以 10（等于 1 mm^3 内的精子数）乘以 1 000（1 mL 稀释后的精子数）乘以稀释倍数。为保证检查结果的准确性，在操作时要注意：滴入计数室的精液不能过多，否则会使计数室高度增加；检查中方格时，要以精子头部为准，为避免重复和漏掉（图 3-1-60）。对于头部压线的精子采取“上计下不计，左计右不计”的办法；为了减少误差，应连续检查两次，求其平均值。如两次差异较大，要求做第三次。

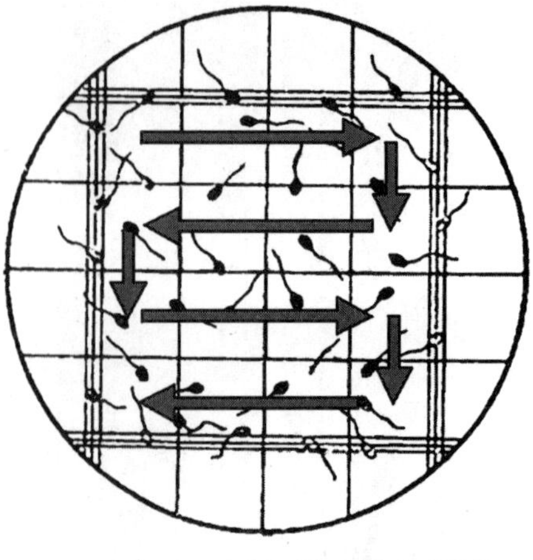

图 3-1-60　血细胞计数法检查精子
（只计算头部为黑色的精子）

3. **光电比色法**

普遍应用于精液的密度测定。此法快速、准确、操作简便。其原理是根据精液透光性的强弱，精子密度越大，透光性就越差。事先将原精液稀释成不同倍数，用血细胞计数法计算精子密度，从而制成精液密度表，然后用光电比色计测定其透光度，根据透光度计算每相差 1% 透光度的级差精子数，编制成精子密度对照表备用。测定精液样品时，将精液稀释 80～100 倍，用光电比色计测透光值，查表即可得知精子的密度。

【任务目标与质量要求】

制定冷冻细管冻精解冻技术操作规范，并熟练进行冻精液保存、提取、解冻、消毒、剪封口、装枪等无菌操作，熟练使用显微镜进行精液活力、密度检查，准确判定结果。具备较强动手操作能力以及细致、严谨专业态度。

【学习产出目标】

(1) 根据牛场实际情况，熟练制定冷冻细管冻精解冻技术操作规范。

(2) 熟练进行冻精液保存、提取、解冻、消毒、剪封口、装枪等程序的解冻无菌操作。

(3) 熟练使用显微镜，用估测法准确判定精子活力、密度，要求判断准确性 100%。

【工作程序与方法要求】

1. **解冻设备预热**

打开恒温水浴锅（解冻杯）电源，调整水温到 35 ℃，控制在 35～37 ℃。

2. **输精枪、细管外套预热**

冬季使用前，应防止冷应激，用卫生纸快速擦拭输精枪（温度低于 35 ℃），用恒温保温套预热细管外套至 35 ℃。

3. **精液提取**

从罐里提取精液时，提桶的顶端提取高度要低于罐口 10 cm，5 s 内未取出冻精，将提桶再放入液氮 30 s 后重试（图 3-1-61）。

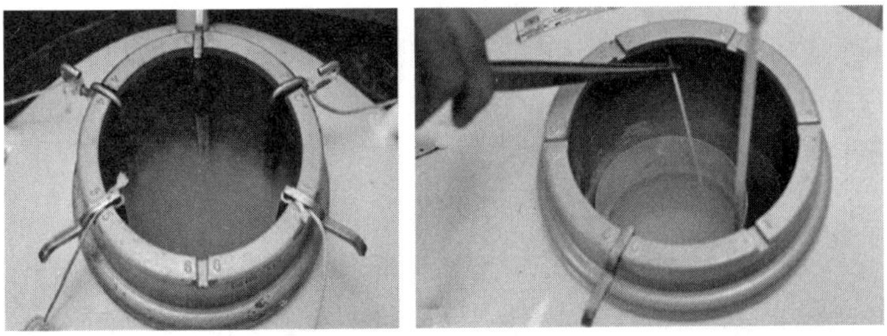

图 3-1-61　取冻精

4. **细管冻精解冻**

取出细管在空气中停留 3～5 s，让棉塞端液氮挥发，防止爆管。迅速放入 35 ℃水浴解冻 30～45 s，并不停摇动。

5. **细管擦净**

解冻后取出冻精，用纸巾擦净冻精细管上的水。

6. 细管消毒

手持细管靠近棉塞端下 1/3 处，用酒精棉球从封口端向棉塞端做一次性消毒。

7. 信息核对

核对检查细管外观，确认公牛编号是否正确。

8. 剪开细管

剪刀垂直剪开精液管的密封（图 3-1-62），套上新的输精套管，旋紧（卡紧）。

9. 安装检验

轻推枪的枪芯，使精液到达外套顶端（图 3-1-63）。

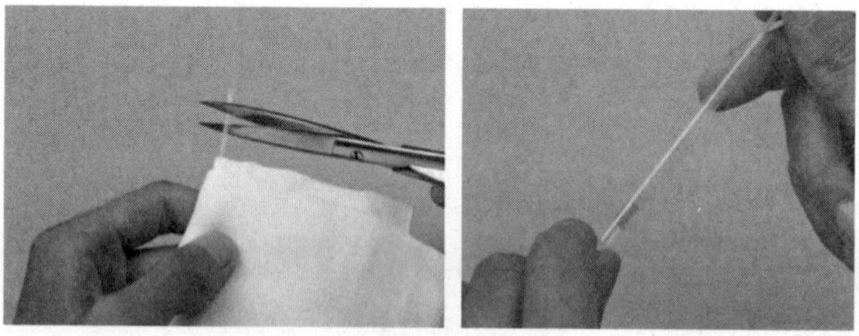

图 3-1-62　剪开细管封口

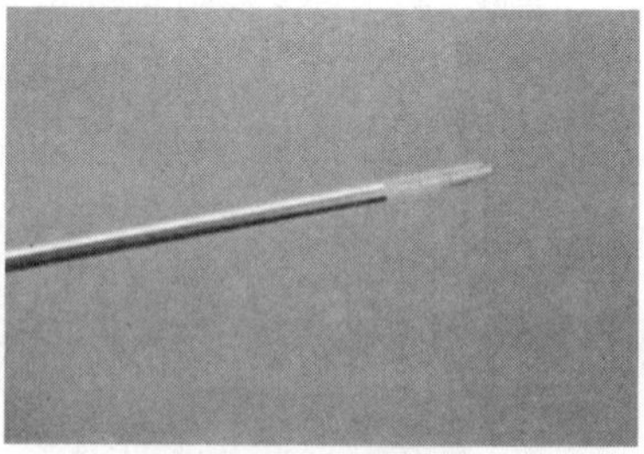

图 3-1-63　安装检查

10. 解冻精液注意事项

每次配种解冻冻精不要超过 3 支，解冻后的冻精在 10 min 内输进子宫。装枪后，冬季注意保持枪的温度。

【业务知识】

精液储存管理操作注意事项

（1）精液入库前需与仓库管理员核实入库信息，包括入库数量、冻精号、生产日期等。

（2）冻精储存时新液氮罐里加入液氮，整包快速提取冻精放入新液氮罐里，精液应始终浸入液氮中，精液在空气中暴露的时间不得超过 5 s。

（3）冻精做好标签标记，每个提桶或纱布袋都做好标识，按顺序取放。

（4）检查活力，鲜精活力≥0.7；密度≥10 亿个 /mL（国标 6 亿）。冻精活力要求≥0.3；密度达到中等级（图 3-1-64）。

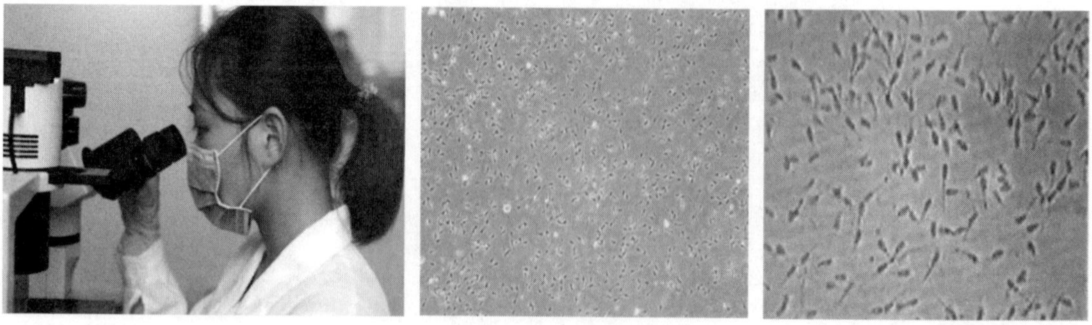

图 3-1-64　活力检查

图 3-1-65　罐内液氮检查

(5) 及时检查液氮消耗，及时添加液氮。10 L 以下的液氮罐应每天检查一次，并及时添满液氮(图 3-1-65)。10 L 以上的液氮罐应每两天检查一次，并及时添满液氮。如液氮消耗检查正常，液氮添加间隔最长不超过 5 d，每次添加液氮要添满，且必须记录。

(6) 冻精出库，转移至配种罐，将配种液氮罐加满注意防止冻伤，从储存罐和配种罐中分别取出精液提桶，快速将精液从储存罐提桶中转移至配种罐精液提桶中，精液在空气中暴露的时间不得超过 5 s。

(7) 记录好出库数量，并以报表的形式发给相关部门严格做好记录，应记录以下信息：公牛身份信息、精液数量、送达日期(批号)、供货商等信息。

(8) 每月定期检查活力。随机提取各种类冻精一支，解冻并及时记录。使用显微镜进行活力检查，活力≥0.3。

【业务经验】

一、冷冻精液的运输

(1) 移动液氮储存罐时，应提握罐柄、轻拿轻放、防止冲撞。

(2) 液氮储存罐及液氮运输罐装车运输时，应在罐底加防震软垫。罐体应加外套装入木箱，牢固地加以拴系，防止倾倒。

二、冷冻精液的储存

(1) 在液氮储存罐内储存的冷冻精液，必须浸没于液氮中。

(2) 取放储存冷冻精液的提桶，只允许上提到液氮罐的罐颈段之下，严禁提出罐外，在罐内脱离液氮的时间不得超过 10 s。

(3) 在向另一液氮储存罐内转移冷冻精液时，精液提桶不得脱离液氮 5 s。

(4) 取放冷冻精液之后，应及时盖上罐塞，以减少液氮消耗及防止异物落入罐内。

(5) 严防不同畜种、品种、个体公畜的冷冻精液混杂，难以辨识。

(6) 对长期用作储存冷冻精液的液氮罐应定期清理和洗刷。

三、精子活力的评定

评定精子活力的准确度与经验有关，具有主观性，检查时要多看几个视野，取平均值。

四、液氮罐使用注意事项

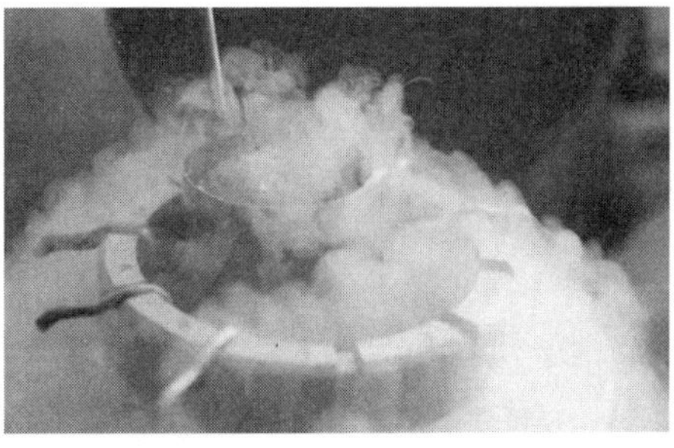

图 3-1-66　液氮罐口

(1) 液氮罐内充满液氮的情况下，颈部出现结霜的现象(图 3-1-66)，会持续 2 h，这种状况属于正常。

(2) 当容器外出现结霜或者冒汗的现象，可以推测是真空度破坏，容器内漏，不能使用，应快速转移冻精。

(3) 液氮蒸发量过多，真空度下降时需要重新抽取真空。

(4) 刻度盘出现松动或者脱落现象，粘接不牢，对容器无影响，重新粘接。

(5) 当颈塞的盖帽与塞体出现脱落，主要是粘接不牢固导致的，重新更换颈塞即可。

(6) 容器外部出现凹陷现象，过度碰撞导致，需要检查容器真空度。

(7) 提桶脱开及折断现象，粘接不牢导致，更换提桶或者重新粘接即可。

(8) 真空嘴盖帽脱落，粘接不牢导致，对罐体的性能没有影响，重新粘接即可。

【知识拓展】

一、外界环境对精子的影响

1. 温度

温度是精子接触的主要外环境，在体温状态下，精子的代谢正常。

(1) 高温　精子在高温下，代谢增强，能量消耗快，使精子在短时间内死亡。精子能忍耐的最高温度为 45 ℃，超过这一温度精子会发生热僵直而死亡。

(2) 低温　在低温下，精子的代谢和运动能力下降，当温度降至 10 ℃以下时，精子的代谢非常微弱，几乎处于休眠状态。鲜精从体温状态缓慢降到 10 ℃以下，精子逐渐停止运动，待升温后可恢复正常活力。如果精液的温度从体温状态急剧降到 10 ℃以下，精子会不可逆地失去活力，不能复苏，这种现象称为冷休克。出现冷休克的原因是精子的细胞膜遭到破坏，使三磷酸腺苷、细胞色素、钾等从细胞膜渗出，渗透压加大，精子不能存活。

(3) 超低温　现在生产中用液氮作冷源保存精液，精子处于 −196 ℃的低温，其代谢和活动基本停止，可以长期保存。牛的精液在超低温下可保存 20 年以上，解冻后仍能达到输精要求。在精液冷冻中要防止冰晶的出现，−60～0 ℃的环境对精子存活不利，其中 −25～−15 ℃为最危险区域，需加甘油等保护剂才能成功。

2. 光和辐射

日光中含有紫外线和红外线，红外线能使精液升温，精子代谢增强。紫外线对精子的影响取决于其强度，强烈的紫外线照射能使精子活力下降甚至死亡。荧光灯能发射紫外线，对精子也有不利影响。因此，在精液处理室，应避免阳光直射，减少光的辐射。盛装精液的玻璃容器最好用棕色瓶，以阻隔光的影响。

3. 渗透压

精子与其周围的液体环境（精清、稀释液）要保持等渗，才能正常地代谢和存活。如果周围液体的渗透压大，精子就会失水皱缩，原生质变干，内部结构发生变化而死亡；如果精子周围环境的渗透压小于精子内部的渗透压，水分就会进入精子内部，使精子膨胀。精子对渗透压有逐渐适应能力，但这种适应能力是有限度的。相对精子而言，低渗危害更大。

4. pH

牛精液的 pH 6.9～7.0，在弱酸环境中精子代谢运动减弱，但存活时间延长；在弱碱环境中，精子代谢和运动加快，能量消耗较快，不利于精子存活。

5. 化学药品

凡消毒药、具有挥发性异味的药物对精子均有危害。在精液处理过程中，常加入一些化学药品，如抗生素、磺胺类药物、甘油等，使用时一定注意用量，否则会对精子产生危害。

6. 离子浓度

精液中离子（电解质）浓度影响精子的代谢和运动。电解质对细胞膜的通透性较差，对渗透压破坏较大，达一定浓度后会损坏精子。一般阴离子对精子的损害大于阳离子。

7. 稀释倍数

家畜的鲜精液精子运动较活跃，经一定倍数的稀释后有利于增强活力，精子的代谢和耗氧量增加。据研究，精液稀释超过 1.8 倍后，从精子中渗出 K^+、Mg^{2+}、Ca^{2+} 等离子，而 Na^+ 向精子内移动。经高倍稀释后，精子表面的膜发生变化，细胞的通透性增大，精子内各种成分渗出，而精子外的离子又向内入侵，影响精子代谢和生存，这就是稀释打击。

二、精液冷冻保存技术

精液的冷冻保存有专门的仪器设备，如精液冷冻仪、液氮罐等。冻结的颗粒、细管、安瓿或袋装精液，经解冻检查合格后，即按品种、编号、采精日期、型号分别包装，做好标记，转入液氮罐（或干冰保温瓶）中储存备用。

目前，冻精的储存多采用液氮作为冷源。

(1) 液氮及其特性　液氮是空气中的氮气经压缩、分离形成的一种无色、无味、无毒的液体，沸点温度为 −195.8 ℃。在常温下，液氮沸腾，吸收空气中的水气形成白色烟雾。液氮具有很强的挥发性，当温度升至 18 ℃时，其体积可膨胀 680 倍。此外，液氮是一种不活泼的液体，渗透性差，无杀菌能力，但是 −196 ℃的超低温可使多数细菌、病毒停止繁殖。

(2) 液氮容器　包括液氮储存容器和液氮储运容器，前者为专门保存冻精用，后者为储存和运输液氮用。当前冷冻精液专门使用的液氮罐型号很多，但其基本结构都相同（图 3-1-67）。

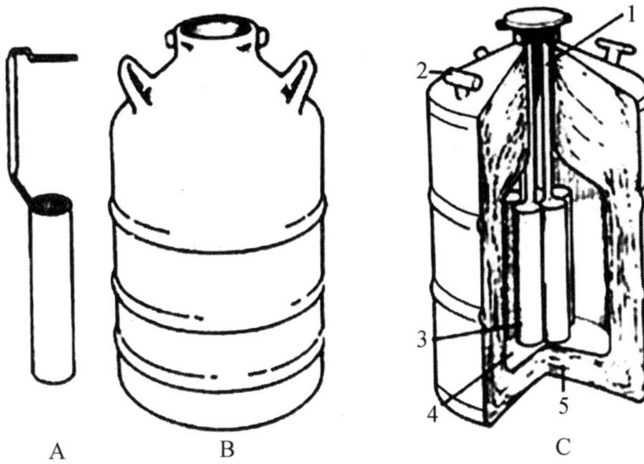

图 3-1-67　液氮罐结构示意图

A. 提桶　B. 外观　C. 内部结构

1. 颈管　2. 把手　3. 提桶　4. 罐内空间　5. 夹层

①内外壳体　液氮罐由内外两层壳体组成，一般采用铝合金制造。

②内槽　液氮罐内胆中的空间。内槽底部有底座，供固定提桶用，液氮、提桶和冻精都置于内槽中。

③夹层　液氮罐内外壳体间的空隙为高真空状态。为了增强罐体的高绝热性能,夹层中还装有活性炭、硅胶等绝热材料和吸附剂。

④颈管　以绝热黏合剂将罐内外壳体连接而成的长管。

⑤罐盖　由绝热性能良好的塑料制成,具有减少液氮蒸发和固定储精提桶手柄的功能。

⑥提桶　置于罐体内,其底部有多个小孔,以便液氮渗入其中。提桶用于储存细管、安瓿及颗粒等各种剂型冻精。

液氮罐是比较精密的容器,它主要靠保持真空和减少导热而维持其正常超低温冷藏功能。为了发挥液氮罐的正常功能和保证安全,应注意正确使用和保养。检查液氮容器是否完好无损的最简单方法是触摸盛有液氮的容器盖,感觉它的温度是否低于室温,是否有水蒸气或霜生成。若温度与室温相近,说明质量上乘;若低于室温或出现凝结水蒸气,则质量已下降;若出现结霜,则说明该容器已损坏,必须立即更换,以免导致液氮快速挥发,储存的精液报废。同时,对性能正常的液氮容器,也要定期检查液氮的消耗情况,当液氮减少 2/3 时需及时补充。

精液的保存和运输是紧密配合的,只有精液得到有效的保存,才可能进行长距离的运输。精液的包装应妥善严密,要尽量避免高温和剧烈的震动与碰撞。

【工作任务实施记录与评价】

一、工作任务实施记录

任务 1　精液保存

学习周期	年　月　日 至　年　月　日	过程评价
师傅指导记录	学徒任务实施记录	
日期：　年　月　日 指导内容： 日期：　年　月　日 指导内容： 日期：　年　月　日 指导内容：		师傅签字：

任务 2 细管冷冻精液解冻操作

学习周期	年 月 日 至 年 月 日	过程评价
师傅指导记录	学徒任务实施记录	
日期： 年 月 日 指导内容： 日期： 年 月 日 指导内容： 日期： 年 月 日 指导内容：		师傅签字：

任务 3 精子活力检查

学习周期	年 月 日 至 年 月 日	过程评价
师傅指导记录	学徒任务实施记录	
日期： 年 月 日 指导内容： 日期： 年 月 日 指导内容： 日期： 年 月 日 指导内容：		师傅签字：

任务 4 精子密度检查

学习周期	年 月 日 至 年 月 日	过程评价
师傅指导记录	学徒任务实施记录	
日期： 年 月 日 指导内容： 日期： 年 月 日 指导内容： 日期： 年 月 日 指导内容：		师傅签字：

任务5 精子畸形率检查

<table>
<tr><td>学习周期</td><td>年 月 日 至 年 月 日</td><td rowspan="2">过程评价</td></tr>
<tr><td>师傅指导记录</td><td>学徒任务实施记录</td></tr>
<tr><td>日期： 年 月 日
指导内容：

日期： 年 月 日
指导内容：

日期： 年 月 日
指导内容：</td><td></td><td>师傅签字：</td></tr>
</table>

二、绩效评价

序号	任务项目	考核分数	权重	考核分数	师傅签字
1	精液保存		10%		
2	细管冷冻精液解冻操作		30%		
3	精子活力检查		30%		
4	精子密度检查		20%		
5	精子畸形率检查		10%		

任务4 发情母牛人工输精

母牛人工输精也是最重要的技术之一，能否及时、准确地把精液输送到母牛生殖道的适当部位，是保证受胎的关键。在师傅指导下，熟练掌握母牛人工输精技术，全过程做到无菌操作。

【专业知识准备】

人工输精是利用器械采取公牛的精液，再利用器械把经过处理的精液输送到母牛生殖道的适当部位，使之受孕的一种方法，牛常用直肠把握法进行输精。

一、人工输精的意义

(1)人工输精能充分发挥优良种牛的种用价值和配种效能，采用人工输精技术，公牛一次采出的精液能为几头、几十头甚至上百头的母牛输精。如一头优秀的种公牛每年能使万头以上母牛受孕，使优秀种牛的基因得以固定和充分利用。

(2)提高母牛的受胎率。人工输精使用经严格处理的优质精液，每次输精的时间经过科学的判断，输精部位准确，受胎率高。

(3)由于公、母牛不直接接触,可防止疾病特别是传染病的传播。

(4)能克服杂交改良时由于公母牛体重差异悬殊造成的配种困难。

(5)采取冷冻精液技术,精液可以长期保存,使人工输精可以不受国家和地区的限制。同时也加快了育种工作步伐。

(6)人工输精是推广繁殖新技术的一项基础措施。如牛繁殖控制技术、胚胎移植等都需要借助人工输精。

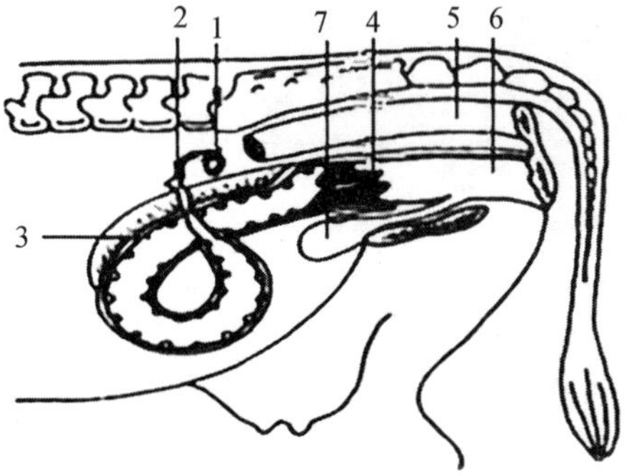

图 3-1-68 母牛的生殖系统模式图

1. 卵巢 2. 输卵管 3. 子宫角 4. 子宫颈 5. 直肠 6. 阴道 7. 膀胱

二、参配标准

(1)青年牛参配标准 月龄≥13.5,体高≥130 cm,体重 ≥380 kg。

(2)泌乳牛参配标准 产后 60 d 开始配种,产后不足 60 d 的牛禁止参配(对体况好、子宫恢复较好的牛只可适当提前)。

三、母牛的生殖系统及功能

母牛的生殖系统包括三个部分:①性腺,即卵巢;②生殖道,包括输卵管、子宫、阴道;③外生殖器官,包括尿生殖前庭、阴唇、阴蒂(图 3-1-68、图 3-1-69)。

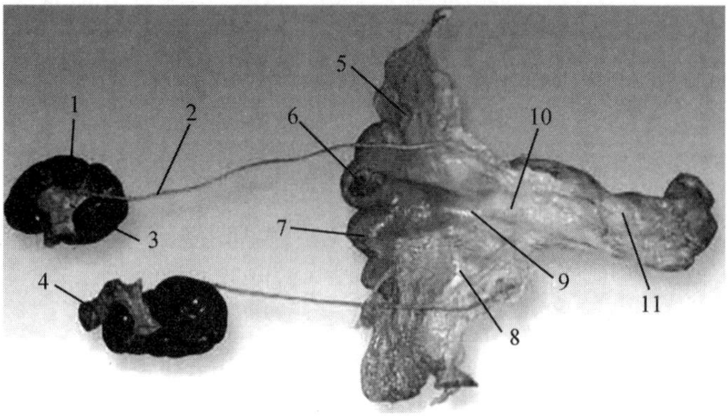

图 3-1-69 母牛的泌尿生殖解剖图

1. 肾 2. 输尿管 3. 肾门 4. 肾上腺 5. 卵巢 6. 子宫阜 7. 子宫角 8. 子宫阔韧带 9. 子宫体 10. 子宫颈 11. 阴道

(一)卵巢(ovary)

1. 形态与位置

牛卵巢的形状为扁椭圆形,附着在卵巢系膜上,其附着缘上有卵巢门,血管、神经即由此出入(图 3-1-70)。在中等大的母牛,卵巢平均长 3～4 cm,宽 1.5～2 cm,厚 2～3 cm。根据发情周期中时期的不同,卵巢上有大小不等的卵泡、红体或黄体突出于卵巢的表面,凹凸不平,近似一串葡萄。牛的卵巢一般位于子宫角尖端外侧,初产及经产胎次少的母牛,卵巢均在耻骨前缘之后;经产的母牛,子宫角因胎次增多而逐渐垂入腹腔,卵巢也随之前移至耻骨前缘的下方。

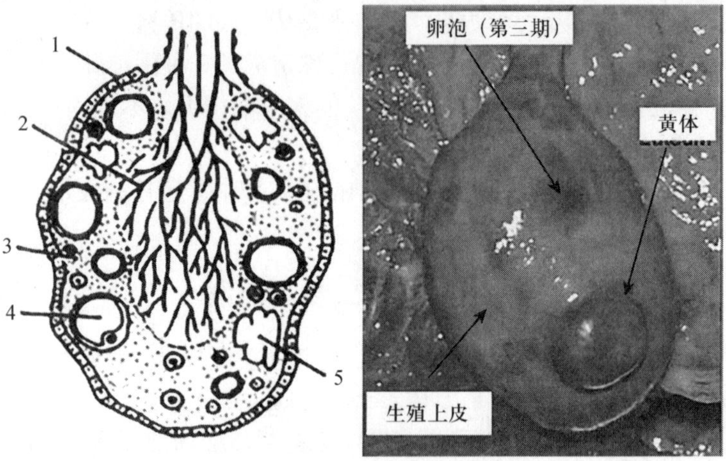

图 3-1-70　母牛卵巢形态

1. 表层上皮　2. 髓质　3. 皮质　4. 卵泡　5. 黄体

2. 组织结构

卵巢组织分为皮质部和髓质部，两者的基质都是结缔组织。皮质内含有卵泡，卵泡由于卵巢外表无浆膜覆盖，卵泡可在卵巢的任何部位排卵。皮质部的结缔组织含有许多成纤维细胞、胶原纤维、网状纤维、血管、淋巴管、神经和平滑肌纤维，接近表面的结缔组织细胞的排列大体上与卵巢表面平行，比靠近髓质处的略为致密，称为白膜。白膜外表盖有生殖上皮。髓质内含有许多细小的血管、神经，它们由卵巢门出入（所以卵巢门上没有皮质），血管分为小支进入皮质，并在卵泡膜上构成血管网。在初情期以前，卵巢的皮质内含有许多原始卵泡，为母牛的繁殖奠定了基础。

3. 功能

⑴ 卵泡发育和排卵　卵巢皮质部分布着许多原始卵泡。原始卵泡是由一个卵母细胞和周围一单层卵泡细胞构成。原始卵泡经过次级卵泡、生长卵泡和成熟卵泡阶段，最终排出卵子。排卵后，在原卵泡处形成黄体。

⑵ 分泌雌激素和孕酮　在卵泡发育过程中，包围在卵泡细胞外的两层卵巢皮质基质细胞形成卵泡膜。卵泡膜可分为血管性的内膜和纤维性的外膜。内膜可能分泌雌激素，一定量的雌激素是导致母牛发情的直接因素。排卵之后，在原排卵处颗粒膜形成皱襞，增生的颗粒细胞形成索状，从卵泡腔周围辐射状延伸到腔的中央形成黄体。黄体能分泌孕酮，它是维持妊娠所必需的激素之一。

（二）输卵管（oviduct）

1. 形态与位置

输卵管是卵子进入子宫必经的通道，包在输卵管系膜内，有许多弯曲，长 15～30 cm。管的前 1/3 段较粗，称为壶腹部，是卵子受精的地方。其余部分较细，称为峡部。壶腹和峡部连接处叫作壶峡连接部。靠近卵巢端扩大呈漏斗状，叫作漏斗部。

牛的输卵管伞不发达。伞的一处附着于卵巢的上端，漏斗的中心有输卵管腹腔口，与腹腔相通。管的后端（子宫端）有输卵管子宫口，与子宫角相通。由于牛子宫角尖端细，所以输卵管与子宫角之间无明显分界，括约肌也不发达。

2. 功能

(1) 承受并运送卵子　从卵巢排出的卵子先到伞，借纤毛的活动将其运输到漏斗和壶腹。通过输卵管分节蠕动及逆蠕动、黏膜及输卵管系膜的收缩，以及纤毛活动引起的液流活动，卵子通过壶腹的黏膜襞被运送到壶峡连接部。

(2) 精子获能、受精及卵裂的场所。

(3) 分泌机能　输卵管上皮的分泌细胞在卵巢激素的影响下，在不同的生理阶段，分泌的量有很大变化。发情时，分泌量增多，pH 为 7～8，分泌物主要为各种氨基酸、葡萄糖、乳酸、黏蛋白及黏多糖，它是精子、卵子及早期胚胎的培养液。输卵管及其分泌物的生理生化状况是精子和卵子正常运行、合子正常发育及运行的必要条件。

（三）子宫（uterus）

1. 形态与位置

牛的子宫分为子宫角、子宫体和子宫颈三部分。母牛的子宫角基部之间有一纵隔，将二角分开，称为对分子宫(图 3-1-71)。

(1) 子宫角及子宫体　牛的子宫角长 20～40 cm，角的基部粗 1.5～3 cm，子宫体长 2～4 cm，与母牛品种、年龄、胎次等因素有关。在青年及胎次较少的母牛，子宫角弯曲如绵羊角，位于骨盆腔内。胎次多的子宫并不能完全恢复原来的形状和大小，所以经产牛的子宫常垂入腹腔。二角基部之间的纵隔处有一纵沟，称角间沟。子宫黏膜有突出于表面的半圆形子宫阜 70～120 个，子宫阜上没有子宫腺，其深部含有丰富的血管。怀孕时子宫阜即发育为母体胎盘。

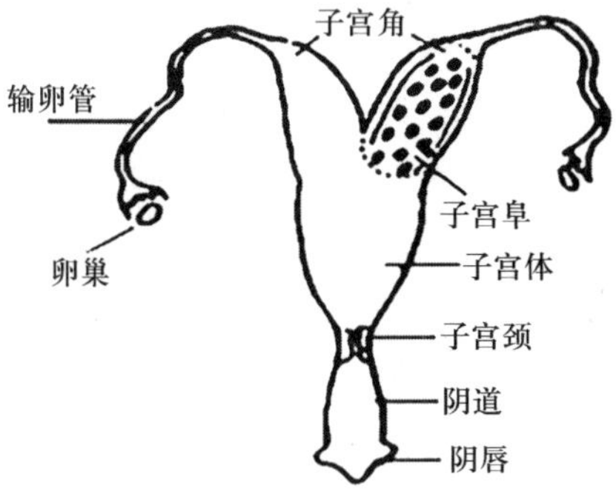

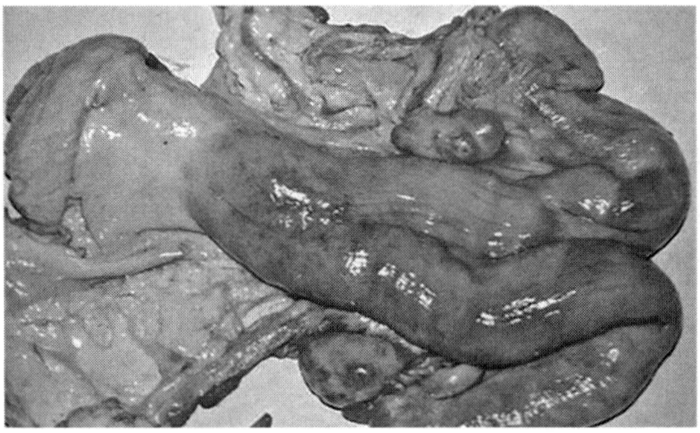

图 3-1-71　子宫角结构

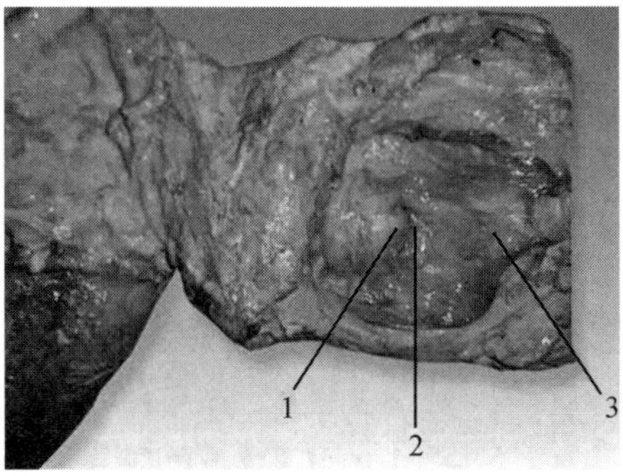

图 3-1-72　牛的子宫颈口

1. 子宫颈阴道部　2. 阴道穹隆　3. 阴道

(2) 子宫颈　牛的子宫颈长 5～10 cm，粗 3～4 cm，壁厚而硬，不发情时管腔封闭很紧，发情时也只能稍微开放。子宫颈阴道部粗大，突入阴道 2～3 cm；黏膜有放射状皱襞，经产牛的皱襞有时肥大如菜花状(图 3-1-72)；子宫颈肌的环状层很厚，分为两层，内层和黏膜固有层，构成 4(2～5) 个横的新月形皱襞，彼此嵌合，使子宫颈管成为螺旋状(图 3-1-73)。环状层和纵行层之间有一层稠密的血管网，所以子宫颈破裂时出血很多。子宫颈黏膜由两类柱状上皮细胞组成，即具有动纤毛的纤毛细胞和无纤毛的分泌细胞

(图 3-1-74)。发情时分泌活动增强,但子宫颈部缺乏腺体。

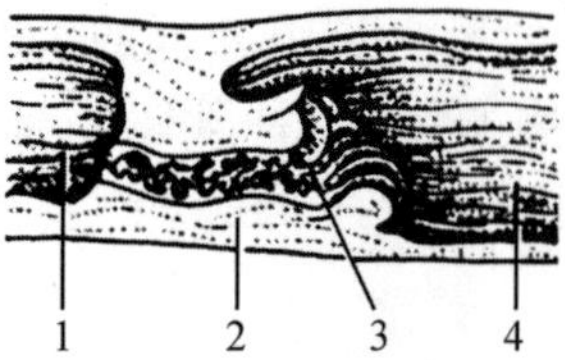

图 3-1-73 牛的子宫颈

(正中矢状剖面)

1. 子宫体 2. 子宫颈 3. 子宫颈外口 4. 阴道

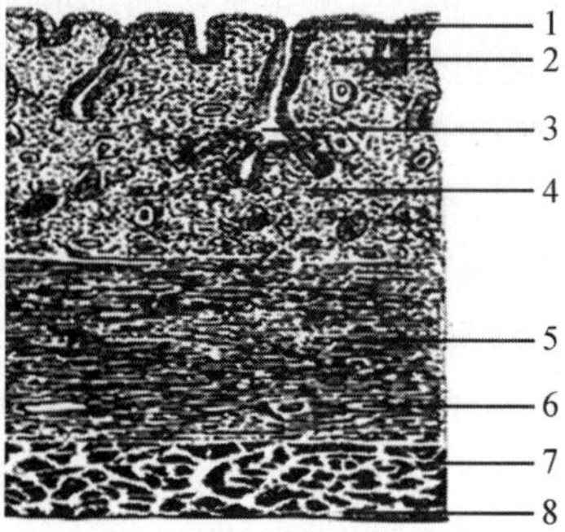

图 3-1-74 子宫组织结构模式图

1. 子宫腺开口 2. 固有膜浅层 3. 子宫腺 4. 固有膜深层 5. 环肌层 6. 血管 7. 纵肌层 8. 浆膜

黏膜由上皮和固有膜构成。上皮为柱状细胞,上皮下陷入固有膜内构成子宫腺。固有膜也称基质膜,非常发达,内含大量淋巴、血管和子宫腺。子宫腺为分支、蟠曲的管状腺。子宫腺以子宫角最发达,子宫体较少,在子宫颈,则只在皱襞之间的深处有腺状结构,其余部分为柱状细胞,能分泌黏液。在反刍动物子宫角黏膜表面,沿子宫纵轴排列着纽扣状隆起,称为子宫阜(牛的直径为 15 mm)。

肌层的外层薄,为纵行肌纤维;内层厚,为螺旋形的环状纤维。子宫颈肌可以看作子宫肌的附着点,同时也是子宫的括约肌,其内层特别厚,且富有致密的胶原纤维和弹性纤维,是子宫颈皱襞的主要构成部分;内外两层交界处有交错的肌束和血管网。浆膜与子宫阔韧带的浆膜相连续。

2. 功能

(1) 发情时,子宫借其肌纤维有节律的、强而有力的收缩作用而运送精液,使精子可能超越其本身的运行速率通过输卵管的子宫口进入输卵管。分娩时,子宫以其强有力阵缩而排出胎儿。

(2) 子宫内膜的分泌物和渗出物,以及内膜进行的糖、脂肪、蛋白质代谢物,可为精子获能提供环境,又可供孕体(囊胚到附植)的营养需要。怀孕时,牛在子宫阜形成母体胎盘,与胎儿胎盘结合成为胎儿母体间交换营养和排泄物的器官。子宫是胎儿发育的场所。子宫随胎儿生长的要求在大小、形态及位置上发生显著变化。

(3) 子宫对卵巢机能有一定影响。在发情季节,如果母牛未孕,在发情周期的一定时期,一侧子宫角内膜所分泌的前列腺素对同侧卵巢的发情周期黄体有溶解作用,以致黄体机能减退,垂体又大量分泌促卵泡素,引起卵泡发育成长,导致发情。

(4) 子宫颈是子宫的门户,在不同的生理状况下,子宫颈处于不同的状态。在平时子宫颈处于关闭状态,以防异物侵入子宫腔;发情时稍为开张,以利于精子进入,同时宫颈大量分泌黏液,是交配的润滑剂;妊娠时,子宫颈柱状细胞分泌黏液堵塞子宫颈管,防止感染物侵入;临近分娩时,颈管扩张,以便胎儿排出。

(5) 子宫颈是精子的“选择性贮库”(selective reservoirs)之一,子宫颈黏膜分泌细胞所分泌的黏液的微胶粒方向线(orientation lines),将一些精子导入子宫颈黏膜隐窝内。宫颈可以滤除缺损和不活动的精子,所以它是防止过多精子进入受精部位的栅栏。

(四)阴道(vagina)

阴道既为母牛的交配器官,又为胎儿娩出的通道。其背侧为直肠,腹侧为膀胱和尿道(图3-1-75)。阴道腔为一扁平的缝隙,前端有子宫颈阴道部突入其中。子宫颈阴道部周围的阴道腔称为阴道穹隆。后端和尿生殖前庭之间以尿道外口及阴瓣为界。牛的阴道长约 25 cm(22～28 cm)。

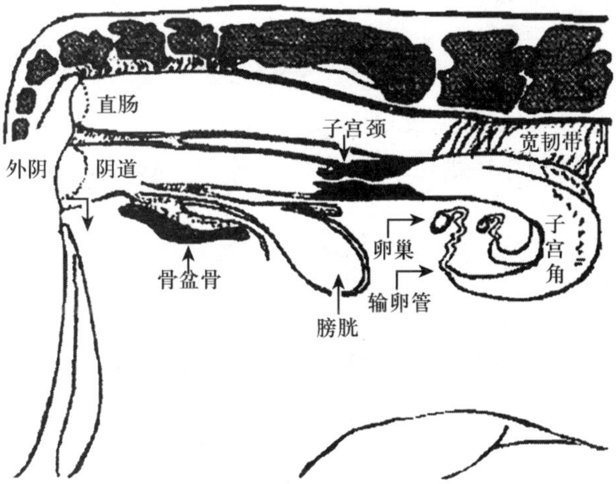

图 3-1-75 阴道、外生殖道结构

阴道在生殖过程中具有多种功能。它除是交配器官外,也是交配后的精子贮库,精子在此处集聚和保存,并不断向子宫供应精子。阴道的生化和微生物环境能保护生殖道不遭受微生物入侵。阴道通过收缩、扩张、复原、分泌和吸收等功能,排出子宫黏膜及输卵管的分泌物,同时作为分娩时的产道。

(五)外生殖器官

1. 尿生殖前庭(urogenital vestibule)

尿生殖前庭为从阴瓣到阴门裂的部分,前高后低,稍为倾斜。牛的前庭自阴门下连合至尿道外口长约 10 cm;在前庭两侧壁的黏膜下层有前庭大腺,为分支管状腺,发情时分泌增多。

2. 阴唇(labium vulva)

阴唇分左右两片构成阴门,其上下端联合形成阴门的上下角。牛阴门下角呈锐角。二阴唇间的开口为阴门裂。阴唇的外面是皮肤,内为黏膜,二者之间有阴门括约肌及大量结缔组织。

3. 阴蒂(clitoris)

阴蒂由两个勃起组织构成。海绵体的两个脚附着在坐骨弓的中线两旁,阴蒂头相当于公畜的龟头,富有感觉神经末梢,位于阴唇下角的阴蒂凹内。

【任务目标与质量要求】

制定本牛场母牛输精操作规程,并按照无菌操作要求进行输精操作。要求学徒达到以下牛群繁殖指标:

(1)21 d 参配率　无计步器揭发率≥60%;计步器揭发率≥80%。

(2)21 d 妊娠率　≥55%(通过 B 超诊断)。

(3)平均配种指数　≤2.5 支。

(4)年总受胎率　≥90%。

(5)年情期受胎率　≥60%。

(6)一次配种的情期受胎率　≥55%。青年牛性控冻精≥55%、常规冻精≥70%;成母牛≥55%。

学徒工作过程中使学徒具备工作仔细、精益求精、认真职业精神;团队合作意识。

【学习产出目标】

(1)熟知繁殖指标相关名词概念,能够熟练运用。

(2)制定本牛场母牛输精操作规程及标准。

(3)熟练完成输精操作。

(4)学徒阶段实现牛群繁殖指标。

(5)准确登记输精记录。

【工作程序与方法要求】

一、输精前准备

(1)工具、用品　牛用输精枪(图 3-1-76)、输精套管、保护套、解冻杯、温度计、长柄镊子、精液细管剪刀(图 3-1-77)、酒精棉球、秒表、卫生纸、长臂手套和润滑剂。

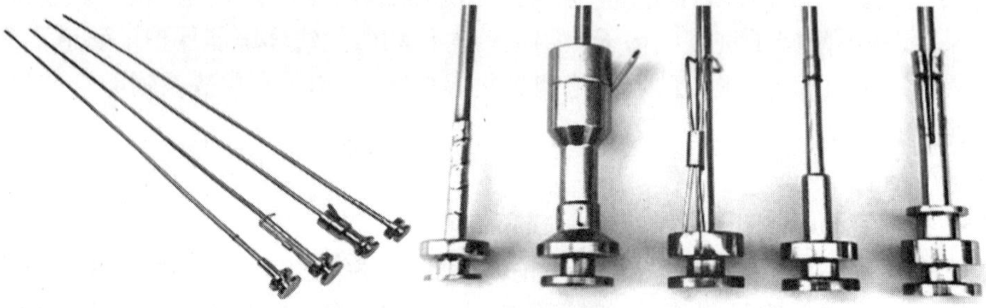

图 3-1-76　牛用输精枪

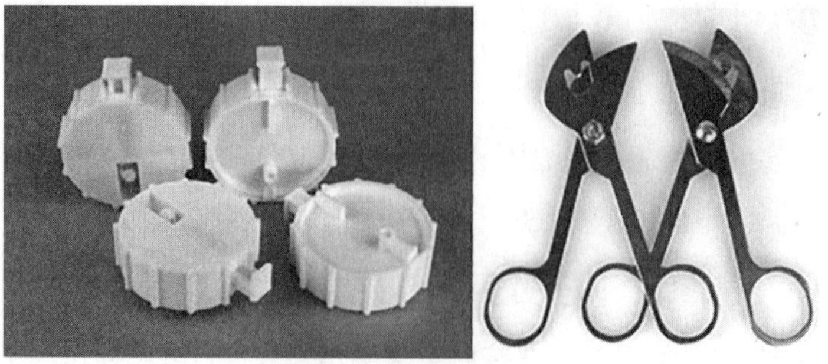

图 3-1-77　精液细管剪刀

(2)检查液氮罐中液氮液面、精液的保存及数量。

(3)冻精选择要依据选配方案使用冻精,坚持第一选择为主,其他选择为辅。建议后备牛性控精液的选择一般在后备牛前两次配种,超过两次则更换常规冻精。

(4)打开恒温水浴锅(解冻杯)电源(图 3-1-78),调整温度到 35 ℃,水温控制在 35～37 ℃。

图 3-1-78　解冻设备(左:解冻杯;右:水浴锅)

(5)冬季注意保温,夏季注意日照。

二、输精操作

(1)取出长臂手套,检查密封性(图 3-1-79),戴上长臂手套,并涂上润滑剂。

(2)靠近牛只要慢,轻拍牛只的臀部,注意其反应,避免被牛踢,被牛踩,尤其不能从牛只的视觉盲点靠近它。

(3)伸进直肠、清洁直肠内宿粪　一手五指并拢呈圆锥状从母牛肛门伸进直肠(图 3-1-80),手臂进入直肠时,应避免与直肠蠕动相逆的方向移动。分次掏出粪便,手缓慢离开肛门口,等待肛门收缩,避免空气进入直肠而引起直肠膨胀。或手不能离开肛门口将粪便从手臂侧面滑出。

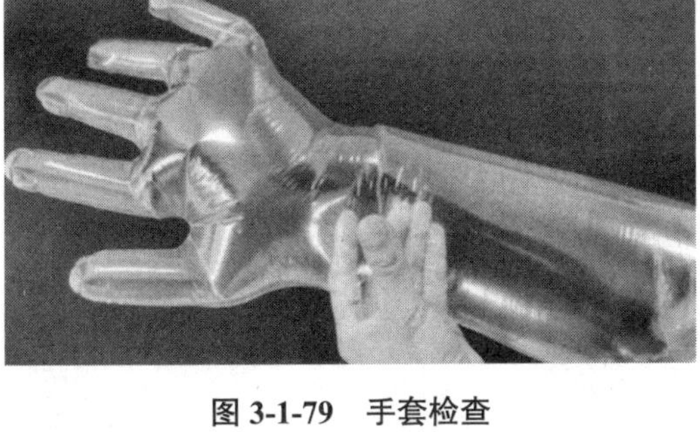

图 3-1-79　手套检查

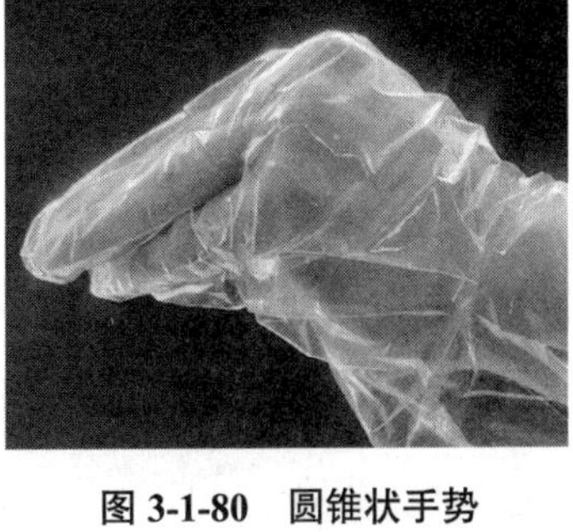

图 3-1-80　圆锥状手势

(4)清洁、消毒外阴　用一次性纸巾擦净外阴,并用酒精棉球由内向外擦拭消毒。

(5)握住子宫颈,将子宫颈水平向前推,拉直阴道壁。通过直肠壁用手指插入子宫颈的侧面,伸入宫颈之下部,然后用食、中、拇指握抓住宫颈。宫颈比较结实,阴道质地松软,宫体似海绵体(触摸后为弹性的实感)。

(6)手掌打开或成半拳状,肘臂向下,压开阴裂,俗称“开门”(图 3-1-81)。

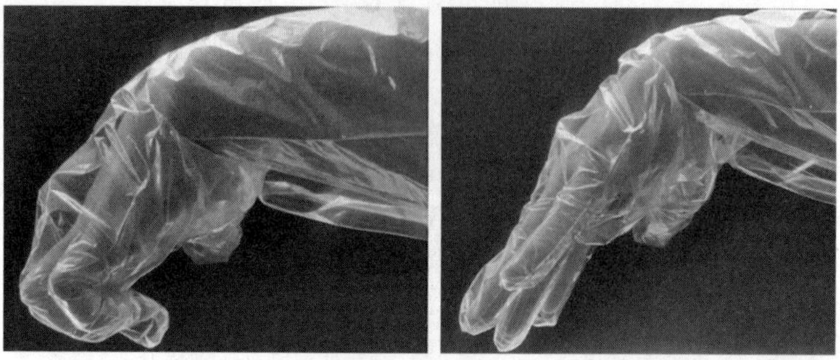

图 3-1-81 “开门”手势

(7)输精枪以 35° ～45°角向上进入分开的阴门前庭段后,略向前下方进入阴道宫颈段(图 3-1-82)。

图 3-1-82 枪体进入阴道操作

(8)进枪做到“四个平行”,即牛体、子宫、输精枪、手臂平行。输精枪应与手平行前进,将输精枪头送到子宫颈口(图 3-1-83)。

(9)进入直肠手握住子宫颈,用拇指和食指从上下握住子宫颈口(图 3-1-84),引导枪头进入子宫颈口,过程注意“手到哪,枪到哪”, 即“控枪”,进入直肠手始终引导输精枪前行(图 3-1-85)。

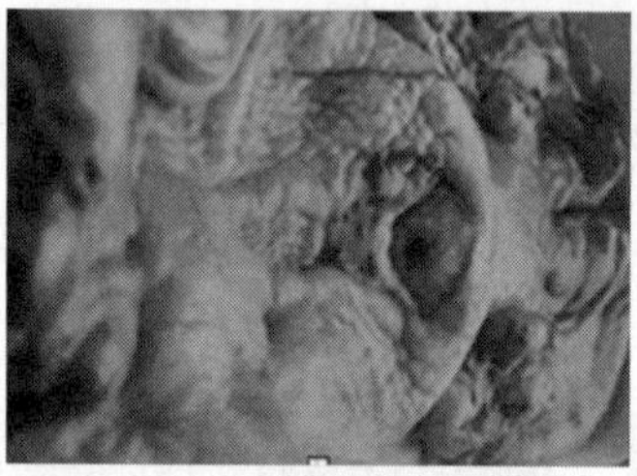

图 3-1-83 “四个平行”操作

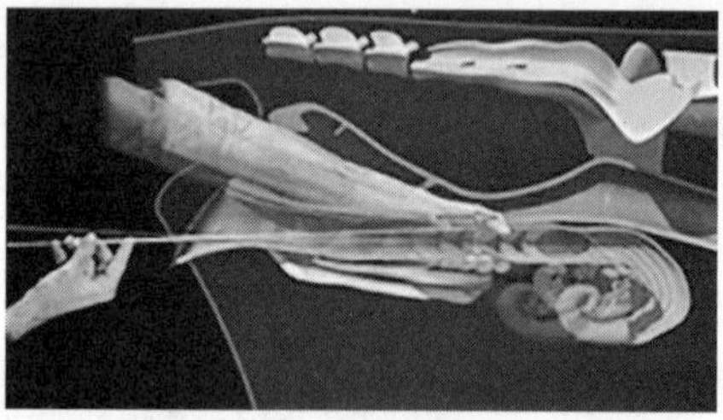

图 3-1-84 子宫颈外口

(10)进入直肠手灵活调整子宫角度,使输精枪穿过子宫颈,将子宫颈套在输精枪上,注意整个过程始终在“套枪”,即子宫往输精枪上套,避免子宫壁损伤(图 3-1-86)。

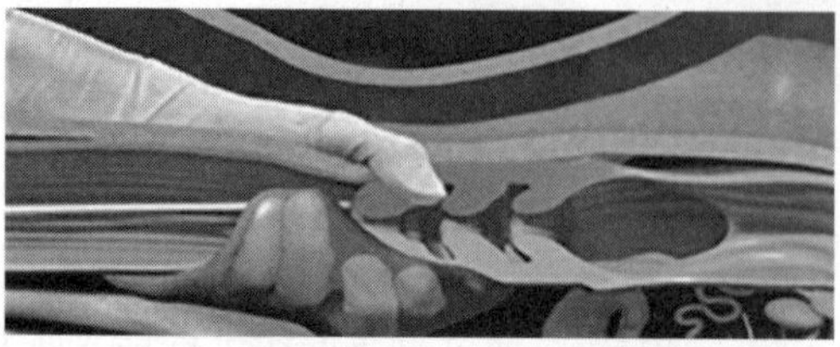

图 3-1-85 枪头进入子宫颈外口

图 3-1-86 枪头进入子宫颈

（11）输精部位　可采用3个输精部位，即“一点式”，子宫体（在子宫角与子宫颈连接处，只有1～2 cm）；“二点式”，子宫角分叉口两点输精，左右子宫角各输入精液量的1/2；“三点式”，即子宫体、子宫角分叉口各输入1/3。注意左手进入直肠时，先输左侧再输右侧，右手进入直肠则反之。采用子宫角分叉口两点输精时，换角要彻底。性控输精首选青年牛，采用排卵侧大弯处输精（图3-1-87）。

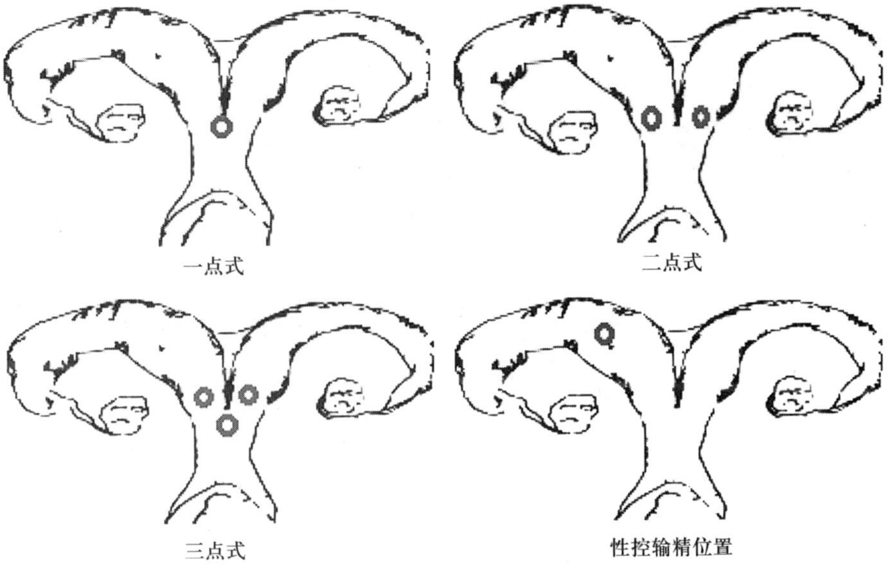

图3-1-87　输精位置

（12）确保输精枪口在正确的位置。不要刻意去触摸输精枪前端，以免损伤子宫壁。

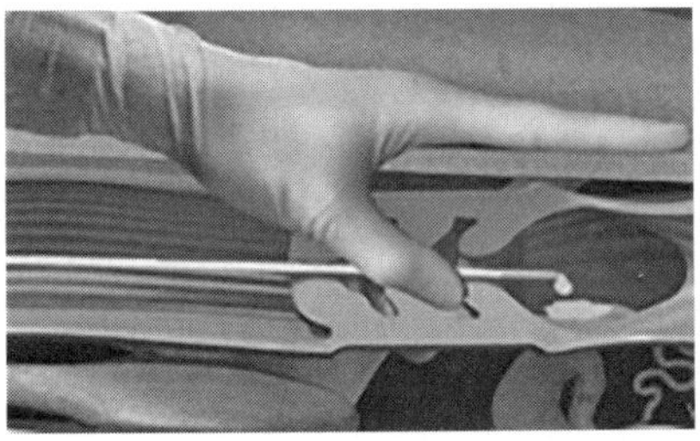

图3-1-88　子宫体推精液

（13）将精液缓慢输入子宫体。用大约5 s的时间输出精液，缓慢地输入（图3-1-88）。

（14）退出输精枪　输精完毕后应停留2～3 s，慢慢地取出输精枪。检查输精枪与外套管之间是否有精液残留。

（15）补配　输精后仍持续爬跨10～12 h的牛，使用同种公牛精液再次输精（补配），而在48 h内不计配种次数。

（16）输精完成后工作　脱下长臂手套，连同套管、用过的纸巾一起丢弃到垃圾桶内。一旦输精全部完成后，将牛从颈枷中放出。输精枪塑料套管，不得重复使用。输精枪使用完毕后应及时清洗并消毒干燥。为避免污染，在输精全过程中均须保持清洁卫生。有条件的情况下可以用蜡笔涂或喷漆做记号，表示已经配种。

（17）按规定填写配种记录表　正确、详细填写每次的配种记录，包括牛号、配种日期、使用冻精号、配种人员等。

【业务知识】

一、育种员岗位职责

见入职培训专题 3　认识家畜育种员岗位。

二、育种员要求

见入职培训专题 3　认识家畜育种员岗位。

三、育种相关表格设计

对母牛的配种等情况作为技术管理的一项常规措施，制定专门的表格予以记录（表 3-1-40 至表 3-1-42）。

表 3-1-40　配种记录

序号	牛号	舍号	产犊日期	发情日期	外观表现		直检情况			观察人	配否	配种日期	操作人	备注
					黏液是否正常	是否接爬	子宫情况	左卵巢	右卵巢					

表 3-1-41　育种周报

时间	发情、鉴定、配种			产科疾病									
	发情头数	鉴定头数	配种头数	子宫炎		卵巢静止		卵巢囊肿		持久黄体		其他	
				头数	治疗头次	头数	治疗头次	头数	治疗头次	头数	治疗头次	头数	治疗头次
月　日～　月　日													

表 3-1-42　育种月报

本月配种情况		2 个月孕检情况		产科疾病		繁殖情况 /d	
配种头次数		配种头数		子宫炎治疗头次数		青年牛开配日龄	
返情头次数		怀孕头数		治愈头数		青年牛开产日龄	
流产头数		情期受胎率		休情牛治疗头次数		成母牛空怀天数	
		配妊指数		治愈头数		成母牛产间距	

存在的问题、原因分析及对策：

四、电脑信息化录入

现代牛场使用的信息化管理软件均带有繁殖育种管理系统，录入以上相关信息，并定期对数据进行分析，并应用于生产。

【业务经验】

一、牛的人工输精注意事项

(1)输精前应做母牛发情鉴定，适时输精。发情鉴定可依靠公畜试情观察，并通过“问、试、看、摸”来确定。

(2)输精器温度与精液温度尽量一致。

(3)注入精液时，若感到受阻，可稍微向外抽出一些，然后再注入。输精后有逆流现象，应立即补输。

(4)输精时发现阴道、子宫有浓性分泌物时，应进一步诊断是否有疾病。

(5)用过的输精器具应按要求进行清洗、消毒、干燥，放置到规定的地方，以备下次使用。

(6)不同的输精员由于其技术的熟练程度不同，其受精率也各有差异，因此，应定期对输精员进行技术培训，以提高其熟练程度。

(7)输精操作时，若母牛努责过甚，可采用喂给饲草、捏腰、拍打眼睛、按摩阴蒂等方法使之缓解。若母牛直肠呈罐状，可用手臂在直肠中前后抽动以促使松弛。

(8)操作时动作要谨慎，防止损伤子宫颈和子宫体。

(9)试验表明，子宫颈深部、子宫体、子宫角等不同部位输精的受胎率没有显著差别。但是输精部位过深容易引起子宫感染或损伤，所以，采取子宫颈深部或子宫体输精是比较安全的。

(10)要检查子宫状况和精液品质。对子宫内膜炎母牛暂不输精，抓紧治疗。精子活力应达 0.5 以上，解冻后最好立即输精，延期输精应正确保存，细管冻精解冻后低温保存为好。

二、直肠把握子宫颈输精法注意事项

(1)当手通过直肠把握子宫颈时，肠壁可能发生强力收缩、扩张或者母牛努责，这时可稍停，待松弛后再继续进行。

(2)插入输精器时，动作要轻缓，并随母牛的移动而移动。当有阻力时，不要硬推，要不停地转动输精器的方向。

(3)输精器对不上子宫颈外口时，可能是把握过前，造成子宫颈口游离下垂，应调整位置。因牛发情时子宫颈口开张，只要位置正确，不难插入。

三、输精过程中易发生哪些技术上的问题，该如何应对

(1)输精枪不能顺利插入阴道　这种现象多是因为输精枪插入方向不对、受阴道壁弯曲所阻、母牛过敏、误入尿道或母牛抵抗、操作粗莽引起。如果插入方向不对，可先由斜下方插入阴道 10 cm，再向平或向下方插入(因为老龄母牛阴道松弛，多向腹腔下部沉降)。如果是被阴道壁弯曲所阻，可用在直肠内的左手整理，向前拉直阴道。如果母牛过敏，可有节律地抽动左手或轻摇肠壁，以分散母牛对阴部的注意力。对于误入尿道的，抽回后，使输精枪尖端沿阴道壁

前进，即可插入。

(2)找不到子宫颈　多见于育成牛、老龄母牛或生殖道闭缩的母牛。青年母牛子宫颈往往细小如手指，多在近处可以触到，老龄母牛子宫颈粗大，往往随子宫沉入腹腔。需提出的是，凡是生殖道闭缩的母牛，如果检查骨盆前无索状组织(即子宫颈)，则一定是团缩在阴门最近处，用手按摩，使之伸展。

(3)输精枪对不上子宫颈口　多由左手把握过前，有皱襞阻挡，偏入子宫颈外围或被中间口内皱襞阻挡所致。操作者可将手臂稍后退，把握住子宫颈口，防止子宫颈口游离下垂，随即自然导入。如有皱襞阻挡，需把子宫颈管前推，以便拉直皱襞。若偏入子宫颈外围，需退回输精枪，用左手拇指定位引导插入子宫颈口。若被子宫颈口内壁阻挡，可用左手持子宫颈上下扭动，扭转校对后慢慢伸入。

四、如何正确把握母牛人工输精的时间

一般母牛发情持续期短，输精应尽早进行。发现母牛发情后 8～10 h 可进行第一次输精，隔 8～12 h 进行第二次输精。生产中如果牛早上发情，当日下午或傍晚第一次输精，次日早第二次输精；下午或晚上发情，次日早进行输精，次日下午或傍晚再输一次。

初配母牛发情持续期稍长，输精过早受胎率不高，通常在发情后 20 h 左右开始输精。在第二次输精前，最好检查一下卵泡发育情况，如母牛已排卵，一般不必再输精。

五、怎样预防冻精解冻后精子活力的下降

冻精的解冻速度要快，最好在 5～7 s 内完成。取出冻精的时候动作要迅速，不要碰到液氮罐壁，取出后立刻浸入 38 ℃温水中 10～15 s。然后尽快拿到要配种的地点进行输精。

六、精液输在母牛生殖道的什么位置最好

运用直肠把握法给母牛输精，主要有子宫角深部输精和子宫角基部输精两种方法。在使用标准冻精配种操作中，子宫角基部法受胎率略高于深部法。

子宫角深部输精易造成子宫黏膜的损伤，而输至子宫角基部(有卵泡发育侧)，可减少对子宫内膜的不良刺激，并为精子创造更多的受精准备过程(获能)。

通过直检确定卵泡发育侧，将精液输到卵泡侧的子宫角基部。不能肯定卵泡侧，可将精液输在子宫颈内口处的子宫体基部，这样不论哪侧排卵，都可保证有精子受精。精液输在子宫颈外口处，则不能保证母牛正常受胎。

七、怎样提高奶牛细管式冷冻精液的受胎率

(1)做出正确的奶牛发情鉴定，确定适宜的输精时间。

(2)对细管冷冻精液需要保存完好、正确解冻，确保高活力的精液。

(3)制定严格完善的人工输精器具的杀菌、消毒、保管制度。

(4)搞好奶牛人工输精中母牛个体的卫生管理，特别是外阴部的清洗消毒，以提高精子活力和输精概率。

(5)人工输精室的布局和配置要合理化、完备化。

(6)输精人员技术熟练，操作正确，严格执行器具、手指的杀菌、消毒，杜绝违规操作现象。

【知识拓展】

性别控制技术，指通过人为干预，并按人的意愿，使雌性动物繁殖出所需性别后代的一种繁殖技术。奶牛体外性别控制的研究，是畜牧业生物技术中一项重要的高新技术。这项技术的应用，可以使奶牛的生产按照人们的意愿只生产母牛，可以显著提高奶牛的繁殖效率。牛性别控制方法常用性控精液（X、Y 分离）和早期胚胎的性别鉴定手段来实现。即受精之前，精子分离（X，Y）；受精之后，胚胎鉴定（XX，XY）；以及活体采卵 IVF 性控胚胎等技术。

一、精子分离技术

性控技术的关键是如何控制受精的精子是 X 精子还是 Y 精子。相比离心法、免疫法，目前采用最多的是流式细胞仪（Fly-cytometrical machine）（图 3-1-89）分选精子（Sperm separated）的方法。该方法的原理是利用 X 精子和 Y 精子 DNA 含量的差别，将精子核染色，流式细胞仪的激光束根据其荧光强度的差别，使其分别带上不同电荷，在电场作用下使 X 精子和 Y 精子分离，如此，用分开的、特定性别的精子生产出性别控制胚胎（图 3-1-90）。

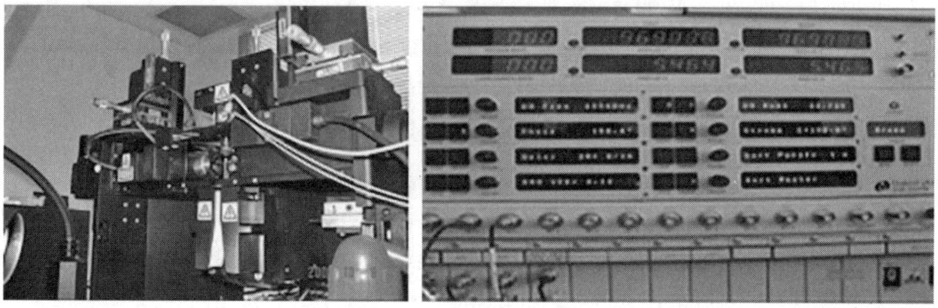

图 3-1-89　精液分离设备

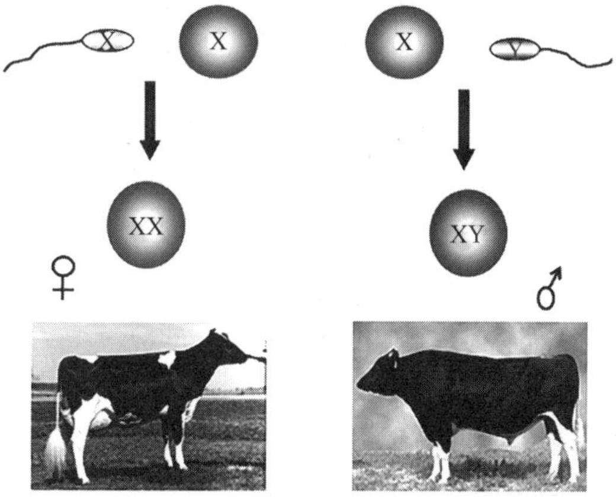

图 3-1-90　性别控制原理

（一）精子分离原理与方法

1. 物理分离法

物理分离法是以 X 和 Y 精子之间存在一定的物理性差异为依据，如密度、大小、重量、形态、活力和表面电荷等，将 X 和 Y 精子分离的一种方法。

(1)沉积分离法　根据 X 精子比 Y 精子重，通过适当的离心作用，将 X 和 Y 精子分开。

(2)电泳分离法　根据 X 精子和 Y 精子表面电荷不同的原理，将 X 和 Y 精子分开。

(3)层流分离法　根据 X 和 Y 精子具有不同的运动方式或特点，将 X 和 Y 精子分开。

(4)白蛋白液柱分离法　根据在黏滞的白蛋白液柱中，Y 精子的游动速率比 X 精子快的原理，将 X 和 Y 精子分开。

(5)上游法　根据 Y 精子的游动速率快于 X 精子，且密度比 X 精子低，在上游液中停留时间比 X 精子长，故可在上游液中富集到 Y 精子。

2. 免疫学分离法

根据精子表面 H-Y 抗原（Histocompatibility-Y）的差异，利用 H-Y 抗体检测，将 X 精子和 Y 精子分开。

3. 流式细胞分离法

根据 X 和 Y 精子 DNA 含量存在差异的原理，利用流式细胞仪进行 X 和 Y 精子的分离。该方法是目前最成功、最常用的方法。

(1)流式细胞分离原理　X 和 Y 精子 DNA 含量的相对差异，X>Y；X 和 Y 精子对荧光染料着色：X>Y；激光照射后荧光信号：X>Y。

(2)精子与荧光染料 Hoechst 33342 共培养　染料定量地与 DNA 结合，因 X 精子比 Y 精子的 DNA 含量多，结合的荧光染料也多；当精子通过检索仪时被激光束激发发光，X 精子发出较强的荧光信号，从而分辨出 X、Y 或模糊的精子。

(3)当含有精子的缓冲液到达流动室时，含有单个精子的液滴被充上正电荷（Y）或负电荷（X），借助两块各自带正电或负电的偏斜板，把 X 或 Y 精子分别引导到两个收集管中（图 3-1-91）。

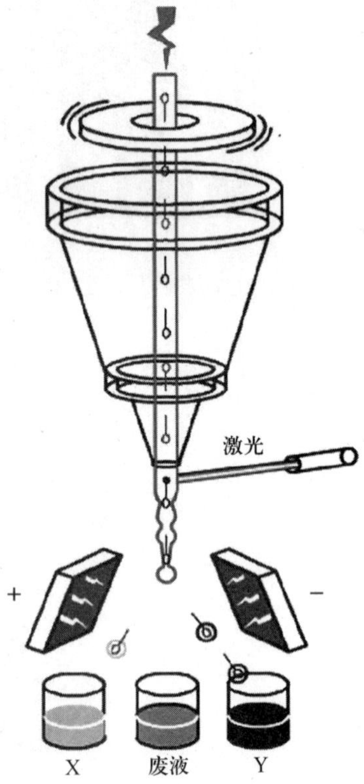

图 3-1-91　精液分离

(4)食品红 FD&C40 或 Percoll 终止死精子的 Hoechst 33342 荧光发光，与活精子区分开来。

(5)精子分离准确率为 90%　图 3-1-92 阴影部分是指不能被区分的精子，越宽，分离后精子群纯度越高，但这些精子从废液口排出，降低生产效率。死精子数多，造成荧光信号不稳定。解决办法主要利用食品红 FD&C40 或 Percoll 可终止死精子的发光，从而与活精子区分开来（图 3-1-93），分离过程中被弃掉，经废液口排出，提高准确率。

(6)装管　利用 IMV（法国卡苏）分装机分装（图 3-1-94），每支 0.25 mL，有效精子数不低于 220 万个 / 支。

(7)冷冻　IMV 公司全套冷冻系统（图 3-1-95）。

(8)冻精检查　方法：38 ℃ 水浴中解冻，保持 10 s 左右；取 20 μL 精液滴到预热的载玻片上，加盖玻片；37 ℃，200~400 倍显微镜下检查精子的活力。精液标准活力 >0.4；有效精子数不少于 220 万个 / 支；X 精子不低于 90%。

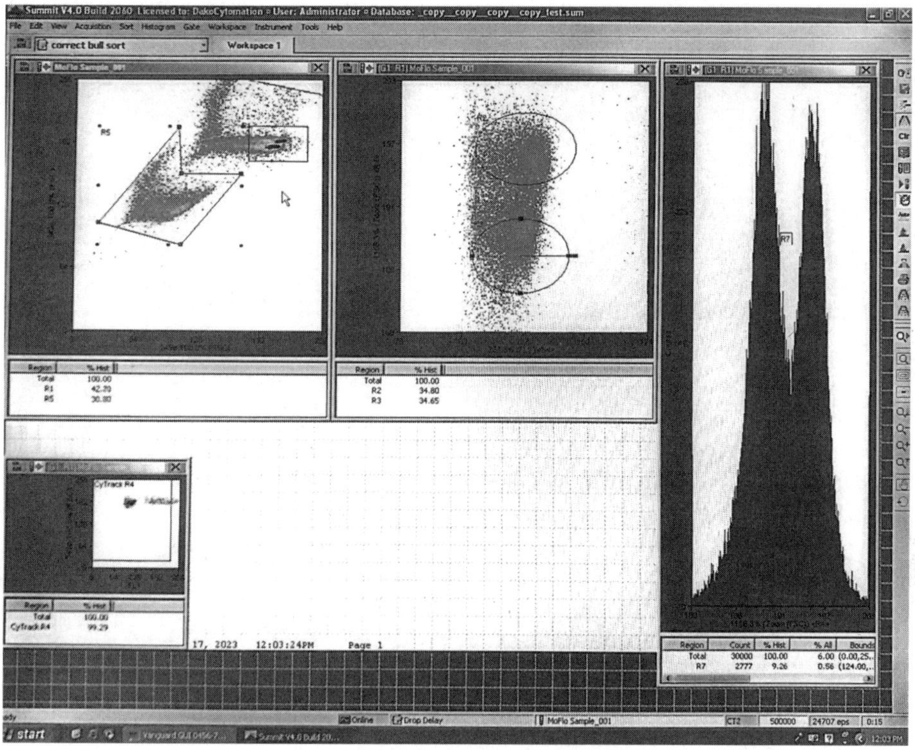

图 3-1-92　精子分离系统电脑控制界面

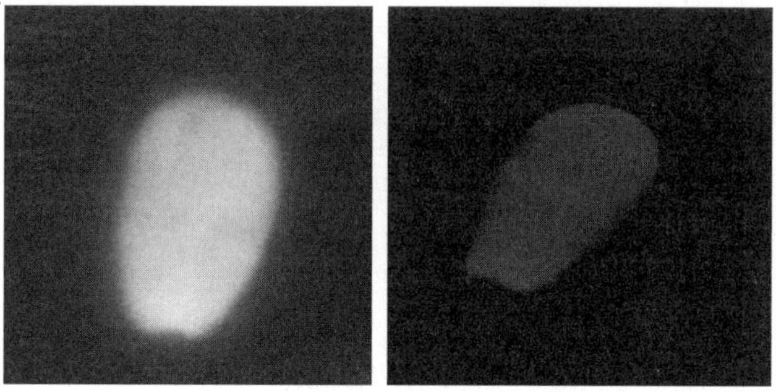

图 3-1-93　染色对比活精子(左)、死精子(右)

图 3-1-94　精液分装、标记

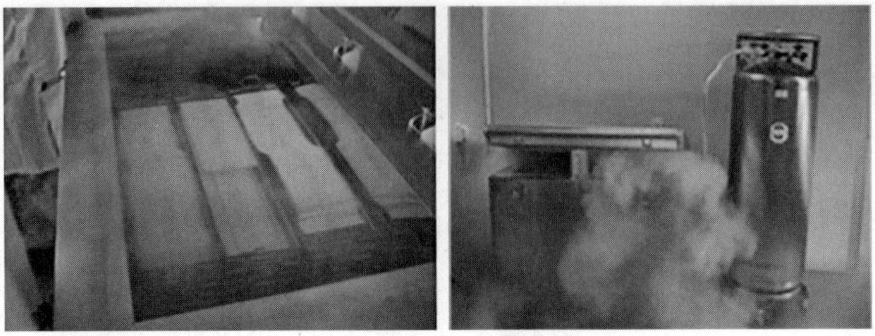

图 3-1-95　精液冷冻系统

(9) 解冻　性控冻精精子活力比常规冻精高。其主要原因是在分离的过程中，保留 X 精子、筛除 Y 精子外，还将死精子和畸形精子筛除掉；密度低于常规冻精，前者 220 万个 /0.25 mL，后者 800 万个 /0.25 mL；存活时间比常规冻精短，因此，对输精技术的要求更高。

(10) 输精剂量　性控冻精生产效率低、成本高。每支冻精含 220 万个有效精子，输精时间在排卵前 6 h 至排卵后 3 h，比常规冻精晚 3～4 h。

(11) 生产中性控输精首选三胎内无繁殖疾病史的中高产奶牛及其后代青年牛，采用排卵侧单侧大弯处输精(图 3-1-96)，直肠检查卵泡。尽量缩短解冻与输精之间的时间，解冻后及时输精，受孕率高。

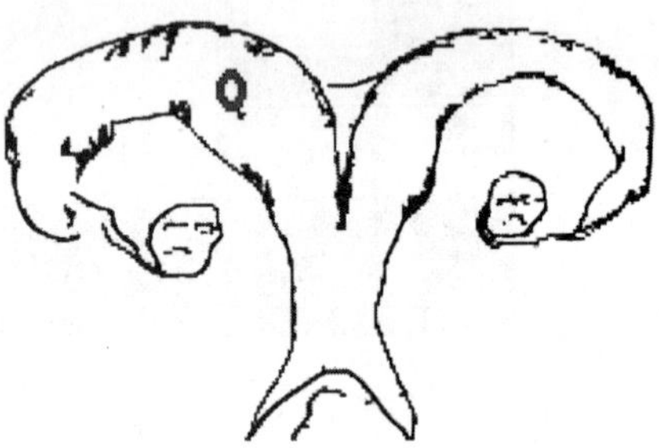

图 3-1-96　性控精液输精位置

二、胚胎性别鉴别

运用细胞学、分子生物学或免疫学方法可对哺乳动物附植前的胚胎进行性别鉴定，通过移植已知性别的胚胎可控制后代性别比例。目前，主要有 SRY-PCR 鉴定法、LAMP 鉴定法。

1. SRY-PCR 鉴定法(图 3-1-97)

SRY-PCR 鉴定主要程序是先从胚胎中取出部分卵裂球(图 3-1-98)，提取 DNA，然后用 SRY 基因的一段碱基作引物，以胚胎细胞 DNA 为模板进行 PCR 扩增，再用 SRY 特异性探针对扩增产物进行检测。如果胚胎是雄性，那么 PCR 产物与探针结合出现阳性，而雌性胚胎则为阴性(图 3-1-99)。

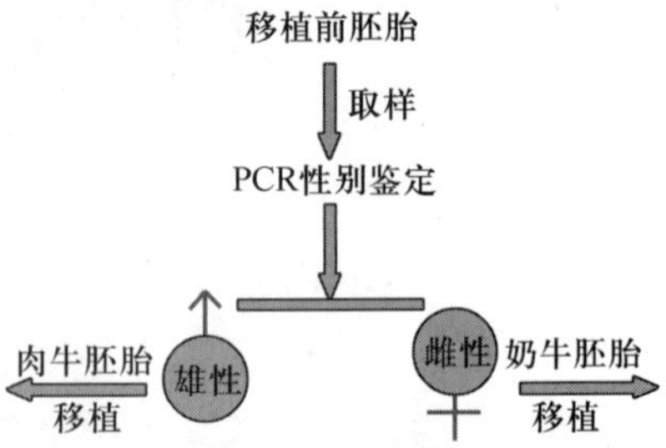

图 3-1-97　PCR 胚胎鉴别运用模式

利用 Y 染色体上的雄性特异性片段，设计合成牛 SRY 序列特异的 PCR 扩增引物，通过 PCR 扩增少量胚胎细胞的单拷贝 SRY 基因来鉴定胚胎性别。该法每次测定只需 3～8 个胚胎细胞，准确率达 95%；一般取样后的胚胎鲜胚移植对妊娠影响不大，而冻胚的妊娠率下降 5%～10%。

2. LAMP 鉴定法

LAMP 鉴定法为简便、快速、准确的基因扩增方法，其特点是对目标基因的 6 个区段设定

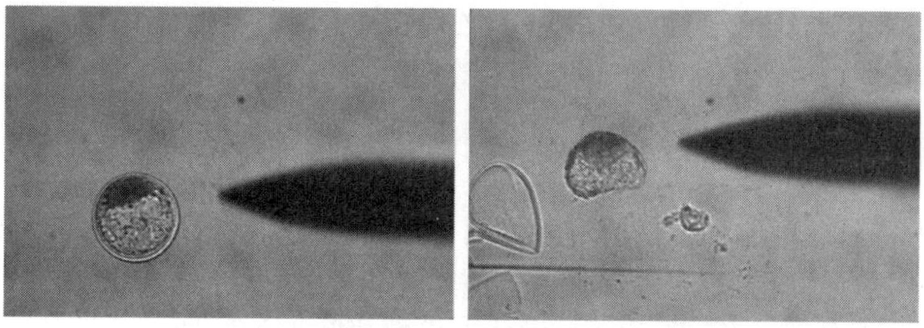

图 3-1-98　胚胎取样

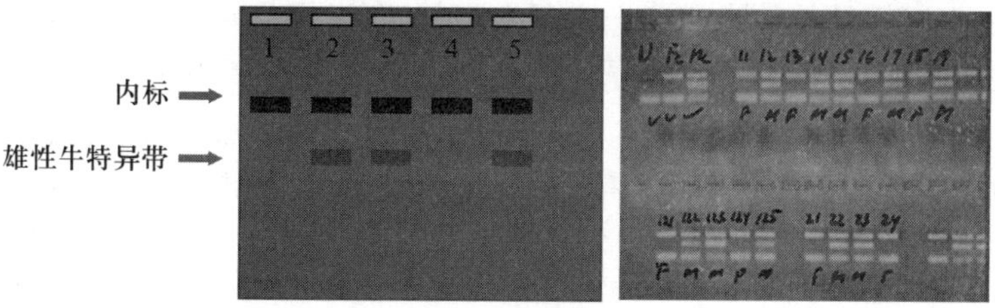

预测：1，4雌性；2，3，5雄性

图 3-1-99　PCR 扩增结果

4 种引物，利用链置换反应在等温条件下使其发生反应。同时，由于采用了扩增雄性特异性以及雌雄共有的核酸序列引物，检出的正确率高，该方法即将应用于奶牛胚胎的性别鉴定。只需要 1 台 loopamp 终点浊度仪就能完成扩增、检出、判定整个过程，无需电泳。LAMP 法操作示意如图 3-1-100 所示。

图 3-1-100　抽取、提纯（DNA、RNA 样本）、扩增（LAMP 反应）、检测（目测、实时浊度）

牛场普及效率最高的是使用性控精液，通过此技术控制后代的性别比例，增加选种强度，加快育种进程，发挥受性别限制的生产性状（如泌乳）和受性别影响的生产性状（如生长速度、肉质等）的最大经济效益。

三、胚胎移植技术

1. 胚胎移植概念

胚胎移植是指将遗传品质优良的母牛经超数排卵处理，发情后配种或人工输精，将其早期胚胎（体内产生的胚龄为 3～8 d 的胚胎）取出，或者是由体外受精及其他方式获得的早期胚胎，经过检查处理，移植到生理状态相同的同属同种或同属不同种的母牛生殖道内，使胚胎继续发育直至产仔的技术。提供胚胎的母牛称为供体，接受胚胎的母牛称为受体。胚胎移植实际上就是借受体母牛之腹来孕优良供体母牛之胎的技术，故又称“借腹怀胎”。胚胎移植产生的后代，其遗传特性（基因型）取决于胚胎的双亲（提供卵子和精子者），受体母牛对后代的遗传特性影响是很小的。

2. **胚胎移植原则**

胚胎移植原则就是胚胎移植前后环境的同一性。这种同一性的含义是指胚胎移植后的生活环境和胚胎的发育阶段相适应，简而言之为三同：同种、同期、同位。即供体和受体分类学上的相同属性；生理上的一致性（即受体和供体在发情时间上的同期性）；解剖部位的一致性（即移植后的胚胎与移植之前的胚胎所处空间环境的相似性）。

胚胎移植和人工输精从技术程序上讲基本相似，不过操作对象是胚胎而不是精子。它包括供体的超数排卵、配种或人工输精；受体的同期发情；胚胎的采集；胚胎品质的鉴定；胚胎的体外保存和胚胎的移植等（图 3-1-101）。但与人工输精相比，胚胎移植的技术含量要高得多，为了取得预期效果，必须十分重视供体和受体母牛的选择。忽视了这一点，往往会导致整个胚胎移植工作的失败。

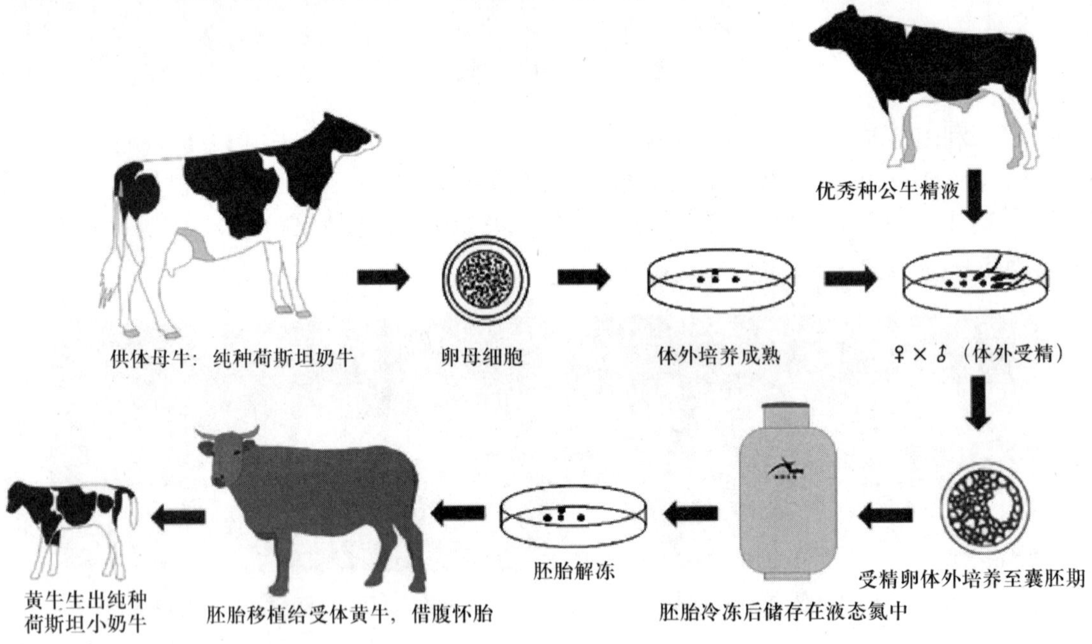

图 3-1-101　胚胎移植流程示意图

3. **胚胎移植主要程序（图 3-1-102）**

（1）供体、受体牛的选择

①供体牛的选择　供体牛应具备遗传优势：在育种上有价值，生产性能高、经济价值大。以奶牛为例，应选择产奶量、乳脂率和乳蛋白含量高的个体作为供体。

②受体牛的选择　受体母牛可选用非优良品种的个体或土种家畜，但也应具有良好的繁殖性能和健康状态，体型中上等，营养状况（膘情）中上等，以保证受体牛常年正常发情。

（2）受体同期发情处理　受体的同期发情处理，要和供体的超数排卵处理同时进行。使用前列腺素处理法，前列腺素 PGF2α 或其类似物有溶解黄体的作用。

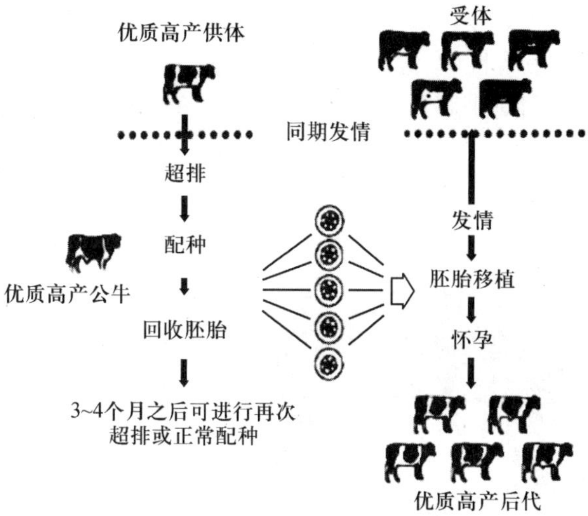

图 3-1-102　牛胚胎移植的生产过程

(3)供体的超数排卵

① FSH+PG 法　在发情周期 9～13 d 中的任何一天开始肌注 FSH,以递减剂量连续肌内注射 4 d,每天(间隔 12 h)注射二次,总剂量按牛的体重、胎次做适当调整。国产(中国科学院动物研究所)纯化的 FSH 为 8～10 mg;其他国内(宁波、武汉)产品为 400 IU 左右。在第一次注射 FSH 后 48 h 及 60 h,各肌内注射一次 PGF2α,每次 2～4 mL,若采用子宫灌注剂量可减半。

② FSH+CIDR+PG 法　给供体牛在阴道放入第一个 CIDR,10 d 后取出第一个 CIDR,同时放入第二个 CIDR,第 5 天开始注射 FSH,连注 4 d 共 8 次,在第 7 次注射 FSH 时取出第二个 CIDR,并肌内注射 PGF2α,一般取 CIDR 后,24～48 h 发情。或给供体牛在阴道内放入 CIDR,埋栓的第 9 天开始注 FSH,连注 4 d 共 8 次,在第 7 次注 FSH 时取出 CIDR,并肌内注射 PGF2α,取 CIDR 后,24～48 h 发情。

③ PMSG 法　在发情周期的第 11～13 天的任意一天肌内注射一次,按每千克体重 5 IU 左右确定 PMSG 的总剂量,在注射 PMSG 后 48 h 和 60 h,各肌内注射 PGF2α 一次,剂量 2～4 mL,母牛出现发情后 12 h 即第一次输精的同时肌内注射抗 PMSG。

(4)供体母牛的配种　经过超排处理的母牛发情后应适时配种或人工输精。为了得到较多发育正常的胚胎,人工输精时应使用活率高、密度大的精液,并将输精次数增加到 2～3 次,两次间隔时间 8～10 h。牛的输精可通过直肠检查掌握卵泡发育情况,第二次或第三次输精时还可以检查有多少卵泡已经破裂排卵。

(5)胚胎的采集　胚胎的采集是利用冲洗液将胚胎由输卵管或子宫冲出,收集在器皿内。在解剖镜下用特制的玻璃细管将胚胎从冲洗液中检出,放在盛有培养液的平皿内,有多少个黄体就意味着排多少卵(图 3-1-103)。

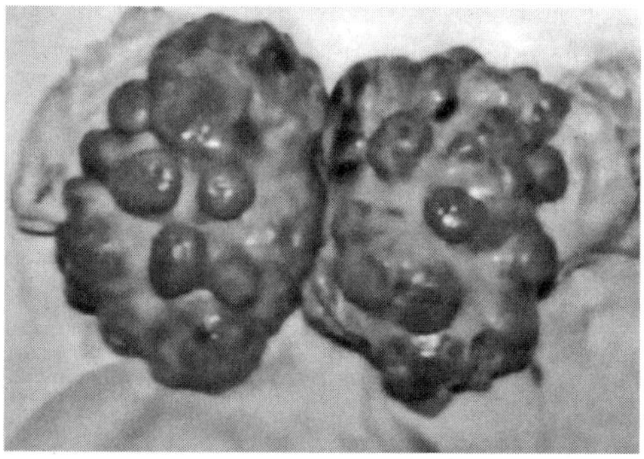

图 3-1-103　超排后黄体

胚胎的采集分手术法和非手术法两种(图 3-1-104)。非手术法收集胚胎,由于它比手术法简便易行且伤害生殖道的危害性小,故有较大的优越性。Sugie 设计了一种器械。可有效地从牛子宫收集胚胎。后来人们对采胚器进行了改进,发明了 Folley 氏导管、Stewart 三通路导管及相似器械。

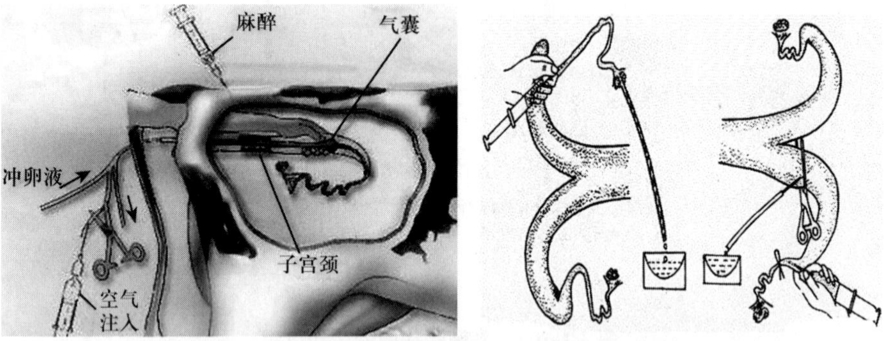

图 3-1-104　母牛非手术法冲胚图(左)　手术法冲胚图(右)

非手术法收集胚胎前用尾椎麻醉,然后将三通管插入子宫角内注入空气或水将三通管的气球充满,以堵塞子宫角基部。注意气球充盈度,避免对子宫内膜的过度压迫。用 30～60 mL 冲洗液灌入,充满一个子宫角,再令其回流至集卵皿,同时隔着直肠轻轻按摩子宫,最好用手在直肠内将子宫角提起。这样多次重复冲洗,直至用完 300～800 mL 冲洗液。然后用同样方法冲洗另一个子宫角。牛的胚胎用非手术法收集时,通常在配种后 6～8 d 胚胎进入子宫角时进行,此法不能收集位于输卵管内的胚胎。

收集胚胎的冲洗液有多种,现在多用杜氏磷酸盐缓冲液(PBS)、布林斯特等冲洗液。冲洗液需含 1%～5% 的犊牛血清或 0.3%～1% 的牛血清白蛋白。

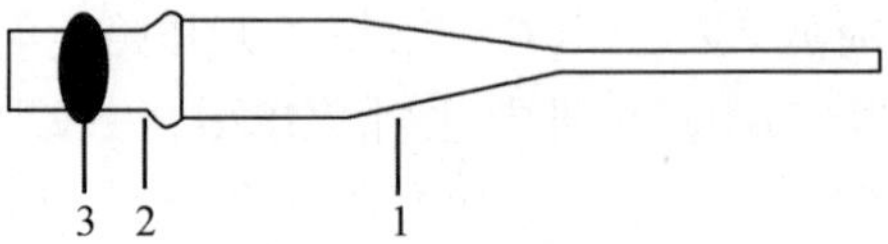

图 3-1-105　检胚吸管

1. 吸管　2. 乳胶管　3. 玻璃珠

(6)胚胎检查和鉴定　胚胎的检查和鉴定是两个不同的概念,胚胎的检查是指在立体显微镜下,从冲卵液中寻找胚胎,并用检胚吸管吸取(图 3-1-105)转入保存液。胚胎的鉴定则是将检查的胚胎应用各种手段对其质量和活力进行评定(或等级分类)。

①胚胎的检查　收集到的冲洗液移至 37 ℃温箱中的培养皿内,静置 10 min。胚胎沉入培养皿底部,弃上层液,在实体显微镜下检查,先放大 20 倍,然后再放大到 50、100 倍。正常发育的胚胎一般形态整齐,卵裂球清晰,外膜完整,分布均匀,发育阶段与胚龄一致。无卵裂现象或卵膜裂开的胚胎都不能用,无卵裂是未受精,卵膜受损则会引起卵的破裂而废弃。

②胚胎发育期的划分和特征　母牛第 6～8 天非手术采集的发育期胚胎为桑椹胚至扩张囊胚,发育期的划分和特征如下。

致密桑椹胚(compacted morula,CM):卵裂球进一步分裂变小,看不清卵裂球的界线,细胞团收缩至卵周间隙的 60%～70%。

早期囊胚(early blastocyst,EB):出现透亮的囊胚腔,但难以分清内细胞团和滋养层,细胞团占卵周间隙的 70%～80%。

囊胚(blastula,BL):囊胚腔增大明显,内细胞团和滋养层细胞界线清晰,细胞充满了卵周间隙。

扩张囊胚（expanded blastocyst，EXB）：囊胚腔充分扩张，体积增至原来的 1.2～1.5 倍，透明带变薄，相当于正常厚度的 1/3。

孵育胚（hatched blastocyst HedB）：透明带破裂，内细胞团脱出透明带。

③胚胎的分级　胚胎质量按优劣一般分为 A、B、C 和 D 4 个等级。

A 级：胚胎发育阶段与胚龄一致，胚胎形态完整，轮廓清晰，呈球形，分裂球大小均匀，结构紧凑，色调和透明度适中，无或很少游离的细胞和液泡，变性细胞比例 <10%。

B 级：胚胎发育阶段与胚龄基本一致，轮廓清晰，分裂球大小基本一致，色调和透明度及细胞密度良好，可见到一些游离的细胞和液泡，变性细胞占 10%～30%。

C 级：胚胎发育阶段与胚龄不太一致，轮廓不清晰，色调变暗，结构较松散，游离的细胞或液泡较多，变性细胞达 30%～50%。

D 级：有碎片的卵，细胞无组织结构，变性细胞占胚胎大部分，约 75%。

A、B、C 级胚胎为可用胚胎，D 级为不可用胚胎。

④胚胎的鉴定　移植前正确鉴定胚胎的质量，是移植能否成功的关键之一。目前鉴定胚胎质量和活力的途径主要有形态学、培养、荧光和测定代谢活性 4 种方法，分述如下。

形态学方法：胚胎不像精子那样具有活动能力，其活力的评定主要是根据形态来进行。一般是在 50～80 倍的实体显微镜下或 120～160 倍的生物显微镜下进行综合评定，评定的主要内容是：①卵子是否受精，未受精卵的特点是透明带内分布均质的颗粒，无卵裂球（胚细胞）；②透明带的规则性，即形状、厚度、有无破损等；③胚胎的色调和透明度；④卵裂球的致密程度，细胞大小是否有差异以及变性情况等；⑤卵黄间隙是否有游离细胞，或细胞碎片；⑥胚胎本身的发育阶段与胚胎日龄是否一致、胚胎的可见结构如胚结（内细胞团）、滋养层细胞、囊胚腔是否明显可见。

体外培养法：即把胚胎放在专门容器里置 37 ℃下（有时加入人工混合气体：5% CO_2、5% O_2、90% N_2 或 5% CO_2、95% 空气），使胚胎体外持续发育并进行胚胎的鉴定。对培养液和无菌等条件要求比较严格。

荧光活体染色法：将二醋酸荧光素（FDA）加入待鉴定的胚胎中培养 3~6 min，活胚胎显示荧光，死胚胎无荧光。这种方法比较简单，而且可验证上述形态学对胚胎做出的分类结果，因此，在生产上应用的也比较多。

测定代谢活性法：即通过测定胚胎的代谢活性，鉴定胚胎的活力。其方法是将待鉴定的胚胎放入含有葡萄糖的培养液中，培养 1 h 后，测定葡萄糖的消耗量，每培养 1 h 消耗葡萄糖 2～5 μg 以上者为活胚胎。

（7）胚胎装管冷冻　胚胎装管冷冻如图 3-1-106 所示。

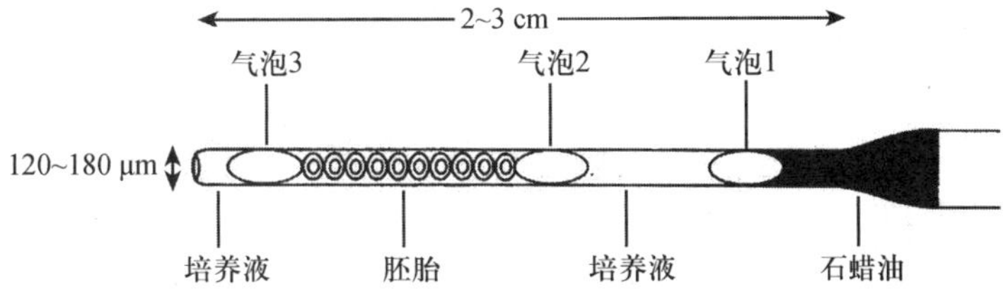

图 3-1-106　移植前胚胎装管

(8)胚胎移植　胚胎的移植也叫胚胎的植入，是整个胚胎移植技术中关键环节之一。和采集胚胎一样，胚胎的移植也有手术法和非手术法两种。

(9)供体和受体的术后观察　胚胎移植后要注意供体、受体母牛的健康情况和发情表现。供体在下次发情时可照常配种，或经过 2～3 个月再次作为供体。受体母牛如未发情则应在适当时候做妊娠检查，如确已妊娠则需要加强培养管理，可以做到同年繁殖多个后代(图 3-1-107)。

图 3-1-107　全同胞胚胎移植后代

四、活体采卵 IVF 性控胚胎技术

奶牛体外性别控制的研究，是畜牧业生物技术中一项重要的高新技术。这项技术的应用，可以使奶牛的生产按照人们的意愿只生产母牛，显著提高奶牛的繁殖效率。活体采卵 IVF 性控胚胎技术主要包括活体卵母细胞的采集、体外受精、体外培养等技术环节。

(一) 卵母细胞的采集和成熟培养

1. 卵母细胞的采集

卵母细胞的采集方法通常有三种。

(1)超数排卵　母牛用促卵泡素和促黄体素处理后，从输卵管中冲取成熟卵子可直接与获能精子受精。

(2)从活体卵巢中采集卵母细胞　这种方法是借助超声波探测仪、内窥镜或腹腔镜直接从母牛的卵巢中吸取卵母细胞。采卵之前，母牛站立保定，用 8 mL 浓度为 2% 的里多卡因对牛进行硬膜外腔麻醉。操作人员对牛进行直肠检查，掏净直肠内的粪便，清洗外阴部，并用酒精喷雾消毒。然后把抽卵液和 1 个 50 mL 卵泡液收集管放入 38 ℃恒温装置中，将采卵针及连接胶管从消毒包中取出，采卵针安放于探头上的卡槽内，胶管的另一端连接收集管，最后用 75% 酒精擦拭待用。操作者左手伸入直肠固定右侧卵巢，将安装有采卵针的探头缓慢插入阴道，直抵阴道穹窿，把探头放在穹窿的右侧，左手将卵巢牵引紧贴在探头前端，这时用 B 超的监视器上显示出卵巢图像，前后左右翻转卵巢，确定卵泡数，调整卵巢和探头位置，使卵泡位于穿刺导引线上，操作者向前推动探头上的采卵针穿刺卵泡，同时用脚踏开关启动真空泵，一般采用 40～50 mmHg 压力，从监视器上可观察到被抽吸卵泡的图像缩小，形态变得不规则，直至卵泡液被抽取干净后，卵泡图像消失，退出采卵针，再对第 2 个卵泡进行穿刺，周而复始，直到该侧卵巢上 2 mm 以上卵泡全部穿刺完后，再换另一侧卵巢用同样方法进行卵泡穿刺抽吸卵泡液。在抽吸卵泡过程中，每抽吸 1～2 个卵泡，用抽卵液冲洗 1 次采卵针及连接胶管，防止血液凝固在其中，影响继续穿刺和回收的卵母细胞。对于奶牛采用超声波引导法采卵是最好的选择，它非常简单、可重复性强、效率高。

(3) 从屠宰后母牛卵巢上采集卵母细胞　这种方法是从刚屠宰母牛体内摘出卵巢，经洗涤、保温(30～37 ℃)后，快速运到实验室，在无菌条件下用注射器或真空泵抽吸卵巢表面一定直径卵泡中的卵母细胞(牛卵泡直径要求 3～10 mm)，也可对卵巢进行切片，收集卵母细胞。

2. 卵母细胞的选择

采集的卵母细胞绝大部分与卵丘细胞形成卵丘 - 卵母细胞复合体(cumulus-oocyte complex，COC)。无论采用何种方法，采集的 COC 都要求卵母细胞形态规则，细胞质均匀，外围有多层卵丘细胞紧密包围。常把未成熟卵母细胞分为 A、B、C 和 D 4 个等级。A 级卵母细胞要求有三层以上卵丘细胞紧密包围，细胞质均匀；B 级要求卵母细胞质均匀，卵丘细胞层低于三层或部分包围卵母细胞；C 级为没有卵丘细胞包围的裸露卵母细胞；D 级是死亡或退化的卵母细胞。在体外受精实践中，只培养 A 级和 B 级卵母细胞。

3. 卵母细胞的成熟培养

由超数排卵采集的卵母细胞已在体内发育成熟，不需培养可直接与精子受精，对未成熟卵母细胞需要在体外培养成熟。培养时，将采集的卵母细胞在实体显微镜下经过挑选和洗涤后，放入成熟培养液中培养。家畜卵母细胞的成熟培养液目前普遍采用 TCM199 添加孕牛血清、促性腺激素、雌激素和抗生素成分。通常采用微滴培养法，微滴体积为 50～200 μL，每滴中放入的卵母细胞数按每 5 μL 一个计算单位。卵母细胞移入小滴后，放入二氧化碳培养箱中培养，培养条件为 39 ℃、100% 湿度和 5% 二氧化碳的空气。牛的培养时间为 20～24 h，卵丘 - 卵母细胞复合体经成熟培养后，卵丘细胞层扩散，靠近卵母细胞周围的卵丘细胞呈放射状排列，出现放射冠，用 DNA 特意性染料染色后，在显微镜下进行核相观察，可见卵母细胞处于第 2 次成熟分裂中期。

（二）体外受精

体外受精(In Vitro Fertilization)是指哺乳动物的精子和卵子在体外人工控制的环境中完成受精过程的技术，英文简称为 IVF。由于它与胚胎移植技术(ET)密不可分，又简称为 IVF-ET。

1. 体外受精

(1) 精子的获能处理　哺乳动物精子的获能方法有培养和化学诱导两种方法。牛的精子常用化学药物诱导获能，诱导获能的药物常用肝素和钙离子载体。

(2) 获能精子与成熟卵子的共培养　除钙离子载体诱导获能外，精子和卵子一般在获能液中完成受精过程。在 B2 液中一般为 6～8 h，而用 TALP 或 S.F 液作受精液时可培养 18～24 h。精子和卵子常在小滴中共培养，受精时精子密度为 $(1～9)\times10^6$/mL，每 10 μL 精液中放入 1～2 枚卵子，小滴体积一般为 50～200 μL。

(3) 精子注入法(图 3-1-108)　利用显微操作仪直接把精子注入卵黄周隙或卵母细胞的胞质中，前者称透明带下授精(SUZI)，后者称胞质内精子注射(ICSI)。透明带下授精对注入的精子数有严格要求：具有活力且已发生顶体反应的精子要单个注入；没有发生顶体

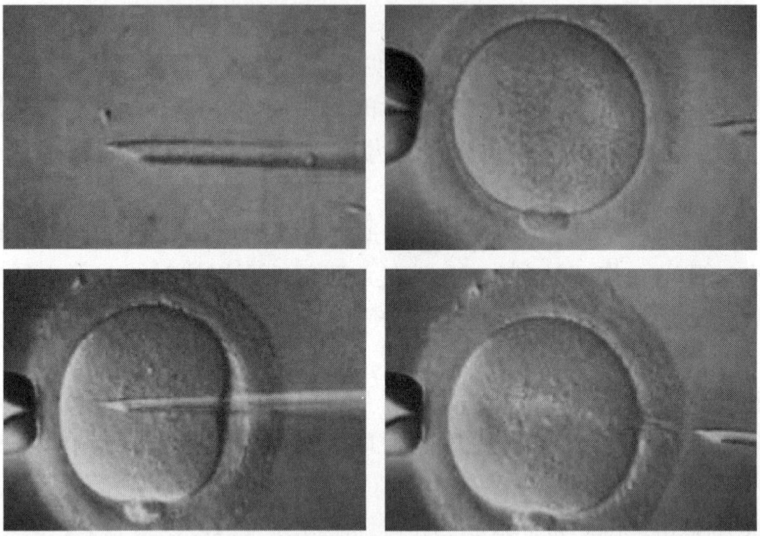

图 3-1-108　单精子注射

反应的精子，注入的数目可加大。SUZI 的优点是对卵母细胞的损伤小，已在临床医学上得到运用，但多精入卵是制约这一技术发展的主要原因。胞质内精子注射对精子活力、形态和顶体反应没有特殊要求，只需注入单个精子即可。为提高受精率，注射后卵子需要人为激活。将受精后的卵子在体外培养到早期胚胎以后，再放回到母体的子宫内，继续发育成新个体。

（三）胚胎培养

精子和卵子受精后，受精卵需移入发育培养液中继续培养（图 3-1-109），以检查受精状况和受精卵的发育潜力，质量较好的胚胎可移入受体母牛的生殖道内继续发育成熟或进行冷冻保存。提高受精卵发育率的关键因素是选择理想的培养体系。在家畜中，胚胎培养液分为复杂的和化学成分明确的培养液两大类。复杂培养液中的成分很多，除无机和有机盐外，还添加维生素、氨基酸、核苷酸和嘌呤等营养成分和血清，最常用的有 TCM199、B2 和 F10。

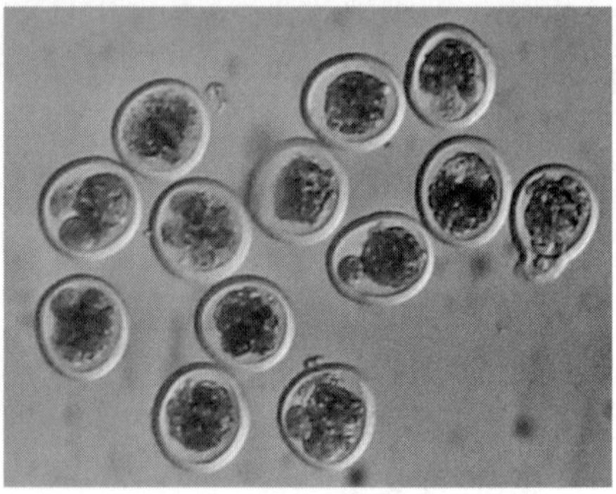

图 3-1-109　胚胎培养

受精卵的培养广泛采用微滴法，胚胎与培养液的比例为 1 枚胚胎用 3～10 μL 培养液；一般 5～10 枚胚胎放在一个小滴中培养以利用胚胎在生长过程中分泌的活性因子，相互促进发育。胚胎培养条件与卵母细胞成熟培养条件相同。有的实验室采用 88% 氮气、7% 氧气和 5% 二氧化碳混合气体培养，以降低培养液中氧自由基浓度，提高胚胎发育率。胚胎在培养过程中要求每 48～72 h 更换一次培养液，同时观察胚胎的发育状况。当胚胎发育到一定阶段时可进行胚胎移植或冷冻保存，牛受精卵通常培养到致密桑椹胚或囊胚时进行移植或冷冻保存。

【工作任务实施记录与评价】

一、工作任务实施记录

<table>
<tr><td>学习周期</td><td>年 月 日 至 年 月 日</td><td rowspan="2">过程评价</td></tr>
<tr><td>师傅指导记录</td><td>学徒任务实施记录</td></tr>
<tr><td>日期： 年 月 日
指导内容：

日期： 年 月 日
指导内容：

日期： 年 月 日
指导内容：

日期： 年 月 日
指导内容：

日期： 年 月 日
指导内容：

日期： 年 月 日
指导内容：

日期： 年 月 日
指导内容：

日期： 年 月 日
指导内容：

日期： 年 月 日
指导内容：

日期： 年 月 日
指导内容：</td><td></td><td>师傅签字：</td></tr>
</table>

二、绩效评价

<table>
<tr><th>序号</th><th colspan="2">绩效项目</th><th>权重</th><th>任务目标</th><th>考核分数</th><th>师傅签字</th><th>细则</th><th>备注</th></tr>
<tr><td rowspan="2">1</td><td rowspan="2">发情揭发率</td><td>成母牛</td><td>25%</td><td>≥85%</td><td></td><td></td><td rowspan="2">达到标准获得此项满分，每高于目标值1%，正激励此项的5%，每低于目标值1%，负激励此项的5%</td><td rowspan="2"></td></tr>
<tr><td>青年牛</td><td>10%</td><td>≥90%</td><td></td><td></td></tr>
<tr><td rowspan="2">2</td><td rowspan="2">情期受胎率</td><td>成母牛</td><td>25%</td><td>≥60%</td><td></td><td></td><td rowspan="2">达到标准获得此项满分，每高于目标值1%，正激励此项的10%，每低于目标值1%，负激励此项的10%</td><td rowspan="2"></td></tr>
<tr><td>青年牛</td><td>10%</td><td>≥75%</td><td></td><td></td></tr>
<tr><td rowspan="2">3</td><td colspan="2" rowspan="2">孕检空怀率</td><td>10%</td><td>初检≤30%</td><td></td><td></td><td rowspan="4">达到标准获得此项满分，每高于目标值1%，负激励此项的10%，每低于目标值1%，正激励此项的10%</td><td rowspan="2"></td></tr>
<tr><td>10%</td><td>复检≤5%</td><td></td><td></td></tr>
<tr><td rowspan="2">4</td><td rowspan="2">未妊娠比例</td><td>15月龄未妊娠青年牛</td><td>5%</td><td>≤5%</td><td></td><td></td><td rowspan="2"></td></tr>
<tr><td>产后150 d未妊娠成母牛</td><td>5%</td><td>≤12%</td><td></td><td></td></tr>
<tr><td colspan="3">小计</td><td>100%</td><td></td><td></td><td></td><td></td><td></td></tr>
</table>

任务5　配种后妊娠诊断

母牛配种后，为了及时掌握母牛是否妊娠、妊娠时间、胎儿及其生殖器官的异常情况，可以采用临床和实验室的方法进行检查，牛常用血清学、B超、直肠检查进行判断，要求在师傅指导下熟练掌握妊娠诊断技术。

【专业知识准备】

一、受精

精子进入卵母细胞，两者融合成一个合子的生理过程称为受精。在自然情况下，受精发生在牛输卵管壶腹部。精子从射精部位到达受精部位，以及卵母细胞从卵泡排出，进入输卵管到达受精部位的过程，均称为配子的运行。

1. 精子在母牛生殖道内的运行

牛自然交配时精液射在阴道内子宫颈口的周围，这称为阴道射精型。精子运行的过程包括以下三个步骤。

(1)精子进入子宫颈　母牛子宫颈上皮有两种细胞：一种是分泌细胞，主要功能是分泌黏液；另一种是纤毛细胞，它们在子宫颈管腔端有纤毛。发情母牛在雌激素的作用下，分泌细胞分泌大量稀薄黏液，黏液中的黏蛋白排成纵行，纤毛细胞的纤毛摆动使黏液由前向后流动，精子便在黏蛋白纵行的行间利用尾部的摆动前进。排卵后，在孕酮的影响下，子宫颈黏液中的黏蛋白分子结构变卷曲，分子间水分减少而变得黏稠，使精子难以通过。

子宫颈是精子进入母牛生殖道的第一道生理屏障。屏障的作用是阻止衰老或畸形精子通过，而被子宫颈黏膜的绒毛颤动排回阴道，或被白细胞吞噬，起到对精子的初步筛选作用，但采用人工输精技术无此屏障。宫颈管内有许多隐窝对精子起暂时储存作用，具有缓慢释放精子，起到精子库的作用。因此，子宫颈也是自然交配公牛的精子进入母牛生殖道后的第一个精子库，人工输精技术是将精子直接越过子宫颈，也就不存在此库。

(2) 精子进入子宫　发情母牛在雌激素、前列腺素、催产素和少量的孕酮协同作用下，子宫肌发生强烈的间歇性收缩，这种收缩是由子宫颈向子宫角、输卵管方向逆蠕动。子宫肌肉的收缩，推动子宫内液体的流动，促使子宫内的精子向宫管结合部运行。牛交配后约经 15 min 即可在输卵管壶腹部出现少量精子。

宫管结合部是公牛精子进入母牛生殖道的第二道生理屏障，也是第二个精子库。此处可连续 24 h 使活动的精子源源不断地向输卵管输送，在发情时母牛的宫管结合部收缩关闭，限制了大量的精子通过，只有生命力强的精子才能进入输卵管。

(3) 精子进入输卵管　输卵管有同时输送精子与卵子向相反方向前进的功能。精子在输卵管中的运行主要受输卵管的蠕动与反蠕动的影响。当精子通过输卵管峡部进入壶腹部，两者连接处即为壶峡部，峡部也是暂时性精子库。壶峡部可限制精子进入壶腹，防止多精子受精。在交配时，虽然有大量的精子进入母牛生殖道，但通过以上二个或三个拦筛后，精子在母牛生殖道内分布很不均匀，阴道内多于子宫内，子宫内多于输卵管内。越接近受精部位精子越少，最后到达输卵管壶腹部的精子只有数十个至数千个。牛的精子获能部位主要是在输卵管（图 3-1-110）。

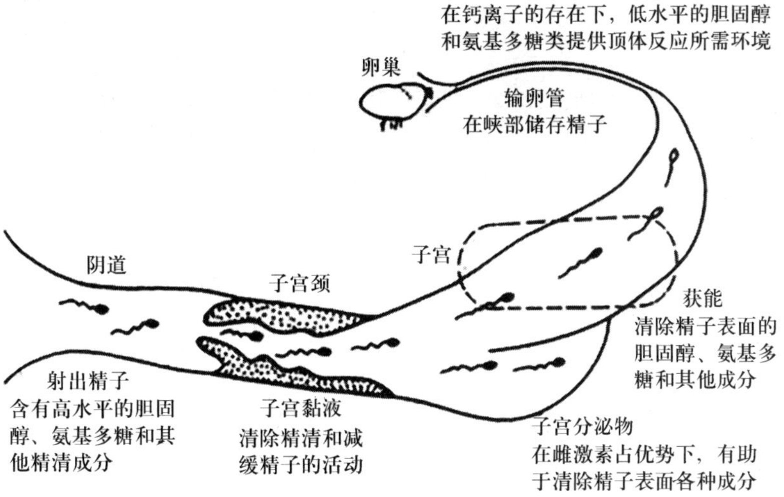

图 3-1-110　精子通过母牛生殖道期间获能的过程

精子运行的动力　发情母牛在雌激素、少量孕酮的协同作用下与在精清中的前列腺素和交配时释放的催产素的刺激下，使生殖道发生有节律的收缩，这是将精子推向受精部位的主要动力。当精子通过子宫颈以及在靠近和进入卵母细胞时，则主要依靠本身的活动能力。

精子保持受精能力的时间　配种或输精后，由于母牛生殖道中的隐窝、子宫内膜腺和输卵管峡部的作用，使精子陆续到达壶腹部，并使到达壶腹部的精子数大为减少，一般不超过 1 000 个。

只有在一定数量的精子到达受精部位时，才能发生受精作用。公牛精子在雌性生殖道内保持受精能力的时间为 30～48 h。

2. 卵细胞在输卵管内的运行

(1) 卵母细胞的接纳　母牛排卵时，在雌激素和孕酮比值变化所引起的激素作用下，输卵管伞部充血而撑开呈伞状，依靠输卵管系膜肌层的收缩作用而紧贴于卵巢表面。同时，卵巢因有韧带的收缩，使卵巢发生一种环绕其本身纵轴往返的缓慢旋转活动，从而便于输卵管接纳排出的卵母细胞。输卵管伞黏膜上的纤毛波动能够形成液流，使卵母细胞进入喇叭口。

(2) 卵母细胞运行的过程　卵母细胞由输卵管漏斗向子宫方向运行，主要依靠输卵管上皮细胞纤毛摆动、壶峡接合部和子宫与输卵管接合部的收缩活动。这些生理活动主要受卵巢激素的调节。

(3) 卵母细胞保持受精能力的时间　卵母细胞保持受精能力的时间要比精子短得多，一般 8～12 h。卵母细胞进入输卵管峡部时，就丧失了受精力，进入子宫的未受精卵母细胞，在几天之内就崩解而被吸收，或被白细胞吞噬。

二、妊娠

1. 胚胎的早期发育

在发情周期第 6～8 天，用非手术法采集的胚胎为桑椹胚至囊胚。发育期的划分和特征如下（图 3-1-111）。

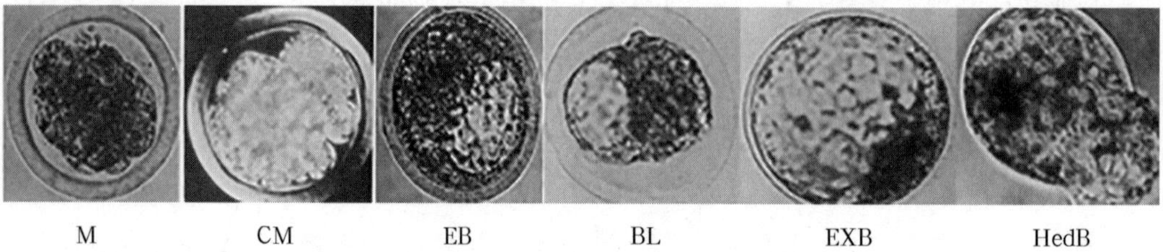

图 3-1-111　胚胎发育阶段模式图

(1) 桑椹胚（M）：卵裂球隐约可见，细胞团的体积几乎占满卵周间隙。

(2) 致密桑椹胚（CM）：卵裂球进一步分裂，看不清卵裂球的界线，细胞团收缩至卵周间隙的 60%～70%。

(3) 早期囊胚（EB）：出现透亮的囊胚腔，但难以分清内细胞团和滋养层，细胞团占 70%～80%。

(4) 囊胚（BL）：囊胚腔增大明显，滋养层细胞分离，细胞充满了卵周间隙。

(5) 扩张囊胚（EXB）：囊胚腔充分扩张，体积增殖 1.2～1.5 倍，透明带变薄，相当于原厚度的 1/3。

(6) 孵育胚（HedB）：透明带破裂，内细胞团孵出透明带。

(7) 早期胚胎的迁移：胚胎在脱出透明带之前，一直处于游离状态。胚胎发育所需要的营养，来自子宫内膜腺和子宫上皮所分泌的物质（子宫乳）。牛通常只排一个卵子，胚胎总是在与黄体同侧的子宫角内。

2. 胚胎附植

胚胎在母体子宫内结束游离状态,并与母体建立紧密联系的一个渐进的过程称为附植。在附植前,胚胎进行卵裂和囊胚形成的同时,子宫也发生变化为附植做准备。在附植期间,子宫上皮的血液供应增加,子宫液的氨基酸和蛋白质含量也有改变,有些蛋白仅在此期出现于子宫液,对胚胎有营养作用。

3. 胎膜和胎盘

(1)胎膜　是胎儿的附属膜,是胎儿本体以外包被着胎儿的几层膜的总称,其作用是与母体子宫黏膜交换养分、气体及代谢产物,对胎儿的发育极为重要。在胎儿出生后,胎膜即被摒弃,所以是一个暂时性的附属器官。它源于 3 个基础胚层,即外胚层、中胚层和内胚层。通常按其结构部位及功能而分为羊膜、尿膜、绒毛膜和卵黄囊。牛的胎膜如图 3-1-112 所示。

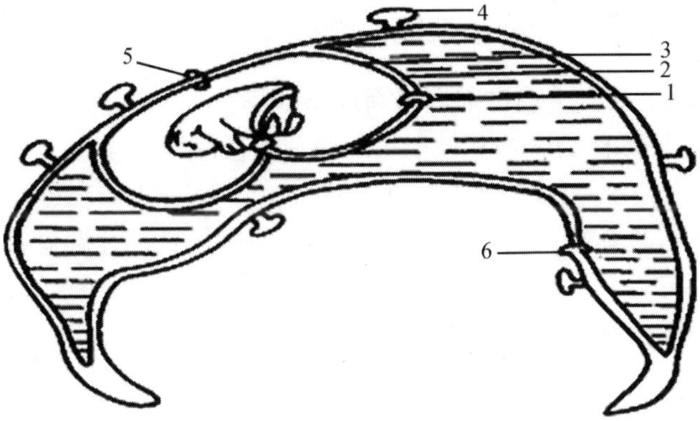

图 3-1-112　牛的胎膜

1. 尿膜羊膜　2. 尿膜内层　3. 羊膜　4. 子叶　5. 羊膜绒毛膜　6. 尿膜绒毛膜

羊膜是包裹在胎儿外的最内一层膜,由胚胎外胚层和无血管的中胚层形成。在胚胎和羊膜之间有一充满液体的羊膜腔。羊膜腔内充满羊水,能保护胚胎免受震荡和压力的损伤,同时,还为胚胎提供了向各方面自由生长的条件。羊膜能自动收缩,使处于羊水中的胚胎呈略为摇动状态,从而促进胚胎的血液循环。

尿膜由胚胎的后肠向外生长形成,其功能相当于胚体外临时膀胱,并对胎儿的发育起缓冲保护作用。尿膜上的血管分布于绒毛膜,成为胎盘的内层组织。随着尿液的增加,尿囊也增大,牛尿膜和羊膜黏合形成尿膜羊膜,而与绒毛膜黏合则成为尿膜绒毛膜。

脐带是胎儿和胎盘联系的纽带,被覆羊膜和尿膜,其中有脐动脉、脐静脉、卵黄囊残迹和脐尿管。其血管系统和肺循环相似,脐动脉中为胎儿的静脉血,而脐静脉来自胎盘,血液中富含氧和其他成分,具动脉血特征。脐带随胚胎的发育逐渐变长,使胚体可在羊膜腔中自由移动。

(2)胎盘　牛为子叶型胎盘,绒毛集中在绒毛膜表面的某些部位,形成许多绒毛丛,呈盘状或杯状凸起,即胎儿子叶。胎儿子叶与母体子宫内膜的特殊突出物、子宫阜突出物、子宫阜(母体子叶)融合在一起形成胎盘的功能单位。胎盘是一个功能复杂的器官,具有物质运输、合成分解代谢及分泌激素等多种功能。

【任务目标与质量要求】

制定本牛场母牛妊娠诊断工作计划和鉴定标准,熟练运用 B 超检查、血清学检测、直肠检查等早期妊娠诊断方法。过程中使学徒具备工作仔细、精益求精、认真职业精神；团队合作意识；培养学徒主动学习掌握新知识并运用于岗位工作能力。

【学习产出目标】

(1)熟知妊娠母牛各时期生理周期特点。

(2)制定本牛场配种后母牛早期妊娠诊断操作规程及技术标准。

(3)熟练运用B超检查、血清学检测、直肠检查等早期妊娠诊断方法。

(4)孕检信息资料网络管理平台录入及数据结果分析、运用。

【工作程序与方法要求】

一、妊娠特异性糖蛋白法检查妊娠诊断操作(血液孕检法)

1. Alertys反刍动物妊娠检测试剂盒诊断妊娠操作

Alertys反刍动物妊娠检测试剂盒是根据酶联免疫反应原理设计的，用于检测反刍动物妊娠早期存在于血清或EDTA血浆中的妊娠相关蛋白(PAG)，此类蛋白可以作为妊娠的标志物。其原理是微孔板包被有妊娠相关蛋白抗体，将待检样品进行稀释并孵育后，捕获到的妊娠相关蛋白(PAG)可以与特异性的PAG抗体(检测溶液)和辣根过氧化物酶标记物(酶标抗体)结合。未被结合的酶标抗体则被洗掉，随后在微孔内加入TMB底物溶液。孔内溶液颜色的深浅与样品中PAG的含量成正比，以此来诊断动物妊娠。此试剂盒可在配种后28～34 d进行检测。

(1)打印出检查清单，找到目标牛只，使用颈枷锁定；牛上枷时间不得超过1 h(不影响奶牛正常生产)。锁颈枷时注意与牛保持安全距离，当心牛只顶、踢人(图3-1-113)。

图3-1-113 查找检测牛只

(2)尾根静脉采血时，左手抓紧尾巴向上提起，使尾根静脉充分暴露，右手持5 mL一次性注射器刺入尾根静脉，抽取4 mL血液(图3-1-114)。

(3)采血后静置一段时间或者放入4 ℃冰箱中以加快血清析出，注意避免剧烈震荡。

(4)采血管上必须贴标签，标签上写清楚管号、牛号，如“1100011”。标签纸尽量用医用胶

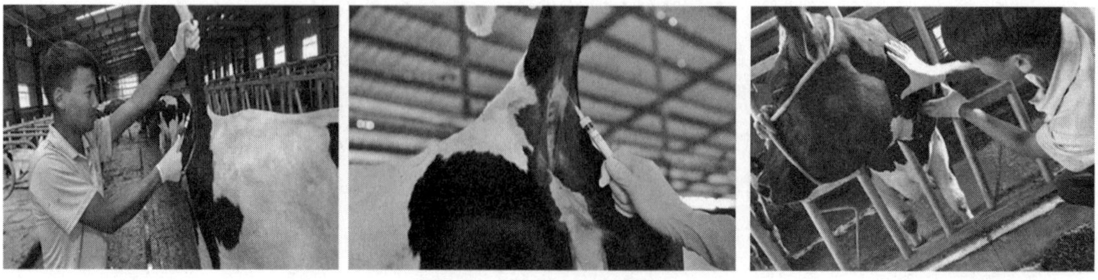

图3-1-114 采血操作

带，用标签纸离心时容易脱落（图 3-1-115）。

（5）完整填写样品委托检测单上所有信息，确保送检单上管号、牛号和采血管上一致，经签字确认后随样品一同送检（图 3-1-116）。

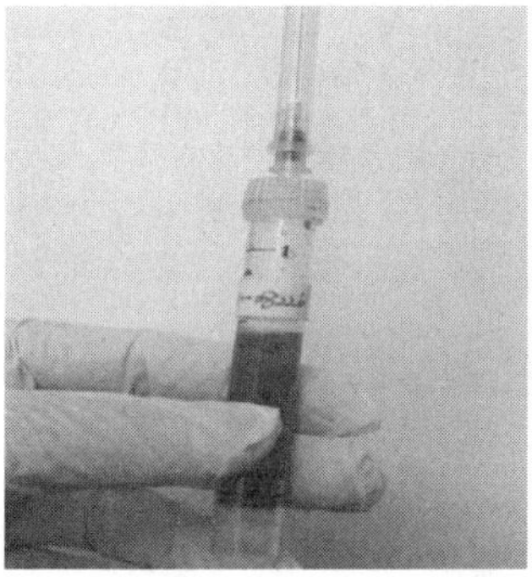

图 3-1-115　贴胶带标记

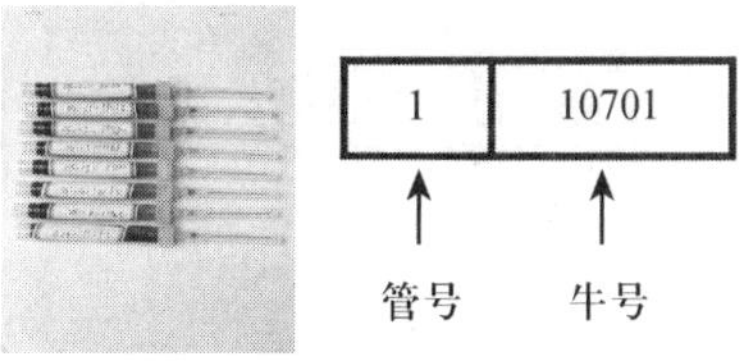

图 3-1-116　标签纸标记

（6）样品包扎好固定在快递盒内，避免剧烈震荡。高温季节最好将样品放置保温箱内，加入冰块，防止样品变质。要求血检样品和送检单单独存放：血检样品用塑料袋包扎、固定；送检单放在另一个塑料袋内封好（图 3-1-117）。

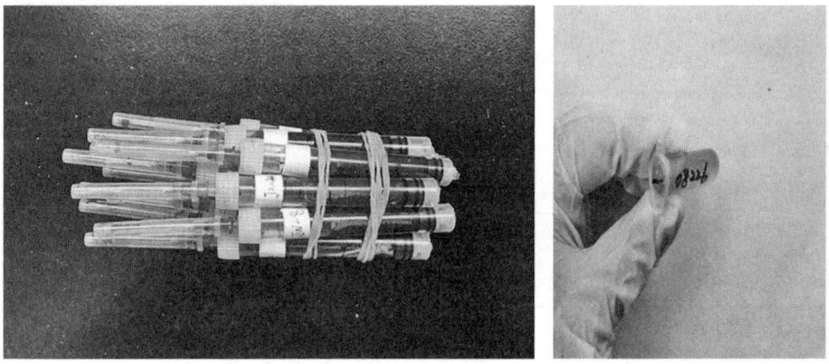

图 3-1-117　短时间存放

（7）快递至检测中心，运输过程注意避免剧烈震荡。

（8）检测中心收到样品后，仔细核对样品信息和送检单信息的一致性，在送检单上签字确认接收，并下达检测任务单。如有不一致，在送检单上做好注释。

（9）将采血管放入离心机以 3 000 r/min 转速离心 5 min。将血清转移至 1.5 mL 离心管，并在离心管上填写好相应的管号及牛号（图 3-1-118）。填写好血清样品登记单，如非当天检测，确保将血清冷冻保存。

（10）在使用之前，所有的试剂盒（试剂盒 1）组分都必须回温至 18～26 ℃。试剂应轻轻涡旋、颠倒混匀。

（11）操作步骤

步骤一：取出包被的微量反应板，并在记录表上标记好每个样品的位置。根据检测需要取出所需数量的反应板条；将未使用的反应板条放入含有干燥剂的密封袋于 2～8 ℃保存。

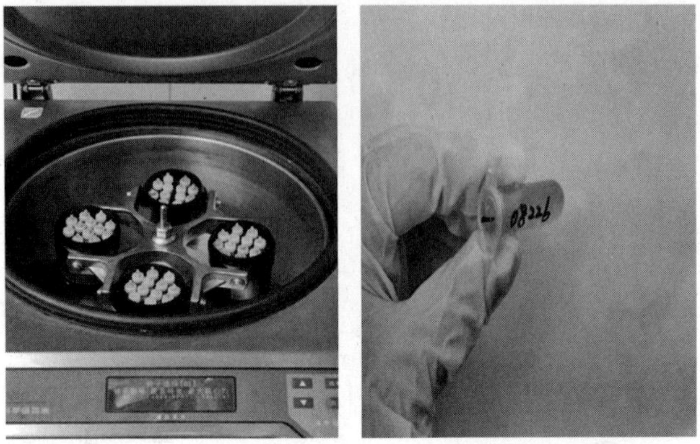

图 3-1-118　血液离心

试剂盒 1 试剂种类及数量

	试剂	数量
1	PAG 抗体包被的微量反应板	5 板
2	阳性对照	1 × 3.5 mL
3	阴性对照	1 × 3.5 mL
4	酶标抗体	1 × 60 mL
5	样品稀释液	1 × 20 mL
A	TMB 底物溶液 N.12	1 × 60 mL
B	终止液 N.3	1 × 60 mL
C	10 × 浓缩洗涤液	1 × 480 mL
D	检测溶液	1 × 60 mL
其他组件:自封袋		1

步骤二:在所有样品孔与对照孔加入 25 μL 的样品稀释液。

步骤三:在反应板适当的双孔中各加 100 μL 阴性对照。

步骤四:在反应板适当的双孔中各加 100 μL 阳性对照。

步骤五:在剩下的反应孔中分别加入 100 μL 被检样品。

步骤六:轻弹微量反应板将反应板中的溶液混匀。

步骤七:将板密封,在(37 ± 2) ℃的条件下孵育(60 ± 5)min,在孵育过程中应将微量反应板密封以防反应孔中的液体蒸发。

步骤八:弃掉孔内液体,每个反应孔加入约 300 μL 的洗涤溶液进行洗涤,洗涤 4 次。在每次洗涤之间和下一步操作加入试剂之前要避免微量反应板孔干燥。最后一次洗涤后,将孔内的残留液体在吸水材料上拍干。

步骤九:在每个反应孔中加入 100 μL 检测溶液。

步骤十:盖好盖板,在 18～26 ℃条件下孵育(30 ± 2)min 。

步骤十一:重复步骤八。

步骤十二:在每个反应孔加入 100 μL 酶标抗体。

步骤十三：盖好盖板，在 18～26 ℃条件下孵育 30(±2)min。

步骤十四：重复步骤八。

步骤十五：在每个反应孔中加入 100 μL TMB 底物溶液 N.12。

步骤十六：在 18～26 ℃条件下避光孵育(15±1)min。

步骤十七：在每个反应孔中加入 100 μL 的终止液 N.3 终止反应。

步骤十八：于 450 nm 和参考波长下测定样品以及对照的吸光度值。参考波长为 620 nm 或 650 nm。

(12)结果计算和分析(图 3-1-119)。

对照

$$NC\ \bar{x}=\frac{[NC_1(450\ nm)-NC_1(参考波长)]+[NC_2(450\ nm)-NC_2(参考波长)]}{2}$$

$$PC\ \bar{x}=\frac{[PC_1(450\ nm)-PC_1(参考波长)]+[PC_2(450\ nm)-PC_2(参考波长)]}{2}$$

实验有效性判定

$$PC\ \bar{x}-NC\ \bar{x}\geqslant 0.300 \qquad NC\ \bar{x}\leqslant 0.150$$

样品

$$S-N=S(450\ nm)-S(参考波长)-NC\ \bar{x}$$

式中：$NC\ \bar{x}$——阴性对照的吸光度值平均数

NC_1——阴性对照的第一个吸光度值

NC_2——阴性对照的第二个吸光度值

$PC\ \bar{x}$——阳性对照的吸光度值平均数

PC_1——阳性对照的第一个吸光度值

PC_2——阳性对照的第二个吸光度值

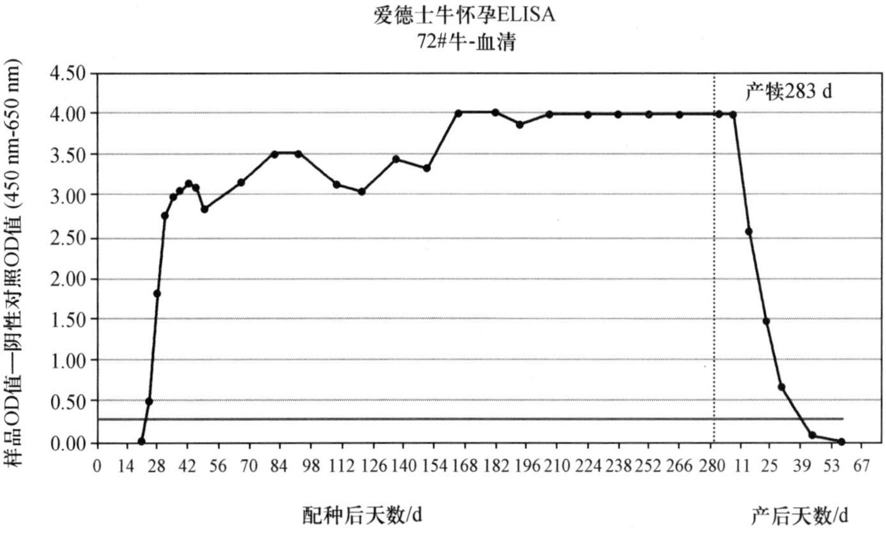

图 3-1-119　数据分析(爱德士 - 反刍动物妊娠检测试剂盒 -BPT 检测结果)

$S-N$——检测后样品的吸光度值减去阴性对照的吸光度值平均数

(13)结果判定

判定依据

空怀	怀孕
$S-N<0.300$	$S-N \geqslant 0.300$

在奶牛妊娠早期,胚胎死亡是很常见的现象。而在胚胎死亡的早期,PAG 蛋白会在母牛体内循环。对于 S-N 值等于或大于 0.300 而小于 1.00 的牛只,建议在 7～10 d 后进行复检。

2. 可视孕检试剂盒

可视孕检试剂盒是根据酶联免疫反应原理设计的,用于检测牛血清、全血(EDTA)或血浆(EDTA)中的妊娠相关蛋白(PAG),这类蛋白可以作为诊断的标志物。其原理是微孔板包被有妊娠相关蛋白抗体。待检样品与特异性的 PAG 抗体(检测溶液)共孵育,未结合的抗体被洗掉,之后与辣根过氧化物酶标记物(酶标抗体)结合,未被结合的酶标抗体被洗掉,随后在孔内加入 TMB 底物溶液。孔内溶液的颜色深浅与样品中 PAG 的含量成比例。早在配种后 28 d 即可检测到牛是否妊娠。

(1)建议每次试验样本数不超过 30 个(4 个反应条,包含对照)。使用计时器记录所有孵育步骤的时间。在使用之前,所有的试剂盒(试剂盒 2)组分都必须回温至 18～26 ℃,试剂应轻轻涡旋、颠倒混匀。

试剂盒 2 试剂种类及数量

	试剂	数量
	PAG 抗体包被的微量反应板	2 块
+	阳性对照	1 × 3 mL
–	阴性对照	1 × 3 mL
1	检测溶液	1 × 25 mL
2	酶标抗体	1 × 25 mL
3	TMB 底物溶液	1 × 25 mL
4	终止液	1 × 25 mL

(2)贮存　试剂储存于 2～8 ℃条件下。

(3)操作步骤

步骤一:取出包被的微量反应板,并在记录表上标记好阴阳性对照和样品的位置。根据检测需要取出所需数量的反应板条,将未使用的反应板条放入含有干燥剂的密封袋于 2～8 ℃保存。

步骤二:用移液器吸取 100 μL(或所配移液器全量程液体的体积)的阴性对照加入到一个反应孔中。

步骤三:用移液器吸取 100 μL(或所配移液器全量程液体的体积)的阳性对照加入到另一个反应孔中。

步骤四：用移液器吸取 100 μL 被检样品加入到剩下的反应孔中。

步骤五：在每个反应孔中加入 3 滴试剂 1（检测溶液）。

步骤六：盖上盖板，轻弹微量反应板 10 次加以混匀。开始计时，在 18～26 ℃下孵育 7 min。

步骤七：孵育完成后，移除盖板，快速翻转反应板，将板孔内液体弃入废液缸（或水槽）并用力甩板，使板孔内液体流出。

步骤八：将每个反应孔加满双蒸水或去离子水，进行彻底洗板。确保每个反应孔能被彻底清洗，并保证洗液充满每一个反应孔。每次洗板后快速翻转反应板，弃去洗液。洗板 3 次。在最后一次甩板后，将反应板用力在吸水纸上拍干，确保每一个反应孔中没有残留的洗液。

步骤九：在每个反应孔中加入 3 滴试剂 2（酶标抗体）。

步骤十：盖上盖板，轻弹微量反应板 10 次加以混匀。开始计时，在 18～26 ℃下孵育 7 min。

步骤十一：重复步骤七和步骤八。

步骤十二：在每个反应孔加入 3 滴试剂 3（TMB 底物溶液）。

步骤十三：盖上盖板，轻弹微量反应板 10 次加以混匀。开始计时，在 18～26 ℃下孵育 7 min。

步骤十四：在每个反应孔中加入 3 滴试剂 4（终止液）。

步骤十五：轻弹微量反应板 10 次加以混匀。

步骤十六：将反应板放在一张白纸上，肉眼进行读板。

步骤十七：结果判定。

注意：为了保证实验的有效性，阳性对照孔必须变蓝。如果阳性对照孔没有变蓝，实验结果是无效的，则需要根据说明书重新进行实验（图 3-1-120）。

通过比对样品和阴性对照呈现的颜色来判断每只动物的妊娠状况。

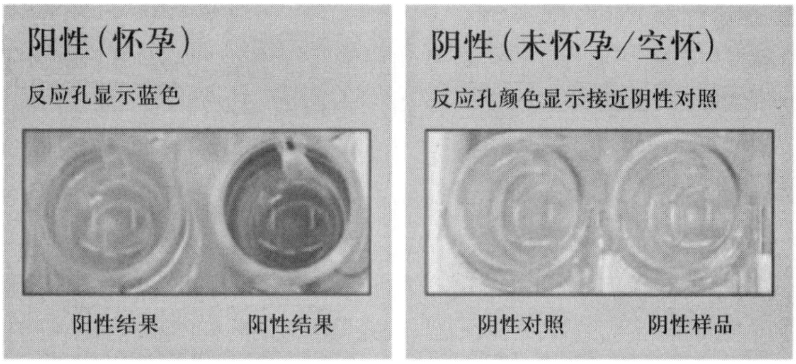

图 3-1-120 检测

（4）检测结果（图 3-1-121）

如果样品反应孔中呈现的颜色比阴性对照孔浅或相同，即为妊娠阴性，判定该动物为空怀。

如果样品反应孔中呈现蓝色且比阴性对照孔深，则判为 PAG 存在，即妊娠阳性，判定该动物为怀孕。

如样品孔颜色很难用肉眼分辨，则被认为可疑（疑似），建议重新采样复检。

妊娠复检：在奶牛妊娠早期，胚胎死亡是很常见的现象。而在胚胎死亡的早期，PAG 蛋白会在母牛体内循环。可以在一段时间后重新采样进行妊娠复检，也可采用其他妊娠检测方法确认。

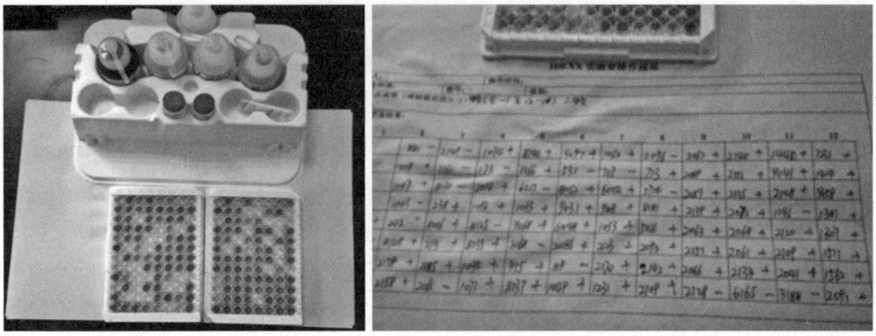

图 3-1-121　结果标记

二、直肠检查妊娠诊断操作

1. 直肠检查

奶牛在妊娠期间需进行 3 次直肠检查，分别在妊娠 45～60 d、妊娠 90～120 d 及干奶前。牛早孕检测，在配种后 60 d 进行直肠检查，确定是否妊娠，以及时发现因胚胎早期死亡而导致空怀。早期流产不易发现，在妊娠 90～120 d 复查可发现空怀，及时补配；干奶前再次妊检，对即将干奶的牛进行妊娠的确诊，并确保胎儿是活犊，确保干奶后不出现空胎牛只。

2. 直肠检查妊娠诊断原理

妊娠初期，主要发生子宫角形态和质地的变化，以胚泡的大小为主。中后期则以子宫的变化、胎儿大小、子叶和子宫动脉特异性搏动为主。在具体操作中，探摸子宫颈、子宫和卵巢的方法与发情鉴定相同。

3. 未妊娠母牛诊断要点

未妊娠母牛的子宫颈、子宫体、子宫角及卵巢均位于骨盆腔；经产牛有时子宫角可垂入骨盆腔入口前缘的腹腔内。未孕母牛两侧子宫角大小相当、形状相似，向内弯曲如绵羊角；经产牛会出现两侧子宫角不对称的现象，触摸子宫角时有弹性和收缩反应，角间沟明显。卵巢大小依其中有无黄体和卵泡而定。

4. 妊娠 24～35 d 诊断要点

孕角可触摸胎儿着床点，着床部位子宫壁变薄，用手指轻轻滑动，有液体波动，也可以感受到胎膜滑动。孕角侧卵巢上有黄体发育，基部较充实（图 3-1-122）。

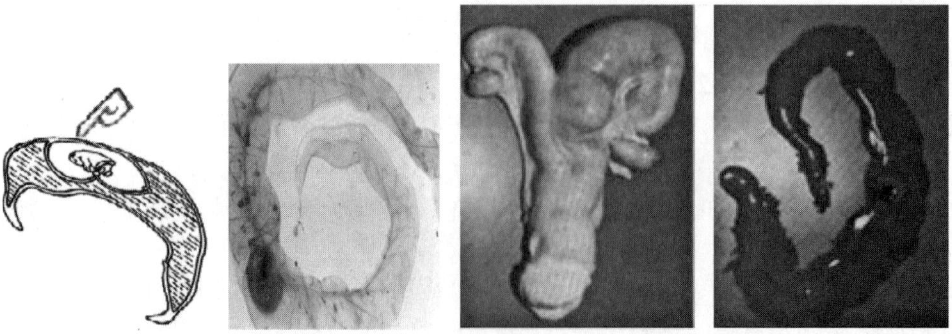

24 d孕检胎儿发育　　35 d孕检胎儿发育

图 3-1-122　妊娠 24～35 d

5. **妊娠 45～60 d 诊断要点**

孕角开始增粗,孕角比空角约粗 2 倍,孕角有明显液体波动的感觉,角间沟清楚可触摸到胎膜。孕角侧的卵巢上有黄体,基部充实,呈圆茄子形(图 3-1-123)。

6. **妊娠 90～120 d 诊断要点**

妊娠 90 d 角间沟完全消失,子宫颈被牵拉至耻骨前缘,向腹腔下垂。两角共宽一掌多,也可摸到整个子宫角,偶尔可触到浮在羊水中的胎儿。子宫壁一般触感柔软,无收缩。如果触诊不清子宫时,手提起子宫颈,可明显感到子宫的重量增加。孕侧子宫动脉基部开始出现微弱的特异性搏动,不易摸到胎儿和孕角侧卵巢,但空角侧卵巢仍然能摸到(图 3-1-124)。

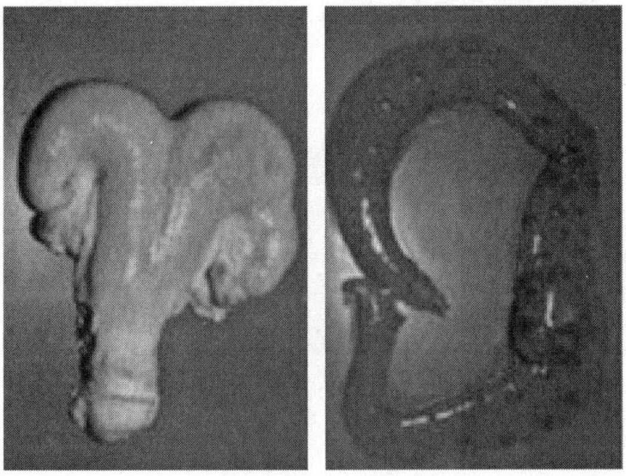

图 3-1-123　妊娠 60 d(右:外观图;左:解剖图)

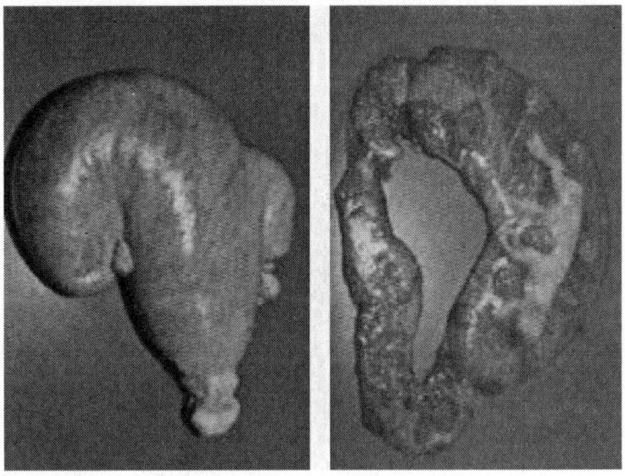

图 3-1-124　妊娠 90 d(右:外观图;左:解剖图)

图 3-1-125　妊娠 180 d

7. **妊娠大于 180 d 诊断要点**

妊娠 180 d,子宫下沉腹腔,可触诊胎盘,子宫中动脉震动感明显(流水感)。妊娠 210 d,子宫开始上浮,可触及胎儿,有时会出现反射性的胎动(图 3-1-125)。

8. **孕检结果记录及运用**

孕检诊断结果必须明确,如不确认,需 1 周后复查。孕检结果应及时输入档案资料。直肠检查的空怀牛,应及时进行治疗和处理。

三、B 超检查妊娠诊断操作

B 超检查在配种 24 d 后可检测到胎儿并确诊怀孕;在配种 55～77 d 可检测出胎儿性别。

在探头进入直肠之前,首先应将直肠内的宿粪尽可能地清理干净,否则宿粪会影响探头与直肠壁的耦合而导致探测回声模糊不清。其次,清理宿粪的同时应感觉到子宫角的大致变化和在盆腔内的位置,以便探头顺利找到子宫角进行扫查。

1. **判定未妊娠**(图 3-1-126)

2. **判定妊娠**

(1)B 超 24～40 d 判定妊娠(图 3-1-127、图 3-1-128)。

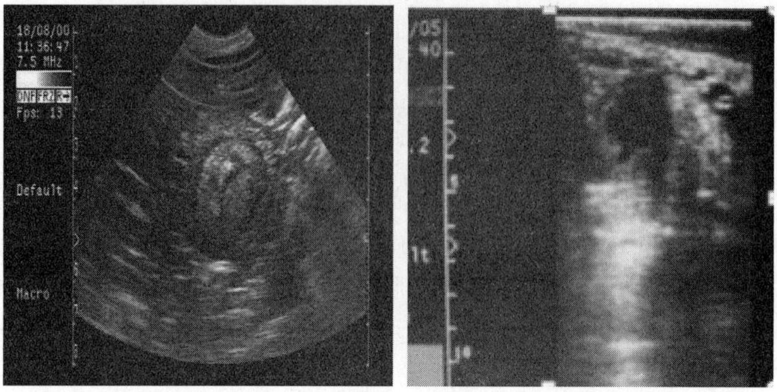

未孕子宫角　　　　扩张子宫角

图 3-1-126　B 超未孕子宫

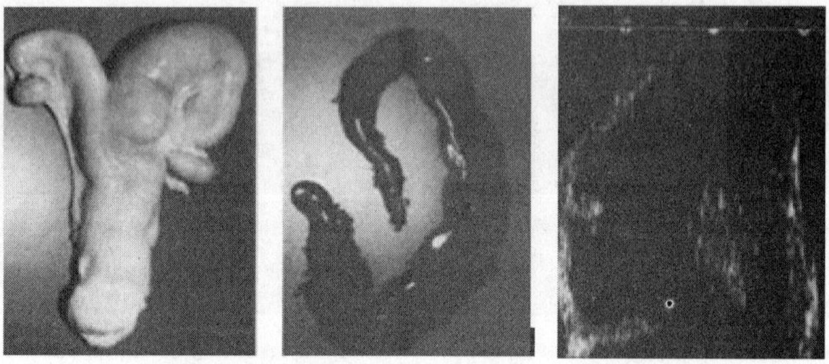

图 3-1-127　妊娠 35 d 实物、解剖图、B 超影像对比

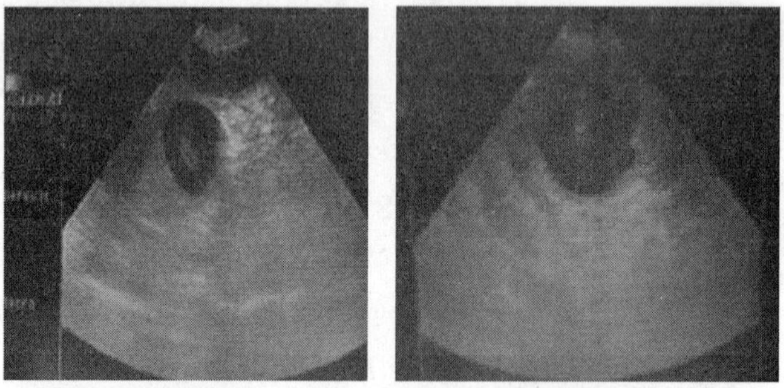

妊娠 30 d　　　　妊娠 32 d

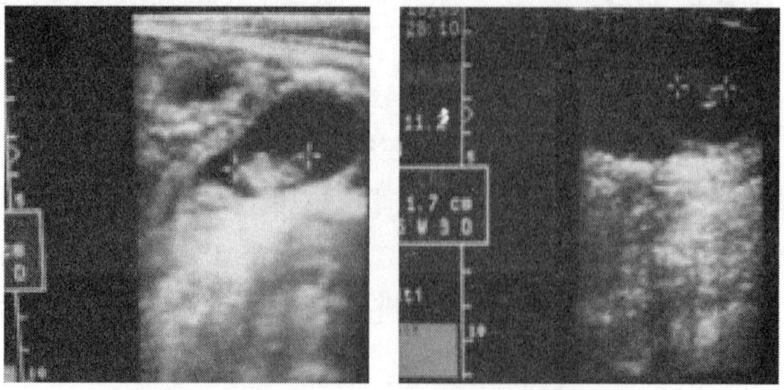

妊娠 35 d　　　　妊娠 40 d

图 3-1-128　妊娠 30～40 d B 超影像对比

(2)B 超 45～60 d 判定妊娠(图 3-1-129、图 3-1-130)。

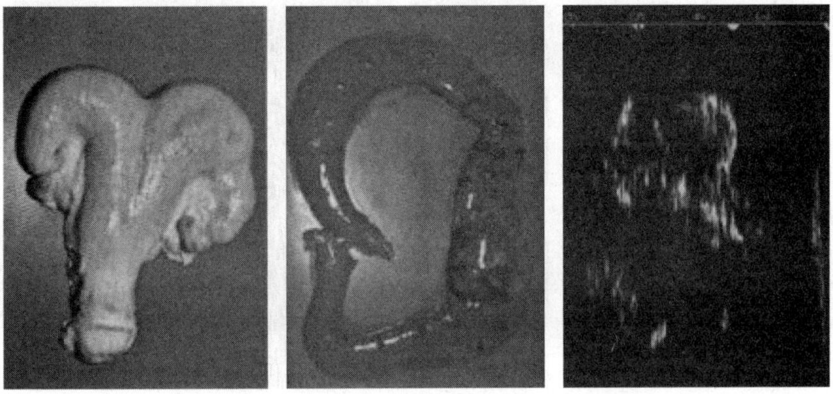

图 3-1-129　妊娠 60 d 实物、解剖图、B 超影像对比

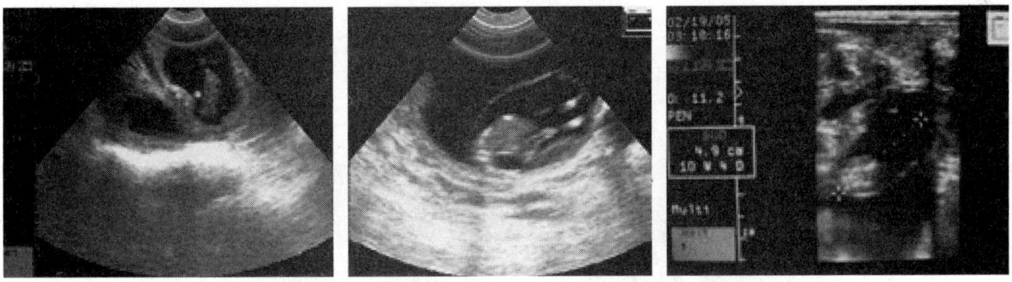

妊娠 45 d　　妊娠 66 d　　妊娠 74 d

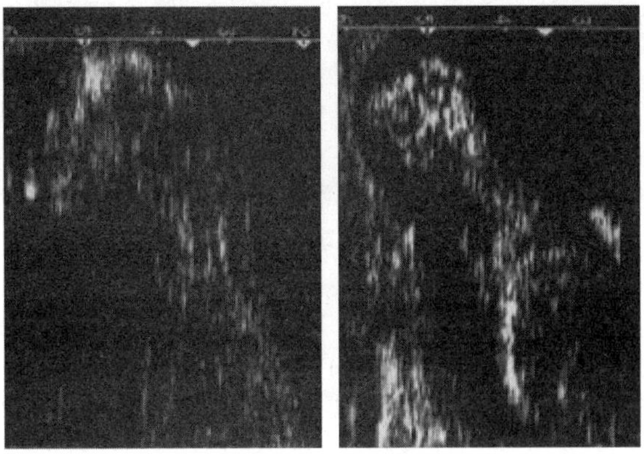

妊娠 60 d(右、左侧)

图 3-1-130　妊娠 45～74 d B 超影像对比

(3)B 超 90 d 判定妊娠(图 3-1-131)。

3. 判定胎儿性别

(1)操作要求

①熟练的育种技术，熟练的直肠检查能力。

②探头的频率　诊断胎儿性别对探头频率的要求并不高，一般可选择中低频率如 5.0 MHz，10 cm 左右的探测深度。

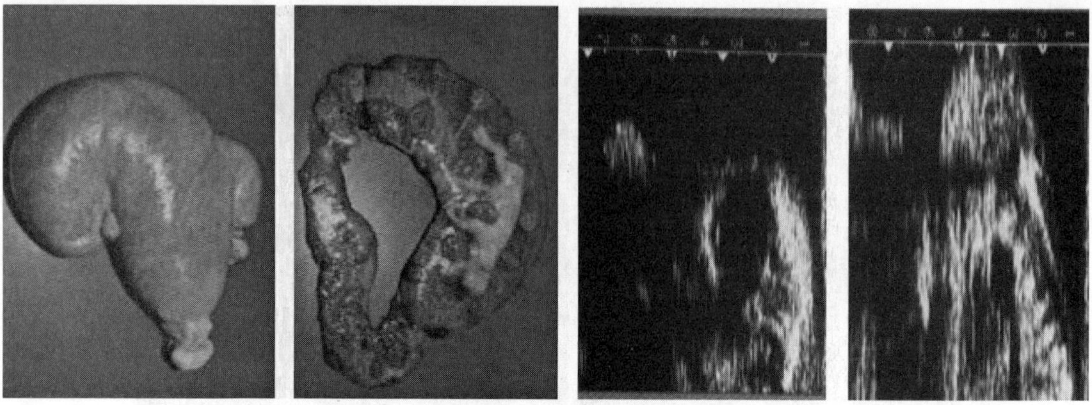

图 3-1-131　妊娠 90 d 实物、解剖图、B 超影像对比

③怀孕天数的要求　奶牛怀孕天数大致在 55～77 d 的范围。55～60 d 时，生殖结节发育不明显，B 超判定胎儿性别容易误诊，正确的判断较大程度上依赖于高分辨率的 B 超仪器和临床经验。77 d 以后的诊断，要看个体牛的实际情况，如果胎儿并未完全沉入腹腔，胎儿体位较理想，其性别可以鉴定；如果胎儿过早地完全沉入腹腔，虽然不满 77 d，其性别已无法辨别(图 3-1-132)。

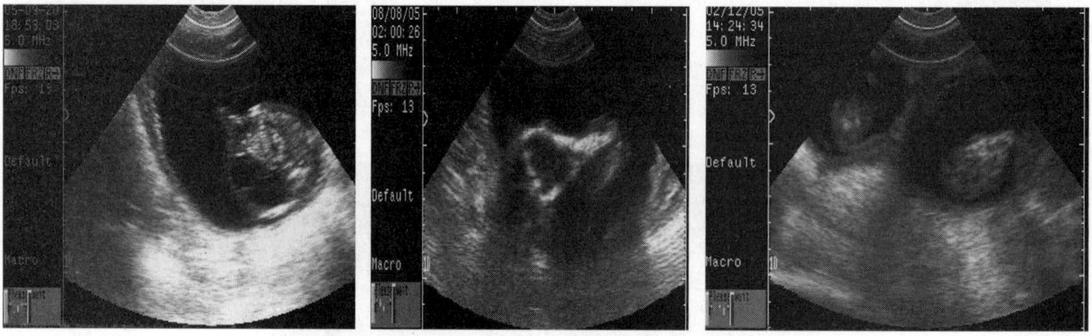

图 3-1-132　妊娠 77 d B 超影像

(2)操作技巧

①手握探头进入直肠后，手腕尽可能越过直肠峡壶部，再回撤扫查子宫角。这样可避免由于直肠蠕动造成难以操作的影响，母畜是否怀孕立刻就能判定。可轻易见到羊水和子叶的回声，这时需要探头轻柔地缓慢移动，可见到胎儿的局部回声，通过回声的影像和动态的超声跟踪，可确定胎儿的体位走向(图 3-1-133)。

②在此妊娠阶段，胎儿在母体的子宫内已经发育成型，并且胎儿在羊水内漂浮，由于重力的原因，胎儿在大多数情况下肢蹄和腹部朝上或者侧躺，这使我们鉴定胎儿性别具备了先天的条件。

③在确定胎儿体位走向的同时，经常能够看见胎儿脐带的部分回声，此时需要直肠的相对静止和探头轻微移动或转动相互配合(图 3-1-134)，跟踪脐带的走向一直到胎儿的腹部，可见胎儿脐孔。

④根据已知的胎儿体位走向，探头轻微移动向胎儿尾部方向，如脐带正后方可见强回声光

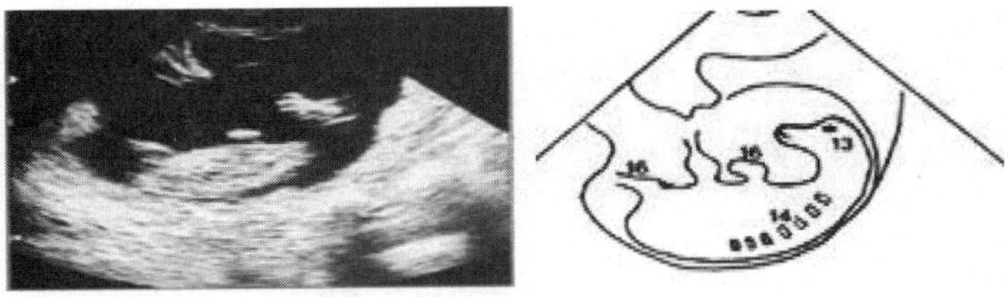

胎儿仰卧

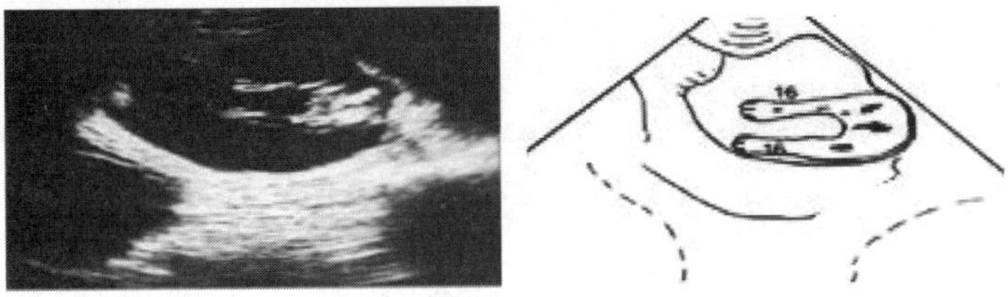

胎儿侧卧

图 3-1-133　妊娠不同体位 B 超影像

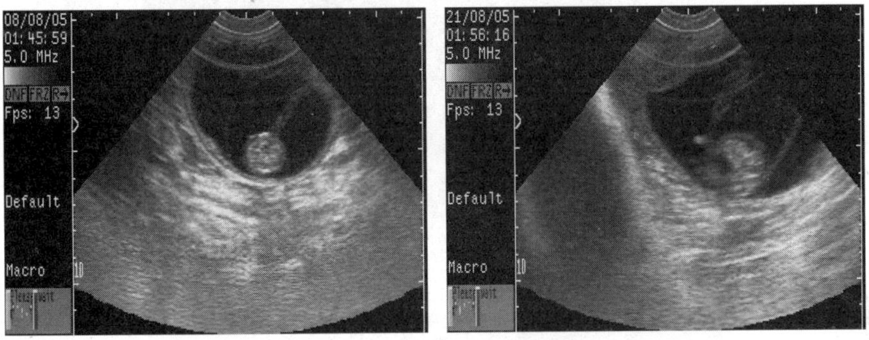

图 3-1-134　脐带 B 超影像

团或光斑，此为雄性动物生殖结节，胎儿性别判定为公；如脐带正后方无强回声光团或光斑，则判定为母。需要说明的是：此方法判定胎儿性别为母是以胎儿性别为公的 B 超回声影像为参照得出结果的（图 3-1-135、图 3-1-136）。

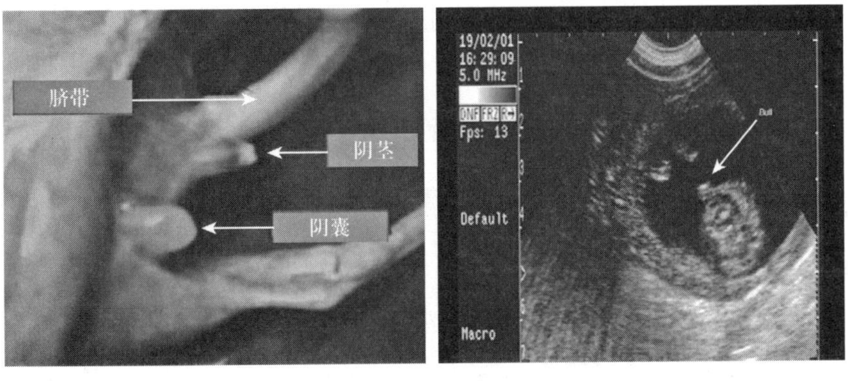

图 3-1-135　雄性解剖和 B 超图

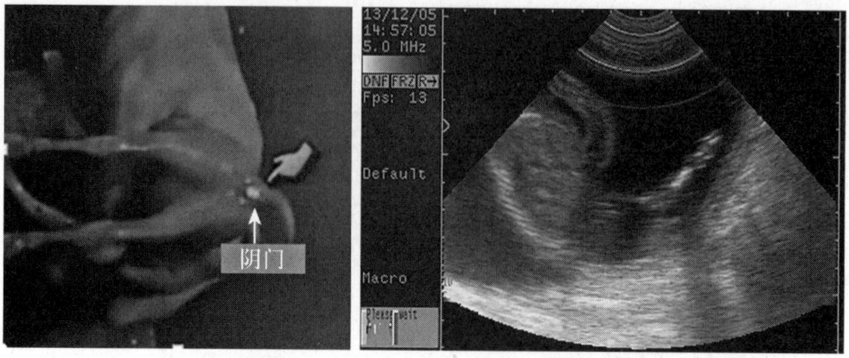

图 3-1-136　雌性解剖和 B 超图

⑤在实际临床超声过程中，雌性生殖结节位于胎儿两后肢内侧的尾根部，此处的强回声影像较复杂，包括两后肢腿骨的强回声和尾椎骨结节的强回声，要准确找到雌性生殖结节强回声影像是不太容易的(图 3-1-137)。

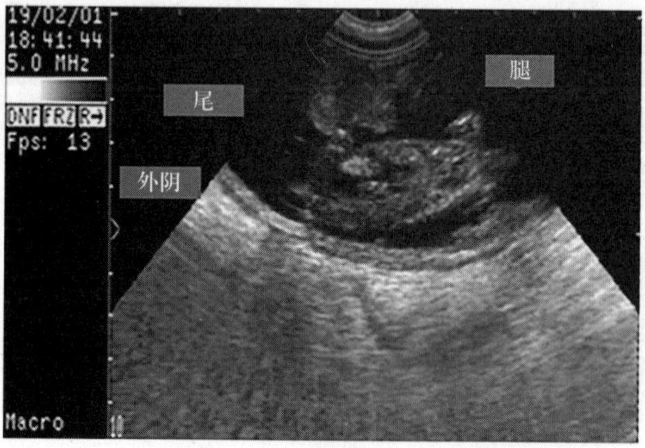

图 3-1-137　B 超影像观察不同部位

⑥如果在操作过程中，直肠努责严重，胎儿体位不理想，此时不易勉强，应该过一段时间再进行操作。胎儿的体位会发生变化，配合直肠的轻柔按摩使母牛安静放松，就很快能找到胎儿生殖结节的强回声影像，得出结果。只要能找到并确认胎儿的生殖结节，公、母很容易辨别。

应用中，怀孕天数在 55～60 d，生殖结节初步发育，若 B 超的分辨力较低，或者临床经验不足，可能会产生误判。分辨力高的兽用 B 超能提供更高的准确性，也更值得信赖。

【业务知识】

奶牛常见妊娠检查方法

1. 问诊

问诊需要问清畜主待诊断牛以往配种、受胎、分娩和产后的情况，特别是上一次分娩和产后的情况。对待检牛只的大体情况有一定了解。

(1)配种次数、最后一次配种日期　可以知道是否到了检查日期和该用哪种方法检查。一般在大型牛场，定期怀孕检查已成为一道重要程序。另外，配种和怀孕时间的不同，生殖器官的变化就会不同，因此检查的方法和对象就不同。

(2)最后一次配种后是否返情　若未返情，可能已经怀孕，因为怀孕的最早症状即是发情停止。但要区别由于各种原因未怀孕也未返情的情况，如持久黄体。

(3)配种后经过一定时期牛的食欲是否增大　牛在怀孕后通常食欲增加、营养状况也因此改善。

(4)乳房是否增大　这一点在乳牛上不太适用。

(5)腹部是否增大　怀孕后期，母牛的腹部因为胎儿的迅速增大而逐渐膨大。但腹部的大小并不能代表怀孕与否。

2. 视诊

(1)外表观察　怀孕后期，腹部两侧大小不对称，孕侧下垂突出，牛多为右侧。有时可见胎儿活动时所造成的母牛腹壁颤动，即平时所谓的胎动。胎动与呼吸动作的区别在于前者急剧且无规律。

(2)阴道视诊　主要检查阴道黏膜色泽、黏液性状和子宫颈形状及黏液的变化，可作为怀孕检查的辅助方法。怀孕后阴道的变化：怀孕时，阴道黏膜变白、干燥且失去光泽。至怀孕后半期，可感觉到阴道壁松软、肥厚。

3. 外部触诊

外部触诊即隔着母体腹壁触诊胎儿，触及胎儿即可诊断为怀孕。此方法只适用于怀孕后期，方法为：用弯曲的手指节或拳触诊牛右侧膝皱褶的前方，怀孕 7 ~ 8 个月能触到胎儿。

4. 听诊

听诊即是隔着母体腹壁听取胎儿心音。听诊部位同外部触诊部位基本一样，在牛怀孕 6 个月且在胎儿胸壁靠近母体腹壁时才能听到。胎儿的心音频率为 100 次 / 分以上，超过母体心音。

5. 直肠检查

直肠检查是目前检查牛怀孕最常用和有效的方法。

【业务经验】

母牛配种后，为了及时掌握母牛是否妊娠、妊娠的时间、胎儿及其生殖器官的异常情况，可以采用临床和实验室的方法进行检查。

一、妊娠诊断原则

妊娠检查是对配种员的一项重要考核指标，它是决定干奶日期和产犊预算的重要依据。经妊娠诊断，确认已怀孕的母牛应加强饲养管理，而未孕母牛要注意再发情时的配种和对未孕原因的分析。在妊娠诊断中还可以发现某些生殖器官的疾病，以便及时治疗。对于奶牛来讲，早期妊娠诊断的错误，极易造成发情母牛的漏配与误配。怀孕妊娠指标：胎儿心搏、胎膜滑动、发现尿膜羊膜囊（胚囊）、发现子叶、发现胎儿。

二、检查程序

(1)初检（早孕检测）　配种后 28～34 d 未返情进行血检；配种后 32～38 d 未返情进行 B 超检查，及时把检查结果录入电脑牛群资料。检查结果为空怀牛，按同期处理方案进行处理。

对配种2次以上空怀牛，应尽可能进行生殖机能直肠检查，如有生殖疾病先治疗，再同期处理。

(2)复检　每周对初检怀孕54～60 d牛或配后54～60 d未返情牛，通过直肠检查确定是否怀孕。有初检记录，最迟60 d，必须出结果上报。及时把复检结果交给信息部门录入电脑，分为初检已孕和初检未孕。直肠检查空怀牛，妊检的同时进行治疗和处理。

(3)再检　每月对妊娠90～120 d怀孕牛进行再次检查，以免因流产而长期空怀。及时把复检结果交给信息部门录入电脑，分为复检有胎和复检无胎。检查发现的空怀牛及时报送流产，同时进行治疗和处理。

(4)干奶前妊检　每周对妊娠200～210 d复检有胎牛，进行干奶前妊检，育成牛同样需要做干奶前孕检。及时把复检结果上报信息部门，分为复检有胎和复检无胎。检查发现的空怀牛及时上报，做流产处理。

三、牛的早期妊娠诊断注意事项

(1)母牛配种后20 d且已怀孕偶尔也有假发情的，直肠检查发情症状不明显，无卵泡发育，外阴部虽有肿胀表现，但无黏液排出，对这种牛应慎重对待，无成熟卵泡牛不予配种。

(2)一些特殊变化，如怀双胎母牛的子宫角，在2个月时，两角是对称的，不能依其对称而判为未孕；正确区分怀孕子宫和子宫积液、积脓两种不同情况。遇到这种情况，最好间隔一段时期多次反复检查，并结合阴道检查进行综合正确判断；正确区分怀孕子宫与充满尿液的膀胱。膀胱表面不光滑，有网状感，而胎胞表面光滑，质地均匀，手隔着直肠在子宫角上轻轻移动，有水铃铛滑动感，手轻轻移动，胎儿也跟着移动。因此，直肠检查时，只要仔细触摸，是不难区别是否妊娠的。

(3)牛的直肠检查

①母牛妊娠2个月之内，子宫体和孕侧子宫角都膨大，对胎胞的位置不易掌握，触摸感觉往往不明显，对初学者在判断上容易造成困难。必须反复实践才能掌握技术要领。

②妊娠3个月以上，由于胎儿的生长，子宫体积和重量的增大，使子宫垂入腹腔，触摸时难以触及子宫的全部，并且容易与腹腔内的其他器官混淆，给判断造成困难。最好的方法是找到子宫颈，根据子宫颈所在的位置以及提拉时的重量判断是否妊娠，并估计妊娠的时间。

③牛怀双胎时，往往双侧子宫角同时增大，在早期妊娠诊断时要注意这一现象。

④注意部分母牛妊娠后的假发情现象。配种后20 d左右，部分母牛有发情的外部表现，而子宫角又有孕向变化，对这种母牛应做进一步观察，不应过早做出发情配种的决定。

⑤注意妊娠子宫和子宫疾病的区别。因胎儿发育所引起的子宫增大和子宫积脓、积水有时形态上相似，也会造成子宫的下沉，但积脓、积水的子宫提拉时有液体流动的感觉，脓液脱水后是一种面团样的感觉，而且也找不到子叶的存在，更没有妊娠子宫动脉的特异搏动。

四、妊娠检查记录表设计

制定妊娠记录表进行记录(表3-1-43)。妊检记录表，建议使用电子记录。

表3-1-43　妊检记录表

牛号	配种日期	妊检日期	妊检结果	处理意见	预产日期	停奶日期	妊检人员

五、电脑信息化录入

熟悉牛场奶牛管理系统，录入以上相关信息，并定期对数据进行分析。

【知识拓展】

一、受精的基本过程

受精过程始于精子与卵子相遇，两性原核合并形成合子时结束。卵子由外向内包被有放射冠、透明带和卵黄膜三层，受精时精子依次穿过这三层结构，进入卵子之后，精子核形成雄原核，卵子核形成雌原核，然后配子配合，完成受精。

1. 精子穿过放射冠

卵子从卵巢排出后，进入壶腹部，在透明带外面往往还包围着一堆颗粒细胞即卵丘细胞，而靠近透明带的卵丘细胞呈放射状排列，故称放射冠。这是精子入卵的第一道屏障。精子通过顶体反应释放透明质酸酶和放射冠穿透酶溶解卵丘细胞和放射冠细胞间的基质，使精子穿越放射冠与透明带接触（图 3-1-138）。

图 3-1-138　精子穿过放射冠

2. 精子穿过透明带

当精子穿过放射冠与透明带接触后，有一短暂的与透明带附着与结合的过程。在附着期间可能经历了前顶体素转变为顶体酶的过程，经短时间的附着后，精子就牢固地结合于透明带上。精子与透明带结合后，顶体素将透明带溶出一条通道，精子借自身的运动穿过透明带。

3. 精子进入卵黄（图 3-1-139）

精子进入透明带后，到达卵黄周隙。此时精子仍能活动，不过活动时间很短。一旦接触卵黄膜，活动即停止。精子与卵黄膜接触后 20 min，即与卵黄膜融合在一起。卵黄膜表面的微绒毛抓住精子的头，将精子头部包裹起来，同时卵黄发生旋转，此时精子尾部全部进入卵周隙内。随后，两层膜不断向精子尾部融合，将精子“拖入”卵内。在精子头与卵黄膜发生融合的同时，卵子激活，产生一系列反应。

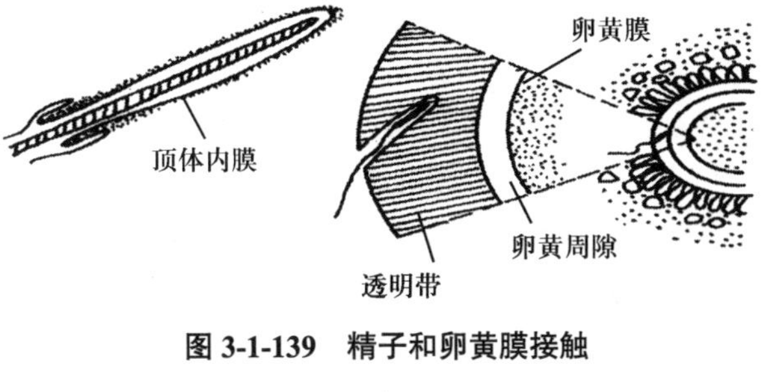

图 3-1-139　精子和卵黄膜接触

皮质反应　这是一种防止卵黄膜再被其他精子穿透的防御性反应。当精子与卵黄膜接触时，在接触点膜电荷发生改变并向周围扩大，整个膜持续去极化数分钟，在卵黄膜下的皮质颗粒（直径 0.1～0.5 μm）向卵子表面移动，在 Ca^{2+} 的作用下，皮质颗粒与卵黄膜融合，以胞吐方式将其内容物排入卵黄周隙。皮质反应从精子入卵处开始，迅速向卵黄膜四周和透明带扩散。

卵黄膜反应　由于皮质反应的结果，大部分原来的卵黄膜加入了皮质颗粒膜而发生膜的变化，这种变化称为卵黄膜反应或卵黄膜封闭作用。此时，皮质颗粒所释放的黏多糖与卵黄膜表面紧密相连，在卵子周围又形成一保护层，称透明膜，从而改变卵子表面结构，阻止第二个精子入卵，避免产生多精子受精现象。

透明带反应　当精子钻入透明带而触及卵黄膜时，会引起卵子发生一种特殊的变化，使卵子从休眠状态苏醒过来，这种对发育的刺激称为"激活"。同时卵黄膜发生收缩，卵黄能释放某种物质，传布到全卵的表面，扩散到卵黄周隙，它能使透明带起一种变化，使后来的精子不能再进入透明带内。透明带的这种变化，称为透明带反应。

4. 原核形成

精子入卵后不久，头部开始膨大，核疏松，核膜消失，失去固有的形态。同时卵母细胞减数分裂恢复，释放第二极体。在精核疏松的同时，核内碱性蛋白质以及与精子 DNA 密切有关的高浓度精氨酸也完全消失，最后在疏松的染色质外又形成新的核膜。这种重新形成的核叫雄原核。精核的疏松似乎由卵细胞中特殊成分即精核扩散因子诱导。据观察，未成熟的牛卵母细胞也不能引起精核扩散，这种扩散因子称为雄原核生长因子。进入卵子的精子尾部最终消失，线粒体解体。

5. 配子配合

雄原核和雌原核经充分发育，逐渐相向移动。在卵子中央，核仁和核膜消失，两原核紧密接触，然后迅速收缩，染色体重新组合，并准备进行第一次有丝分裂。至此受精最后阶段"配子配合"宣告完成，形成一个称为"合子"的单细胞胚胎。在已测定的哺乳动物中，原核的整个生存期为 10～15 h。接近第一次分裂时，可以看到两组染色体，它们分别是母本和父本的染色体。受精过程所需的时间多以交配时间为始点，由于交配和排卵的时间不十分固定，所以往往产生很大误差。牛精子从进入卵子到第一次卵裂的间隔时间为 20～24 h。

二、妊娠及妊娠识别

妊娠又称"怀孕"，是哺乳动物所特有的一种生理现象，是自卵子受精结束到胎儿发育成熟后与其附属膜共同排出前，母体所发生的复杂生理过程。哺乳动物的卵子受精后，在输卵管内的运行过程中与母体发生极为复杂的联系，这种联系以内分泌为基础。孕体即胎儿、胎膜和胎液的复合体，是非常活跃的激素生产单位，在妊娠的起始、维持和终结方面，很大程度上起着主导作用。孕体不但调控自身的发育，也对母体的生理状况产生较大的影响，为胎儿发育创造良好的条件。

在妊娠的初期，孕体即能产生信号（激素）传递给母体，母体遂产生一定的反应，从而识别胎儿的存在。由此，母体和孕体之间建立起密切的联系，这一过程称为妊娠的识别。在孕体和母体之间产生了信息传递和反应后，双方的联系和相互作用便会通过激素形式或其他生理因素为媒介而固定下来，从而确定妊娠的正常开始，这叫妊娠的建立。

妊娠的识别和妊娠的建立是密切相关的，先由孕体产生信号，然后母体做出相应的反应，继而开始相互联系和相互作用，并将此联系固定下来。胚胎产生的激素信号作用于子宫和卵巢上的黄体，增强黄体抵抗 PGF 溶解黄体的作用力，从而维持和促进黄体在妊娠期间黄体的形态和内分泌机能。牛在配种后 13～17 d，孕体产生一种抗黄体溶解或阻断溶黄体作用的物质，即牛滋养层蛋白（bTP），以维持黄体的存在。bTP 是母体识别妊娠的信号，具有阻止 PGF2α 进入卵巢静脉，而将其分泌到子宫腔内的机制，因此 PGF2α 不能产生溶解黄体作用。母体开始妊娠识别的时间早于通常的周期黄体消失时间，通常牛在配种后第 16～17 天。

三、附植

1. 附植的概念

胚胎一旦在子宫中定位，便结束游离状态，开始同母体建立紧密的联系，这个过程称为附植或着床。即胚泡表面的滋养层细胞仅与母体子宫上皮接触，而不侵蚀上皮细胞或嵌入子宫黏膜深部。

2. 附植期间母体子宫与胚泡的变化

在附植前，胚胎进行卵裂和囊胚形成的同时，子宫也发生变化，表现为子宫肌肉的活动和紧张度减弱，有助于囊胚在子宫内存留。同时，子宫上皮的血液供应增加。随着子宫内血液供应量增多，子宫内膜的腺体和上皮分泌活动也随着加强。高分子化合物如蛋白质、碳水化合物、黏多糖等发生分解，而低分子衍生物则随同糖原和脂肪开始积聚。这些物质连同细胞脱屑和外渗的白细胞共同组成组织营养，是尿膜绒毛膜尚未形成前早期胚胎的营养来源。

3. 附植过程

牛胚胎透明带大约在第 8 天脱落，而此时正值囊胚早期，第 11 天后囊胚开始伸长，其速度达 1 cm/h。第 13 天时丝状孕体伸入排卵对侧子宫角，原肠胚形成。也有报道指出，在第 7 天时孕体占据整个子宫角，第 20 天时达双侧子宫角顶端，此时黄体同侧的子宫上皮和滋养层部分黏着，并在子宫阜处紧密结合。第 4 周母体子宫上皮和滋养层表面的微绒毛出现交叉，继而形成牢固的附着。

【工作任务实施记录与评价】

一、工作任务实施记录

任务 1　血液孕检法妊娠诊断

<table>
<tr><td>学习周期</td><td>年　月　日　至　　年　月　日</td><td rowspan="2">过程评价</td></tr>
<tr><td>师傅指导记录</td><td>学徒任务实施记录</td></tr>
<tr><td>日期：　　年　月　日
指导内容：

日期：　　年　月　日
指导内容：

日期：　　年　月　日
指导内容：</td><td></td><td>

师傅签字：</td></tr>
</table>

任务 2　直肠检查妊娠诊断

学习周期	年　月　日　至　　年　月　日	过程评价
师傅指导记录	学徒任务实施记录	
日期：　　年　月　日 指导内容： 日期：　　年　月　日 指导内容： 日期：　　年　月　日 指导内容：		师傅签字：

任务 3　B 超检查妊娠诊断

学习周期	年　月　日　至　　年　月　日	过程评价
师傅指导记录	学徒任务实施记录	
日期：　　年　月　日 指导内容： 日期：　　年　月　日 指导内容： 日期：　　年　月　日 指导内容：		师傅签字：

二、绩效评价

序号	绩效项目		检测头数	权重	任务目标	考核结果	评价标准	备注
1	情期受胎率	成母牛		45%	>60%		达到标准获得此项满分，每高于目标值 1%，正激励此项的 10%，每低于目标值 1%，负激励此项的 10%	
		青年牛		35%	>75%			
2	孕检空怀率			10%	初检 <30%(怀孕前 60 d)			
				10%	复检 <5%(怀孕 60～90 d)			
小计				100%				

任务6　母牛同期发情

同期发情有利于开展人工输精，能更广泛地应用冷冻精液；调整牛群生产周期，合理组织大规模生产和科学化管理，节省人力、物力，提高母牛的繁殖率。应用同期发情可使供体和受体处于相同的生理状态，有利于胚胎移植时胚胎的生长发育，因此，是胚胎移植重要的一环。

【专业知识准备】

一、生殖激素

激素（hormone）是由动物机体产生、经体液循环或空气传播作用于靶器官或靶细胞、具有调节机体生理机能的一系列微量活性物质。其中与动物性器官、性细胞、性行为等的发生以及发情、排卵、妊娠、分娩和泌乳等生殖活动有直接关系的激素，统称为生殖激素（reproductive hormone）。

生殖激素根据来源和功能大致可分为三类：来自下丘脑的促性腺激素释放激素，可控制垂体合成与释放有关的激素；来自垂体前叶的促性腺激素，直接关系到配子的成熟与释放，刺激性腺产生类固醇激素；来自两性性腺的性腺激素，对两性行为、第二性征和生殖器官的发育和维持以及生殖周期的调节，均起着重要的作用。此外，还有来自胎盘的一些激素，其中有些和垂体促性腺素类似，有些和性腺激素类似。主要生殖激素的种类、名称、来源及生理功能见表3-1-44。

表3-1-44　生殖激素的种类、名称、来源及生理功能

种类	名称	来源	生理功能
下丘脑激素	促性腺激素释放激素（GNRH）	丘脑下部	促进垂体前叶释放促卵泡素和促黄体素
垂体促性腺激素	促卵泡素（FSH）	垂体前叶	促使卵泡发育和成熟；促进精子发生
	促黄体素（LH）	垂体前叶	促使卵泡最后成熟排卵，形成黄体；促进雌激素、孕酮及雄激素的分泌
	促乳素（PRL）	垂体前叶	促进黄体分泌孕酮，刺激乳腺发育及泌乳，促进雄激素分泌
性腺激素	雌激素（E）	生长卵泡、胎盘	维持第二性征，促进发情行为
	孕激素（P）	黄体、胎盘	与雌激素协同作用于发情行为，维持妊娠
	雄激素（A）	睾丸间质	维持第二性征，刺激性欲
	松弛素（RLX）	妊娠黄体	协助家畜分娩，促使骨盆韧带、耻骨联合松弛，子宫颈开张，以利胎儿产出
胎盘促性腺激素	人绒毛膜促性腺激素（HCG）	孕妇尿	与LH相似
	孕马血清促性腺激素（PMSG）	马属血液	与FSH相似
其他	催产素（OXT）	垂体后叶	子宫收缩、放乳
	前列腺素（PG）	子宫角等	溶解黄体、生殖道收缩

（一）下丘脑激素

促性腺激素释放激素（GnRH）

(1) 来源。促性腺激素释放激素又名促黄体素释放激素（LH-RH或LRH）、促卵泡素释放

激素(FSH-RH),由分布于下丘脑内侧视前区、下丘脑前部、弓状核、视交叉上核的神经内分泌。

(2)生理功能。①促使垂体前叶合成与释放LH和FSH,但以LH的合成和释放为主。②刺激排卵。GnRH能刺激排卵。③促进精子生成。GnRH可促使雄性动物精液中的精子数增加,使精子的活动能力和精子的形态有所改善。④抑制生殖系统机能。当大量长期应用GnRH时,具有抑制生殖机能甚至抗生育作用,如抑制排卵、延缓胚胎附植、阻断妊娠、引起睾丸卵巢萎缩以及阻碍精子生成。⑤有垂体外作用,即促性腺激素可以在垂体外的一些组织中直接发生作用,而不经过垂体的促性腺激素途径。

(二)垂体促性腺激素

垂体前叶主要为腺体组织,包括远侧部和结节部;垂体后叶主要为神经部。垂体前叶分泌的促卵泡素、促黄体素和促乳素,都可直接作用于性腺,多为协同作用。

1. 促卵泡素(FSH)

(1)来源。促卵泡素又称卵泡刺激素或促卵泡成熟素,简称FSH。是由腺垂体嗜碱性细胞分泌的糖蛋白激素之一,由碳水化合物与蛋白质组成。

(2)生理功能。对雌性动物,主要是刺激卵泡生长和发育。同时FSH还可在促黄体素的协同作用下,刺激卵泡成熟、排卵。在动物生产和兽医临床上,FSH通常用于诱导母畜发情排卵和超数排卵,以及治疗卵巢机能疾病。

2. 促黄体素(LH)

(1)来源。促黄体素又称黄体生成素,简称LH。是由垂体前叶促黄体素细胞产生的,促黄体素也是一种糖蛋白激素。

(2)生理功能。LH对雌性动物的生理作用主要表现在:①选择性诱导排卵前的卵泡生长发育,并触发排卵。②促进黄体形成并分泌孕酮。③刺激卵泡膜细胞分泌雌激素,扩散到卵泡液中被颗粒细胞摄取而芳构化为雌二醇。

3. 促乳素(PRL)

(1)来源。促乳素又称催乳素和促黄体分泌素,简称PRL。由垂体前叶嗜酸性细胞所产生,是一种蛋白质激素。

(2)生理功能。促乳素主要生理作用是:①促进乳腺的机能。它与雌激素协同作用于乳腺导管系统,与孕酮共同作用于腺泡系统,刺激乳腺的发育;②促使黄体分泌孕酮。

(三)性腺激素

1. 雌激素(E)

(1)来源。雌激素主要产生于卵巢,在卵泡发育过程中,由卵泡内膜和颗粒细胞分泌。此外,胎盘、肾上腺和睾丸(尤其是公马)也可产生一定量的雌激素。卵巢分泌的雌激素主要是雌二醇和雌酮,而雌三酮为前两者的转化产物。

(2)生理功能。雌激素为促使母畜性器官正常发育和维持母畜的正常性机能的主要激素。其中最主要的雌二醇有以下生理功能:①在发情期促使母畜表现发情和生殖道的一系列生理变化;促使子宫颈管道松弛,并使黏液变稀;促使子宫内膜及肌层增长,刺激子宫肌层收缩,以利于精子运行和妊娠;促进输卵管增长和刺激其肌层活动,以利于精子和卵子运行;②促进尚未成熟的母畜生殖器官的生长发育,促进乳腺管状系统的生长发育;③促使长骨骺部骨化,抑制长骨生长。

2. 孕激素(P)

(1)来源。孕酮为最主要的孕激素,主要由卵巢中黄体细胞所分泌。

(2)生理功能。在自然情况下孕酮和雌激素共同作用于母畜的生殖活动,通过协同和抗衡进行着复杂的调节作用。若单独使用孕酮,可见以下特异效应。①促进子宫黏膜层加厚,子宫腺增大,分泌功能增强,有利于胚泡附植;②抑制子宫的自发性活动,降低子宫肌层的兴奋作用,可促使胎盘发育,维持正常妊娠;③促使子宫颈口和阴道收缩,子宫颈黏液变稠,以防异物侵入,有利于保胎;④大量孕酮对雌激素有抗衡作用,可抑制发情活动,少量则与雌激素有协同作用,可促进发情表现。

3. 雄激素(A)

(1)来源。主要由睾丸间质细胞分泌的一类类固醇激素,卵巢、肾上腺皮质也可分泌。

(2)生理作用。①维持雄性的性行为;②促进雄性动物精子的发生,并延长附睾中精子的寿命;③刺激和维持雄性的第二特征;④促进雄性副性腺和性器官的发育;⑤对下丘脑一垂体轴有负反馈调节作用,控制 LH、FSH 的释放;⑥促进动物骨骼与肌肉的生长发育。

4. 松弛素(RLX)

(1)来源。松弛素主要产生于妊娠黄体,但子宫和胎盘也可以产生。松弛素是一种水溶性多肽类,其分泌量随妊娠期而逐渐增长,在妊娠末期含量达到高峰,分娩后从血液中消失。

(2)生理功能。松弛素是协助家畜分娩的一种激素。但它必须在雌激素和孕激素预先作用下,促使骨盆韧带、耻骨联合松弛,子宫颈开张,以利胎儿产出。

(四)胎盘促性腺激素

1. 人绒毛膜促性腺激素(HCG)

(1)来源。人绒毛膜促性腺激素由孕妇胎盘绒毛的合胞体层产生。HCG 是一种糖蛋白激素,其分子也有 a- 亚基和 β- 亚基组成,其化学结构与 LH 相似。

(2)生理功能。HCG 的功能与 LH 很相似,可促进母畜性腺发育,促进卵泡成熟、排卵成黄体;对公畜能刺激睾丸曲精细管精子的发生和间质细胞的发育。

2. 孕马血清促性腺激素(PMSG)

(1)来源。孕马血清促性腺激素主要存在于孕马的血清中,它是由马、驴或斑马子宫内膜的“杯状”组织所分泌的,是一种糖蛋白激素,含糖量很高,达 41%～45%。

(2)生理功能。孕马血清促性腺激素主要生理功能是:①与 FSH 的功能很相似,有着明显的促卵泡发育的作用;②由于它可能含有类似 LH 的成分,因此它能促进排卵和黄体形成;③对公畜还可促使精细管发育和性细胞分化。

(五)其他激素

1. 催产素(OXT)

(1)来源。催产素是在下丘脑视上核和室旁核内合成的 9 个氨基酸组成的多肽激素,并由垂体后叶贮存和释放。

(2)生理功能。催产素主要生理功能是:①能强烈地刺激子宫平滑肌收缩,促进分娩完成;②能使输卵管收缩频率增加,有利于两性配子运行;③是排乳反射的重要环节,能引起排乳。

2. 前列腺素(PG)

(1)来源。前列腺素主要来源于精液、子宫内膜、母体胎盘和下丘脑。前列腺素的基本结构式为含有 20 个碳原子的不饱和脂肪酸。根据其化学结构和生物学活性的不同,可分为 A、B、C、D、E、F、G、H 多型。其中最主要的是 PGA、PGB、PGE、PGF 四型,在家畜繁殖上则以 PGE、PGF 两类最为重要。

(2)生理功能。不同类型的前列腺素具有不同的生理功能。在调节家畜繁殖机能方面，最重要的PGF，其主要功能：①溶解黄体，促使黄体溶解，使孕酮分泌减少或停止，从而促进发情；②促进排卵，PGF2触发卵泡壁降解酶的合成，同时也由于刺激卵泡外膜组织的平滑肌纤维收缩增加了卵泡内压力，导致卵泡破裂和卵子排出；③与子宫收缩和分娩活动有关。PGE和PGF对子宫肌都有强烈的收缩作用，并提高怀孕子宫对催产素的敏感性。PGE可使子宫颈松弛，有利于分娩；④可提高精液品质。精液中的精子数和PG的含量成正比，并能够影响精子的运行和获能。PG可以通过精子体内的腺苷酸环化酶使精子完全成熟，获得穿过卵子透明带使卵子受精的能力；⑤有利于受精。PG在精液中含量最多，对子宫肌肉有局部刺激作用，使子宫颈舒张，有利于精子的运行通过。能够增加精子的穿透力和驱使精子通过子宫颈黏液。

【任务目标与质量要求】

根据牛场生产计划制定牛群同期发情技术方案，组织开展同期发情操作；熟知激素保存和使用操作；能够进行卵巢鉴定技术操作；具备较强动手操作能力以及细致、严谨专业态度，高质量完成检测工作。

【学习产出目标】

(1)能够制定牛场牛群同期发情技术方案，组织开展同期发情操作。

(2)熟练掌握激素保存和使用操作。

(3)能够熟练、准确进行卵巢鉴定技术操作。

【工作程序与方法要求】

(1)繁殖药物使用、采购。牧场繁殖药物使用必须符合公司推荐《兽药投入品目录》。牧场繁殖药物使用必须自公司采购部集中采购，不得外购。严格遵守休药期规定。

(2)产品入库时需检查以下标识：药品名称、产地、规格、产品批号、生产日期、产品有效期等，做好入库登记。

(3)药品应按药品不同的性质及剂型特点在适当的条件下正确地贮存与保管，并注意温度、通风、光线等条件，防止药品的过期失效。

(4)货架或者冰箱要贴上标签纸，方便人员盘点与使用，标签必须写得清晰明了；始终保持库房内药品整洁有序。

(5)激素及药品使用时，应由育种部门用专门出库记录本登记好出库明细。

(6)激素及药品使用后应及时有记录。

(7)注射器选择。注射激素针头型号为16×25号针头。注射器可以根据牧场实际情况选择相对合适的一次性注射器(5 mL、10 mL)，金属注射器(10 mL、20 mL)。

(8)注射部位的选择。繁殖药物注射全部为肌内注射，注射部位为颈部肌肉三角区、臀部。

(9)注射注意事项。

①在注射过程中如发生针头弯曲、无尖，应立即更换新针头，严禁使用弯曲、无尖的针头。

②注射前必须使用75%的酒精棉球或5%的碘酊棉球对注射部位和针头进行彻底的擦拭消毒。

③注射完成后的器械消毒。当天使用过的针头将好的和损坏的分开存放，好的针头必须

经过消毒锅进行高温灭菌消毒,以备继续使用,损坏的按照医疗垃圾处理制度进行处理。

④所有的针头一星期必须更换一次。

⑤注射激素,必须 1 牛 1 剂量注射,必须现配现用。

⑥注射时严格核实牛号,避免打错牛只。

【业务知识】

卵巢鉴定主要是对卵巢整体发育状态进行鉴定,包括卵泡鉴定和黄体鉴定。

一、卵泡检查、鉴定

卵泡鉴定是通过直肠检查或 B 超检查判定卵泡发育状态。

第一期(卵泡出现期):卵巢体积稍为增大,卵泡的直径为 0.5～0.75 cm,触之能感觉到卵巢上有一个软化点。这一期持续约 10 h。母牛开始出现发情的外表症状。

第二期(卵泡发育期):卵泡直径 1～1.5 cm,呈小球状,波动开始明显。这一期持续 10～12 h。

第三期(卵泡成熟期):卵泡体积不再增大,但卵泡壁变薄,紧张性增强,有一触即破的感觉。这一期持续 6～8 h。发情症状明显(图 3-1-140)。

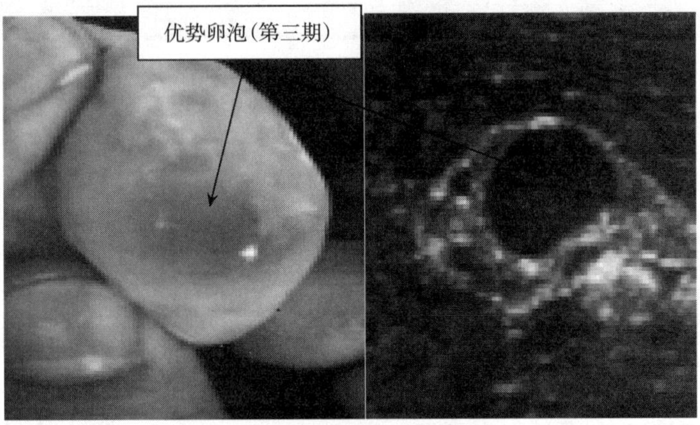

图 3-1-140　卵巢上优势卵泡

第四期(排卵期):母牛往往在兴奋消失后 10～15 h 卵泡开始破裂,泡液流失,泡壁变为松软,呈一凹陷。排卵以后 6～8 h 红体形成,触感柔软,凹陷不显,直径 0.5～0.8 cm,这时母牛即进入休情期。

二、黄体检查、鉴定

对母牛进行周期调整、激素处理、早期孕检都要进行黄体鉴定。鉴定结果作为牛只处理依据。卵泡期卵巢上有卵泡发育(图 3-1-141);发情排卵后开始发育形成黄体。

(1)排卵后新生黄体多为有液体腔的,且腔体较大的,在超声影像下或有或无少量强回声的周边有规则结构的中等密度或低密度组织(图 3-1-142)。

(2)排卵后第 2～5 天黄体发育由血体(2～3 d)到黄体成长期,直肠检查黄体头部突出卵巢表面,触感较嫩,可轻易挤压出黄体液,基部有弹性;B 超检查黄体内液体腔较大,且液体腔周边有规则的均匀细密的环状中等回声(图 3-1-143 至图 3-1-146)。

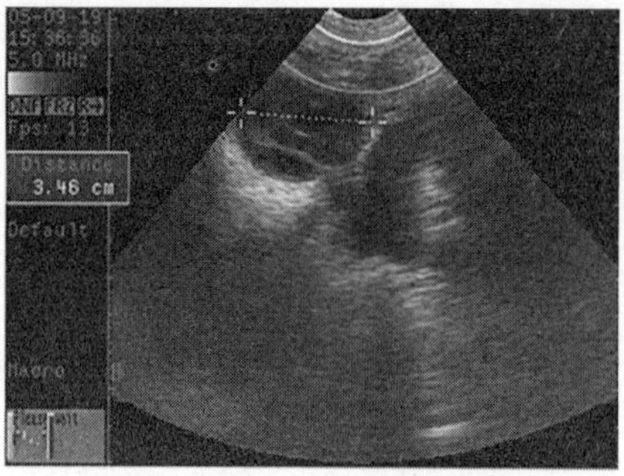

图 3-1-141　卵巢上优势卵泡

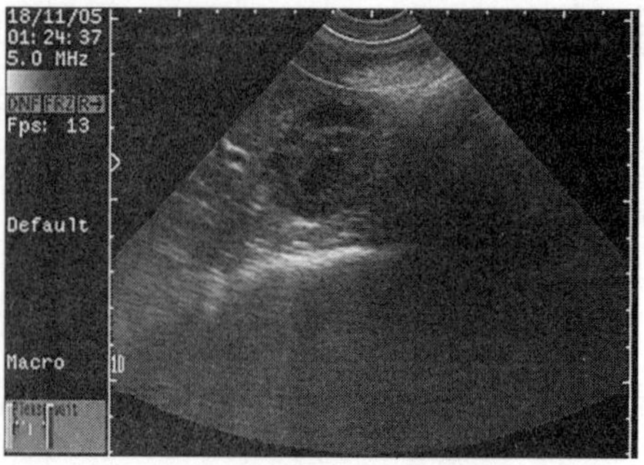

图 3-1-142　卵巢周期黄体

卵巢轮廓清晰,其上可见有囊肿样黄体,黄体凹陷明显可见

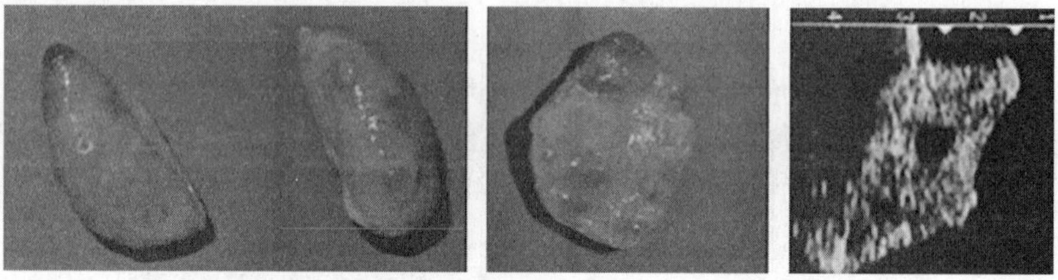

图 3-1-143　排卵后第 2 天黄体发育(血体)

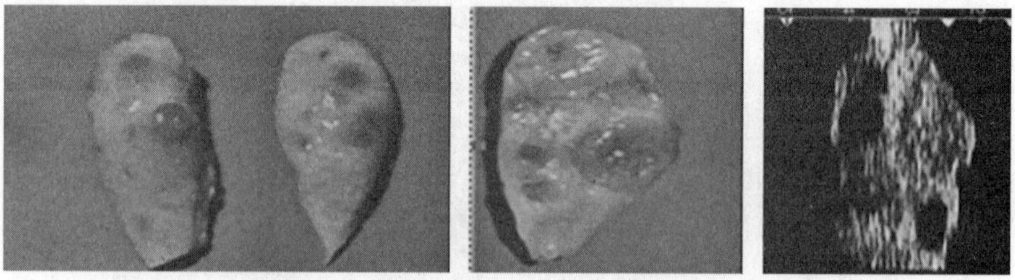

图 3-1-144　排卵后第 3 天黄体发育(血体)

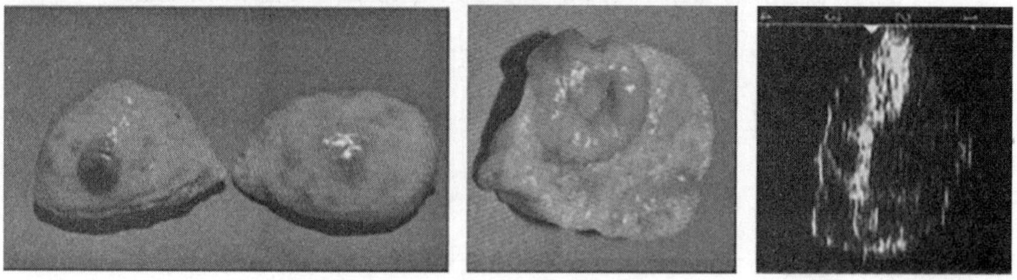

图 3-1-145　排卵后第 4 天黄体发育

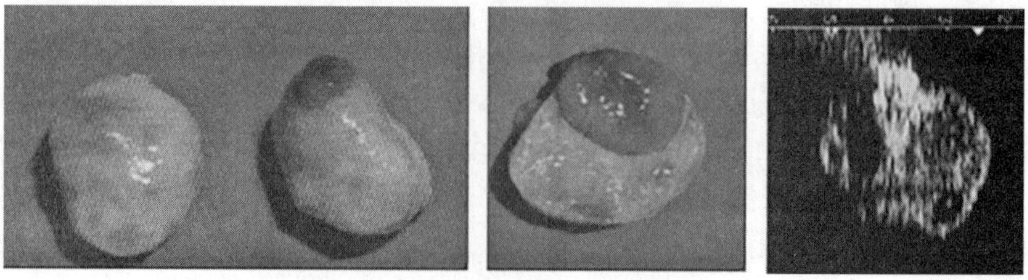

图 3-1-146　排卵后第 5 天黄体发育

(3)排卵后第 6～7 天黄体发育，直肠检查黄体头部平缓，突出卵巢表面，触感结实；基部充实，几乎占据卵巢 50%，有弹性；B 超检查黄体内液体腔逐渐缩小，且环状回声更加明显，呈环状带结构（图 3-1-147、图 3-1-148）。

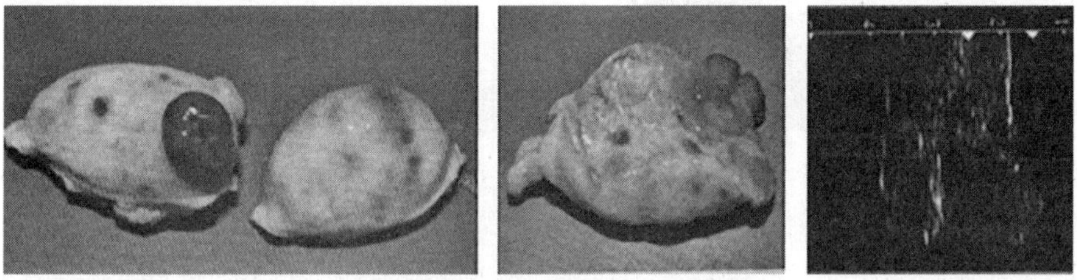

图 3-1-147 排卵后第 6 天黄体发育

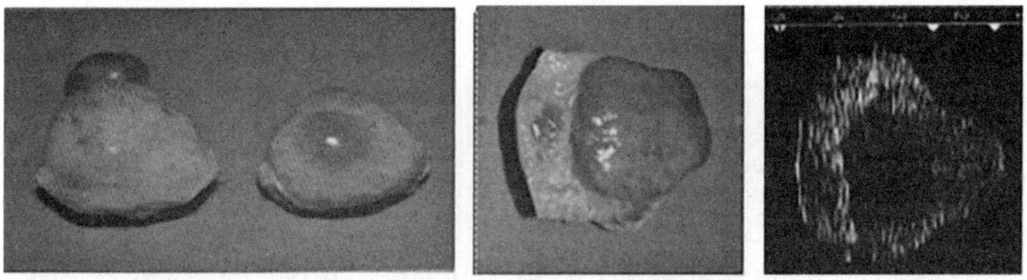

图 3-1-148 排卵后第 7 天黄体发育

(4)排卵后第 8～15 天黄体发育，此阶段为黄体功能期，直肠检查黄体头部平滑圆润，触感基部充实、有弹性，几乎占据卵巢 70%～90%；B 超检查黄体内液体腔进一步缩小到消失，并有不同大小卵泡发育（图 3-1-149 至图 3-1-151）。

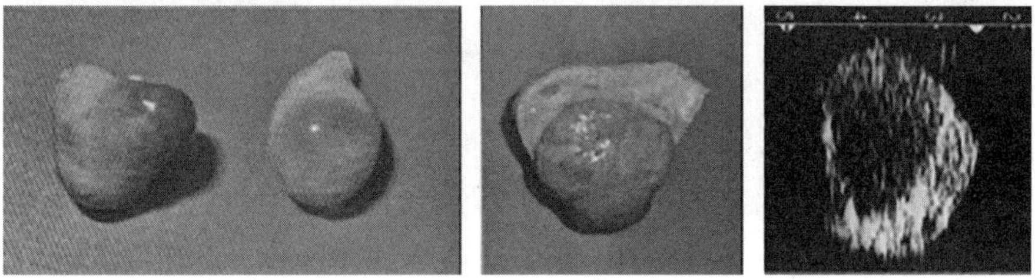

图 3-1-149 排卵后第 9 天黄体发育

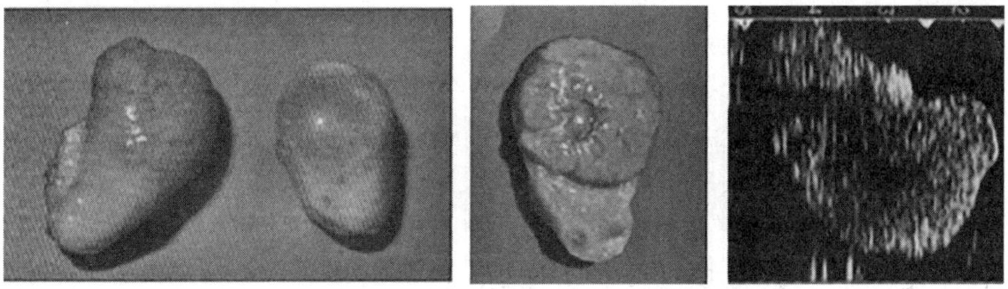

图 3-1-150 排卵后第 14 天黄体发育

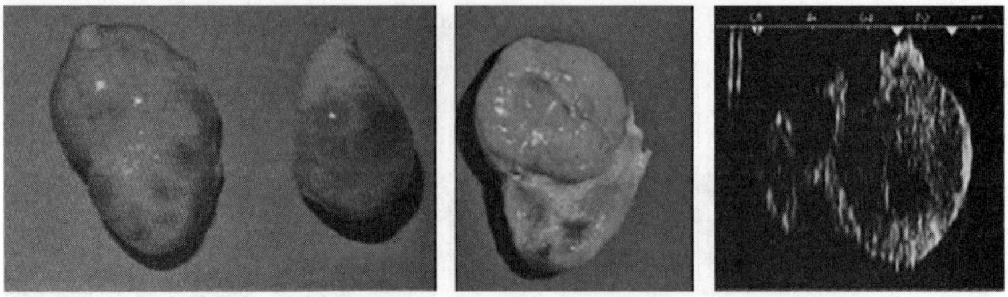

图 3-1-151　排卵后第 15 天黄体发育

(5)排卵后第 16 天以后，如果母牛未妊娠，黄体逐渐退化，直肠检查黄体头部开始变得松软，基部开始萎缩，触感弹性减弱；B 超检查黄体组织退化，B 超回声强弱不均，边界回声不整齐。优势卵泡即将成熟(图 3-1-152 至图 3-1-155)。

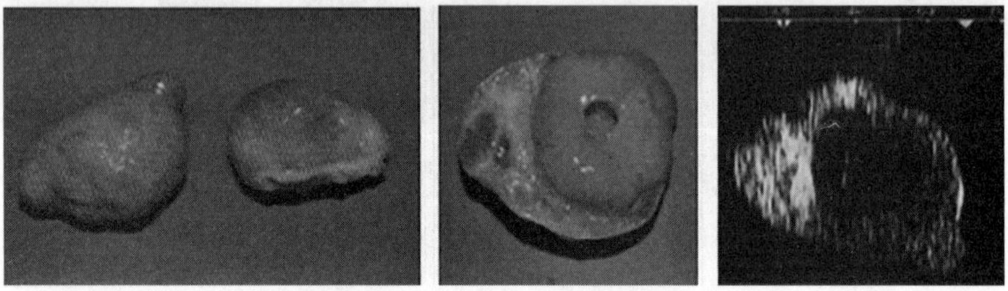

图 3-1-152　排卵后第 16 天黄体发育

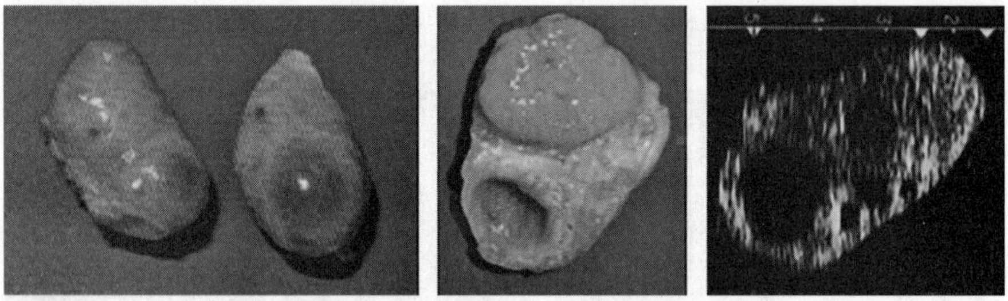

图 3-1-153　排卵后第 17 天黄体发育

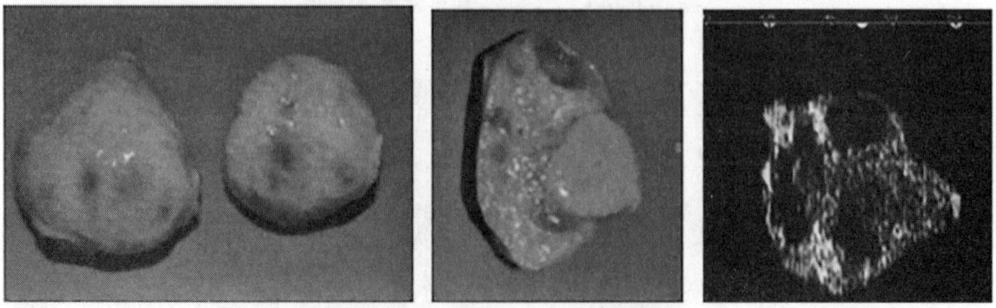

图 3-1-154　排卵后第 20 天黄体发育

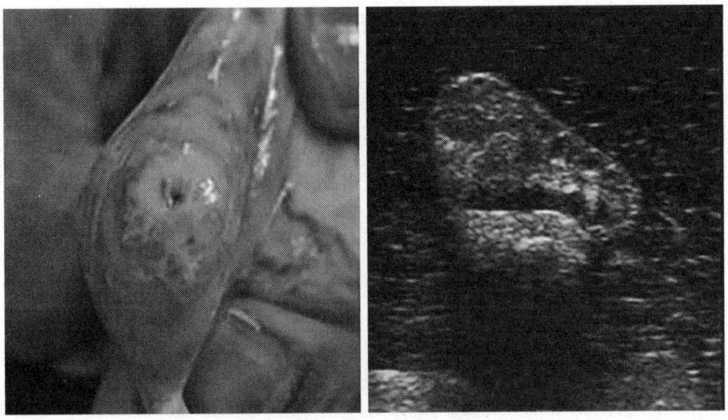

图 3-1-155　退化后的黄体

【业务经验】

产前、后 100 d 是繁殖工作关键时段，最佳配种时间是母牛产后 50～70 d，子宫恢复正常。但此时奶牛正处于泌乳高峰期，产奶量高，体况膘情差，发情比例低。产前 30 d+ 产后 70 d 减少产后子宫感染发生（图 3-1-156）。

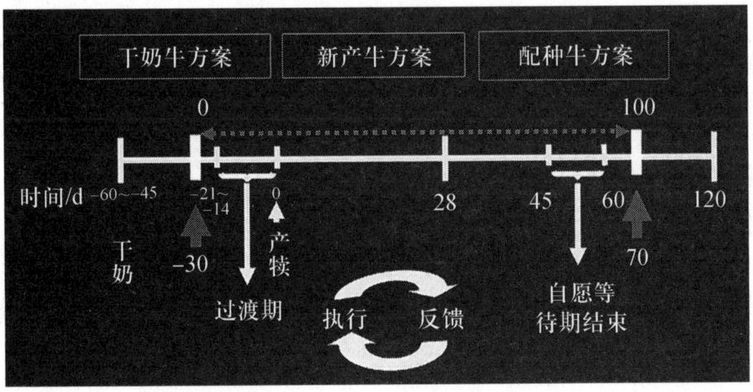

图 3-1-156　产前后配种方案

一、新产牛预同期处理方案

1. 预同期方案一（PPGPG）

在同期程序前 12 d 和 26 d 分别注射 PG，进行预处理，然后开始同期程序，整个程序需要 36 d，如果要把产后第 75 天定为输精日，那么提前 36 d 开始预处理（即产后 39 d），中间发情牛不配种，全部定时配种（图 3-1-157、表 3-1-45）。

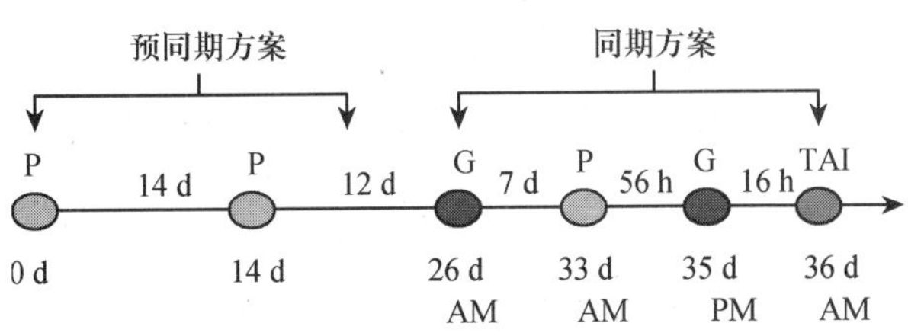

图 3-1-157　PPGPG 预同期示意图

表 3-1-45　PPGPG 预同期处理操作方案

项目	时间	处理方案	过程说明
第一针	产后 15～21 d	注射 PG	主要用于子宫净化
第二针	产后 33～39 d	开始预同期，注射第一针 PG	PG 注射后的第 3 天进行卵巢机能检查，发现卵巢囊肿、静止，及时处理
第三针	产后 47～53 d	注射第二针 PG	注射第一针 PG 后间隔 14 d
第四针	产后 59～65 d	注射第一针 GnRH	注射第二针 PG 后间隔 12 d。处理这天为 0 d（应上午进行）。本次注射 GnRH 前进行卵巢囊肿检查，有囊肿及时处理，有助于提高预同期受胎率
第五针	产后 66～72 d	注射第三针 PG	注射第一针 GnRH 后间隔 7 d（应上午进行） 此针 PG 注射剂量 150%
第六针	产后 68～74 d	注射第二针 GnRH	注射第一针 GnRH 后间隔 9 d，注射第三针 PG 后间隔 56 h（应下午进行）
	产后 69～75 d	上午定时配种	注射第二针 GnRH 后 16～18 h 输精（注射第一针 GnRH 后间隔第 10 天上午），无黏液的，应直肠检查是否有卵泡，有卵泡的可配种，无黏液的、没有卵泡的，不能配种。接着安排下一个同期方案，体况差的牛只同时加阴道栓，调整周期

注意事项：禁止随意变换操作步骤，禁止随意改变时间，严格按照药物使用说明和步骤进行操作。牛场可根据自己的开配要求，开始执行程序的日期

2. 预同期方案二（PPGPPG）

在预同期处理方案 1 增加一针 PG 方案，中间发情牛不配种，全部定时配种（图 3-1-158、表 3-1-46）。

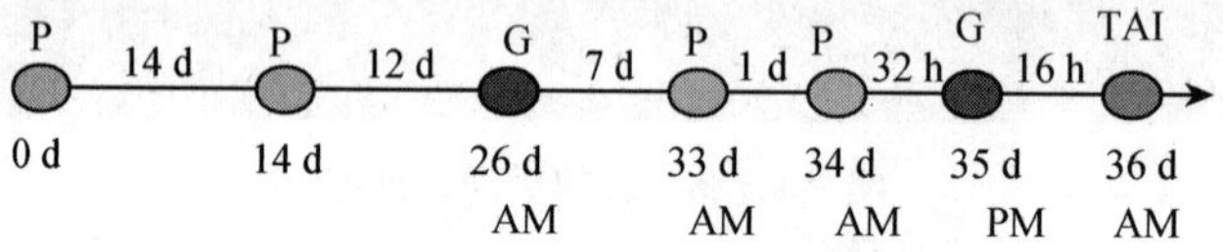

图 3-1-158　PPGPPG 预同期示意图

表 3-1-46　PPGPPG 预同期处理操作方案

项目	时间	处理方案	过程说明
第一针	产后 15～21 d	注射 PG	主要用于子宫净化
第二针	产后 33～39 d	开始预同期，注射第一针 PG	PG 注射后的第 3 天进行卵巢机能检查，发现卵巢囊肿、静止，及时处理
第三针	产后 47～53 d	注射第二针 PG	注射第一针 PG 后间隔 14 d
第四针	产后 59～65 d	注射第一针 GnRH	注射第二针 PG 后间隔 12 d。处理这天为 0 d（应上午进行）。本次注射 GnRH 前进行卵巢囊肿检查，有囊肿及时处理，有助于提高预同期受胎率
第五针	产后 66～72 d	注射第三针 PG	注射第一针 GnRH 后间隔 7 d（应上午进行） 此针 PG 注射剂量 150%

续表 3-1-46

项目	时间	处理方案	过程说明
第六针	产后 67～73 d	注射第四针 PG	注射第一针 GnRH 后间隔 8 d(应上午进行)
第七针	产后 68～74 d	注射第二针 GnRH	注射第一针 GnRH 后间隔 9 d，注射第四针 PG 后间隔 32 h(应下午进行)
	产后 69～75 d	上午定时配种	注射第二针 GnRH 后 16～18 h 输精(注射第一针 GnRH 后间隔第 10 天上午)，无黏液的，应直肠检查是否有卵泡，有卵泡的可配种，无黏液的、没有卵泡的，不能配种。接着安排下一个同期方案，体况差的牛只同时加阴道栓，调整周期

3. 双同期方案(GPGGPPG)

在同期程序前 7 d、10 d、17 d 分别注射 GnRH、PG、GnRH，进行预处理，然后开始同期程序。整个程序需要 27 d，如果要把产后第 70 天定为输精日，那么提前 27 d 开始预处理，即产后 43 d(图 3-1-159、表 3-1-47)。

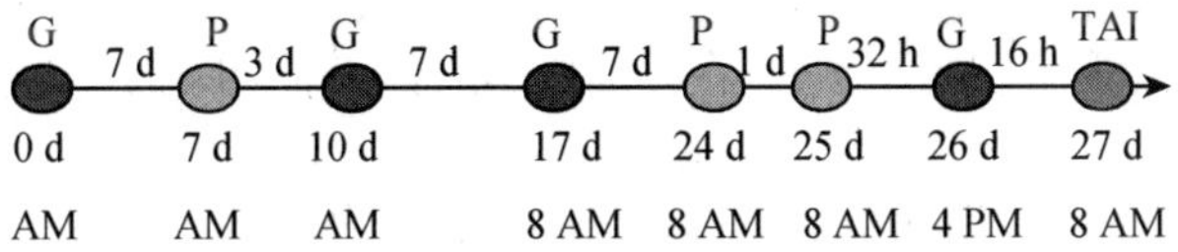

图 3-1-159　GPGGPPG 双同期示意图

表 3-1-47　GPGGPPG 双同期处理操作方案

项目	时间	处理方案	过程说明
第一针	产后 29～35 d	注射 PG	促进子宫净化
第二针	产后 41～47 d	注射第一针 GnRH	开始本程序，处理这天为 0 d(应上午进行)
第三针	产后 48～54 d	注射第一针 PG	注射第一针 GnRH 后间隔 7 d(应上午进行)
第四针	产后 51～57 d	注射第二针 GnRH	注射第一针 PG 后间隔 3 d(应上午进行)
第五针	产后 58～64 d	注射第三针 GnRH	注射第二针 GnRH 后间隔 7 d(应上午进行)
第六针	产后 65～71 d	注射第三针 PG	注射第三针 GnRH 后间隔 7 d(应上午进行)
第七针	产后 66～72 d	注射第四针 PG	注射第三针 GnRH 后间隔 8 d(应上午进行)
第八针	产后 67～73 d	注射第四针 GnRH	注射第四针 PG 后间隔 32 h(应下午进行)
	产后 68～74 d	上午定时配种	注射第四针 GnRH 后间隔 16 h，无黏液的，应检查是否有卵泡，有卵泡的可配种；无黏液的、没有卵泡的，不能配种；接着安排下一个同期方案，体况差的牛只同时加阴道栓

注意事项：禁止随意变换操作步骤，禁止随意改变时间，严格按照药物使用说明和步骤进行操作。牛场可根据自己的开配要求，开始执行程序的日期；双同期程序比预同期程序多 1~2 针处理，在热应激期、繁殖人手紧时，建议选择预同期程序

二、泌乳牛早孕检测空怀的同期处理方案

1. 早孕检测空怀的同期处理方案一(GPG)(图 3-1-160、表 3-1-48)。

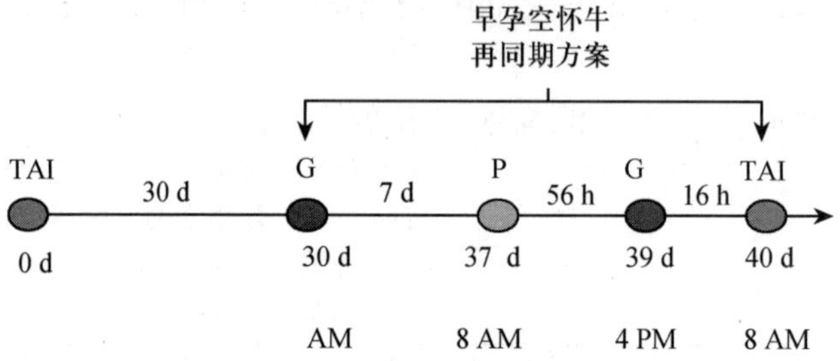

图 3-1-160　GPG 同期示意图

表 3-1-48　GPG 同期处理操作方案

项目	时间	处理方案
	配后 28～34 d	全群未返情牛只进行采血检测
第一针	收到检测报告,对所有空怀牛注射第一针 GnRH	处理这天为 0 d(应上午进行) 本次注射 GnRH 前进行卵巢囊肿检查,有囊肿及时处理,有助于提高受胎率
第二针	注射 GnRH 后间隔 7 d,注射 PG	注射第一针 GnRH 后间隔 7 d(应上午进行) 此针 PG 注射剂量 150%
第三针	注射 PG 后间隔 56 h,注射第二针 GnRH	注射 PG 后 56 h(第 9 天下午进行)
	第 10 天上午定时配种	注射 GnRH 后 16 h 输精(第 10 天上午),无黏液的,应检查是否有卵泡,有卵泡的可配种;无黏液的、没有卵泡的,不能参配。同时检查卵巢是否有囊肿、静止,如发现卵巢疾病的,应先治疗,再同期处理

注意事项:注射第一针 GnRH 0～7 d 之间如果发情,适时配种,并停止后面的程序。禁止随意变换操作步骤,禁止随意改变时间,严格按照药物使用说明和步骤进行操作

2. 早孕检测空怀的同期处理方案二(GPPG)

与空怀的同期处理方案一相比,在早孕检测前先预注射 GnRH,待早孕检测结果出,缩短空怀牛复配间隔。必须在配后 28～32 d 时对全群未返情牛只进行采血,确保采血后的检测结果及时性,从而保证上述方案顺利实施,比空怀同期处理方案一增加一针 PG。适合早孕检测空怀比例高的牛群(图 3-1-161、表 3-1-49)。

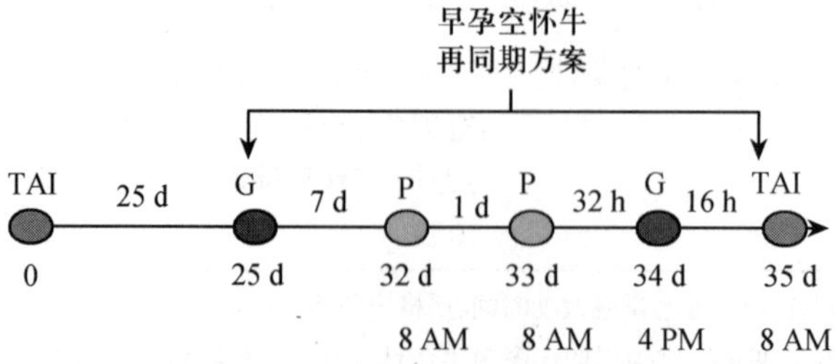

图 3-1-161　GPPG 同期示意图

表 3-1-49　GPPG 同期处理操作方案

项目	时间	处理方案
第一针	配后 24～28 d	未返情牛，预先注射第一针 GnRH
	配后 28～32 d 所有未返情牛采血样	预注射第一针 GnRH 后间隔 4 d；筛选出早孕检测结果为空怀的牛；将早孕检测结果为怀孕，踢出该同期处理方案，并终止后面的程序
第二针	配后 31～35 d 对检测空怀牛注射第一针 PG	注射第一针 GnRH 后间隔 7 d（上午注射）；确保配后 31～35 d 检测出具结果；仅限检测空怀牛注射 PG；检测怀孕严禁注射 PG 并停止后面的程序
第三针	配后 32～36 d 对检测空怀牛注射第二针 PG	注射第一针 PG 后间隔 24 h（上午注射）；仅限检测空怀牛注射 PG
第四针	配后 33～37 d 对检测空怀牛注射第二针 GnRH	注射第二针 PG 后间隔 32 h（下午注射）
	配后 34～38 d 空怀牛定时配种	注射第二针 GnRH 后间隔 16 h 输精（上午注射）；无黏液的，应检查是否有卵泡，有卵泡的可配种；无黏液的、没有卵泡的，不能配种。同时检查卵巢是否有囊肿、静止，如发现卵巢疾病的，应先治疗，再同期处理

注意事项：在第 0～7 天之间如果发情，适时配种，并停止后面的程序。禁止随意变换操作步骤，禁止随意改变时间，严格按照药物使用说明和步骤进行操作

三、青年牛同期发情

1. 青年牛同期发情方案一（PPGPG）

仅限于 15 月龄以上未配牛只、不孕牛只，15 月龄以下配种牛主要依靠自然发情。超过 15 月龄以上未配、不孕牛只，可做同期处理（图 3-1-162、表 3-1-50）。

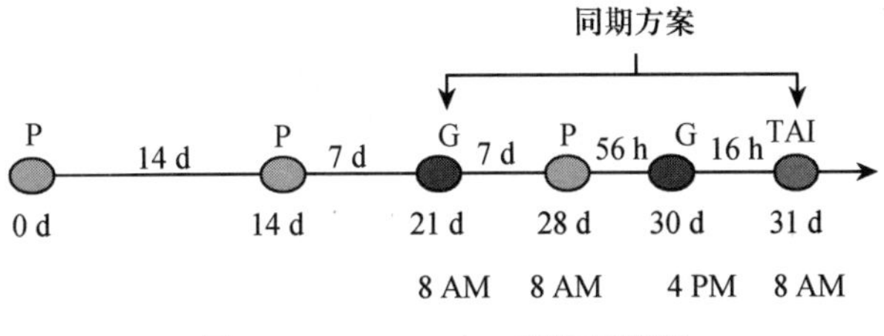

图 3-1-162　PPGPG 同期示意图

表 3-1-50　PPGPG 同期处理操作方案

序号	时间及方案	操作细节
第一针	大于 15 月龄未配、不孕牛只，注射 PG	注射完之后加强发情观察。如接受爬跨，发情鉴定并参配
第二针	第一针注射 PG 未发情牛，间隔 14 d，再次注射 PG	注射完之后加强发情观察 如爬跨，发情鉴定并参配
第三针	第二针注射 PG 未发情牛，间隔 7 d，注射 GnRH	2 次注射 PG，仍然没有发情配种的牛只采用同期处理方案
第四针	注射 GnRH 后间隔 7 d，注射 PG	

续表 3-1-50

序号	时间及方案	操作细节
第五针	注射第二针 PG 后间隔 56 h 注射第二针 GnRH	安排下午注射,如当天爬跨,发情鉴定并参配
	注射第二针 GnRH 后 16 h 定时输精	输精时间安排在上午;发情症状不明显,应严格发情鉴定,慎重参配;无黏液的、没有卵泡的,不能参配

2. **青年牛同期发情方案二(GPG)**

青年牛同期发情方案二见图 3-1-163、表 3-1-51。

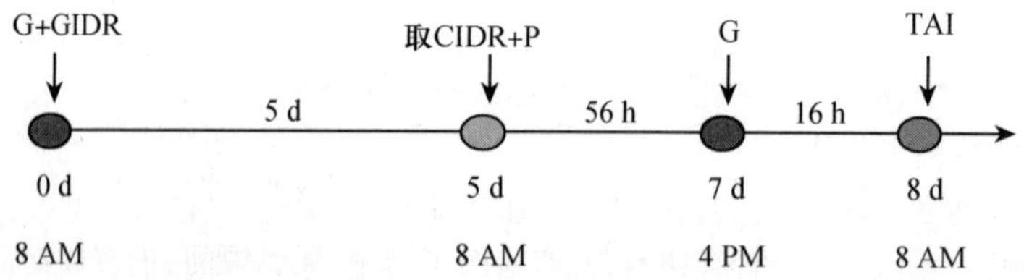

图 3-1-163　GPG 同期示意图

表 3-1-51　GPG 同期处理操作方案

序号	时间及方案	操作细节
第一针	大于 15 月龄未发情牛只,阴道放 CIDR,同时肌注 1 支 GnRH	处理这天为 0 d(上午进行)
第二针	5 d 后所有未见发情的牛取 CIDR,同时肌内注射 PG	处理这天为第 5 天(上午进行)
第三针	注射完 PG 后 56 h,肌内注射 1 支 GnRH	处理这天为第 7 天(下午进行)
	注射 GnRH 后 16 h 进行定时配种	处理这天为第 8 天(上午进行)

注意事项:本方案也适用 18 月龄以上的难配牛只,放 CIDR 前,建议子宫净化一下

【知识拓展】

发情周期中卵巢变化和机体调节

1. 卵巢的变化

母牛在发情周期中,卵巢经历着卵泡的生长、发育、成熟、破裂、排卵、黄体和退化等一系列变化过程。

(1)卵泡的生长　在发情前 2～3 d,卵泡发育很快,卵泡内膜增厚。在发情期中,随着发情期的进展,卵泡液不断增多,使卵泡容积更加增大,如泡壁变得菲薄,卵泡部分突出于卵巢表面。卵子被颗粒层细胞所包围而形成“卵丘”,并与卵泡壁的颗粒层细胞相连接,直到排卵时,卵泡壁破裂,卵丘细胞和卵泡壁的颗粒层细胞脱离,卵子随周围的卵丘细胞一并排出(图 3-1-164)。

(2)排卵　卵泡成熟破裂即发生排卵(图 3-1-165)。母牛每次发情中 2 个卵巢一般每次只排一个卵子。卵泡成熟后便自发排卵和形成黄体。黄体的功能可以维持一定时期,且具有功能性。卵泡的排卵过程经历着三大变化:①卵母细胞的细胞质和细胞核的成熟;②卵丘细胞聚合力松懈,颗粒细胞之间各自分离;③卵泡膜变薄和破裂。

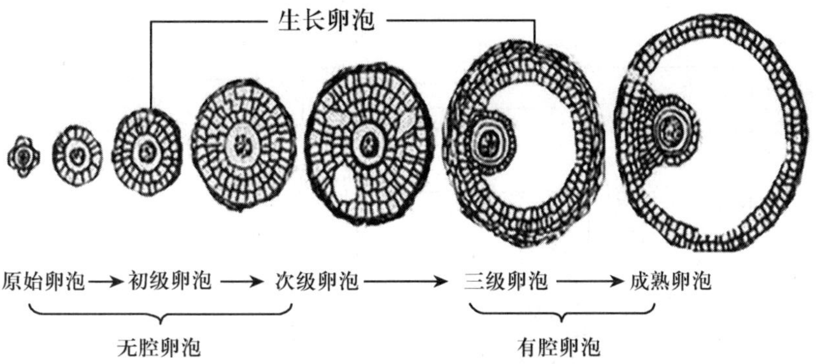

图 3-1-164　卵泡的发育过程及分级

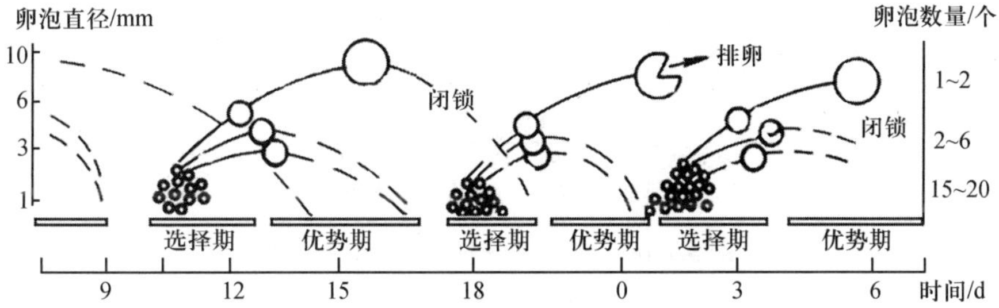

图 3-1-165　发情周期内卵泡发育规律模式图

(3) 黄体的形成和退化　成熟卵泡破裂排卵后，由于液体排空，遗留下的卵泡腔内产生了负压力，亦即低于血管中的正常血压。因此，卵泡膜的血管便破裂流血，并积聚于卵泡腔内形成凝块，称为血红体。此后颗粒层细胞增生变大，并吸取类脂质而变成黄体细胞，同时卵泡内膜分生出血管，布满于发育中的黄体，随着这些血管的分布，含类脂质的卵泡内膜细胞移至黄体细胞之间，并参加形成黄体，此为卵泡内膜来源的黄体细胞；黄体细胞增殖所需的营养，最初由血红体供应，随着由卵泡内膜来的血管伸进黄体细胞之间，于是黄体细胞增殖所需的营养，乃由血管供应。在黄体退化时，颗粒层黄体细胞退化很快，表现在细胞质空泡化及胞核萎缩，随着微血管的退化，黄体的体积逐渐变小，颗粒层黄体细胞逐渐被成纤维细胞所代替，最后整个黄体被结缔组织所代替，形成一个瘢痕，称为白体。大多数白体存在到下一个周期的黄体期，此时功能性的新黄体与大部分退化的白体共存，一般规律是第三个发情周期，白体仅有疤痕存在。

2. 机体调节

母牛在发情周期中，由于雌激素和孕酮的交替作用，引起了生殖道的显著变化(图 3-1-166)。

在发情周期中，由于激素的影响，生殖道血管系统、黏膜、肌肉部分以及黏液的性状上发生一系列变化。输卵管的上皮细胞在发情时增高，发情后渐低，在黄体期最低。子宫内膜上皮在发情之前呈圆柱状和假复层上皮，到发情期时，这些上皮细胞均见增长，子宫腺呈直管状，有若干分支；在黄体期时，由于孕酮的作用，子宫内膜显著增厚，子宫腺生长很快，形成很多分支并弯曲。子宫颈的上皮细胞高度在发情期有所增加，腺体分泌大量黏液，发情期后约 2 d 表层上皮大多缩小，仅有少数细胞分泌黏液；在间情期，上皮由单层低柱状细胞构成，外表不整齐，无黏液分泌。牛在卵泡期时，由于雌二醇的作用，生殖道的血管增长，开始于发情前期，继续于发情期，在发情期第一天达到最高峰。排卵时，雌激素水平骤降，于是充血的血管开始

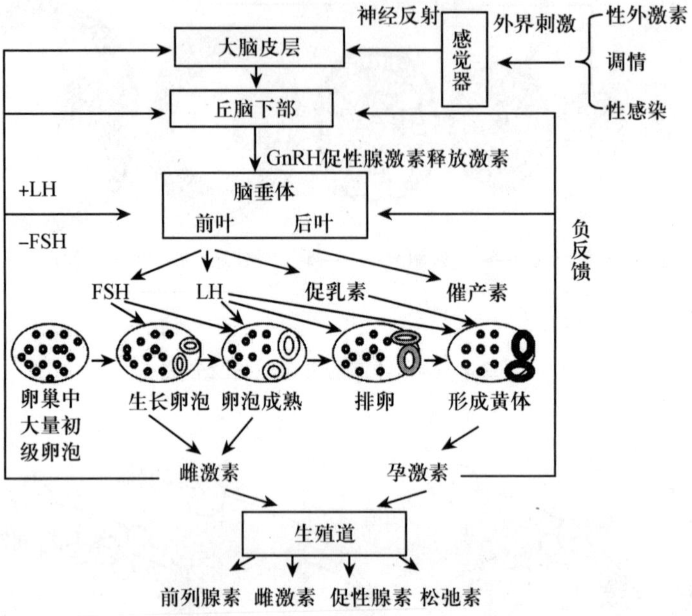

图 3-1-166　生殖激素对生殖过程的调节

破裂，母牛往往流出一些血液，有 80%～90% 的初产牛、45%～65% 的经产母牛有这种现象。

阴道前段的周期性变化与子宫颈相似，在发情前期及发情期分泌黏液，邻近子宫颈的阴道黏膜变化比其他部位明显，其表层由大杯状细胞组成。发情期后 2 d，上皮变低，水肿和充血消失，阴道前庭的黏膜在发情前期和发情期呈现水肿和充血，表层上皮有白细胞浸润；发情后不久，上皮厚度增加，表层鳞片细胞角质化，且有鳞片脱落；间情期的表层上皮渐变成鳞片状，但不见真性的角质化上皮。

【工作任务实施记录与评价】

一、工作任务实施记录

学习周期	年　月　日　至　　年　月　日	过程评价
师傅指导记录	学徒任务实施记录	
日期：　　年　月　日 指导内容： 日期：　　年　月　日 指导内容： 日期：　　年　月　日 指导内容：		

续表

日期：　　年　月　日 指导内容： 日期：　　年　月　日 指导内容： 日期：　　年　月　日 指导内容： 日期：　　年　月　日 指导内容： 日期：　　年　月　日 指导内容： 日期：　　年　月　日 指导内容： 日期：　　年　月　日 指导内容：		师傅签字：

二、绩效评价

1. 卵巢鉴定

年　月　日　　　　　　　　　　　　　　　　　　　　　　　　师傅签字：

同期批次	鉴定头数	鉴定准确率	标准	评价标准	评价成绩
1			≥60%	根据同期效果： 发情比例≥90%，达到标准获得满分，每低于目标值1%，负激励5分。多批次采用均值	
2			≥70%		
3			≥80%		
4			≥90%		
5			100%		
平均					

2. 同期方案实施

年　月　日　　　　　　　　　　　　　　　　　　　　　　　　师傅签字：

<table>
<tr><th>同期批次</th><th>同期头数</th><th>同期方案</th><th>同期效果</th><th>评价标准</th><th>评价成绩</th></tr>
<tr><td>1</td><td></td><td></td><td></td><td rowspan="6">根据同期效果：
发情比例≥90%，达到标准获得满分，每低于目标值1%，负激励5分。多批次采用均值</td><td></td></tr>
<tr><td>2</td><td></td><td></td><td></td><td></td></tr>
<tr><td>3</td><td></td><td></td><td></td><td></td></tr>
<tr><td>4</td><td></td><td></td><td></td><td></td></tr>
<tr><td>5</td><td></td><td></td><td></td><td></td></tr>
<tr><td colspan="3">平均</td><td></td><td></td></tr>
</table>

任务7　母牛繁殖疾病诊断与治疗

母牛不能正常发情、受胎及流产、难产等繁殖障碍性疾病，成为影响母牛扩群增量的关键因素。如何做到科学预防和合理用药治疗是摆在繁殖人员面前的重要工作。要求在师傅指导下能对一般性繁殖障碍疾病进行预防和治疗，尤其要做好母牛产后子宫保健工作。

【专业知识准备】

奶牛繁殖疾病主要包括子宫疾病和卵巢疾病。在繁殖人员日常工作中，主要遇到的奶牛子宫内膜炎、持久黄体、排卵延迟、卵巢囊肿（卵泡囊肿、黄体囊肿）、卵巢静止、卵巢机能减退及卵巢萎缩等疾病都是母牛不发情的诱因，要给予正确的诊断与治疗。只有做好奶牛繁殖疾病的预防，提高繁殖率，提高奶牛产奶量，才能提高养殖场的经济效益。

一、子宫疾病

（一）子宫内膜炎

奶牛子宫内膜炎是奶牛子宫的一种病状，是导致奶牛不孕症的主要原因之一。该病由外界环境条件差、饲养管理不当、自身代谢紊乱、营养缺乏或不平衡等原因引起。

1. 病因

子宫内膜炎分为急性子宫内膜炎和慢性子宫内膜炎，易诊断难治愈。急性子宫内膜炎是由于助产、剥离胎衣或配种时，器械或手消毒不彻底，造成阴道或子宫感染。慢性子宫内膜炎多为急性子宫内膜炎转变而来。

2. 症状

急性子宫内膜炎包括脓性子宫内膜炎和坏死性子宫内膜炎。急性脓性子宫内膜炎：恶露期长，子宫常排出脓性分泌物，臭味不显著，子宫复旧差，子宫壁厚，食欲减弱，泌乳减少。坏死性子宫内膜炎：病畜经常努责，阴门排出鲜红色糊状液体，含有分解的组织碎片，具有恶臭味，阴唇肿胀、发炎，易引发全身症状，表现发热，食欲减退或废绝。

慢性子宫内膜炎分卡他性子宫内膜炎、慢性脓性子宫内膜炎、慢性隐性卡他性子宫内膜炎（干性子宫内膜炎）、子宫积脓或积液。慢性卡他性子宫内膜炎：奶牛卧地或发情时，阴门排出浑浊的絮状黏液，有时有血液，直肠检查，子宫角不对称或略增大。慢性脓性子宫内膜炎：阴门排出黄白色或黄色奶油状黏脓液，发情时特别多，直肠检查，子宫角一侧或两侧增大，子宫壁松弛，厚薄不匀，个别牛只表现食欲减退，消瘦，体温升高。慢性隐性卡他性子宫内膜炎也叫干性子宫内膜炎：只有发情时，才从子宫排出浑浊、带有絮状物的分泌物，直检子宫角没有大的变化，发情周期正常，但多次配种而不孕。

（二）胎衣不下

胎衣在奶牛产后 8～12 h 仍停留在体内称胎衣不下。如果牛群中胎衣不下的奶牛比例超过 10%，则被认为异常，应考虑饲养及管理因素。

1. 病因

通常与双胞胎、难产、死产和子宫内感染有关，但近年来发现营养不平衡是造成胎衣不下的重要因素，营养不平衡包括微量元素硒的缺乏，临床的及隐性的奶牛产后瘫痪以及干奶牛日粮中粗纤维含量偏低等。个别牛场奶牛缺少运动也是导致胎衣不下的一个因素。

2. 症状

胎衣滞留在子宫内。胎衣不下分为部分胎衣不下与全部不下。部分胎衣不下的病牛一部分土红色的胎衣垂挂于阴门外，上面有脐带血管断端和大大小小的子叶，大部分胎衣滞留在子宫体内。全部胎衣不下多是全部胎衣停滞在子宫和阴道内，仅少量胎膜悬垂于阴门外，或看不见胎衣。胎衣不下初期一般没有全身症状，2～3 d 后，胎衣开始腐败分解，从阴道内排出污浊并混有胎衣碎片的恶臭液体，病牛持续出现体温升高、精神沉郁、食欲减退、泌乳量下降、弓腰、努责、腹痛不安等症状。

二、卵巢疾病

（一）卵巢囊肿

卵巢囊肿是高产奶牛常见的繁殖障碍，包括黄体囊肿和卵泡囊肿。卵泡囊肿壁较薄，是由卵泡上皮变性，卵泡壁结缔组织增生变厚，卵泡液未被吸收或者增多而形成。触摸液体感明显，呈单个或多个存在于一侧或两侧卵巢上，一般表现无规律的、长时间或连续性的发情。黄体囊肿一般为单个存在于一侧卵巢上，壁较厚，是由于未排卵的卵泡壁上皮黄体化而形成。两种结构均为卵泡未能排卵引起。

1. 病因

没有完全研究清楚。

2. 症状

卵泡囊肿特征表现无规律的频繁发情或持续发情，表现慕雄狂。黄体囊肿特征表现持续静止，不见奶牛发情。

（二）持久黄体

发情周期停止不发情或发过情，但过了 1 个或 2 个发情周期后不再发情。通过直肠检查能够摸到与妊娠黄体或发情周期黄体类似的黄体，该稍微硬点的黄体，超出正常周期，长期存在且保持正常功能，称为持久黄体。持久黄体同样能分泌孕酮抑制卵泡发育，使发情周期停止循环，引起不孕。

1. 病因

舍饲时，运动不足，饲料单纯，缺乏矿物质和维生素，都可引起黄体滞留。持久黄体容易发生在产奶高的母牛，此病和子宫疾病有密切关系，子宫炎、子宫积脓及积水、死胎、胎衣不下、产后子宫复旧不全、子宫肿瘤等都可使黄体不能及时吸收，而成为持久黄体。

2. 症状

奶牛超过一个以上周期表现持续性不发情。

（三）排卵延迟

牛的排卵时间通常发生在发情结束后 10～12 h 或发情开始后 21～35 h。超过这个时间通常称之为排卵延迟。

由垂体分泌的促黄体素（LH）不够量致使激素作用不平衡，是造成此病的主要原因，但气温过低或变化异常、营养不良、挤奶过度，均可造成排卵延迟及不排卵。排卵延迟是排卵的时间向后拖延。排卵延迟时，卵泡的发育和外表发情症状都和正常发情一样，但发情的持续期延长，可长达 3～5 d 或更长。卵巢囊肿的最初阶段与排卵延迟的卵泡极其相似，应根据发情的持续时间，卵泡的形状、大小以及间隔一定的时间重复检查的结果慎重鉴别。

1. 病因

垂体分泌促黄体素不足，激素作用不平衡，是造成排卵延迟的主要原因，气温过低或突变，营养不良，均可引起排卵延迟。

2. 症状

到排卵时间，卵泡在卵巢上没有破，卵子未排出。表现排卵时间比正常时间晚。

（四）卵巢静止

对长期不发情牛通过直肠检查触摸卵巢的大小、形态及质地，如摸不到卵泡或黄体，且卵巢体积比正常小，直径在 2 cm 以内时可判断为卵巢静止、无活性，通常用符号“–”表示。

1. 病因

饲养管理不当引起，一些生殖器官疾病或全身疾病等也能引起本病。

2. 症状

卵巢体积小，表面无卵泡和黄体发育，牛无周期性发情表现。

（五）卵巢机能减退及卵巢萎缩

卵巢萎缩奶牛通常不发情，卵巢缩小变为扁平，像豌豆大小，无卵泡和黄体，有的伴有子宫萎缩。常见于年老体弱、消瘦的牛，直检卵巢缩小，质地硬而扁，已经丧失了卵巢的机能，发情症状完全消失，一般较难治愈。

1. 病因

饲养管理不当引起，一些生殖器官疾病或某些疾病也能引起本病。

2. 症状

卵巢体积小，质地柔软，无机能，亦无周期性发情表现。卵巢机能减退时，发情不明显或者发情不排卵。直肠检查卵巢形态无变化，没有黄体和卵泡，时间较久后，卵巢可能萎缩、硬化或出现永久黄体。外阴户有皱纹，阴道壁、阴唇内膜苍白、干涩，母牛安静。有些母牛消瘦，被毛粗糙无光泽。

【任务目标与质量要求】

根据产后情况制定牛产后子宫保健程序，组织开展牛产后子宫保健相关技术工作；熟知子宫保健药物使用操作；能够进行子宫投药相关技术操作；具备较强动手操作能力以及细致、严谨专业态度，高质量完成检测工作。

【学习产出目标】

(1)能制定牛产后子宫保健程序,组织开展牛产后子宫保健相关技术工作。

(2)熟知子宫保健药物使用操作。

(3)能够进行子宫投药相关技术操作。

【工作程序与方法要求】

在临床上,新产牛是子宫内膜炎发病主体,奶牛产后平均出产房的时间应该在 5～7 d。

(1)制定产后例行检查制度　产后立即分辨高危牛(死胎、双胎、胎衣不下、早产、流产、难产、产道拉伤),对其进行无抗治疗,并在第 4、7、10 天观察体温和阴道分泌物,根据阴道分泌物的评级和体温来确定是否继续进行治疗(图 3-1-167、图 3-1-168)。

(2)新产牛的健康检查　新产牛要做好记录,包括牛号、产犊情况、胎次、治疗情况及每天的体温数据。

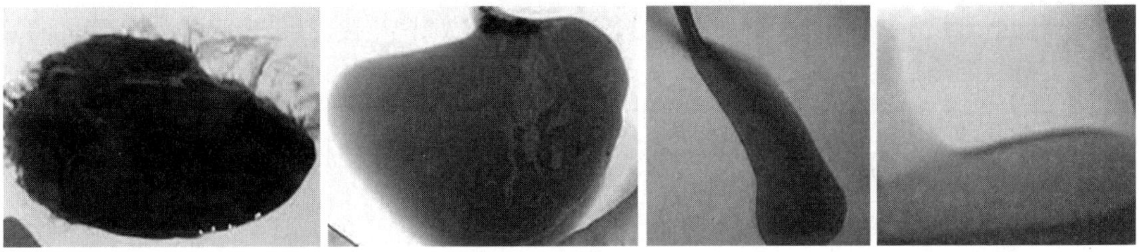

0 d(血性)　　1 d　　2 d　　5 d

图 3-1-167　产后正常恶露比较

A　　B　　C

图 3-1-168　产后不正常恶露比较

A. 产后 2 d,体温 39.6 ℃,分泌物无恶臭　B. 产后 3 d,体温 38.7 ℃,分泌物恶臭
C. 产后 7 d,体温 39.7 ℃,分泌物恶臭

体温筛查,新产牛体温能够提前 24～36 h 警示炎症的开始,绝大多数炎症来源于子宫炎,产后体温正常的也会发生子宫炎。

对于胎衣不下的牛应立即剪断胎衣防止腐烂,24 h 胎衣不下就要进行治疗。产后第 4 天、第 14 天测量血酮,1.2 mol/mL 以下为正常,1.2～2.4 mol/mL 为亚临床,2.4 mol/mL 以上的为临床。测量血酮可以初步判断牛的健康情况,发生酮病的牛可造成奶量降低,采食量下降,继发其他营养性疾病。

在检测阴道分泌物前应先排出直肠内的粪便，通过直肠按压使阴道分泌物流出，看是否有异味，是否带脓、带血来判定评级（图 3-1-169、表 3-1-52）。

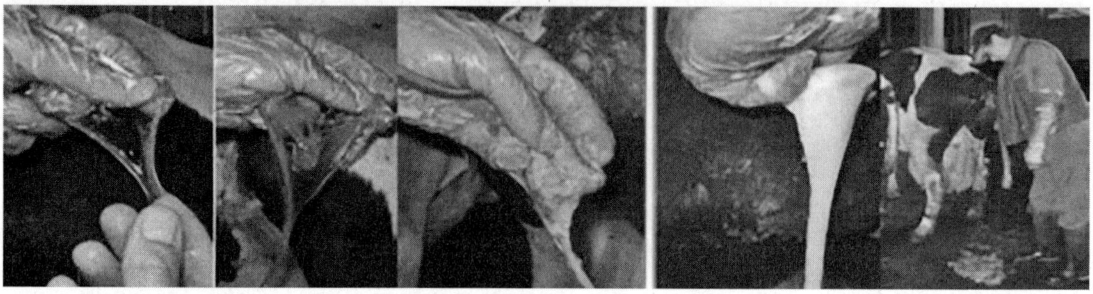

0 分　1 分　2 分　3 分　4 分

图 3-1-169　新产牛子宫炎分泌物

新产牛巡圈追踪，每日早、中、晚投料后，兽医进行巡圈（重点是过渡圈），观察新产牛的精神状态，采食情况，尤其在牛卧倒休息时到牛后驱近距离观察阴道分泌物。新产后的牛极易出现真胃变位，对食欲不振、精神沉郁的牛只进行常规检查，做到“早接发，早治疗”，严控产后 60 d 内死淘，减低死淘损益。

表 3-1-52　新产牛子宫炎判定标准

评分	症状	诊断结果	是否需要治疗
0 分	黏液清亮或无黏液	健康	不需要
1 分	混浊或带血，斑点状脓	健康	可净化或自愈
2 分	<50% 脓，有异味，可能发烧	中等	需要治疗
3 分	>50% 脓，有恶臭，发烧	中等	需要治疗
4 分	红棕色水样分泌物，有恶臭，发烧	严重	必须立即治疗，局部 + 全身

【业务知识】

一、分娩管理

分娩母牛出现临产征兆时，对牛进行后躯消毒，再进入产间，产后 48 h 无异常情况出产间。产间每天消毒 1 次，牛只每天进行后躯消毒，经常更换垫草。

以自然分娩为主，需要助产时，由专业技术人员按产科要求进行。

二、奶牛产后监控要点

1. 产科护理

（1）产后注意观察母牛产道有无损伤，发现损伤及时处理。产后 12 h 内观察母牛努责情况。对努责强烈母牛，要注意子宫内是否还有胎儿和有无子宫脱征兆，并及时处理。

（2）产后 24 h 内，观察胎衣排出情况；3 d 内产道和外阴部有无感染。同时观察母牛有无生产瘫痪症，并应及时治疗。

(3)产后 7 d 内,监视恶露排出情况。发现恶露不正常或有隐性炎症表现,应立即治疗。

(4)产后 2 周,进行第一次产科检查。主要检查阴道黏液的洁净程度。发现黏液不洁时,轻微的可先记录,暂不处理,严重的进行治疗。

(5)产后 40 d,进行第二次产科检查,通过临床检查、直肠检查子宫恢复的程度和卵巢健康状况,同时对第一次检查已做先行记录的牛进行复查。对这次检查中发现子宫疾病的牛,都要进行治疗。

(6)产后 50～60 d,对一检、二检的治疗牛进行复检,如仍有炎症的,应继续治疗。对卵巢静止或发情不明显的牛,通过诱导发情法催情。

2. 饲养管理

(1)分娩后犊牛应立即与母牛分离。母牛分娩后应提供适口性好的饲料,以促进产后母牛的干物质采食量恢复。

(2)产后立即挤空。母牛分娩后,应立即挤空,促使乳脂合成,优质初乳生成,并降低奶牛及乳腺感染的发病率。

(3)产犊当天初乳的产量。建议牛场记录奶牛产犊当天的初乳产量,以评估初乳的质量及随后的产奶量。

(4)产犊后进行体况评分。对产犊后应进行体况评分,评估干奶期奶牛的营养浓度是否合理。经产牛产犊后体况应在 3.25～3.75 分,头胎牛产犊后体况应在 3～3.5 分。产犊时最理想体况平均在 3.5 分。

(5)新产牛分群饲养。产犊后,母牛应被放入新产牛群,以观察干物质采食情况和疾病情况。健康的新产牛在新产圈停留 30 d 后,可以转入高产牛群。

(6)产后连续 10 d 测量体温。产后 10 d 测量体温有助于管理者及早发现奶牛病情。通常子宫炎、子宫积脓、乳房炎和蹄病都会引起奶牛体温升高。

(7)定时检测酮病。产后两个月以内奶中的酮体含量可以作为酮病检测的一个可靠及特异性指标。体况损失过快及产后 30 d 内脂蛋比大于 1.5,也可以作为酮病发病的一个指标。

(8)周记产奶量。产犊后 4 周内,周测一次产奶量,以监测产奶量的增加情况及对同一阶段的新产牛进行产奶量比较等。

(9)产犊后第 3 天测体细胞数。对产后奶牛进行亚临床型乳房炎及引起乳房炎的病原菌进行检测。

三、胎衣排出情况的检查处理

产后 6 h 胎衣未下时,应予以处理。推荐方法:肌注催产素或前列腺素。

产后 24 h 胎衣仍未下时,行剥离术或保守疗法。

胎衣剥落后,检查胎膜是否完整,尤其要注意空角尖端的检查,如发现有部分绒毛膜或尿膜仍留在子宫内未排出,要及时向子宫内投药,以防残留胎膜腐败。

四、子宫隐性感染的监测

(1)检测方法　用 4% 苛性钠溶液 2 mL,取等量子宫黏液混合于试管内加热至沸点,冷却后根据颜色进行判定,无色为阴性,呈柠檬黄色为阳性。

(2)检测时间　产后 2 周内。

(3)控制标准　牛群产后子宫隐性感染率 <30%。

五、子宫复原的检查

子宫复原的标准如下。

(1)位置　子宫角和子宫体收缩复原到骨盆腔。

(2)体积和形状　子宫不再缩小,两角基本对称,间沟明显,宫缩反应灵敏。

(3)子宫供血　恢复正常(无明显特异性搏动)。

(4)检查方法　直肠检查法。

(5)检查时间　产后 20～30 d 进行第一次检查,产后 42 d 进行复检。

(6)子宫复原的正常时间范围　4～6 周。

六、激素失衡

生殖激素分别由下丘脑、垂体、卵巢和子宫分泌。主要激素为:FSH、FRH、LRH、LH 等。生殖激素的相互作用和循环作用,使奶牛正常繁殖。当其中任何一种激素失常、失衡时,会引发繁殖障碍。出现激素失衡时,做相应的药物处理。

七、繁殖障碍牛的管理

产后 60 d 未发情的牛、发情间隔在 40 d 以上的未配牛、妊检发现的未妊牛,应查明原因,进行诱导发情或对症处理。输精两次以上仍未妊的牛,应进行产科检查,发现病症及时处理。产后半年以上的未妊成乳牛和 18 月龄以上未妊的青年牛应组织会诊。早期胚胎死亡、流产、早产的牛,应分析原因,必要时进行流行病学调查。对待传染性流产应采取相应的卫生、防疫措施。

八、制定相关繁殖表格

对母牛的产后等情况进行记录,如表 3-1-53 至表 3-1-56 所示。

表 3-1-53　产犊记录表

牛号	胎次	与配公牛	产犊日期	分娩情况			胎儿情况				胎衣情况	母牛健康情况	犊牛			经手人
				顺产	接产	助产	正常	死胎	畸形	多胎			性别	编号	体重	

表 3-1-54　清宫记录表

序号	牛舍	牛号	产犊日期	第一次清宫		第二次清宫		第三次清宫		第四次清宫		子宫状况	第一次发情	配种日期	备注
				日期	用药	日期	用药	日期	用药	日期	用药				

表 3-1-55　流产记录表

牛号	胎次	配种日期	与配公牛	不孕症史	配种时子宫状况	流产日期	妊娠月龄	流产类型	流产后子宫状况	处理措施	流产后第二次发情日期	流产后第一次配种日期	流产后妊娠时期

表 3-1-56　产后监控记录表

牛号：　　　　　　　　日期：　　　　　　　　组别：　　　　　　　　管理人：

项目	时间	内容	结果	处理办法	经手人
产后观察					
胎衣监控与检查					
恶露监视					
第一次产科检查					
第二次产科检查					
第三次产科检查					
子宫隐性感染检查					
子宫复旧检查					

九、电脑信息化录入

现代牛场使用的信息化管理软件均带有繁殖管理系统，录入以上相关信息，定期对数据进行分析，并应用于生产。

【业务经验】

一、牛子宫内膜炎

子宫内膜炎发病原因多见于产道损伤、难产、流产、子宫脱出、阴道脱出、阴道炎、子宫颈炎、恶露停滞、胎衣不下以及人工输精或阴道检查时消毒不严，致使病毒侵入子宫而引起。

本病根据临床症状即可确诊。患病牛一般无全身症状，或体温略有升高，食欲和产奶量下降。有的病牛表现拱背、努责，常做排尿姿势。从阴门中排出黏液性或黏液脓性分泌物，卧下时排出的数量较多，常附着于阴门下角及尾根上，干燥后形成痂皮。

直肠检查可触及到一个或两个子宫角变大，子宫壁变厚，收缩反应微弱。有时触摸子宫有痛感，并有分泌物积聚，可感到有明显波动。

慢性脓性子宫内膜炎，经常由阴门排出脓性分泌物，特别是在发情时排出较多，阴道和子宫颈黏膜充血，性周期紊乱或不发情 。

隐性子宫内膜炎，无明显症状，性周期、发情和排卵均正常，但屡配不孕，或配种受孕后发生流产，发情时从阴道中流出较多的混浊黏液。

二、牛卵巢疾病

造成奶牛不发情的卵巢疾病包括以下几种：卵巢发育不全、卵巢静止、卵巢萎缩、持久黄体。

(1) 卵巢静止　直肠检查卵巢无卵泡和黄体，卵巢大小和质地正常，有时不规则，多伴有黄体痕迹。相隔 7～10 d，再做直肠检查，仍无变化。

(2) 卵巢萎缩　直肠检查卵巢缩小，仅似大豆及豌豆大小，卵巢上无卵泡和黄体，质地较硬，子宫收缩微弱，弛缓，子宫缩小。

(3) 持久黄体　在确诊未妊娠的情况下，如果母牛经过一定间隔（10～14 d）检查，在卵巢的同一部位摸到同样显著突出的黄体，持久黄体质地一般比较硬。

(4) 黄体囊肿　直肠检查一侧卵巢体积增大，多为一个囊肿，直径较大（2.5 cm 以上），壁较厚，弹性弱。

【知识拓展】

一、子宫内膜炎诊断和治疗

该病应以“预防为主、防重于治”的原则采用综合防治。

1. 子宫内膜炎诊断（表 3-1-57、图 3-1-170、图 3-1-171）

子宫内膜炎发生于较晚时间（产后 21 d 后），子宫感染的程度较轻，特征是子宫内膜有炎症，导致最多的繁殖问题，产后发情和配种时间延迟、产后受胎率降低。

子宫内膜炎的症状及诊断要点　生产 28 d 后外阴仍排出脓性分泌物，直肠检查子宫颈直径大于 7.5 cm，子宫角比正常子宫角粗，子宫壁增厚，弹性减弱，收缩反应不强。当伴随子宫蓄脓时，子宫下垂、增大、两子宫角有波动。

表 3-1-57　母牛子宫内膜炎判断标准

分泌物状况	黏液性质	健康状况	是否需要治疗
分泌物薄、有异物	黏液薄或无透明	该牛往往患有子宫炎	需治疗
分泌物厚、无异味	黏液透明且呈条带、黏性	该牛正在净化和自愈	不需治疗，继续观察
分泌物薄、无异味	黏液薄或无透明	该牛可能是健康的	不需治疗

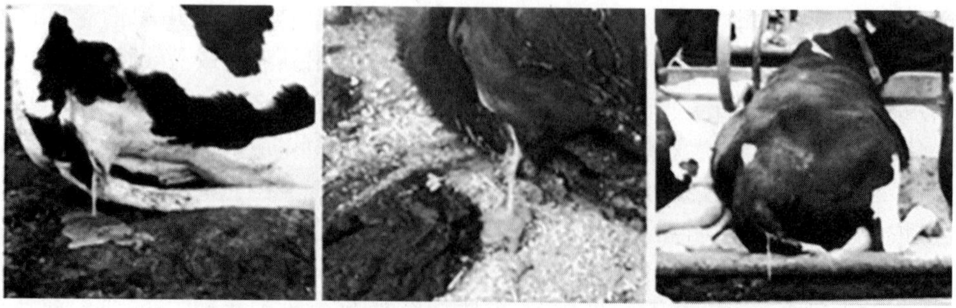

图 3-1-170　子宫炎症状（左：子宫内膜炎；中：净化自愈中；右：健康）

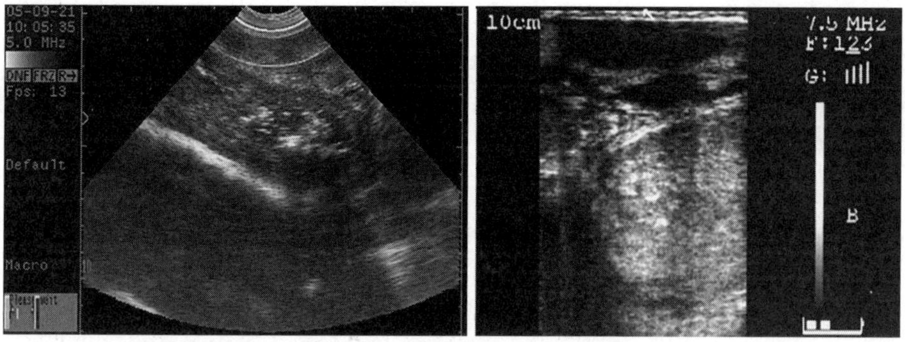

图 3-1-171　子宫内膜炎 B 超影像

2. 子宫内膜炎治疗

对于各种各样子宫炎症，没有有效的药物治疗方案，但要遵循一个治疗原则：勤治、常换药物，冲洗子宫，消炎，刺激子宫收缩使分泌物排出。如使用抗生素，严格遵守用量规定，严格遵照休药期规定。

西药治疗

(1)使用抗菌药物(红霉素、土霉素、磺胺增效剂、环丙沙星、头孢类、氨苄类)对症消除炎症。用量视病情而定，用生理盐水稀释，同时要注意补液和强心，如果体温过高，则要配合镇定解热药物。

(2)子宫清洗和灌注。使用 0.9% 生理盐水、2% 碳酸氢钠溶液、0.5% 雷佛奴尔溶液、0.1% 高锰酸钾溶液，反复冲洗子宫 2～3 次后，将清洗液全部导出，隔日再冲洗 1 次。

(3)刺激子宫收缩。胃腹康、胃肠通、毛果芸香碱、0.1% 氨甲酰胆碱溶液 2～3 mL、10% 氯化钙 100～150 mL，静脉注射。

(4)刺激生殖系统，促进机能恢复和排出分泌物。皮下注射 0.5%～1% 乙烯雌酚 5～15 mL 和其他雌激素。

中药治疗

用中药灌注冲洗子宫。先用硼砂 3 g 溶于 100 mL 盐水中冲洗，待回流液排出后再注入当归散液(当归 10 g，川芎 10 g，赤芍、白芍各 5 g，黄芩 10 g，白术 5 g，加水 300 mL 煎汤，滤纸过滤)100～150 mL，隔日 1 次，连用 2～3 次。或服用中药方剂：芡实、补骨脂、覆盆子、葫芦巴各 35 g，韭菜子、五味子各 32 g，肉苁蓉、茯苓、沙苑子、蛇床子、阳起石、淫羊藿、远志各 30 g，小茴香 24 g，肉桂 20 g，共研细末，用开水冲调，候温灌服，每日 1 剂，连服 3～4 d。

对于低发病率牛群、轻度子宫内膜炎，使用前列腺素间隔两周治疗(有功能性的黄体，效果好)。常用的方法是产后 35 d 和 49 d 进行治疗，治疗也很好地融入预同期项目。中度子宫内膜炎，直接子宫注射前列腺素(PG)，23 d 后子宫灌注土霉素与盐水，10% 浓度。产后奶牛(不管胎衣是否下)在 24 h 内子宫投放土霉素或四环素等药物。

二、胎衣不下诊断和治疗

到目前为止，没有最佳方案治疗胎衣不下，推荐以下牛场常用治疗方案，供参考。

1. 胎衣不下诊断

临床上，牛产后 8～12 h 胎衣仍停留在子宫内，未排出，诊断为胎衣不下。

2. 胎衣不下治疗

(1)取土霉素 2 g,加 10% 生理盐水 500 mL 溶解,温热后注入子宫;或土霉素粉 8 g+ 利凡诺 0.5 g+500 mL 生理盐水,一次灌注子宫内,一般 2～3 d 1 次,处理次数视恶露、子宫恢复情况而定。或用 6～15 g 盐酸四环素 +500 mL 50% 葡萄糖冲洗子宫,促使胎盘缩小,促进胎衣排出。

(2)处理过程中胎衣排出当天注射前列腺素(PG),有助于子宫内恶露排出和子宫复旧功能。可在产后 12 h 内用垂体后叶素激素 50～100 IU 进行皮下或肌内注射,2～4 h 后再注射 1 次。

(3)可采用中药治疗,灌服中药加味生化汤:当归 90 g,川芎 69 g,益母草 150 g,党参 60 g,黄芪 60 g,桃仁 30 g,红花 25 g,白术 60 g,山楂 60 g,炙甘草 15 g,用水煎服。

(4)如果在 24 h 之后胎衣仍然不下,应采取手术剥离。在手术前 1～2 h 向子宫内灌注 10% 氯化钠溶液 1 000～2 000 mL,可促进胎儿胎盘和母体胎盘联系松弛,易于剥离。如果胎盘腐败可用虹吸管将子宫内腐败液体排出,再用 0.1% 新洁尔灭溶液冲洗子宫,随后投入抗菌药物,连续 2～3 d,防止感染。

三、卵巢囊肿诊断和治疗

(一)卵巢囊肿诊断

卵泡囊肿为卵巢上直径≥3 cm 的卵泡结构,在卵巢持续存在,壁较薄,触摸液体感明显,呈单个或多个存在于一侧或两侧卵巢上。直检卵巢有一个或数个直径超过 2 cm、有紧张感和波动感大囊泡;黄体囊肿直检可发现黄体囊肿多为一个,壁厚而软,不紧张,无波动感(图 3-1-172 至图 3-1-175)。

在泌乳早期发病率高,超过 50% 的囊肿会在没有发现的情况下自愈,安静发情为主,发情循环周期延迟。泌乳后期空怀牛发病率 60%,只有 30% 的牛只自然退化,牛只反复发情。

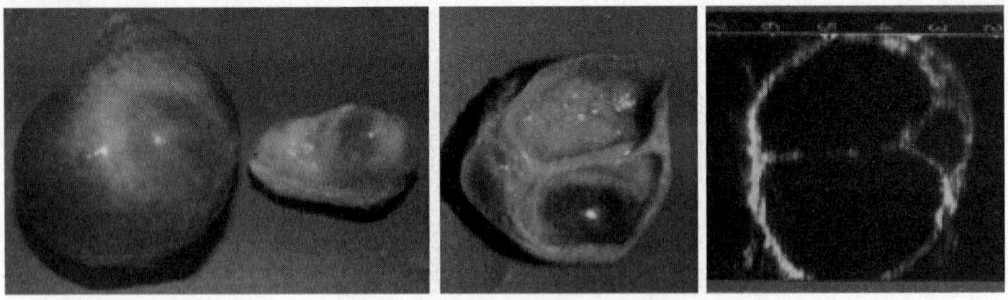

图 3-1-172　卵泡囊肿解剖

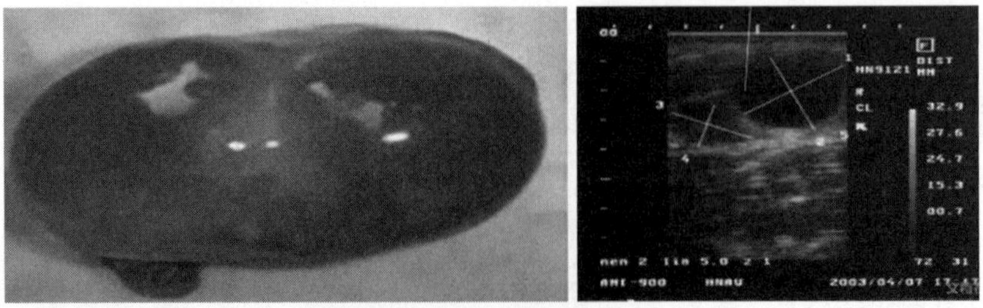

图 3-1-173　卵泡囊肿影像

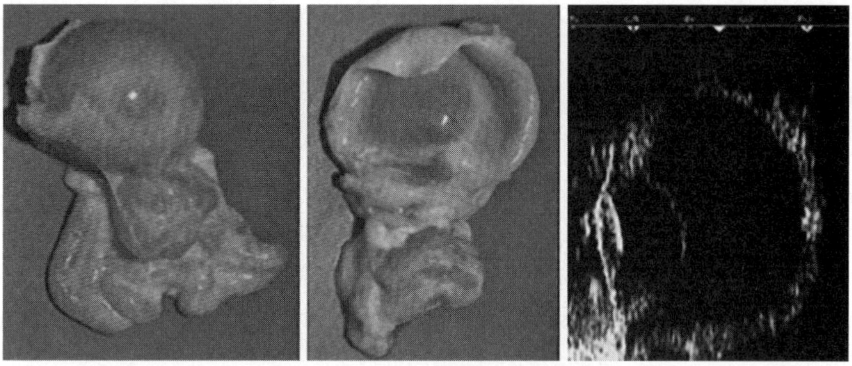

图 3-1-174　卵泡囊肿伴输卵管积液

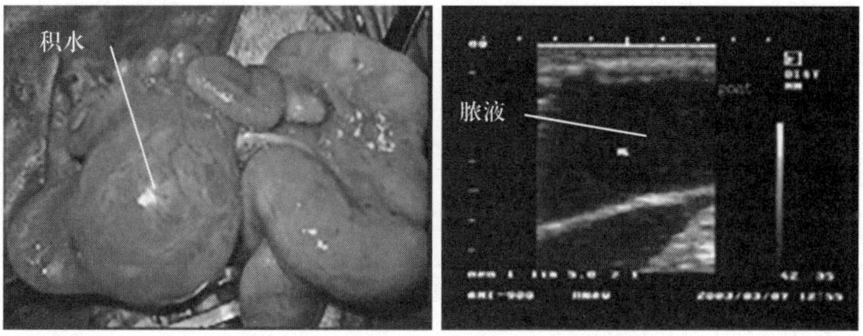

图 3-1-175　卵泡积液伴输卵管积脓影像

卵泡囊肿 B 超检查无黄体，有多个大卵泡，卵泡壁厚，B 超影像呈强回声光环。黄体囊肿卵巢上有直径≥30 mm 囊状黄体，一般为单个存在于一侧卵巢上，壁较厚，一般表现乏情。在无 B 超的临床检查中，有时对此情况容易误判，特别是在徒手检查手感表面有突起的情况下(图 3-1-176、图 3-1-177)。

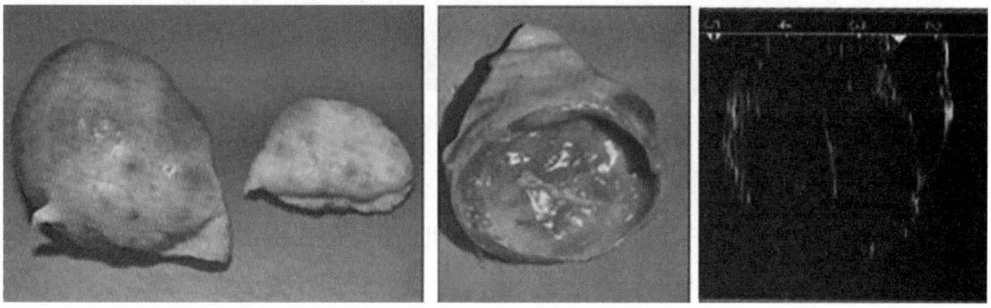

图 3-1-176　黄体囊肿解剖图、B 超影像

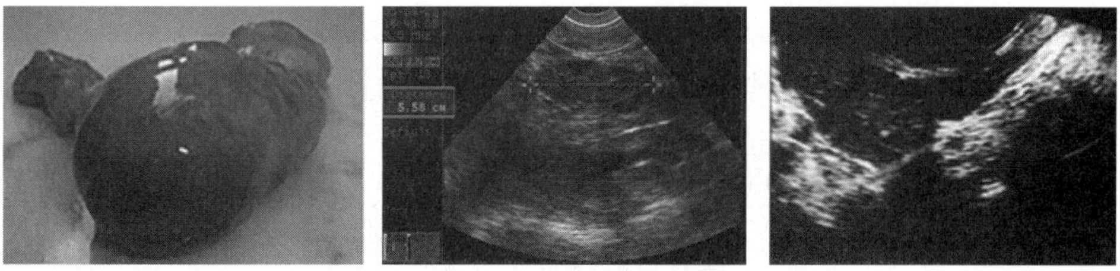

图 3-1-177　不同角度黄体囊肿影像

卵巢囊肿诊断中，直肠检查区分卵泡囊肿和黄体囊肿准确性有限，通常采用发病症状+直肠检查+促性腺激素释放激素（GNRH）处理来联合诊断。

（二）卵巢囊肿治疗

泌乳早期，无发情症状牛囊肿，可直接挤破，并 GnRH 定时输精处理，发情可配种。

1. 卵泡囊肿治疗

(1) 促黄体素（LH）400～600 μg，连续 3～4 d，或人绒毛膜促性腺激素（HCG）静脉注射 100～200 IU+地塞米松 15～20 mg，15～30 d 可恢复正常发情周期。

(2) 促排 3 号（LRH-A3）一次肌内注射 3 支，连续 2～3 d。如配合黄体酮 100 mg，肌内注射效果更好。

(3) 手术挤破或穿刺囊肿及摘除囊肿，易引起卵巢及附近组织损伤、发炎、粘连等。

2. 黄体囊肿治疗

(1) 氯前列烯醇一次肌内注射 0.4 mg。

(2) 催产素 200 IU 一次肌内注射，2 次 /d，总量为 400 IU。

四、持久黄体诊断和治疗

1. 持久黄体诊断

直肠检查可发现一侧或两侧卵巢增大，表面有突出黄体，到发情时间不发情，检查两次以上确诊，黄体超过 30 d（图 3-1-178）。

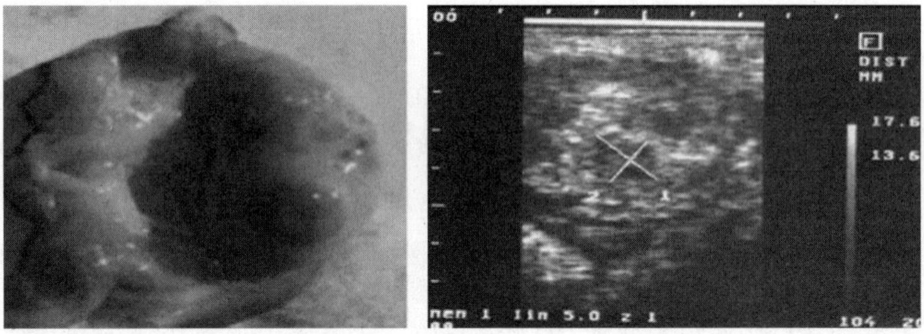

图 3-1-178　持久黄体

2. 持久黄体治疗

(1) 西医治疗　①前列腺素（PGF2α）5～10 mg 肌内注射，1 次 /d，连用 2 d。或宫注 1 支，用药后 2～3 d 开始出现发情。若伴发子宫炎时，应进行子宫净化处理。②绒毛膜促性腺激素 1 500～3 500 U+25 mL 生理盐水混合后肌内注射。③促卵泡激素 100～200 U+5～10 mL 生理盐水混合后肌内注射。隔 2 d 注射 1 次，3 次为一疗程。④手伸入直肠，隔着肠壁抓住卵巢，用食指和中指夹住卵巢的韧带，用拇指在黄体的基部把黄体摘除。采取这一手术时，要注射维生素 K 防止出血。⑤黄体酮 100 mg 肌内注射，1 次 /d，注射第 2 次和第 3 次时，要同时注射 50 mg 二丙酸乙烯雌酚。

(2) 中医治疗　①松节油 20 mL+鱼石脂 20 mL，混进牛奶中一次灌服，1 次 /d，连服 6 d。②仙灵脾、阳起石、益母草各 100 g，当归、菟丝子、赤芍、补骨脂、枸杞、熟地各 60 g，水煎灌服，1 次 /d，连续 3～5 d，对于奶牛持久黄体性造成的不孕疗效明显。

五、卵巢静止诊断和治疗

1. 卵巢静止诊断

直肠检查一侧或两侧卵巢既无黄体也无卵泡，卵巢处于静止状态，卵巢形态大小正常，奶牛比较安静，无发情周期。相隔 7～10 d，再做直肠检查，仍无变化（图 3-1-179）。

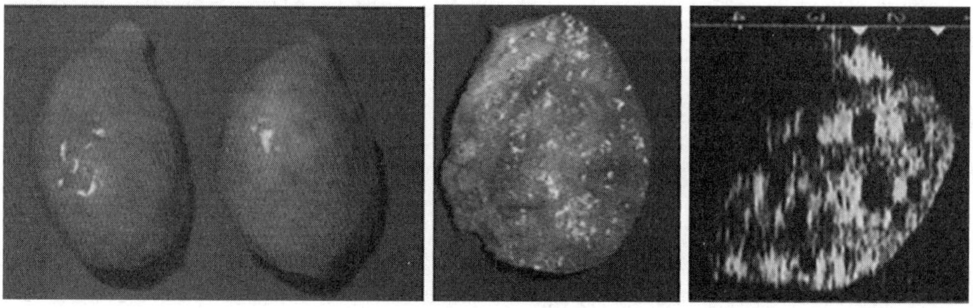

图 3-1-179　卵巢静止

2. 卵巢静止治疗

对体况差的牛，首先要改善饲养管理条件，消除致病因素。常用治疗方法如下。

（1）注射 1 支促性腺激素释放激素（GnRH），同时阴道内放置 1 枚孕酮缓释剂（图 3-1-180），用药 1 周后取出，同时肌内注射前列腺素，发情后正常配种。

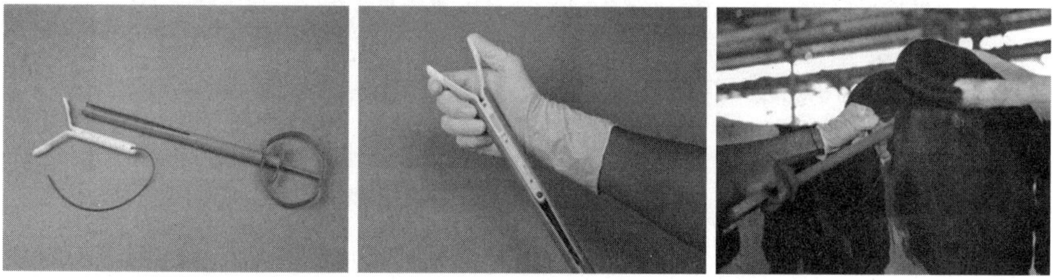

图 3-1-180　埋孕酮缓释剂

（2）臀部肌内注射 200 μg 促性腺激素释放激素（GnRH）或促黄体素释放激素 A3（LHRHA3）（用 0.9% 生理盐水稀释至 2 mL）。

（3）孕马血肌注 2 支（200 μg）。

（4）雌激素（苯甲酸雌二醇、乙烯雌酚、三和激素等）肌内注射 3～5 支，可击活卵巢，价廉，但第一、二次发情为假发情，外源雌激素作用只发情不排卵。

（5）促黄体素（LH）肌内注射 200～300 U。促排 2、3 号对卵巢静止也有一定疗效，肌内注射 2～3 支，隔日 1 次，连续注射 3 次。

六、排卵延迟诊断和治疗

1. 排卵延迟诊断

发情症状消失后，卵泡未破，第二天卵泡仍未破。

2. 排卵延迟治疗

改进饲养管理条件，并配合药物治疗。

(1)促黄体素肌内注射。

(2)在发现发情症状时，再肌内注射黄体酮。对因排卵延迟而屡配不孕的牛，在发情早期可用雌激素，晚期可注射黄体酮。

(3)配种前肌内注射促排3号2～3支，或LH 200 U，或LHRH 25～100 μg，或HCG2 000～3 000 U。

七、卵巢机能减退及卵巢萎缩诊断和治疗

1. 卵巢机能减退及卵巢萎缩诊断

卵巢萎缩奶牛通常不发情，卵巢缩小变为扁平，像豌豆大小，无卵泡和黄体，有的伴有子宫萎缩。常见于年老体弱、消瘦的牛，直检卵巢缩小，质地硬而扁，已经丧失了卵巢的机能，发情症状完全消失，一般较难治愈(图3-1-181)。

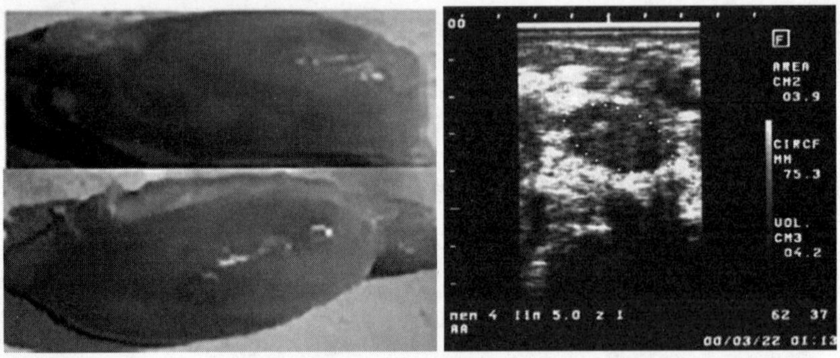

图3-1-181 卵巢萎缩

2. 卵巢机能减退及卵巢萎缩治疗

首先要改善饲养管理条件，消除致病因素。对体况差的牛，应供应足够营养，保证优质粗饲料的供应。增强牛的体质。饲料添加0.1%的亚硒酸钠、维生素E，长期饲喂。对体况较好的或恢复的牛只可采用激素疗法。

(1)按摩卵巢保守疗法。

(2)孕马血清(PMSG)肌内注射1 000 IU。

(3)促黄体素(LH)肌内注射200～300 U。

(4)人绒毛膜促性腺激素(HCG)肌内注射2 000～3 000 U，或人造黄体：肌注黄体酮8～12 mL，连续注射2次。

体况好的牛治愈率高，体况差的治愈率较低。多数牛经激素治疗后2～5 d出现初次发情，但不宜配种，应等下一次发情再配。部分牛只可能出现囊肿，若发现应及时治疗。激素处理后，若未发现牛只发情，应在激素处理后10 d左右直肠检查，若无卵泡和黄体，判定治疗无效，应再次换药治疗。

【工作任务实施记录与评价】

一、工作任务实施记录

学习周期	年 月 日 至 年 月 日	过程评价
师傅指导记录	学徒任务实施记录	
日期： 年 月 日 指导内容：		
日期： 年 月 日 指导内容：		
日期： 年 月 日 指导内容：		
日期： 年 月 日 指导内容：		
日期： 年 月 日 指导内容：		
日期： 年 月 日 指导内容：		
日期： 年 月 日 指导内容：		
日期： 年 月 日 指导内容：		
日期： 年 月 日 指导内容：		
日期： 年 月 日 指导内容：		师傅签字：

二、绩效评价

1. 子宫疾病治疗效果评价

年　月　日～　月　日				评价成绩
治疗记录				
治疗头数	标准	治愈率	标准	
	≥50		60%	师傅签字：
过程记录：				

2. 卵巢疾病治疗效果评价

年　月　日～　月　日				评价成绩
治疗记录				
治疗头数	标准	治愈率	标准	
	≥50		60%	师傅签字：
过程记录：				

学徒岗位二

羊育种员学徒岗位

一、我国羊品种现状

我国现有羊品种 184 个，其中绵羊 101 个（地方品种 55 个、培育品种 33 个、引入品种 13 个），山羊 83 个（地方品种 63 个、培育品种 14 个、引入品种 6 个）。

我国肉羊遗传资源丰富，种类繁多，特征明显，具有早期生长发育快、肉质鲜美、抗逆、耐粗饲等特性。在繁殖、毛色、生长、尾型、高原适应等性状上具有显著或育种可利用价值的基因或调节因子。

我国本土羊品种遗传资源丰富，但从生产和育种角度来看，资源有效利用程度略低、育种重复性高，新培育品种生长速度、饲料转化率、繁殖率等关键技术指标竞争力不足。

我国现有绒毛质量监督检验测试中心 3 个；生产性能或品种测定中心 3 个，绵羊种羊场 904 家，山羊种羊场 520 家，遴选国家肉羊核心育种场 47 家。

二、中国肉羊的育种历程

我国养羊历史悠久，从夏商时期开始已有文字可考。我国近代羊育种业起于 20 世纪初。我国肉羊的育种从 20 世纪 30 年代开始，大体上可以分为以下三个阶段。

第一阶段，以引入国外品种开展杂交改良为主。先后引进了高加索羊、泊列考斯羊、考力代羊、努比亚山羊等品种。这一阶段，尽管多数引进品种的杂交改良效果甚微，但这些引进品种对新中国成立后我国毛肉兼细毛羊、半细毛羊（纤维平均细度大于 25 微米，或品质支数在 58 支以下）和山羊新品种培育仍发挥了重要的作用。

第二阶段，以毛肉兼用细毛羊、半细毛羊新品种培育为主。新中国成立后，我国养羊业得到了迅猛的发展，不仅绵羊、山羊数量有了很大的增长，而且养羊业产品的产量和质量也有了显著的提高。由于对羊毛的需求，新中国成立后很长一个阶段，我国的羊育种主要以毛肉兼用型细毛羊、半细毛羊为主，以该阶段的工作为基础，共培育出新疆毛肉兼用细毛羊和中国美利奴羊等细毛羊、半细羊品种 22 个。其中，新疆毛肉兼用细毛羊由巩乃斯种羊场联合其他羊场共同在兰哈羊的基础上于 1954 年育成，是我国培育的第一个羊的新品种。该品种的育成为我国绵羊育种提供了样板和经验，该品种也作为我国羊品种的主要父系之一，参加了多个细毛羊、半细毛羊等国内新品种的培育，对推动全国范围内的绵羊、山羊杂交育种工作起到了积极的推动作用。

第三阶段，以专门化肉羊品种和肉用细毛羊新品种培育为主。20 世纪 80 年代以后，我国养羊业由毛用为主向肉用为主转变，肉羊育种工作得到了重视，促进了专门化肉羊品种和肉用细毛羊新品种培育，共育成肉羊品种 12 个。

这一时期，肉用绵羊选育主要有 4 条技术路线。①对已有品种羊的繁殖和肉用性能进行选育提高，选出高繁（多胎）、体大、快长和肉用等新品系、新类群；②以细毛羊改良群或已有细毛羊为母本，与德国肉用美利奴或南非肉用美利奴等肉用细毛羊杂交，培育出巴美肉羊、昭乌达肉羊、察哈尔羊和乾华肉用美利奴羊等 4 个适应放牧加补饲条件的肉用细毛羊新品种；③对已有短脂尾品种中的小尾群体持续选育，培育出适应市场需求并与原有品种有明显差异的戈壁短尾羊和草原短尾羊 2 个肉羊新品种；④用专门化肉用品种杜泊羊与我国高繁殖力品种小尾寒羊和湖羊杂交，培育出鲁西黑头羊、鲁中肉羊和黄淮肉羊等 3 个适于舍饲的高繁殖力肉羊品种。

同时期，肉用山羊选育主要有 2 条技术路线。①对已有品种羊的繁殖性能和肉用性能进行选育提高，并选出高繁、体大、快长和肉用等新品系、新类群；②用努比亚山羊与当地山羊杂交培育出南江黄羊、简州大耳羊、云上黑山羊等 3 个肉用山羊新品种。上述培育品种特性明显、生产力水平高、适应性强，在提高我国羊生产水平和产品品质上发挥了积极的作用，也为我国羊产业可持续发展提供了宝贵资源和育种素材。

三、我国肉羊育种的展望

随着肉羊舍饲养殖数量的快速增加，未来肉羊育种以适宜舍饲养殖品种为主选育，以适应农区自然资源和气候条件为基础，以市场需求为导向，以羊肉产量、生长速度为目标，以繁殖率为重点来确定育种目标。主要以湖羊、小尾寒羊等高繁殖率品种为母本，用特克塞尔羊、夏洛来羊、萨福克羊、无角陶赛特羊和杜泊羊等为父本，用二元或三元杂交，培育繁殖率较高（180% 以上）、体型大、产肉率高的品种，主要用来生产眼肌面积不小于 16.2 cm^2、脂肪厚度 0.50~0.76 cm 的羔羊肉。对眼肌面积的测定需要屠宰后才能测定，而澳大利亚用 CT 在活体上测定羊的 EMD 值和脂肪厚度来评价肉质，因此，在未来育种中可以考虑使用 EMD 值代替眼肌面积作为肉质的衡量指标，抗病性也应该作为肉羊育种考虑的因素之一。

随着生物技术的不断成熟，肉羊育种应以常规育种技术为基础，充分应用 BLUP、分子标记技术、育种管理系统、基因编辑和绵羊育种芯片等现代育种手段和方法，采用 MEOT 和 JIVET 等先进的繁殖技术提高种群繁殖速度；在肉羊育种委员会或协会的组织带领下，开展全国范围联合育种工作，加快育种进程。未来随着生物学、纳米技术、电子工程和通讯学科的发展，肉羊育种将会向智能育种技术方向发展，为肉羊品种的选育提供更多、更快、更准确的选育方法。

【典型人物案例】

侯广田，中共党员、硕士生导师、岗位科学家，新疆维吾尔自治区畜牧科学院研究员，中国畜牧兽医学会养羊分会理事，新疆维吾尔自治区畜禽资源委员会委员，农业部肉羊现代产业技术体系饲料与营养岗位科学家，国家科技支撑项目“肉用羊新品种培育与产业化开发”“西北肉用羊新品种培育与产业化开发”课题、科技支疆项目“利用分子育种技术培育多胎肉羊新品系”和自治区“十一五”科技攻关项目“绿色食品科技行动之绿色牛羊肉产业化技术示范”课题主持人。

他于1983年西北农学院畜牧专业本科毕业获学士学位，1992年获西北农业大学动物营养专业研究生硕士学位。一直从事绵羊营养研究工作，先后参加了农业部“七五”攻关项目、中澳合作等项目，主持新疆维吾尔自治区重点科研项目多项。曾获农业部科技进步二等奖1项、新疆维吾尔自治区科技进步三等奖3项、乌鲁木齐市科技进步二等奖1项，在国家级刊物及其他重点刊物上发表专业论文70余篇。1998年以来，主要从事肉羊杂交改良与新品种培育工作。

作为农业部肉羊现代产业技术体系饲料与营养岗位科学家，他参与和主持完成的项目有：新疆维吾尔自治区重点科研项目《新疆育肥羊优化饲料配方筛选》(1998—2001年主持人)、新疆维吾尔自治区科研院所改革发展资金项目《进口肉羊纯繁与商品杂交工厂化生产》(2001—2003年主要参加人)、新疆维吾尔自治区农办项目《良种畜繁育体系建设与工厂化商品生产模式》(2003—2005年主要参加人)、科技部成果转化项目《羊肉规模化生产配套技术示范》(2003—2005年主要执行人)、新疆维吾尔自治区科技攻关项目《新疆肉羊高效养殖技术研究与示范》(2003—2005年实施主持人)、新疆维吾尔自治区科技成果转化项目《肉羊高效生产与技术推广》(2003—2005年第二主持人)、新疆维吾尔自治区科技成果转化示范基地，良种肉羊纯种繁育和新品种培育基地(2006—2007年主持人)。为新疆肉羊产业体系建设、新疆养羊业的发展做出卓越贡献。

典型人物事迹感想，工匠精神总结凝练：
我的启发：

任务1 母羊发情鉴定

母羊发情鉴定是羊场重要的生产环节，也是育种员最常规的工作任务，要在师傅指导下，根据本羊场羊群结构、母羊产后时间、配种计划，制定本场母羊发情鉴定操作规程和鉴定标准，并制订发情鉴定计划，应用于实际生产，提高发情母羊的发情检出率。

【专业知识准备】

一、母羊发情生理规律

(1)初情期　青年母羊达到一定年龄，表现第一次发情并排出卵子称为初情期。绵羊初情期为3～6月龄。

(2)性成熟　当母羊达到性成熟时期，生殖器官的大小和重量均在急骤地增长。母羊表现出发情征象，直至卵泡成熟，排出卵子。母羊排卵为标志。母羊达到性成熟年龄，并不等于已经可以进行配种繁殖，因为母羊年龄达到性成熟的时候，其身体的生长发育还在继续，生殖器官的发育也未完成，过早妊娠就会妨碍其自身的生长发育，产生的后代也是体质衰弱、发育不良者，甚至出现死胎，而且泌乳能力差，不能很好地哺育羔羊。性成熟一般多为5～7月龄，早者4～5月龄(个别早熟山羊品种3个多月即发情)。

(3)体成熟　母羊1.5岁左右，公羊2岁左右。早熟品种提前。

(4)发情周期　母羊达到性成熟年龄以后，其卵巢出现周期性的排卵现象，表现为周期性活动。因此，把这一次排卵到下一次排卵这段时间内的生理过程称为发情周期。绵羊多为16～17 d(大范围14～22 d)，山羊多为19～21 d(大范围18～24 d)。

(5)发情持续期　是指母羊每次发情持续的时间。绵羊30～36 h(大范围27～50 h)，山羊39～40 h。

(6)排卵时间　发情开始后12～30 h。

(7)卵子排出后保持受精能力时间　15～24 h。

(8)精子到达母羊输卵管时间　5～6 h。

(9)精子在母羊生殖道存活时间　多为24～48 h，最长72 h。

(10)最适宜配种时间　排卵前5 h左右(即发情开始半天内)。

(11)妊娠(怀孕)期　平均150 d(范围145～154 d)。

(12)哺乳期　一般3.5～4个月，可依生产需要和羔羊生长发育快慢而定。

(13)发情季节　因气候、营养条件和品种而异，分全年和季节性发情。一般营养条件较好的温暖地区多为全年发情，营养条件较差且不均衡的偏冷地区多为季节性发情。绵羊属于短日照发情的家畜，一般春、秋、冬三季均可发情，但以8～10月发情最旺。小尾寒羊和湖羊等也可常年发情。

(14)产羔季节　以产冬羔(12月至翌年1月)最好，次为春羔(2～5月，2～3月为早春羔，4～5月为晚春羔)和秋羔(8～10月)。

(15)产后第一次发情时间　绵羊多在产后第25～46天，最早者在第12天左右；山羊多在产后10～14 d，而奶山羊较迟(第30～45天)。

(16)繁殖利用年限　多为6～8年,以2.5～5岁繁殖利用性能最好。个别优良种公羊可利用到10岁左右。

二、母羊发情症状及特点

母羊性成熟以后在发情时期,常表现出一种具有周期性变化的生理现象。母羊发情时有以下一些表现特征。

1. 精神状态的变化

处于发情期的母羊,性行为变化较显著,表现为精神兴奋,情绪不安,不时地高声哞叫,爬墙,抵门并强烈地摇尾,用手按压其臀部摇尾更甚,泌乳量下降,食欲减退,反刍停止,放牧时常有离群现象,喜欢接近公羊。这种变化随着发情周期的发展由弱变强,然后又由强变弱。

2. 性欲变化

性欲是母羊愿意接受公羊交配的一种行为。发情母羊随着发情时间的发展,表现有强烈的交配欲,如主动接近公羊,接受爬跨,有时也爬跨其他母羊。发情母羊的外部表现,常常在接近公羊时表现得最为明显。因此在生产实践中,常常采用公羊试情。

3. 子宫颈的变化

子宫颈松弛张开,分泌物大大增加,分泌的黏液由稠变稀。当发情结束时,分泌物又变稠,同时子宫颈口收缩。

4. 阴道的变化

阴道松弛充血且有大量黏液分泌。在发情前期,黏液透明有牵缕性,量多,流出于阴门外;发情期,黏液量稍减,较浑浊而且为碱性,这与刺激精子的活力有密切关系;发情后期,黏液变黏稠,呈白色糊状如猪油;发情结束后的间情期,黏液像软膏一样的凝块。

5. 外阴部的变化

发情母羊外阴部变松弛、充血、肿胀,阴蒂也有充血和勃起现象,这些变化也都有利于交配(图3-2-1)。

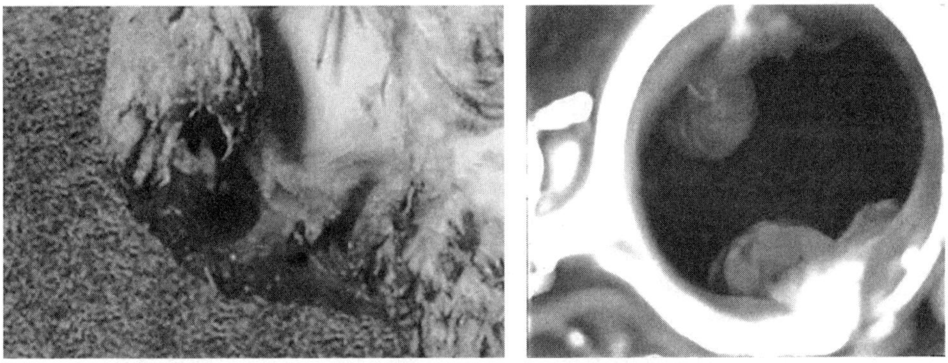

图3-2-1　母羊外阴部的变化

母羊在某一时期出现上述特征,通常称为发情。母羊从开始表现上述特征到这些特征消失为止,这一时期叫发情持续期。母羊的发情持续期与品种、个体、年龄和季节等有密切的关系,如中国美利奴羊为1～2 d,小尾寒羊为1.5～2 d。羊在发情期内,若未经配种,或虽经配种但未受孕时,经过一定时期会再次出现发情现象。发情周期同样受品种、个体和饲养管理条件等因素的影响，如阿勒泰羊为 16～18 d，湖羊为 17.5 d，成都麻羊为 20 d，雷州山羊为 18 d。

【任务目标与质量要求】

制定本牧场母羊发情鉴定操作规程和鉴定标准，熟练运用外部观察法、阴道检查法、试情法等发情鉴定手段，提高本牧场发情母羊检出准确率，达到 90% 以上。过程中使学徒具备工作仔细、认真职业精神；团队合作意识；培养学徒主动学习掌握新知识并运用于岗位工作能力。

【学习产出目标】

(1) 熟知母羊发情相关概念及规律，能够熟练生产运用。

(2) 制定本牧场母羊发情鉴定操作规程及标准。

(3) 熟练运用外部观察法、阴道检查法、试情法等发情鉴定手段进行发情鉴定。

(4) 准确登记发情羊的检查记录。

【工作程序与方法要求】

一、外部观察法

绵羊的发情期短，外部表现也不太明显，发情母羊主要表现为喜欢接近公羊，并强烈摇动尾部；当被公羊爬跨时站立不动，外阴部分泌少量黏液。

二、阴道检查法

进行阴道检查时，先将母羊保定好，清洗外阴部、开膣器经清洗、消毒、烘干后，涂上灭菌过的润滑剂或用生理盐水浸湿。操作人员左手横向持开膣器，闭合前端，慢慢插入，轻轻打开开膣器，如发情母羊阴道黏膜充血，表面光亮湿润，有透明黏液流出，子宫颈口充血、松弛、开张并有黏液流出，则可确定母羊处于发情状态。

三、试情法

1. 试情公羊的准备

试情公羊必须是体格健壮、无疾病、性欲旺盛、2～5 周岁的公羊。为了防止试情时公羊偷配母羊，要给试情公羊绑好试情布（图 3-2-2）。

图 3-2-2　试情

2. 试情公羊应单圈喂养

试情公羊除试情外，不得和母羊在一起。每日早、晚各 1 次，定时放入母羊群中。试情公羊要给予良好的饲养条件，保持活泼健康。隔 5～6 d 排精或本交 1 次，以保证公羊具有旺盛的试情，试情结束后应及时将试情公羊隔出。

3. 试情方法

试情公羊与母羊的比例要合适，以 1 ：(20～25) 为宜。每天早、晚各进行 1 次。试情公羊进入母羊舍后，管理人员不要哄打和喊叫。发现有站立不动并接受公羊爬跨的母羊表示已发情，要迅速挑出。有些发情母羊，主要表现愿意或喜欢接受公羊，并强烈摇尾。发情母羊只分泌少量黏液，因此要准确判定。试情公羊试情过程见图 3-2-3。

图 3-2-3　试情公羊试情过程

【业务知识】

(1) 随着第一次发情的到来，在雌激素的作用下，生殖器官增长迅速，生长发育日趋完善，具备了繁殖能力，此时称为性成熟期。一般理论上来说性成熟后就能配种繁殖后代，但这时其自身的生长发育尚未成熟，体重仅为成年羊的 40%～60%，因而性成熟期并非适宜配种年龄。因为母羔配种过早，不仅会严重阻碍自身的生长发育，还会影响后代的生产性能。一般初配母羊体重应达到成年羊体重的 65%～70%。

(2) 母羊的性成熟期主要受品种、个体、气候和饲养管理条件等影响。早熟的肉用羊比晚熟的毛用羊性成熟早，温暖地区较寒冷地区、饲养管理条件好的较饲养管理条件差者性成熟也较早。

(3) 每天清晨(或早、晚各 1 次)，按母羊数的 1%～2% 配备试情公羊，将试情公羊赶入待配母羊群中进行试情。

(4) 凡愿意与公羊接近，并接受公羊爬跨的母羊即认为是发情羊，应及时将其捕捉并送至发情母羊圈中。有的处女羊发情征状表现不明显，虽然有时和公羊接近，但又拒绝接受爬跨，这种情况也应将羊捕捉，然后辅之以阴道检查判定。

(5) 在试情过程中要始终保持安静，禁止无故惊扰羊群。为了抓尽发情母羊，每天试情时间视季节而异，7～9 月份配种的应不少于 1.5 h，10～12 月份配种的应不少于 1 h。

(6) 为了防止试情公羊偷配，试情时应在试情公羊腹下系上试情布，试情布要扎结实，防止阴茎脱出造成偷配事故。每次试情结束，要清洗试情布，以防布面变硬，擦伤阴茎。

【业务经验】

1. 应用生殖激素治疗卵巢疾病

(1) 对卵巢机能减退的羊，用卵泡刺激素于发情前肌内注射 100～200 IU，两天 1 次，连用 1～3 次；同时用人绒毛膜促性腺激素 50 IU 加生理盐水 20 mL 灌注子宫 1 次。注意观察母羊，出现发情特征后，再用黄体生成素 50 mg 肌内注射 1 次，即可配种。

(2) 对患有持久黄体的羊，每只用氯前列烯醇 2 mL 肌内注射，两天 1 次，连用 1～3 次；于初次用药后的第 3 天，同时肌内注射 2 mg 雌激素。可有效溶解黄体，促进卵泡发育成熟。

(3) 对发情体征不明显的羊，于发情时用促性腺释放激素 2 mL 肌内注射，间隔 12 h 后再注射 1 次。可加速卵泡成熟排卵和提高受孕率。

2. 对症治疗子宫性疾病

(1) 对子宫复位不全、恶露不尽的羊，用垂体后叶激素 100 IU 肌内注射，同时按每千克体重肌内注射青霉素 4 万 IU、链霉素 10 mg，2 次 /d，连用 3 d。

(2) 对患有子宫内膜炎的羊，用 0.1% 高锰酸钾溶液反复冲洗子宫 2～3 次；也可用子宫灌注剂（如宫再佳等药物）灌注 50～100 mL。同时于冲洗后的子宫内放入土霉素缓释剂 3 g，也可用头孢噻呋钠等抗生素进行肌内注射治疗。

3. 母羊不发情的原因

(1) 微量元素的缺乏　母羊缺锰现象较多见，最明显的症状是不发情、无性欲、不孕，即使妊娠，其妊娠期延长，所生羔羊出现骨短粗、滑腱、前肢呈“八”字形或罗圈腿，平衡失调等现象。

(2) 消瘦、肥胖和管理失误等　消瘦、肥胖、管理失误、生产利用过度等，大多属人为因素引起。过瘦、过胖引起的不育易于诊断。如机体太瘦、营养不良，当卵泡发育至一定时候就会萎缩，甚至形成持久黄体，引起不孕。

(3) 内分泌营养失调　动物繁殖性能直接受内分泌功能调节，内分泌功能紊乱，如雌激素分泌不足、甲状腺功能低下、衰老、卵巢机能不全、卵巢硬结等直接或间接地影响繁殖机能，造成不育。

4. 母羊不发情如何做

(1) 加强饲养管理，促进发情配种　控制初配年龄和体重，防止早配；无论初产或经产母羊，在配种前（即春季的 3 月份，秋季的 9 月份）1 个月左右要加强母羊营养，多喂青绿多汁的饲草料，并根据体况适当补充富含维生素、矿物质的精饲料，增加日照时间，保持母羊中上等膘情。对过肥母羊，要适当降低日粮营养水平，加强运动，消耗体内沉积的脂肪，促进卵泡发育。种公羊要单圈饲养，不做种用的小公羊适时去势；及时轮换种羊，避免近亲繁殖；及时淘汰年老体弱和患有生殖系统疾病的母羊。

(2) 应用生殖激素，治疗卵巢疾病　对卵巢机能减退的羊，用卵泡刺激素于发情前肌内注射 100～200 IU，两天 1 次，连用 1～3 次；同时用人绒毛膜促性腺激素 50 IU 加生理盐水 20 mL 灌注子宫 1 次。注意观察母羊，出现发情特征后，再用黄体生成素 50 mg 肌内注射 1 次，即可配种。

【知识拓展】

(1) 绵羊是季节性繁殖动物。一般配种季节在日照缩短、气温下降的 9～11 月份，但在纬度较低而饲养管理较好的地方，也能全年发情配种。发情持续期为 1～2 d，发情周期平均 17 d，妊娠期 151～152 d。性成熟和初配年龄因品种类型和饲养管理而异，母羊 4～10 月龄性成熟，繁殖年限 6～8 年。公羊 5～7 月龄性成熟，18～20 月龄初配，繁殖年限 6～8 年。

(2) 性成熟是指性器官已经发育完全，具有产生繁殖能力的生殖细胞和性激素。绵羊的性成熟时期，虽因品种和分布地区的不同而略有差异，但一般是在 5～8 月龄，在这个时候，公羊可以产生精子，母羊可以产生成熟的卵子，如果此时将公、母羊相互交配，即能受胎。但要指出：绵羊达到性成熟时并不意味着可以配种，因为绵羊刚达到性成熟时，其身体并未达到充分发育的程度，如果这时进行配种，就可能影响它本身和胎儿的生长发育，因此，公、母羔在4月龄断奶时，一定要分群管理，以避免偷配。绵羊母羊性成熟一般为6月龄，早的5月龄。母羊体成熟12～15月龄，当体重达到成年母羊的60%时，可进行第一次配种，一般初配年龄可以提前到6～7月龄。

(3)适宜的配种期依当地的气候、牧草条件、母羊膘情和最适宜的接羔时间而定，同时也考虑饲料、羊舍和劳力等因素，而以产冬羔为最佳。配种方法采用人工输精或自然交配。良好的接羔和育羔工作可提高成活率。

(4)母羊产后发情伴有子宫炎，其发病原因有助产不当、胎衣不下、护理不当等。病羊水门会流有一些恶臭的黏液，个别严重的病羊还会伴有高烧等全身感染的症状，同时病羊还会出现发情异常或屡配不孕的现象。对于本问题应以预防为主，母羊生产时严格对环境进行消毒，合理进行助产并注意器具及人员消毒，产后前3 d可给母羊注射抗生素防止子宫炎的发生，产后前7 d可每天用100～200 g益母草干品或500 g新鲜益母草给母羊煮水喝，以促进母羊恶露排出及产后恢复。母羊患子宫炎后可采用0.1%高锰酸钾溶液或加入抗生素的生理盐水进行灌注冲洗，同时采用鱼腥草注射液或益母草注射液配合抗生素进行抗炎治疗。

【工作任务实施记录与评价】

一、工作任务实施记录

1. 工作任务：母羊发情鉴定

序号	耳号	胎次	产羔日期	体况	产羔数	检查日期	外部观察法	阴道检查法	试情法	推断配种时间
1										
2										

2. 工作任务实施记录

师傅指导记录	鉴定结果			评价过程
	总鉴定头数	准确鉴定头数	鉴定准确率/%	
日期：　年　月　日 指导内容：外部观察发情鉴定				
日期：　年　月　日 指导内容：阴道检查发情鉴定				
日期：　年　月　日 指导内容：试情法发情鉴定				

二、绩效评价

序号	任务项目	理论考核 25%	操作考核 75%	权重	师傅签字
1	外部观察法			15%	
2	阴道检查法			15%	
3	试情法			65%	
4	其他			5%	
合计					
学习收获					

采精作为人工输精的第一步是非常重要的一个环节，为了保证种公羊射精完全，采集到量多且优质的精液，并且要保证操作稳当、迅速、安全，需要掌握关键的采精方法。

任务2　种公羊采精

【专业知识准备】

一、公羊的生殖器官组成

公羊的生殖器官包括腺体，即睾丸；输送管道，即附睾、输精管和尿生殖道；副性腺，即精囊腺、前列腺、尿道球腺及输精管壶腺；外生殖器官，即阴茎（图 3-2-4、图 3-2-5）。

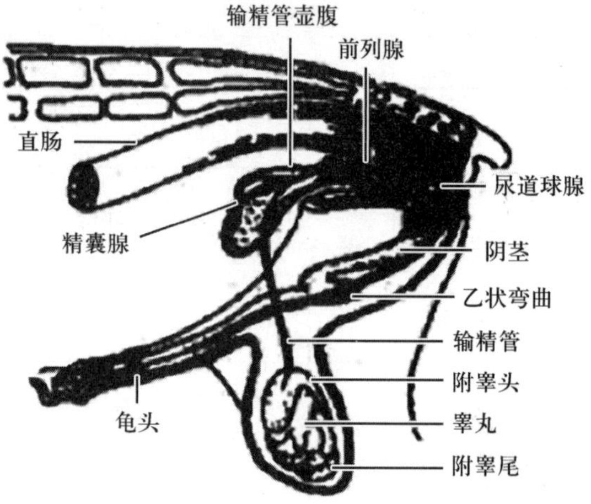

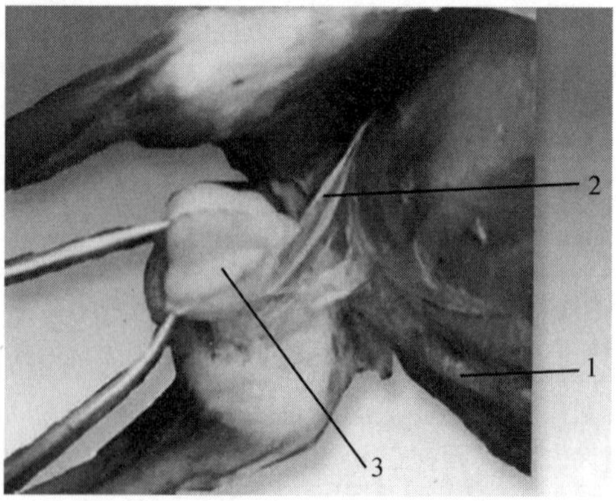

图 3-2-4　公羊生殖器官图

1. 阴茎　2. 鞘膜管及精索　3. 睾丸纵切面

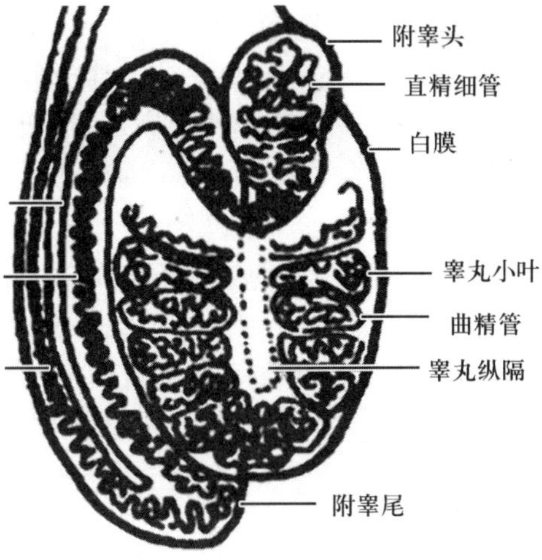

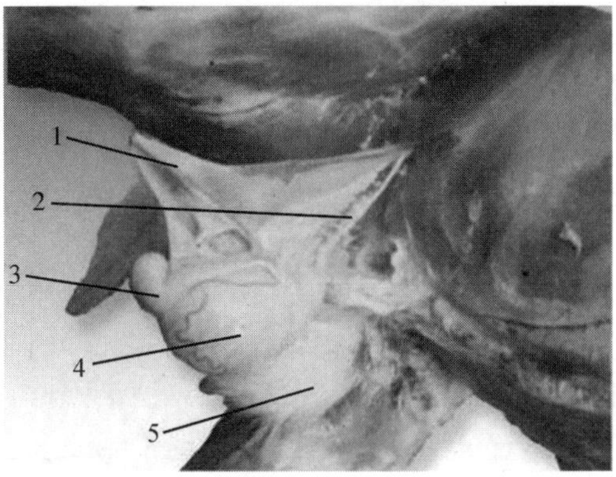

图 3-2-5　公羊睾丸构造模式图

1. 总鞘膜　2. 精索　3. 附睾头　4. 睾丸固有鞘膜　5. 阴囊

二、公羊生殖生理特点

(1) 睾丸　睾丸为雄性生殖腺体，是产生精子的场所，并能合成和分泌雄性激素，以刺激公羊生长发育，促进第二特征及副性腺的发育。成年公羊的睾丸呈长卵圆形，左右两个，一般左侧略大。附睾贴附于睾丸的背后缘，分头、体、尾三部分。附睾具有储存、运输精子的作用，也是精子最后成熟的地方。

(2) 副性腺　副性腺是精囊腺、前列腺、尿道球腺等腺体的总称。副性腺的分泌液与输精管壶腺的分泌液混合，形成精清。精清与精子共同组成精液。

(3) 精液输送器官　精液经过附睾管、输精管及尿生殖道排出。

(4) 外生殖器官　即阴茎，具有将精液送入母羊生殖道内的作用。

【任务目标与质量要求】

制定本牧场人工采精的操作规程，熟练掌握采精前的消毒和种公羊调教工作。熟练运用采精器械进行种公羊的假阴道人工采精技术，提高本牧场种公羊的利用率。过程中使学徒具备工作仔细、认真职业精神；团队合作意识；培养学徒主动学习掌握新知识并运用于岗位工作能力。

【学习产出目标】

(1) 熟悉采精器械的洗涤和消毒方法。

(2) 掌握种公羊的调教技术。

(3) 掌握羊假阴道法采精的操作程序及操作技术要领。

【工作程序与方法要求】

一、采精前的准备

(1) 采精场的准备　采精应有专门的场地，以便公畜建立稳固的条件反射。采精场要紧靠精液处理室，需宽敞明亮、平坦、清洁、安静、有较好的环境调控设施。

(2)台畜的准备　台畜是供公畜爬跨用的台架，有真台畜和假台畜之分。真台畜一般是发情母畜或调教的公畜。使用假台畜采精既简单方便又安全，假台畜是模仿家畜的外形制成的，固定在地面上，其大小与真畜相近。假台畜的外层覆以棉絮、泡沫等柔软之物，也可用畜皮包裹，以假乱真。

(3)假阴道的准备　假阴道(图 3-2-6)的结构是模仿母畜阴道的生理条件而设计的一种采精工具，虽然各种家畜假阴道的外形、大小有所差异，但其组成基本一致。假阴道由外壳、内胎、集精杯、活塞(气嘴)、固定胶圈等部件构成。假阴道经过正确安装后，通过注水、消毒、涂抹润滑剂、调压、测温等调试，具有适宜的温度(38～40 ℃)、适当的压力和一定的润滑度。

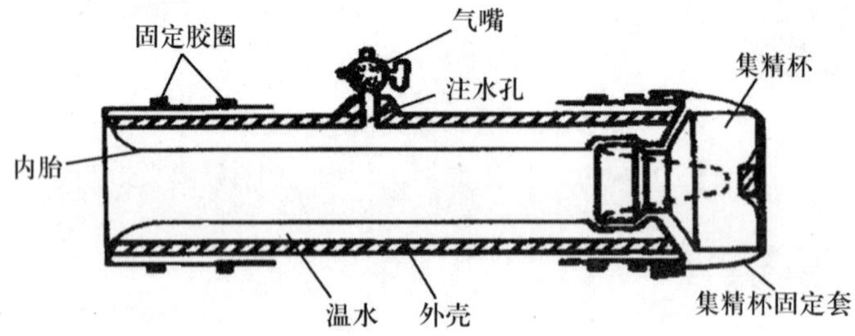

图 3-2-6　假阴道

(4)公畜的准备　公畜精液品质的好坏与其体况密切相关。公畜必须保持良好的繁殖体况，给予全价饲料，精心饲养管理，加强运动，注意畜体与畜舍的环境卫生，做好疾病的预防和治疗工作。在每次采精前，需彻底清洗公畜的阴茎和包皮。

(5)采精员的准备　采精员熟知采精技术操作，动作敏捷，操作时要注意人畜安全。了解每一只公畜的采精条件和特点。操作前，要求穿上长筒胶靴，身着紧身利落的工作服，避免与公畜及周围物体勾挂，影响操作。指甲剪短磨光，手臂要清洗消毒。

二、采精技术操作

(一)假阴道的安装

先将内胎装入外壳，内胎光滑面朝上，露出外壳的两头要求等长，然后将内胎的一端翻套在外壳上，同样的方法套好另一端，然后在两端分别套上橡皮圈固定内胎(图 3-2-7)。

图 3-2-7　假阴道组件

(1)检查　外壳有无裂缝或小孔，内胎是否漏气，有无裂损，活塞是否漏气，扭动是否灵活，集精杯是否破裂。

(2)安装内胎　将内胎装入外壳上拉直，夹在大腿之间，将内胎两端翻卷于外壳上，要求松紧适度、不得扭曲，内胎中轴与外壳中轴重合，即“同心圆”，调试呈“Y”形。

(3)消毒　用长柄钳子夹酒精棉球，由里向外螺旋式对内胎进行擦拭消毒，同时对集精杯消毒。采精前，最好用稀释液冲洗 1～2 次。然后将消毒好的集精杯安装在假阴道的一端，并固定好。

(4)注水　由注水孔向外壳内注入 50～55 ℃的温水，水量为外壳与内胎容积的 1/3～2/3，注水完毕装上活塞。

(5)涂抹润滑剂　用玻璃棒蘸取凡士林由外向内在内胎上均匀涂抹，深度在外壳长度的 1/2 左右。

(6)测温　将温度计插入注水孔内测量温度，要求内腔温度为 38～40 ℃。

(7)调压　用二联充气球调压，假阴道入口处内胎呈“Y”形。

(8)防尘和保温　调试结束后，在假阴道的入口端以消毒纱布盖好，装入保温箱内备用。

（二）假阴道的调试

(1)消毒　用长柄镊子夹取 75% 酒精棉球内胎，从一侧开始，由气嘴中间螺旋式擦拭向外端，再转过另一端，同样是由气嘴中间螺旋式擦拭向外端，待酒精挥发后，再用生理盐水擦拭假阴道靠集精杯的一端。

(2)调水、调压、润滑　左手握住假阴道的中部，右手用烧杯将温水(50～55 ℃)从外壳的注水孔灌入，水量为外壳与内胎间容积的 1/3～2/3(假阴道呈 45° 角竖立，水面达灌水孔即可)。然后，关上带活塞的气嘴，并将活塞关好。用消毒后的玻璃棒取少许凡士林，在假阴道内胎采精端均匀涂抹一薄层，其深度以假阴道的 1/2 为宜。扭动气嘴的活塞，从气嘴吹气，使涂凡士林一端的假阴道口呈三角形，松紧适度。假阴道内检查温度以采精时达到 38 ℃为宜(图 3-2-8)。

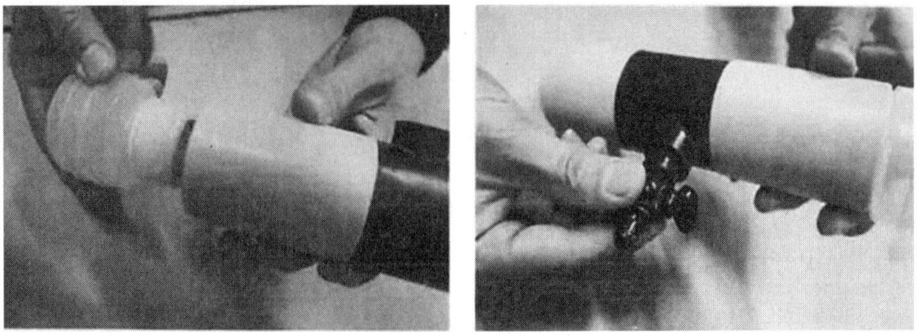

图 3-2-8　假阴道的调试

（三）羊的假阴道法采精

采精时，采精员多站在台畜的右后方。在公羊爬跨台畜的瞬间，迅速将假阴道靠在台畜尻部，使假阴道的长轴与公羊阴茎伸入方向一致，用左手托起阴茎中后部，使其自然进入假阴道。操作时要注意动作的协调性。当公羊射精完毕从台畜上跳下时，持假阴道跟进，收集最后一滴精液。当公羊阴茎自然脱离假阴道后，取下集精杯，把精液送到处理室备检(图 3-2-9)。

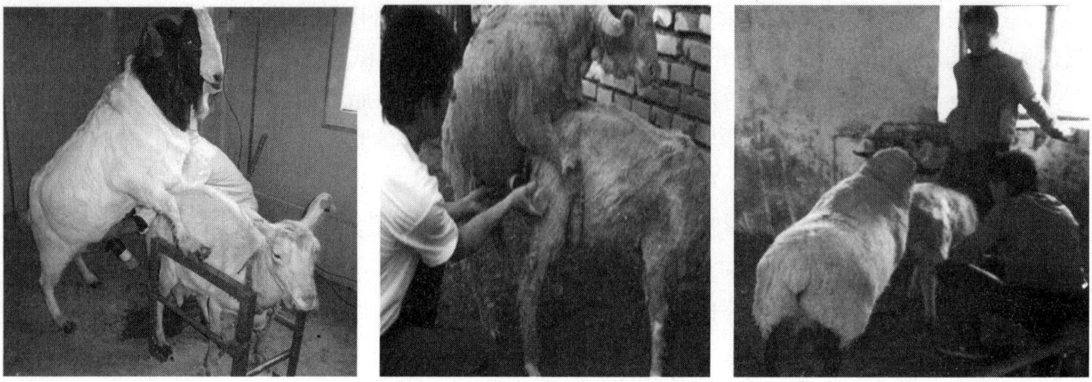

图 3-2-9 采精

【业务知识】

种公羊的调教训练方法

(1)同圈法 对于初次参加配种的公羊,可以把它和母羊关在一起,让母羊刺激公羊的性欲,使其爬跨。

(2)诱导法 对于初次参加配种的公羊,可以让年龄大的公羊进行爬跨采精,让其在一旁观摩学习,然后把其放开,就会自己去爬跨了。

(3)按摩法 对于一些性欲差的公羊,可以先用冷水洗毛巾,用毛巾擦拭公羊睾丸,然后再用戴手套经过消毒的手,按摩公羊的睾丸 1～2 min,隔 10 min 再按摩 1 次,大概 2～3 min,能有效刺激公羊的性欲。

(4)药物法 对于个别公羊,如果采用同圈法、诱导法、按摩法都没有明显效果时,可以给公羊注射睾酮素,2 次 /d,每次 2 mL,连续注射 1.5～2 d,即可有效提高公羊性欲。

【业务经验】

(1)在配种期前 1 个月对种公羊进行采精训练。

(2)采精员要固定,尽可能不要更换。

(3)假阴道的压力要合适,压力过高或过低都会影响采精。

(4)在正式配种开始前的 1 周,要对公羊进行适应性采精,让公羊习惯采精。

【知识拓展】

羊的采精注意事项

(1)清洁卫生 采精时,假阴道的消毒很重要,要保证其无菌操作。先用冷开水洗净晾干后,用 95% 的纯酒精消毒,至酒精挥发无味时,再用 1% 的生理盐水消毒擦拭晾干备用。集精瓶的消毒也用同样的方法。公羊腹部(即阴茎伸出处)的毛必须剪干净,防止羊毛掉入精液内;包皮洗净消毒。环境要求卫生,不允许有尘土飞扬的现象,防止污物、尘埃进入精液而降低精液质量。

(2)温度适宜 假阴道内的温度应在 40 ℃左右,不宜太高或太低。

(3)角度准确　假阴道应置于水平斜向上 30～45° 角,绝不能向下倾斜,否则射精不多或不射精。要求位置正确,技术到位。

(4)安静环境　在采精的过程中,不允许大声喧闹,不允许太多的人围观,评头论足,使绵羊感受环境压抑而不进入工作状态。绝不允许吸烟,因为烟雾对精子有杀伤作用。不能烦躁,对公羊拳打脚踢、棍棒交加。整个过程应镇静自若,细心慢慢地进行。

(5)合理利用公羊　公羊的采精一般限制 1 次 /d,如果一天采 2 次则应隔天再采,每周采精不超过 5 次。如果次数过多,会造成公羊身体力衰,精子活力降低,甚至造成不射精的现象。

(6)种公羊要科学补饲　对公羊要补足精料,加强营养。采精期间,必须给公羊加精料以补充营养,每天精料 1～1.5 kg,胡萝卜 1～1.5 kg,鸡蛋 2～4 个。期间,公羊应加强运动,让其有充沛的体力。

【工作任务实施记录与评价】

一、工作任务实施记录

1. 工作任务:种公羊采精记录

序号	耳号	公羊年龄(月)	体况	采精日期	采精次数	采精时间	采精量
1							
2							

2. 工作任务实施记录

师傅指导记录	学徒任务实施记录	评价过程
日期:　年　月　日 指导内容:采精前准备		
日期:　年　月　日 指导内容:假阴道安装		
日期:　年　月　日 指导内容:采精操作		

二、绩效评价

序号	任务项目	理论考核 20%	操作考核 80%	权重	师傅签字
1	采精前准备			20%	
2	假阴道安装			15%	
3	采精			60%	
4	其他			5%	
合计					
学习收获					

精液品质检查的目的是为了评定精液品质的优劣,以便决定是否用于输精配种,同时,也为确定精液的稀释倍数提供科学依据。

任务3　精液品质检查

【专业知识准备】

一、精液的组成

精液由精清和精子两部分组成。精清主要由副性腺的分泌物、睾丸液和附睾液组成。羊的精液的量少,密度大。

二、精清的化学成分

(1)无机成分　主要有水、钾、钠、钙、镁、氯、磷和氮。阳离子以钾为主,常以柠檬酸盐形式存在;阴离子以氯和磷酸根为主。

(2)糖类　主要是果糖,其次是葡萄糖、山梨醇和肌醇,来源于精囊腺和输精管壶腹部的分泌物,是精子活动能源。

(3)柠檬酸　来自精囊腺的分泌物,是一种重要的可防止或延缓精液凝固的缓冲剂。

(4)甘油磷酸胆碱　来自附睾的分泌物,可以供给精子能量,但只有在母畜生殖道内才能被利用。

(5)抗坏血酸(维生素C)　其含量与精子受精有关,含量高的受精能力也高。

三、精子的形态结构和生理特点

(一)精子的形态结构

羊的精子的头部为椭圆形,精子的长度为50～70 μm,须在显微镜下才能看到。精子外形可分为头、颈和尾三个部分(图3-2-10)。

(二)畸形精子

(1)头部畸形　窄头、头基部狭窄、梨形头、圆头、巨头、小头、头基部过宽、头发育不全、顶体脱落等。头部畸形可能是由于细胞分化或精细胞变形过程中某些不良因素的影响而引起(图3-2-11)。

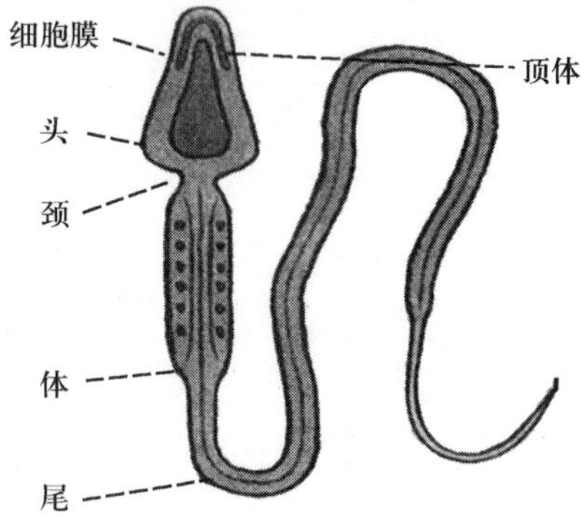

图3-2-10　精子结构

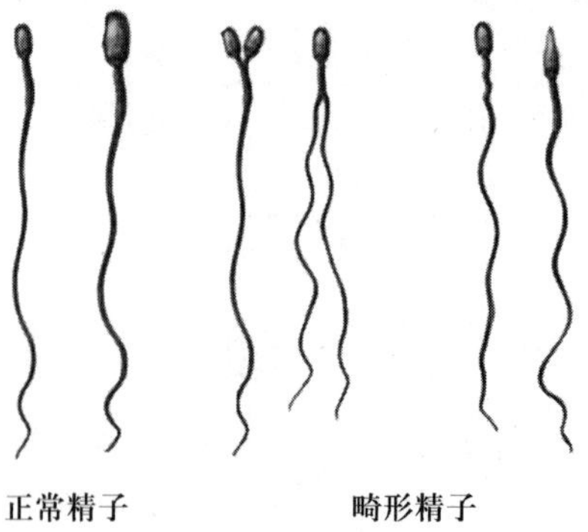

图3-2-11　常见的畸形精子
(头部偏大,双头,双尾,颈部异常和头部异常)

(2)尾部畸形　中段卷曲、线粒体鞘脱落、双尾、中段携带原生质滴等，尾段带原生质滴、尾段缺失、卷尾、尾部发育不全、无尾、双尾等(图 3-2-11)。

(三)精子的生理特点

1. 精子的运动

①精子运动的方式有直线前进、原地摆动和转圈运动；②精子运动的特性有向流性、向触性和趋化性；③精子运动靠尾部的摆动，其机理是由于相邻双微管相互滑动所致，ATP 能激发双联微管的滑动。

2. 精子的代谢

(1)精子的糖酵解　在无氧条件下，精子利用来自于精清或稀释液中的果糖、葡萄糖或甘露糖分解成乳酸而取得能量。精液中的精子酵解的几乎都是果糖。

(2)精子的呼吸　精子的呼吸和糖酵解是精子分解代谢中密切相关的生物化学过程。在有氧条件下，精子可将糖酵解的乳酸，通过呼吸消耗氧进一步分解为 CO_2 和水，产生比糖酵解大得多的能量，称为有氧氧化，或精子的呼吸。

精子的呼吸作用主要在尾部的中段线粒体鞘内进行。产生的能量主要用于精子的活动。精子在没有精清和稀释液提供的代谢物质时，会分解自身的贮存物质如磷脂、蛋白质等，称内源呼吸。

3. 精子的形成

精子的形成共分为四个阶段：①第一阶段是精原细胞的分裂和初级精母细胞的形成。精原细胞的首次分裂同时产生一个活动的精原细胞(初级精母细胞)和一个暂时休眠的干细胞，此阶段细胞分裂为有丝分裂；②第二阶段是初级精母细胞进行第一次减数分裂。这次减数分裂是一个染色体复制加倍的过程，分裂后每个次级精母细胞含有两个染色单体的单组染色体。此过程中 1 个初级精母细胞产生 2 个次级精母细胞；③第三阶段是初级精母细胞的第二次减数分裂和精子细胞的生成。此过程次级精母细胞在短时间由 1 个细胞分裂成 2 个精细胞；④第四阶段是精子细胞变形和精子的形成。最初的精子细胞为圆形，随后在形态上发生明显变化，细胞核变为精子头部的主要部分，高尔基体形成顶体，中心小体变成精子的尾，线粒体逐渐聚集在尾的中段形成该段特有的线粒体鞘膜。细胞的原生质浓缩为一个球形的原生质滴，附着在精子的颈部。通过这个变形过程，圆形的精子细胞逐渐形成蝌蚪状的精子，并脱离精细管上皮的足细胞，游离于精细管腔。

4. 睾丸产生精子的速度

公羊每克睾丸组织每日产生的精子为 $(2.4\sim2.7)\times10^7$ 个。

【任务目标与质量要求】

检测每只公羊每次采得精液的量、色泽、云雾状、气味；掌握精液直观指标检查项目和方法、精子活力检查估测及评级方法、精子的形态观察及畸形率测定。掌握精液稀释液的基本成分及比例、配制精液稀释的基本流程、稀释倍数、稀释方法、稀释后每毫升精子数量。严格按照操作规程和操作技术进行稀释液配制和精液稀释。

【学习产出目标】

(1)掌握精液质量的直观指标检查方法和精子活力估测及评级方法。

(2)熟悉精子的正常形态及畸形率判断。

(3)掌握精液的不同保存方法、精液稀释液配制的一般程序。精液稀释的方法、液态精液的保存方法。

(4)掌握用血球计数板进行精子密度的测定方法,掌握用仪器与装置进行精子密度快速测定的方法。

【工作程序与方法要求】

一、精液品质检查

对采集的精液,要及时进行精液品质检查,判定精液的数量和品质,以保证人工输精的受胎率。精液品质检查主要从两方面进行。第一方面是外观检查,也称感观检查,即用视觉、嗅觉等感觉器官判定精液的数量和品质;另一方面,是利用显微镜进行微观检查,准确评定精液品质。

1. 外观检查

(1)采精量　采精后即可测出精液量的多少。每只种公羊采精量通常在 0.5～1.5 mL,平均为 1 mL,如有精液量的差异,应及时查明原因,及时调整或治疗。

(2)颜色　精液一般为乳白色或淡黄色,精子密度越大,精液的颜色越深。如果精液颜色异常属不正常现象。若精液呈红色说明混有陈血;精液呈淡黄色则是混有脓汁或尿液。颜色异常的精液应废弃,立即停止采精,查明原因及时治疗。

(3)气味　正常精液略带有腥味,羊精液除具有腥味外,另有微汗脂味。气味常常伴有颜色的变化。

(4)云雾状　羊的精液精子密度大,放在玻璃容器中观察,精液呈上下翻滚状态,像云雾一样,称为云雾状。这是精子运动活跃的表现。

2. 精子的活力检查

活力是精液检查的重要指标之一,在采精后、稀释前后、保存和运输前后、输精前都要进行检查。也采用平板压片、悬滴法进行监测,也可以用精子活力检测器进行监测。鲜精要求活力大于 0.7,冷冻精液大于 0.3(图 3-2-12)。

3. 精子的密度检查

羊的精液精子密度较大,为观察方便,可用等渗溶液如生理盐水等稀释后再检查。温度对精子活力影响较大,为使评定结果准确,要求检查温度在 37 ℃左右,需用有恒温装置的显微镜,要求采精后精液密度中等以上(图 3-2-13)。

4. 精液的其他检查

精子的畸形率检查。凡形态和结构不正常的精子都属畸形精子。羊精子畸形率不超过 14%。如果畸形精子超过 20%,则视为精液品质不良,不能用于输精。

二、精液的稀释

1. 精液稀释液的种类

稀释液应选择易于抑制精子活动,减少能量消耗,延长精子寿命的弱酸性稀释液。

(1)生理盐水稀释液　是用注射用生理盐水或经过过滤消毒的 0.9% 氯化钠溶液作稀释液。此种稀释液简单易行,稀释后的精液应在短时间内使用,是目前生产实践中最为常用的稀释液。但用这种稀释液稀释时,稀释的倍数不宜太高,一般以 2 倍以下为宜。

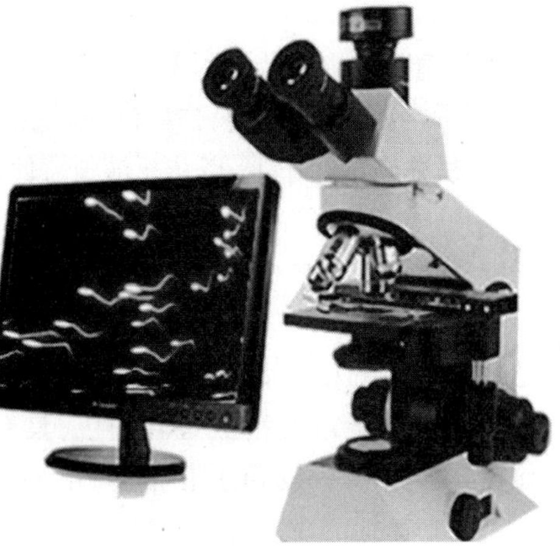

图 3-2-12 精子活力监视器

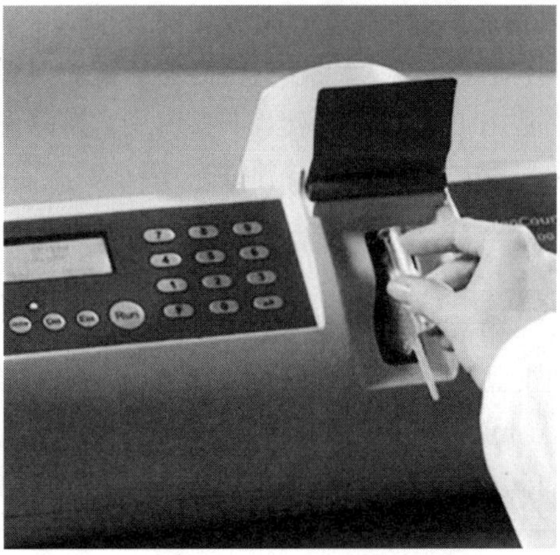

图 3-2-13 精子密度仪

(2) 奶汁稀释液　奶汁先用 7 层纱布过滤后，再煮沸消毒 10～15 min，降至室温，去掉表面脂肪即可。这种稀释液稀释效果好，但稀释倍数以 3 倍以下为宜。

(3) 葡萄糖卵黄稀释液　在 100 mL 蒸馏水中加葡萄糖 3 g、柠檬酸钠 1.4 g，溶解后过滤 3～4 次，蒸煮 30 min 后灭菌，降至室温，再加新鲜卵黄（不要混入蛋清）20 mL，最后加青霉素 10 万 U，振荡溶解。这种稀释液有增加营养的作用，可做 7 倍以下的稀释。

2. 精液稀释倍数的确定

根据镜检得出精子密度确定稀释倍数，根据稀释倍数计算出应加入的稀释液的量，用量杯量取应加的稀释液。稀释前将 2 种液体置于同一温水中，然后将稀释液沿着精液瓶缓缓倒入，为使之混合均匀可稍加摇动或反复倒动 1～2 次，稀释完毕后，立即进行活力镜检，并将镜检结果填入采精登记表。

3. 精液的分装

将稀释好的精液根据各输精点的需要量分别装于 2～5 mL 小试管中，精液面距试管口不少于 0.5～1.0 mL，然后用玻璃纸和胶圈将试管口扎好，在室温下自然降温。分装后贴上标签，标签上注明精液采集的日期、时间、活力、密度、公羊的品种。

4. 精液的保存

(1) 常温保存　精液稀释后，保存在 20 ℃左右的室温环境中。在这种条件下，精子运动明显减弱，可在一定限度内延长精子存活时间。常温保存只能保存 1 d。

(2) 低温保存　在常温保存的基础上，温度进一步缓慢降至 1～5 ℃。可用直接降温法，将精液装入小试管内，外面包以棉花，再装入塑料袋内，直接放入装有冰块的广口保温瓶或保温箱中，使温度逐渐下降。低温下保存的有效时间为 2～3 d。

(3) 冷冻保存　将稀释后的精液制作成固态的颗粒或细管精液，在 −196 ℃的液氮罐中长期（数年）保存。利用液氮罐保存的冷冻精液，要定期添加液氮，液氮面不得低于容器的 1/3，并要没过精液。若发现液氮罐表面挂霜或确有水珠时，说明液氮罐的绝热性能不好，应及时转移精液。

5. 精液的运输

运输精液时要防止剧烈震动，降温或升温都要缓慢进行，每次输送的精液都要注明公羊号、采精时间、精液量和精液品质。

在近距离运送精液时，不必进行降温，将装有精液的集精瓶或小试管口封严，用棉花包好放入保温瓶中即可。远距离运输时，可用直接降温法降温。运输冷冻精液时，要轻拿轻放液氮罐，防止碰撞。罐外加外套或木箱保护。用车辆运输时应加防震垫，并固定在车上，以防止液氮罐倾倒。

【业务知识】

1. 精液品质检查

外观检查主要是检查精液量，从集精瓶的刻度上看公羊的精液量，公羊的一次射精量一般是 1 mL，多的可以到 2 mL，同时查看精液的颜色和气味。正常的精液是乳白色，具有特别的气味，但不是臭味。能用作人工输精的精液，在显微镜下所看到的精子非常多，精子和精子之间差不多没有空隙，只见无数精子在运动。在显微境下看到的精子中，大约有 80% 做直线活动，其余 20% 或做回旋运动，或者不前进。精子的活动情况和室内温度有很大关系，温度高了，精子活动就快，温度低了，精子活动就减弱。因此，检查精子活力时，规定室内温度必须保证 18～25 ℃，精液处理室的室温应经常维持温暖，并在墙上挂一支温度计。

2. 精液稀释

(1) 增加精液容量和扩大配种母羊的头数。在公羊每次射出的精液中，所含精子数目甚多，但真正参与受精作用的只有少数精子，因此，将原精液做适当的稀释，可增加精液容量，进而可以为更多的发情母羊配种。

(2) 延长精子的存活时间，提高受胎率。精液经过适当的稀释后，可以延长精子的存活时间，其主要原因是减弱副性腺分泌物对精子的有害作用。因为副性腺分泌物中含有大量的氯化钠和钾，它们会引起精子膜的膨胀并中和精子表面的电荷；能补充精子代谢所需要的养分；缓冲了精液中的酸碱度；抑制细菌繁殖，减弱细菌对精子的危害作用。由于精液稀释后延长了精子的存活时间，故有助于提高受胎率。

(3) 由于精液通过适度的稀释，可延长精子的存活时间，有利于精液的保存和运输。

【业务经验】

1. 精液的品质检查注意事项

(1) 精液量　以电子天平称量精液，按 1 mL/g 计，避免以量筒等转移精液盛放容器的方法测量精液体积。

(2) 颜色　正常的精液是乳白色或浅灰白色，精子密度越高，色泽越深，其透明度越低。如带有绿色或黄色是混有脓液或尿液，若带有淡红色或红褐色是含有血液。这样的精液应舍弃不用，会同兽医寻找原因。

(3) 气味　略带腥味，如有异常气味，应废弃。

(4) pH（酸碱度）　以 pH 计测量（pH 计使用见说明书）。

(5) 精子活力检查　精子活力是指呈直线运动的精子百分率，在显微镜下观察精子活力，一般按 0.1～1.0 的十级评分法进行，新鲜精液的活力要求不低于 0.7。精子活力低，可能饲料中蛋白质含量低，这时可增加胡萝卜、鸡蛋、牛奶，提高种公羊的蛋白水平。

(6) 精子密度　指每毫升精液中所含的精子数，是确定稀释倍数的重要指标。要求用血细胞计数板进行计数或精液密度仪测定。

(7)精子畸形率　畸形率是指异常精子的百分率，一般要求畸形率不超过18%。其测定可用普通显微镜，但需伊红或吉姆萨染色，相差显微镜可直接观察。畸形精子种类很多，如巨型精子、短小精子、双头或双尾精子，顶体膨胀或脱落，精子头部残缺或与尾部分离。

(8)按要求做好精液品质检查记录表。

2. 精液的稀释注意事项

(1)精液采集后应尽快稀释，原精储存不超过30 min。

(2)未经品质检查或检查不合格（活力<0.7）的精液不能稀释。

(3)稀释液与精液要求等温稀释，两者温差不超过1 ℃，即稀释液应加热至33～37 ℃，以精液温度为标准，来调节稀释液的温度，绝不能反过来操作。

(4)稀释时，将稀释液沿盛精液的杯（瓶）壁缓慢加入精液中，然后轻轻摇动或用消毒玻璃棒搅拌，使之混合均匀。

(5)如做高倍稀释时，应先进行低倍稀释[1 ∶ (1～2)]，稍待片刻后再将余下的稀释液沿壁缓慢加入，以防造成“稀释打击”。

(6)稀释倍数的确定：活力≥0.7的精液，一般按每个输精剂量含0.3亿～0.5亿个总精子、输精量为0.05～0.1 mL确定稀释倍数。稀释后要求静置片刻再做精子活力检查，如果稀释前后活力一样，即可进行分装与保存，如果活力下降，说明稀释液的配制或稀释操作有问题，不宜使用，并应查明原因加以改进。

3. 精液的保存注意事项

(1)分装后的精液，不能立即放入17 ℃左右的恒温冰箱内，应先留在冰箱外1 h左右，让其温度下降，原则上应每5 min降1 ℃左右，以免因温度下降过快而刺激精子，造成死精子增多。

(2)不论是瓶装的或是袋装的，均应平放，并可叠放。从放入冰箱开始，每隔12 h，要摇匀一次精液，因精子放置时间一长，会大部分沉淀。

(3)保存过程中，一定要时时注意冰箱内温度计的变化，以免因意想不到的原因造成电压不稳而导致温度升高或降低。

【知识拓展】

新采集的精液应立即将精液袋放入37 ℃水浴锅内保温，以免因温度降低导致精子活力下降，并进行精液品质检查，整个检查过程要迅速，操作要熟练。具体检查项目指标有精液量、颜色、气味、精子密度、精子活力、酸碱度、黏稠度、畸形精子率。

(1)精子密度　精子密度仪使用极为方便，检查时间短，准确率高。若用国产分光光度计改装，也较为适用。精子密度仪测量法有一缺点，就是会将精液中的异物按精子来计算，应予以重视。

(2)精子活力　载玻片保温器于显微镜上，调温度至40 ℃，则保温器表面温度可达37 ℃；放载玻片于保温面上，轻轻摇匀精液，接种环用酒精灯燃烧，放凉，然后蘸取精液，点在盖玻片上面的中间和边上各点一点要检的精液（边上主要是让盖片紧连玻片），然后将盖玻片翻转放在载玻片上用100倍放大镜检查活力，用400倍放大检查活动情况。

(3)酸碱度　可用pH试纸或酸度计进行测定。

(4)黏稠度　通过特定黏度计进行测定，黏稠度越大，精子密度越大，反之，则精子密度小。

【工作任务实施记录与评价】

一、工作任务实施记录

1. 工作任务:种公羊精液品质检查及利用记录

品种________　　公羊耳号________

序号	采精			射精量 /mL	原精液				稀释精液			稀释后品质			输精量 / mL	输精母羊数	备注
	日期	时间	次数		色泽	气味	密度	活力	种类	倍数	活力	保存时间 /h	保存温度 /℃	活力			

检查日期____年__月___日　　　站(组)________　　　技术员________

2. 工作任务实施记录

师傅指导记录	学徒任务实施记录	评价过程
日期:　　年　月　日 指导内容:精液外观检查		
日期:　　年　月　日 指导内容:精子活力检查		
日期:　　年　月　日 指导内容:精子密度检查		
日期:　　年　月　日 指导内容:精子畸形率检查		
日期:　　年　月　日 指导内容:精液稀释		
日期:　　年　月　日 指导内容:精液的保存和运输		

二、绩效评价

序号	任务项目	理论考核 20%	操作考核 80%	权重	师傅签字
1	精液外观检查			15%	
2	精子活力检查			20%	
3	精子密度检查			15%	
4	精子畸形率检查			15%	
5	精液稀释			20%	
6	精液的保存和运输			15%	
合计					
学习收获					

羊人工输精技术不仅可以有效提升繁殖效率，也利于良种保存和杂交配种。利用人工输精技术代替传统的自然交配，可以有效地提高配种受胎率，并且还可以减少公羊的饲养头数。有的养殖场甚至可以不饲养种公羊，通过购买冻精进行配种，从而降低饲养种公羊的成本。另外，人工输精技术可以实现异地配种，对品种的改良意义重大，开展人工输精对促进养殖业的发展至关重要。

任务 4　发情母羊人工输精

【专业知识准备】

一、母羊的人工输精

母羊人工输精要求见表 3-2-1。

表 3-2-1　母羊的输精要求

项目		输精量 /mL	输入有效精子数 / 亿个	适宜输精时间	输精次数	输精间隔时间 /h	输精部位
绵羊	鲜精	0.05～0.1	0.5	发情后 10～36 h	1～2	8～10	子宫颈内
	冷冻精	0.1～0.2	0.3～0.5				

二、母羊的生殖系统及功能

母羊的生殖系统包括三个部分：①性腺，即卵巢；②生殖道，包括输卵管、子宫、阴道；③外生殖器官，包括尿生殖前庭、阴唇、阴蒂（图 3-2-14 至图 3-2-16）。

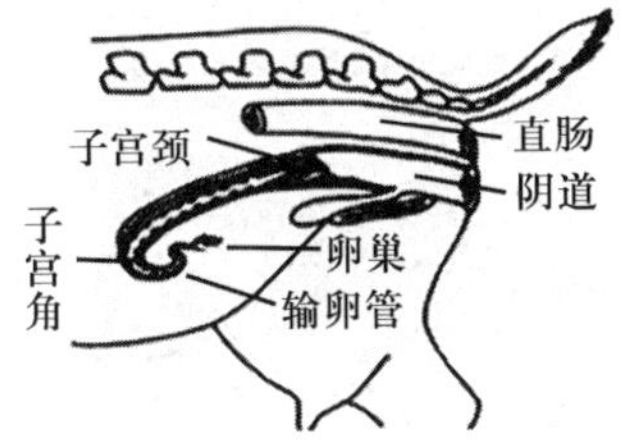

图 3-2-14　母羊的生殖系统模式图

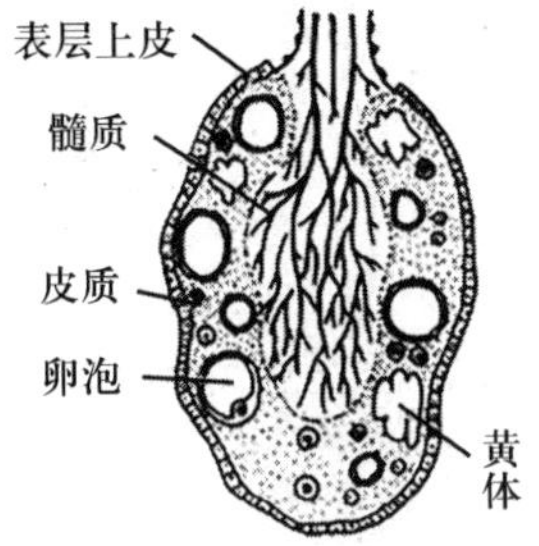

图 3-2-15　母羊卵巢模式图

1. 性腺，即卵巢（ovary）

成年未孕母羊的卵巢在没有较大卵泡和黄体时，其形状、体积和位置如下。

(1) 形状与位置　羊的卵巢圆而小，长 1～1.5 cm，宽厚各 0.8～1 cm。羊的卵巢一般位于子宫角尖端外侧，初产及经产胎次少的母羊，卵巢均在耻骨前缘之后。

(2) 组织结构　羊的卵巢组织分为皮质部和髓质部，两者的基质都是结缔组织。

(3) 功能　①卵泡发育和排卵。排卵后，在原卵泡处形成黄体；②分泌雌激素和孕酮。孕酮是维持妊娠所必须的激素之一。

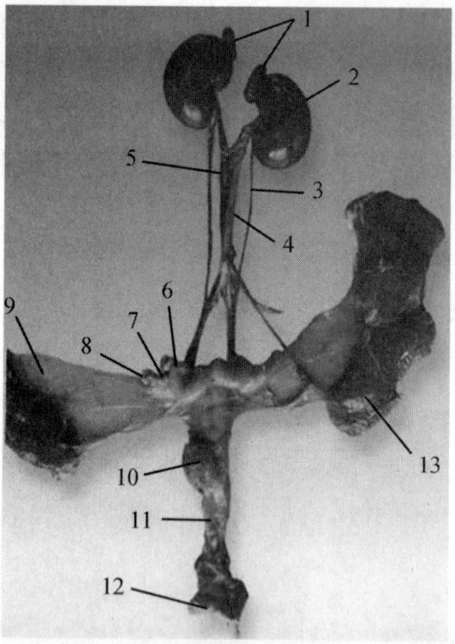

图 3-2-16　母羊的泌尿生殖器官解剖图

1. 肾上腺　2. 肾　3. 输尿管　4. 腹主动脉　5. 腹主静脉　6. 子宫角　7. 输卵管　8. 卵巢　9. 子宫阔韧带　10. 膀胱　11. 子宫颈　12. 会阴　13. 腹壁肌

2. **生殖道**

(1)输卵管(oviduct)　输卵管是卵子进入子宫必经的通道,包在输卵管系膜内,有许多弯曲,长15～30 cm。管的前1/3段较粗,称为壶腹部,是卵子受精的地方。其余部分较细,称为峡部。壶腹和峡部连接处称为壶峡连接部。靠近卵巢端扩大呈漏斗状,称为漏斗部。羊的漏斗面积6～10 cm^2。漏斗的边缘形成许多皱襞,称为伞。羊有4个初级纵襞,每一个初级纵襞又有若干次级纵襞。

功能:①承受并运送卵子;②精子获能、受精及卵裂的场所;③分泌机能。输卵管及其分泌物是精子和卵子正常运行、合子正常发育及运行的必要条件。

(2)子宫(uterus)　母羊的子宫分为子宫角、子宫体和子宫颈三部分(图3-2-17)。羊的子宫角基部之间有一纵隔,将二角分开,称为对分子宫。羊的子宫颈阴道部仅为上下二片或三片突出,上片较大,子宫颈外口的位置多偏于右侧。子宫的组织结构从里向外为黏膜、肌层及浆膜。

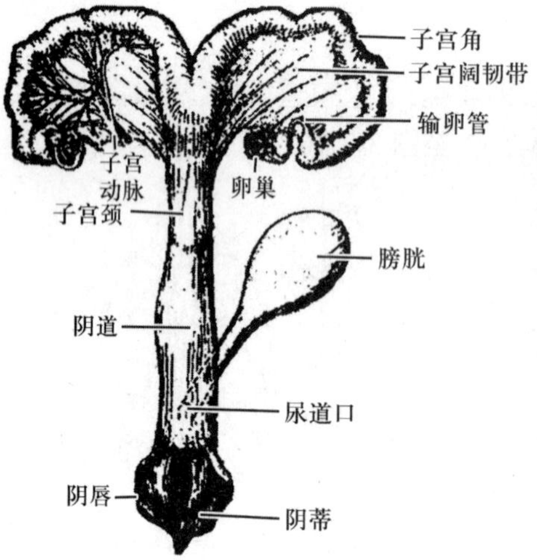

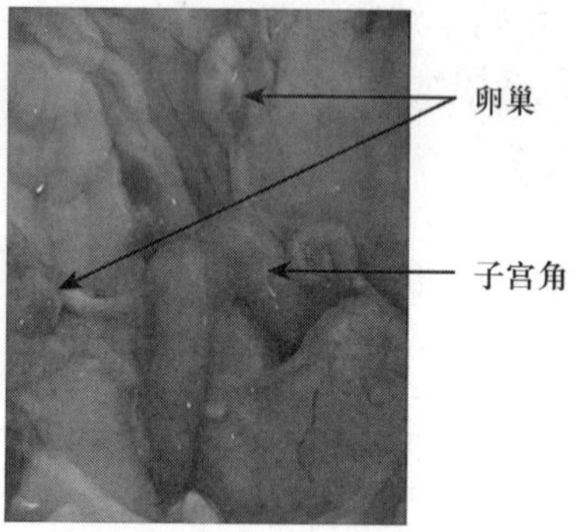

图 3-2-17　母羊子宫构造

功能:①发情时,子宫的收缩作用而运送精液,使精子进入输卵管。分娩时,子宫以其强有力阵缩而排出胎儿;②子宫内膜的分泌物和渗出物可为精子获能提供环境,又可供孕体(囊胚到附植)的营养需要。怀孕时,羊的子宫阜形成母体胎盘,与胎儿胎盘结合成为胎儿母体间交换营养和排泄物的器官。子宫是胎儿发育的场所。子宫随胎儿生长的要求在大小、形状及位置上发生显著变化;③对卵巢机能的影响;④子宫颈是子宫的门户,在不同的生理状况下,子宫颈处于不同的状态;⑤子宫颈是防止过多精子进入受精部位的栅栏。

(3) 阴道(vagina) 羊阴道长 8～14 cm。阴道在生殖过程中具有多种功能。阴道既为母畜的交配器官,也是交配后的精子储库,精子在此处集聚和保存,并不断向子宫供应精子,阴道的生化和微生物环境能保护生殖道不遭受微生物入侵。阴道通过收缩、扩张、复原、分泌和吸收等功能,排出子宫黏膜及输卵管的分泌物,同时作为分娩时的产道。其背侧为直肠,腹侧为膀胱和尿道。阴道腔为一扁平的缝隙。

3. 外生殖器官

(1) 尿生殖前庭(urogenital vestibule) 尿生殖前庭为从阴瓣到阴门裂的部分,前高后低,稍为倾斜。羊的前庭自阴门下连合至尿道外口长 2.5～3 cm。

(2) 阴唇(1abium vulva) 阴唇分左右两片构成阴门,其上下端联合形成阴门的上下角。羊阴门下角呈锐角,二阴唇间的开口为阴门裂。

(3) 阴蒂(clitoris) 阴蒂由两个勃起组织构成,相当于公畜的阴茎。

【任务目标与质量要求】

识别母羊生殖器官并了解其相应功能;制定本牧场发情母羊人工输精操作流程和操作标准;熟练掌握人工输精前的准备工作,熟练运用阴道开张器法对发情母羊进行人工输精,熟记人工输精时的注意事项,提高本牧场发情母羊受孕率。过程中使学徒具备扎实基础知识、操作熟练、认真仔细的职业精神以及团队合作意识;培养学徒主动学习掌握新知识并运用于岗位工作的能力。

【学习产出目标】

(1) 能够识别母羊的生殖器官并掌握其相应功能。

(2) 制定本牧场发情母羊人工输精操作流程和操作标准。

(3) 熟练掌握人工输精前的准备工作。

(4) 熟练运用阴道开张器法对发情母羊进行人工输精。

(5) 熟记人工输精时的注意事项,并应用于生产实践。

(6) 准确、详细记录发情母羊人工输精的工作记录。

【工作程序与方法要求】

一、人工输精前准备

(1) 母羊的准备　母羊经发情鉴定后,确定已到输精时间,将其牵入保定栏内保定,外阴清洗消毒,尾巴拉向一侧。

(2) 器械的准备(图 3-2-18)　输精器若干支,1 mL 注射器若干支,开膣器 3～10 把,输精架 1～2 个,手电筒 1 个,解冻管若干支,解冻杯 1 个。

输精所用的器械均应彻底洗净后严格消毒,再用稀释液冲洗后使用。每只羊备有一支输精管,如用同一支输精管给另一只发情母羊输精,需消毒处理后方能使用。

(3) 精液的准备　常温保存的精液需轻轻振荡后升温至 35 ℃,镜检精子活力不低于 0.6;低温保存的精液升温后的活力在 0.5 以上;冷冻精液解冻后的活力不低于 0.3。

(4) 人员的准备　输精人员应穿好工作服,指甲剪短磨光,手臂挽起并用 75% 酒精消毒,伸入阴道的手要涂稀释液等润滑剂。

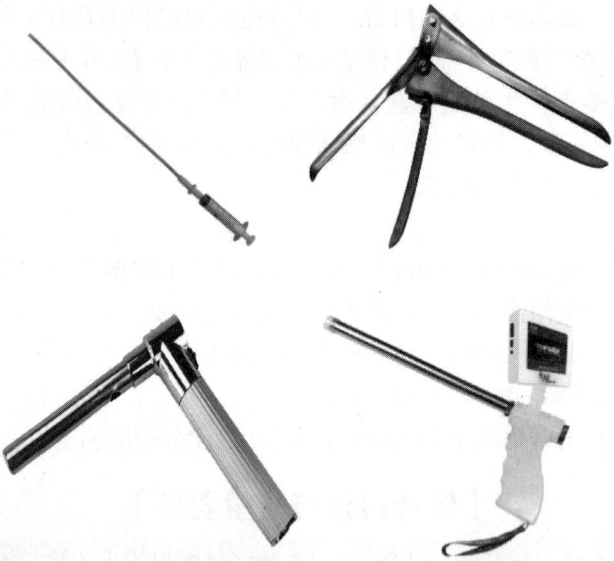

图 3-2-18 羊输精器械

(5)人工输精　输精是人工输精的最后一个环节,也是最重要的技术之一,能否及时、准确地把精液输送到母羊生殖道的适当部位,是保证受胎的关键。

二、人工输精(开膣器输精)

绵羊都采用阴道开张器法。发情母羊的人工输精操作流程共有五步:①保定母羊;②消毒;③插入开膣器;④寻找子宫颈,插入输精器 0.5～1 cm;⑤输精(新鲜原精液 0.1 mL,稀释精液 0.2～0.3 mL)(图 3-2-19)。

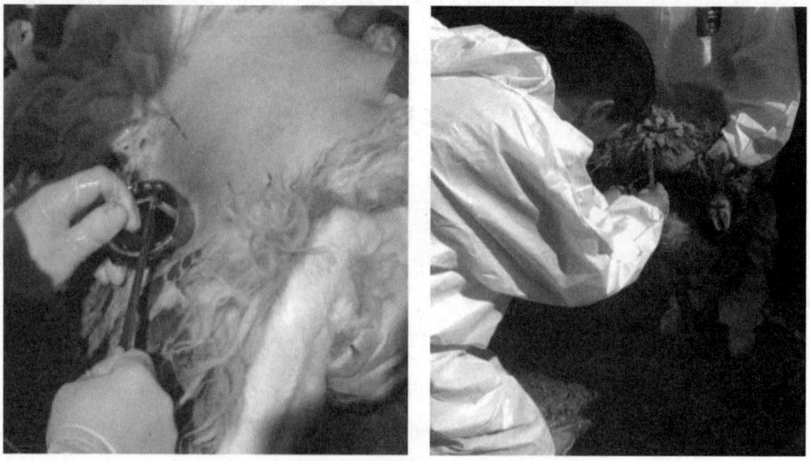

图 3-2-19 人工输精

(1)保定母羊　可用专用保定架保定,也可用人工倒提保定,如今生产上常用羊栏保定法保定,即把母羊臀部向上挂于羊栏上,方便简单且不易造成精液倒流。

(2)消毒　包括三部分:①母羊外阴部的消毒。通常用 0.5% 高锰酸钾溶液进行清洗消毒;

②输精器械的消毒。包括输精枪和开膣器的消毒。输精枪通常连 1 mL 的注射器，输精枪用 0.9% 生理盐水消毒，开膣器用 75% 酒精棉球消毒，或用 0.5% 高锰酸钾溶液消毒；③输精人员的消毒。输精人员的手臂和手掌用 75% 酒精棉球擦拭消毒，然后戴乳胶手套。

(3) 插入开膣器　通常左手持开膣器，旋转着缓缓插入母羊外阴部，插入约 2/3 时停止。将开膣器转正打开。

(4) 寻找子宫颈　准确找到子宫颈，这是做好人工输精的关键。子宫颈通常在贴近母羊下腹部的位置，要先把输精枪尽可能地抵近母羊下腹部，然后左右摆动开膣器，寻找子宫颈。子宫颈通常为黄豆般的突起或者如菊花瓣的突起，母羊如果已经发情，子宫颈口处于张开状态，此时即可输精。

(5) 输精　左手稳稳地抓好开膣器，右手持输精枪，如抓钢笔式，握在输精枪和注射器的连接部，轻轻将输精枪插入子宫颈口 0.5～1 cm，也就是刚刚把输精枪枪头插入，看好注射器刻度，用左手食指压住输精枪，右手手掌轻推注射器，新鲜原精液输 0.1 mL，稀释精液输 0.2～0.3 mL。输精结束后，先退出输精枪，再退出开膣器(图 3-2-20)。

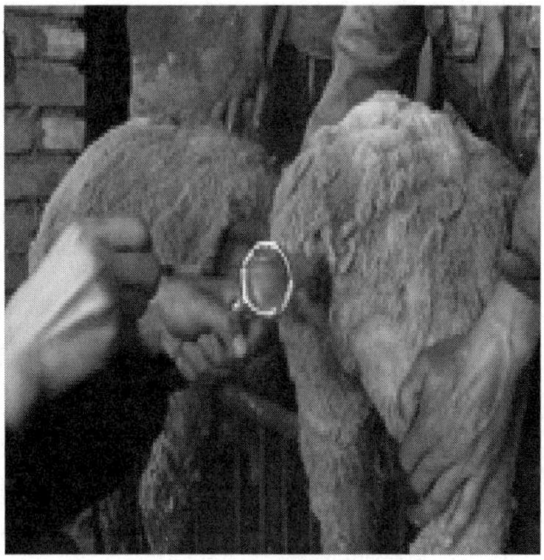

图 3-2-20　母羊人工输精

【业务知识】

(1) 实践中，老母羊发情期较短，发情后排卵早，而初配母羊往往发情期较长，发情后排卵时间要往后拖。因此，提倡“老配早，少配晚，不老不少配中间”。为了提高受胎率，可分别于母羊发情中期和末期，进行两次输精。有的母羊发情异常或不发情，其原因是饲管粗放，羊体瘦弱。还有的是过肥而影响发情。前者可通过加强饲养管理，增加精料，多喂青饲料，后者可减少精料，多喂干草和青草，使瘦羊增膘复壮，肥羊适当减膘，促其正常发情。

(2) 绵羊是季节性繁殖动物。一般配种季节在日照缩短、气温下降的 9—11 月份，但在纬度较低而饲养管理较好的地方，也能全年发情配种。发情持续期为 1～2 d，发情周期平均 17 d，妊娠期 151～152 d。初生重 3.5～4.5 kg，多为单羔，但双羔和三羔也常见。性成熟和初配年龄因品种类型和饲养管理而异，母羊 4～10 月龄性成熟，初配年龄为 1～2 岁，繁殖年限 6～8 年。公羊 5～7 月龄性成熟，18～20 月龄初配，繁殖年限 6～8 年。

(3) 母羊配种时间把握：①适龄配。当羔羊达到 8～9 月龄，体重 30～40 kg，即可开始配种，但应严禁过早交配，以免影响母羊和羔羊的生长发育，造成生产性能下降；②察情配。母羊发情大部分集中在秋季，一般每隔 20 d 左右发情一次，每次发情持续 24～48 h，其发情表现为阴门红肿，不时鸣叫，不安，阴户内有黏性分泌物流出，互相爬跨，排尿频繁，手按臀部老实不动，尾巴不断摆动，此时就可进行配种；③适时配。母羊一般发情后 30～40 h 排卵。应在发情后 12～24 h 配种为宜。

【业务经验】

一、母羊的保定方法

(1)配种架子保定法　是指将发情母羊固定在设计好的架子上。应用此法保定母羊时,母羊的腹部被较粗的横杆抬起,蹄部用绳索固定在较细的横杆上,母羊身体呈前低后高的姿势,保定架的高度可以人为调整。用这种方法保定母羊时,体格大的羊上比较高的保定架,体格比较小的羊上比较低的保定架。使羊背线与地平面呈30°角为宜。

(2)采精架子保定法　是指利用公羊采精时保定台羊的保定架来固定发情母羊,并在此姿势下进行输精。这种保定方法适用于发情羊较少时使用。用这种方法务必使保定架平稳牢固,否则会因母羊的骚动而影响正常的输精。同时尽量使母羊站在前低后高的斜坡上,这样利于受胎。

(3)双手保定法　是指由一人将发情母羊两条后腿提起,羊的腹部朝前,再用双小腿夹住羊的颈部,不让其乱动。这种方法的优点是可以不用固定母羊的保定架,节省了器材,并且在任何场地都可以输精,操作比较方便。同时,羊处于倒立状态有利于精液的流入。采用这种方法保定母羊一定要牢固,不要使母羊产生骚动。否则很容易在输精时因母羊的乱动而弄伤子宫颈口,从而造成母羊的不孕。

二、配种注意事项

(1)配种室温度应保持在25～33 ℃。

(2)母羊保定后的姿势是前低后高,母羊背线与地平面大约呈30°角。

(3)输精前,必须用0.1% $KMnO_4$ 溶液或75%酒精对母羊外阴进行消毒和擦洗。然后用干净毛巾蘸清水擦洗。消毒和清洗所用毛巾要勤洗勤换,擦一只母羊换一个部位,保持外阴清洁。

(4)在抽出开膣器时,不要夹住子宫颈口的黏液。

(5)对产道有炎症的母羊,应治愈后再输精。否则,畸胎、死胎、弱胎增多,甚至导致母羊不孕。

(6)精子活力,冷冻精 <0.3,鲜精 <0.6,畸形精子 >15%,不能用于输精。

(7)输精时间和频率。精子保持受精能力的时间大约为48 h,卵子保持受精能力的时间为20 h,精子由子宫颈口运行到受精部位的时间为15 min至6 h。母羊排卵多在发情后期,对发情母羊每隔12～24 h输精1次比较适宜,一个情期可输精1～2次即可。

(8)输精剂量,一般每只羊输入稀释后的鲜精0.1 mL,一次输入有效精子的数量从0.15亿～0.7亿个不等,实际上也有可能低于0.15亿个。

(9)如果母羊子宫颈口有子宫栓类似物,在输精时,应输入子宫颈外口皱窝内,不能直接输进子宫颈内,防止妊娠母羊假发情误配流产。

(10)子宫颈内有血迹时,暂不能输精。阴道内有尿液时,应将尿液清除,再用生理盐水冲洗后再输精。

(11)有些母羊,特别是一些初产母羊阴道狭窄,开膣器无法插入。对于这类母羊,可用输精器直接插入阴道,实施阴道输精,但输精量要比子宫颈输精量加倍,鲜精要输0.2～0.3 mL。

【知识拓展】

一、母羊人工输精的其他方法

(1)食指导入输精　保定母羊方法同开膣器输精。输精时,输精人员用食指引导输精器通过阴道直接将精液输至子宫颈口内约 0.5 cm 深处。

(2)塑料管输精　母羊采用倒立法保定。输精人员先将细管一端剪成斜形,斜角应大于 60°。左手拨开母羊阴户,右手将剪开的一端向下并朝母羊脊椎方向慢慢插入阴道,同时轻轻旋转细管,如感觉没有阻力且能顺利插入时,再剪开上端封口,稍转动并轻轻抖动,使精液完全流入阴道。

(3)腹腔内窥镜子宫角深部输精　采用腹腔镜子宫角深部输精,能显著提高绵羊冷冻精液的受胎率。将羊固定在保定架上,剪去腹中线到乳房前的羊毛,洗净消毒处理后,在乳房前 8～10 cm 处进行局部麻醉。在术部用套管针刺入,适量充入二氧化碳,使四肢前移,并使腹壁与内脏分离,通过刺入套管针,将腹腔内窥镜伸入腹腔,打开光源后观察子宫角及排卵点情况,在对侧相同部位,用手术刀片刺入一小口约 1.5 cm,借助腹腔内窥镜把卵巢上有黄体发育一侧的子宫角用牵引钳拉出,在子宫角远端 1/3 处,输入解冻后的精液,而后放回子宫角并缝合 1 针,肌内注射青霉素 160 万 U。

(4)肌内注射 LRH A3　LRH A3,又称促排卵 3 号,它是 GnRH(促性腺激素释放激素)的一种国产合成类似物。母羊注射适量的 LRH A3 后,通过下丘脑 - 垂体 - 卵巢轴,引起垂体释放 LH 和 FSH,FSH 在 LH 的协同下,作用于卵巢,促进卵泡成熟和排卵。桑润兹等(1995)在给细毛母羊输精的同时,每只肌注 LRH A3 50 μg,情期受胎率达 93.5%,比不注射者提高 27.2% 的受胎率。此法简单易行,效果明显,可作为提高羊繁殖力的一项技术加以推广。

二、胚胎移植

胚胎移植是胚胎生物工程的基本技术。由于附植前的早期胚胎很容易由子宫中取出,且经人为处理,可以再送入子宫继续发育,故胚胎移植主要是指早期胚胎的移植(图 3-2-21)。

1. 胚胎移植的概念

羊胚胎移植是指将遗传品质优良的母羊经超数排卵处理,发情后配种或人工输精,将其早期胚胎(体内产生的胚龄为 3～8 d 的胚胎)取出,或者是由体外受精及其他方式获得的早期胚胎,经过检查处理,移植到生理状态相同的同属同种或同属不同种的母羊生殖道内,使胚胎继续发育直至产仔的技术。提供胚胎的母羊称为供体,接受胚胎的母羊称为受体。胚胎移植实际上就是借受体母羊之腹来孕优良供体母羊之胎的技术,故又称“借腹怀胎”。

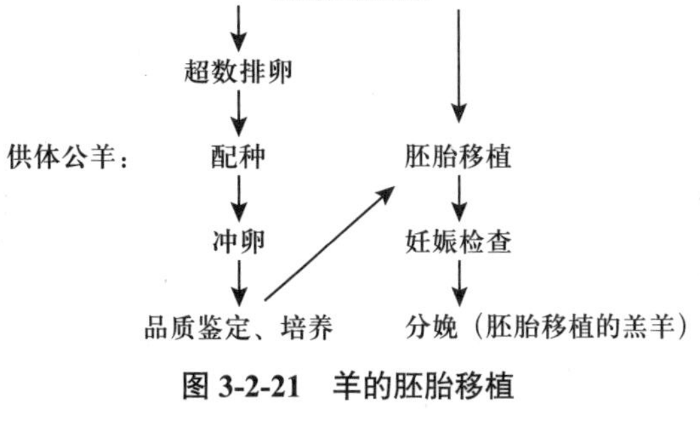

图 3-2-21　羊的胚胎移植

2. **胚胎移植原理、操作原则和基本条件**

(1)胚胎移植的原理　①母羊发情后生殖器官的孕向发育;②早期胚胎的游离状态;③胚胎和受体的联系;④胚胎移植与免疫耐受性;⑤胚胎的遗传特性。

(2)胚胎移植的原则　①胚胎移植前后环境的同一性;②胚胎采集的期限;③胚胎的质量保证。

(3)胚胎移植应具备的条件　①胚胎的来源丰富;②技术条件。

3. **胚胎移植的技术程序**

胚胎移植和人工输精从技术程序上讲基本相似,不过操作对象是胚胎而不是精子。它包括供体的超数排卵、配种或人工输精,受体的同期发情,胚胎的采集,胚胎品质的鉴定,胚胎的体外保存和胚胎的移植等。

(1)供体、受体母羊的选择。

(2)受体同期发情处理。

(3)供体的超数排卵。

(4)供体母羊的配种　经过超排处理的母羊发情后应适时配种或人工输精。为了得到较多的发育正常的胚胎,人工输精时应使用活率高、密度大的精液,而且将输精次数增加到2～3次,间隔时间为8～10 h。

(5)胚胎的采集　是利用冲洗液将胚胎由输卵管或子宫冲出,收集在器皿内。对中等体型的羊,胚胎的冲洗采用腹部切开的手术法。冲洗时必须要考虑供体排卵时间、配种时间,以确定胚胎的位置,才能得到较高的收集率。①采集胚胎。按照外科手术的要求麻醉,在羊腹部中线左右距乳房中线4 cm做一切口,切口大小根据子宫角大小确定,能牵拉出为宜。寻找子宫角,牵出创口外,用注射器吸取冲洗液注入输卵管或子宫角,后端用止血钳夹住,进行冲洗。同时观察卵巢上的排卵情况,计算黄体数量;②冲洗液。收集胚胎的冲洗液有多种,现在多用杜氏磷酸盐缓冲液(PBS)、布林斯特4等冲洗液(图3-2-22)。

(6)胚胎检查　需要对胚胎进行形态学鉴定,选出形态比较正常的胚胎进行移植。对于体外受精胚胎,囊胚的孵化率是衡量胚胎质量一项重要指标,因囊胚必须在孵化之后才能附植。

(7)胚胎移植　胚胎的移植也叫胚胎的植入,是整个胚胎移植技术中关键环节之一。和采集胚胎一样,胚胎的移植也有手术法和非手术法两种(图3-2-23、图3-2-24)。

(8)供体和受体的术后观察　胚胎移植手术后要注意供体、受体母羊的健康情况和发情表现。

三、胚胎分割

胚胎分割就是将一枚胚胎用显微手术分割为二,甚至分割为四或八,经体外培养和移植后,以获取同卵双生或多生后代的方法。

四、体外受精

体外受精就是使精子和卵子在母体外实现受精而结合成为有生命合子的一种技术,该项技术有利于极大地提高公、母羊的繁殖潜力。体外受精技术的主要操作程序包括精子的采集、精子的获能、卵子的采取和成熟、受精、受精卵培养和移植等。受精的成功与否,主要在于精子的获能和卵子的成熟这两个环节。

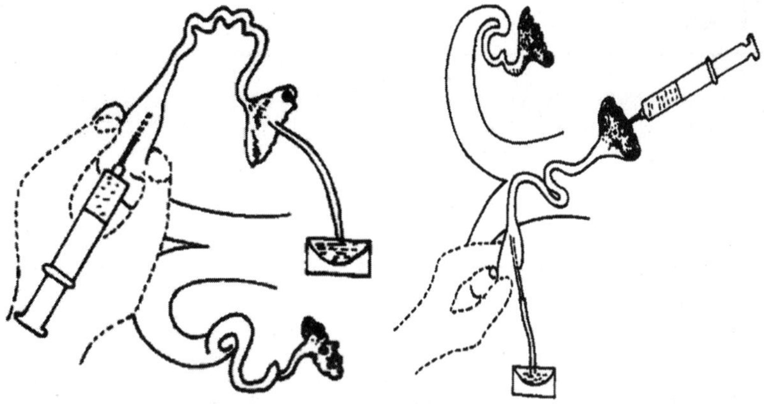

1-输卵管冲洗

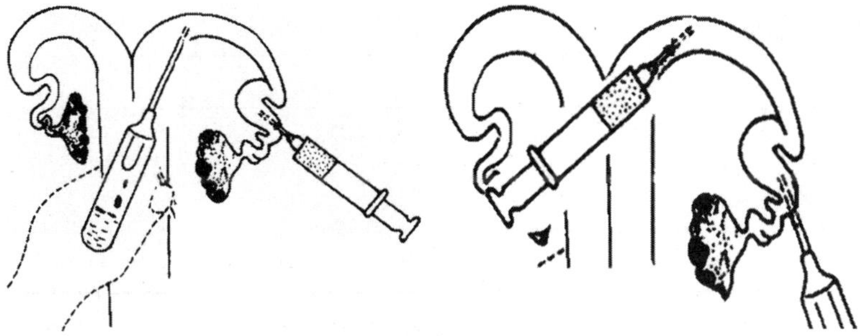

2-子宫角冲洗

图 3-2-22　手术法冲胚图

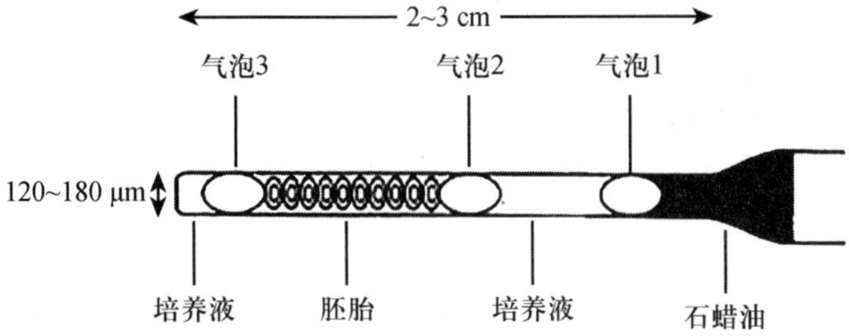

图 3-2-23　移植前胚胎装管

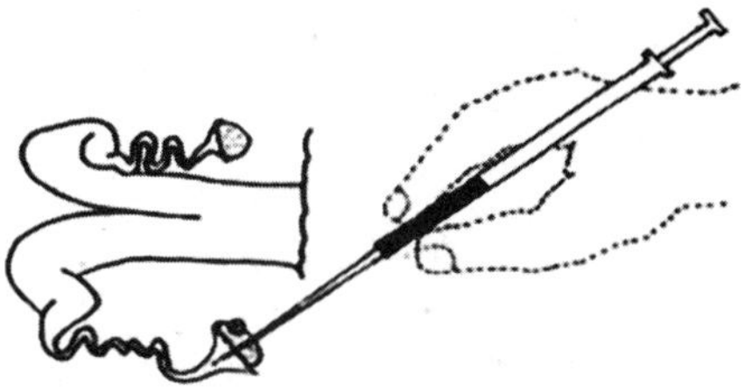

图 3-2-24　手术法将胚胎移植到输卵管

【工作任务实施记录与评价】

一、工作任务实施记录

1. 工作任务:羊配种记录

序号	羊号	舍号	产羔日期	发情日期	发情鉴定			观察人	配否	输精日期	操作人	备注
					外部观察	阴道检查	试情法					

2. 工作任务实施记录

师傅指导记录	学徒任务实施记录	评价过程
日期：　　年　月　日 指导内容：人工输精前准备		
日期：　　年　月　日 指导内容：人工输精		

二、绩效评价

序号	任务项目	理论考核 20%	操作考核 80%	权重	师傅签字
1	人工输精前准备			30%	
2	人工输精			70%	
合计					
学习收获					

妊娠诊断技术应用于家畜的繁殖生产，能够确诊母畜是否妊娠，有利于缩短动物的产间距，提高繁育速度，加快育种进程。

任务 5　配种后妊娠诊断

【专业知识准备】

一、受精的基本过程

受精过程始于精子与卵子相遇，两性原核合并形成合子时结束。一般情况下，卵子由外向内包被有放射冠、透明带和卵黄膜三层，受精时精子依次穿过这三层结构，进入卵子之后，精子核形成雄原核，卵子核形成雌原核，然后配子结合，完成受精。

(1) 原核形成　精子入卵后不久，头部开始膨大，核疏松，核膜消失，失去固有的形态。它的结构很像一个体细胞核，而不像精子细胞核。这种重新形成的核叫雄原核。

(2) 配子配合　绵羊 16～21 h。雄雌原核经充分发育，逐渐相向移动。在卵子中央，核仁和核膜消失，两原核紧密接触，然后迅速收缩，染色体重新组合，并准备进行第一次有丝分裂。至此受精最后阶段“配子配合”宣告完成，形成一个称为“合子”的单细胞胚胎。

(3) 妊娠　又称“怀孕”，是哺乳动物所特有的一种生理现象，是自卵子受精结束到胎儿发育成熟后与其附属膜共同排出前，母体所发生的复杂生理过程。

(4) 妊娠的建立　在妊娠的初期，孕体即能产生信号（激素）传递给母体，母体遂产生一定的反应，从而识别胎儿的存在。由此，母体和孕体之间建立起密切的联系，这一过程称为妊娠的识别。在孕体和母体之间产生了信息传递和反应后,双方的联系和相互作用便会通过激素形式或其他生理因素为媒介而固定下来,从而确定妊娠的正常开始,这叫妊娠的建立。绵羊开始妊娠识别的时间在配种后 12～13 d。

二、附植

(1)附植的概念与类型　胚胎一旦在子宫中定位,便结束游离状态,开始同母体建立紧密的联系,这个过程称为附植或着床。羊的附植为中央附植,又称表面附植。

(2)附植的时间　附植是一个渐进的过程,羊附植的时间为 10～22 d。当羊排出一个卵受胎时,常在同侧子宫角的下 1/3 处附植,而排两个卵子都受胎时,则平均分布于两个子宫角中。

(3)附植过程　绵羊的囊胚约在第 11 天开始伸长,但速度较慢,第 21 天时只有约 20 cm 长。绵羊的滋养层细胞和子宫上皮在第 14 天靠近,第 15 天时有部分黏着。绵羊囊胚的附植过程同猪不一样,子宫内具有“永久性的”附植器官——子宫阜。第 15 天时子宫阜毛细管渗透性增加,在第 16～18 天期间,子宫微绒毛和滋养层细胞的突起穿透性增加,从而引起有效的附植。到第 4～5 周时完成附植过程。

三、超声波诊断

超声波诊断是利用超声波的物理特性和动物体组织结构声学特点密切结合的一种物理学检验方法。超声波碰到正在运动的物体时,以略微改变的频率返到控头,此称多普勒效应。超声波诊断法主要根据胎动、胎儿心搏及子宫动脉的血流来判断。此外,也可根据超声波反射的波形进行诊断。由于机体内各种脏器组织的声阻抗不同,超声波在脏器组织中传播时产生不同的反射规律,在示波屏上显示一定的波形。未孕时,超声波先通过子宫壁进入子宫,然后经子宫壁出子宫,从而产生一定的波形。

【任务目标与质量要求】

熟悉母羊妊娠后的一般生理变化;早期妊娠诊断前的准备工作,即妊娠母羊的保定、开膣器的消毒、母羊外阴部的洗涤和消毒等。要求学生掌握外部观察法、直肠检查法与超声波诊断法进行母羊早期的妊娠诊断。

【学习产出目标】

(1)制定本牧场配种母羊妊娠诊断的操作流程。

(2)熟练利用 B 超仪进行妊娠前期诊断。

(3)掌握并应用其他方法进行妊娠诊断。

(4)准确、详细记录配种母羊妊娠诊断的工作记录。

【工作程序与方法要求】

一、羊 B 超诊断的工作程序

1. B 超仪的调试

将电源接通后,打开 B 超仪开关,将医用超声耦合剂均匀地涂抹于 B 超仪探头部,切换到

B 超仪界面，设定 B 超仪的探测频率和波长，及显示对比度。

2. 母羊的保定

母羊呈站姿保定，后躯对着操作人员。操作人员将涂有耦合剂的探头紧贴在母羊乳房左侧或右侧少毛区（肷部），同时手部稍用力，紧贴皮肤向前后、左右移动扫描。此时操作人员在此区域用探头来回扫描数遍，观察显示屏上母羊子宫、胎盘及胎体等部位的情况，判断母羊是否妊娠。

3. 诊断依据

（1）妊娠诊断　从荧光屏图像上可见子宫腔体明显，有胎水和胎盘子叶或可见子宫腔体内有胎体、胎心搏动，判定为妊娠（图 3-2-25）。

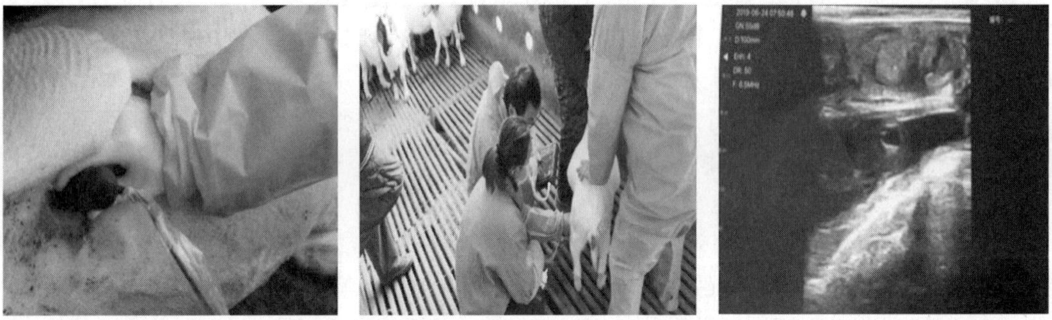

图 3-2-25　B 超仪腹部诊断

（2）未妊娠诊断　从图像上看不到子宫腔、胎水、胎盘子叶，也未见搏动、胎体或胎心，只可见子宫结构，判定为未妊娠。

二、羊用 B 超诊断方法要求

利用 B 超仪（图 3-2-26），通过超声波的反射，对羊进行妊娠检查。探测血液在脐带、胎儿血管和心脏中的流动情况，能成功地测出妊娠 26 d 及以上的母羊，到妊娠 6 周时，其诊断的准确性可提高到 98%～99%。若在直肠内用超声波进行探测，当探杆触到子宫中动脉时，可测出母体心率（90～110 次 /min）和胎盘血流声，从而准确地肯定妊娠；若子宫内有胎儿存在时超声波则通过子宫壁（包括胎膜）、胎水、胎儿、再经胎水、子宫壁（包括胎膜）出子宫，产生与未孕时不同的特有的波形，据此也可作为妊娠诊断的依据。

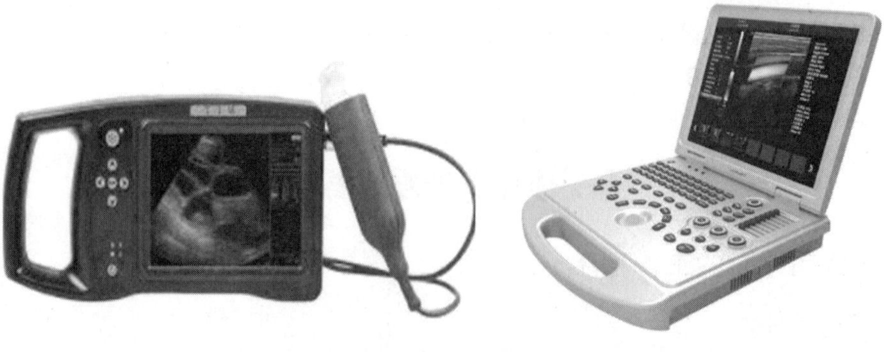

图 3-2-26　B 超仪

【岗位职责】

(1)从事繁育工作的人员热爱繁殖育种工作,为人诚实,工作作风踏实,身体健康,能适应岗位工作环境和条件要求。

(2)繁育员制订年度繁殖配种计划,参与制订选种选配计划。

(3)做好母羊产后监护工作,负责母羊繁殖疾病的预防及诊疗。

(4)繁育员及时记录母羊妊检、流产、产羔、诊断等数据,详细填写繁殖卡片。

(5)加强学习,提高自身技术水平,掌握科技信息,推广先进技术和经验。

(6)培养后备人才,以身作则,做好传、帮、带。

(7)与各岗位人员团结互助,服从领导安排,有牺牲小我的精神。

【业务经验】

(1)应用羊用B超技术可以早期发现部分乏情和部分配种后返情症状不明的母羊。目前,大多数羊场还是通过采用公羊试情的方法来鉴别母羊是否成功受孕,这种技术在平时的管理中,有很多的不准确性,尤其是在公羊性欲低下的季节。

(2)羊妊娠的第23天就会形成孕囊,使用B超进行妊娠诊断时,就能看到孕囊暗区以及早期的胎体反射现象,可以准确地诊断母羊是否早孕。

(3)通过B超影像可以观察到中间的无回声暗区为胎水,孕囊内的回声光团为胎体反射。正常妊娠24 d,胎囊稍微出现增大现象,随着体内胎儿的逐渐发育,母体需要的营养也会逐渐增强,孕囊增大,胎水增多,子宫壁也会出现增厚的现象。到妊娠28～32 d的时候,就可以识别出孕囊逐渐增大,胎体反射逐渐增强,这时候可以更好地辨认胎儿的形状(图3-2-27、图3-2-28)。

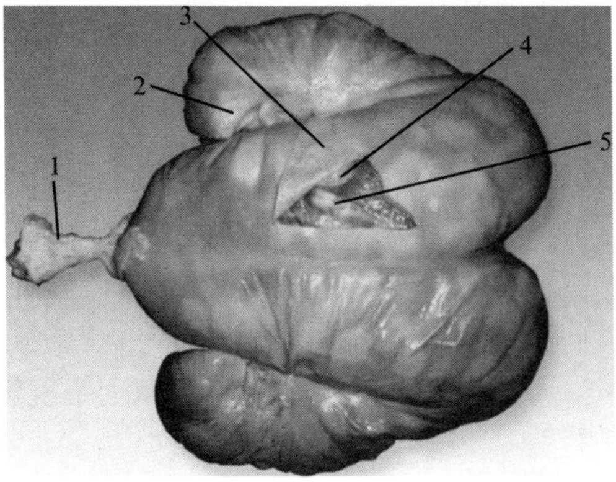

图3-2-27　妊娠子宫

1. 阴道　2. 子宫角　3. 子宫内膜
4. 子宫阜　5. 胎儿前肢

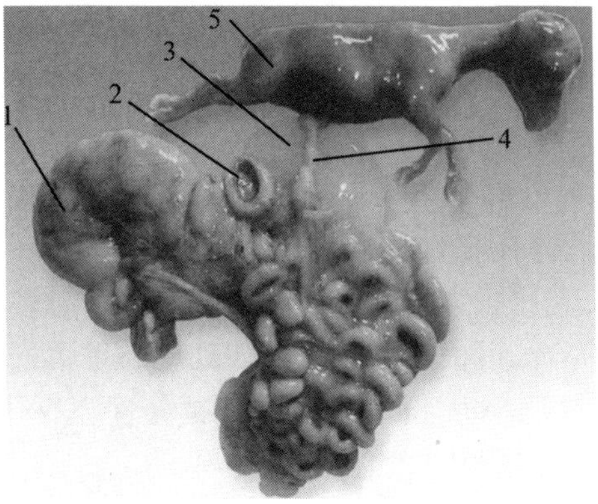

图3-2-28　妊娠胎儿和子宫解剖图

1. 子宫角　2. 子宫阜　3. 羊膜
4. 脐带　5. 胎儿

(4)通过对大量使用B超技术对配种后15～120 d母羊进行妊娠诊断的准确性进行统计,结果表明配种后30 d以上的羊用B超测试的准确率高,40～60 d诊断率可达到100%。

(5)在羊B超检测的过程中，羊的保定也是个关键的步骤，一般为犬坐式或者站立式。如有的湖羊场的饲养方式采用高床舍饲，为降低对测定及同圈其他羊的影响，一般采用站立式来进行操作，能获得较好的检测结果。

【知识拓展】

母羊妊娠期　绵羊的妊娠期为150 d(范围为146～157 d)，即5个月左右。妊娠期前3个月称为妊娠前期，后2个月称为妊娠后期。目前，妊娠诊断的方法，除超声波检查法外，还有试情法、直肠腹壁法、外部观察法、阴道检查法、腹部触诊法等。

(1)试情法　对于输精后的母羊，在输精后的第一情期，赶入试情公羊，进行试情。如未受孕的母羊会再次发情，再次进行输精。

(2)直肠腹壁法　母羊在触诊前应停食一夜，触诊时，母羊仰卧保定，用肥皂水灌肠，排出直肠宿粪，然后将涂有润滑剂的触诊棒(直径1.5 cm，长50 cm，前端弹头形，光滑的木棒或塑料棒)插入肛门，贴近脊柱，向直肠内插入30 cm左右，然后一手把棒的外端轻轻下压，使直肠内一端稍微挑起，以托起胎胞。同时另一手在腹壁触摸，如能触及块状实体为妊娠，如果摸到触诊棒，应再使棒回到脊柱处，反复挑动触摸。如仍摸到触诊棒，即为未孕。以此法检查配种后60 d的孕羊，准确率可达95%，85 d以后的为100%。唯须注意防止直肠损伤，配种已115 d以后的母羊要慎用(图3-2-29)。

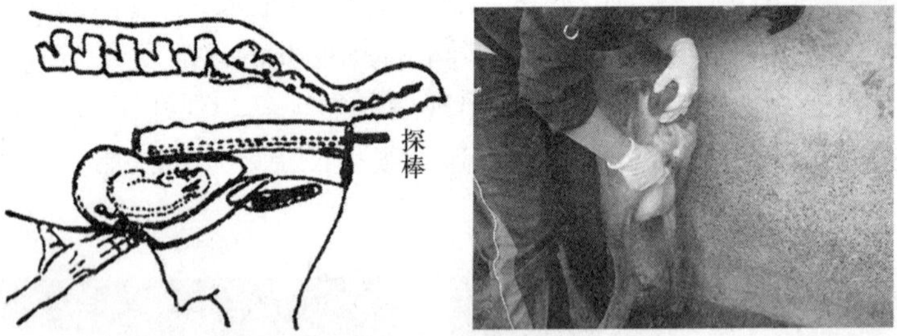

图3-2-29　羊用妊娠探棒进行直检

(3)外部观察法　母畜妊娠以后，一般表现为周期性发情停止，食欲增进，营养状况改善，毛色润泽光亮，性情温顺，行为谨慎安稳。羊3～4个月后腹围增大，后期腹壁的右侧比左侧突出，乳房胀大。隔着右侧的腹壁可以触诊到胎儿，当胎儿胸壁紧贴母体腹壁时，可以听到胎儿的心音，可根据这些外部表现诊断是否妊娠。此方法不能早期进行诊断，同时，没有某一现象时也不能肯定未孕。但由于饲养管理、利用不当、生殖器官炎症，以及其他疾病而不复发情，据此做出怀孕的结论也是不合适的。

(4)阴道检查法　阴道检查法是根据母羊阴道黏膜的色泽、黏液性状及子宫颈口形状等变化而判断母羊是否怀孕的方法。母羊配种怀孕后，其阴道黏膜及黏液发生的主要变化包括：①母羊阴道黏膜由空怀时的淡粉红色变为怀孕时的苍白色，用开张器打开阴道后，由于开张器的刺激黏膜颜色在很短时间内由白色又变成粉红色，但空怀母羊黏膜始终为粉红色；②阴道黏液透明，量少黏稠，能在手指间牵成线；③母羊子宫颈紧闭，色泽苍白，并有浆糊状的黏块堵塞在子宫颈口处形成“子宫栓”。

(5)腹部触诊法　腹部触诊法只适于妊娠中后期。检查者面向羊的尾部，用双腿夹持母羊颈部进行保定，然后将两手从左右两侧兜住羊的下腹部并前后滑动触摸，如能摸到胎儿硬块或黄豆粒大小的胎盘子叶，即为妊娠(图 3-2-30)。

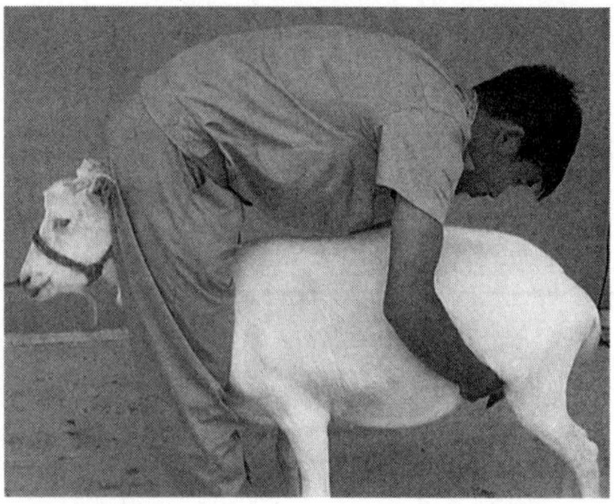

图 3-2-30　徒手腹部触诊

(6)免疫学诊断法　怀孕母羊血液、组织中具有特异性抗原，能和血液中的红细胞结合在一起，用其诱导制备的抗体血清和待查母羊的血液混合时，妊娠母羊的血液红细胞会出现凝集现象。如果待查母羊没有怀孕，就会因为没有与红细胞结合的抗原，加入抗体血清后红细胞不会发生凝集现象。由此可以判定被检母羊是否怀孕。

(7)孕酮水平测定法　测定方法是将待查母羊在配种 20～25 d 后采血制备血浆，再采用放射免疫标准试剂与之对比，判定血浆中的孕酮含量。判定妊娠参考标准为绵羊血浆中孕酮含量 >1.5 ng/mL，山羊 >2 ng/mL。

【工作任务实施记录与评价】

一、工作任务实施记录

1. 工作任务：羊妊娠诊断记录

序号	羊号	配种员	舍号	技术员	配种日期	预产期	妊娠诊断方法				
							试情法	外部观察法	腹部触诊法	阴道检查法	超声波法

2. 工作任务实施记录

师傅指导记录	学徒任务实施记录	评价过程
日期：　年　月　日 指导内容：直肠腹壁法		
日期：　年　月　日 指导内容：外部观察法		

续表

师傅指导记录	学徒任务实施记录	评价过程
日期：　年　月　日 指导内容：腹部触诊法		
日期：　年　月　日 指导内容：阴道检查法		
日期：　年　月　日 指导内容：B 超检查法		

二、绩效评价

序号	任务项目	理论考核 15%	操作考核 85%	权重	师傅签字
1	直肠腹壁诊断			30%	
2	外部观察诊断			15%	
3	腹部触诊诊断			15%	
4	阴道检查诊断			10%	
5	B 超诊断			30%	
合计					
学习收获					

同期发情技术可以使配种、妊娠、分娩和培育等生产过程同期化。同期发情技术就是利用某些激素和药物，对生产母羊发情周期进行同期化处理，使母羊在一定时间内集中发情的技术。能够在师傅指导下，对一些安静发情、异常发情的母羊进行发情调控。通过同期发情技术，提高母羊发情整齐度，节省人力、物力，缩短生产间隔，降低生产成本，从而提高肉羊养殖的生产效益。

任务 6　母羊同期发情

【专业知识准备】

一、同期发情的原理

1. 同期发情的途径

羊同期发情的基本途径有两种：一种是延长黄体期，另一种是缩短黄体期。

(1)延长黄体期　母羊同期发情中可以使用孕激素(如孕酮及其类似物)使血液中的孕激素保持一定水平,以抑制卵巢中卵泡的生长发育和母羊发情,从而人为延长黄体期。如果在合适的时间同时停用外源激素,便会使被处理的母羊实现同期发情。羊用阴道栓见图 3-2-31。

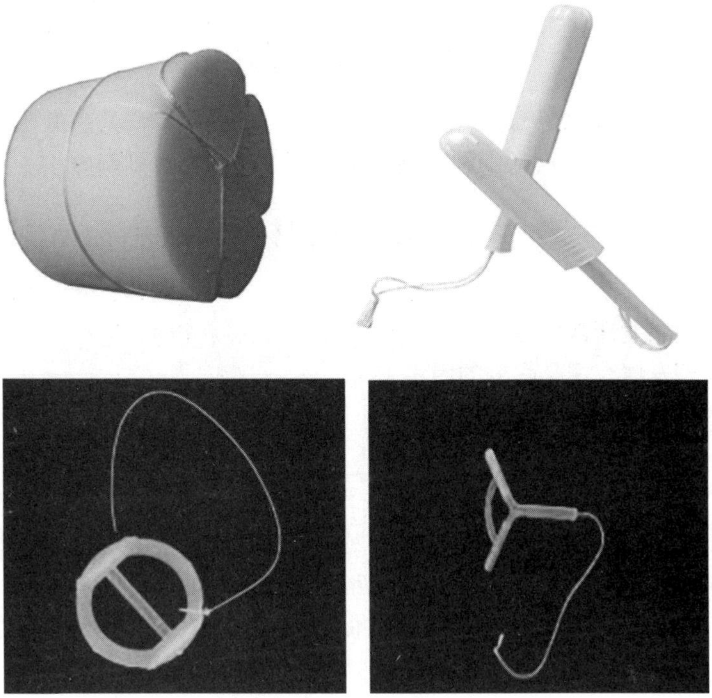

图 3-2-31　羊用阴道栓

(2)缩短黄体期　母羊同期发情中可以使用前列腺素[如前列腺(PG)及其类似物],其目的是溶解黄体降低孕酮水平,人为终止黄体期,促进脑下垂体促性腺激素的释放,使母羊提前排卵,提前发情。

2. 同期发情的药物

(1)激素　孕激素类:孕酮、甲孕酮(MPA)、氯地孕酮(CAP)、甲地孕酮(MA)、氟孕酮(FGA)。前列腺激素及其类似物:前列腺素(PGF2α)、氯前列烯醇。促性腺素类:孕马血清促性腺激素(PMSG)、人绒毛膜促性腺激素(HCG)、促黄体素(LH)、促性腺激素释放激素(GnRH)、抗孕马血清促性腺激素(APMSG)。

(2)中药　催情促孕散。由菟丝子、淫羊藿、当归、补骨脂、枳壳、益母草等组成。

(3)其他药物　甲硅环(MSVR)、三合激素、复合激素制剂(三种制剂均含 PMSG)。

二、同期发情在绵羊生产上的意义

(1)提高优良种公羊的配种效能　同期发情技术能够保证有足够的配种母羊数在同一时间内发情,从而有效避免精液的浪费。

(2)加快地方品种的杂交改良　母羊同期发情,有利于扩大优良种公羊的杂交改良范围,使其精液得到充分利用,最大限度利用其优良的遗传特性。

(3)有利于绵羊的批量生产　同期发情有利于母羊集中发情、集中供精、集中分娩、羔羊统一管理、统一上市。

(4)提高母羊的年产胎次　由于母羊的发情季节特点，乏情季节相当一部分母羊会长期不能受配。羊场对母羊繁殖的控制能力十分有限，在同期发情处理的情况下，可以有效提高母羊的繁殖率。

【任务目标与质量要求】

熟悉母羊同期发情处理的原理和方法；制定牧场母羊同期发情处理的操作流程，做好母羊同期发情处理的准备工作；掌握常用的同期发情处理方法和超数排卵方法。

【学习产出目标】

(1)制定本牧场母羊同期发情处理的操作流程。

(2)熟练掌握同期发情常用方法的操作步骤。

(3)了解对同期发情有主要影响的因素。

(4)掌握超数排卵的常规方法。

【工作程序与方法要求】

根据羊的同期发情原理，采用孕激素或前列腺素来实现发情同期化。在生产实践中，也可采用孕激素和前列腺素相结合的方法。在同期发情处理的同时，为了提高处理效果可配合使用促性腺激素。如配合使用促卵泡素(FSH)、促黄体素(LH)、孕马血清促性腺激素(PMSG)、人绒毛膜促性腺激素(HCG)及促性腺激素释放激素(GnRH)等，能提高同期发情率，使同期发情的时间更趋于一致。

1. 孕激素处理法

使用外源性孕激素让母羊体内的孕激素维持在一个较高水平。当外源孕激素被取掉时，体内孕激素迅速下降，卵泡开始生长发育并成熟，母羊表现同期发情。在停止使用孕激素药物的同时，使用促进卵泡生长发育的药物孕马血清促性腺激素(PMSG)。目前孕激素的给药方式主要有皮下埋植、阴道栓塞和口服等，以皮下埋植和阴道栓塞较为常用(图 3-2-32、图 3-2-33)。

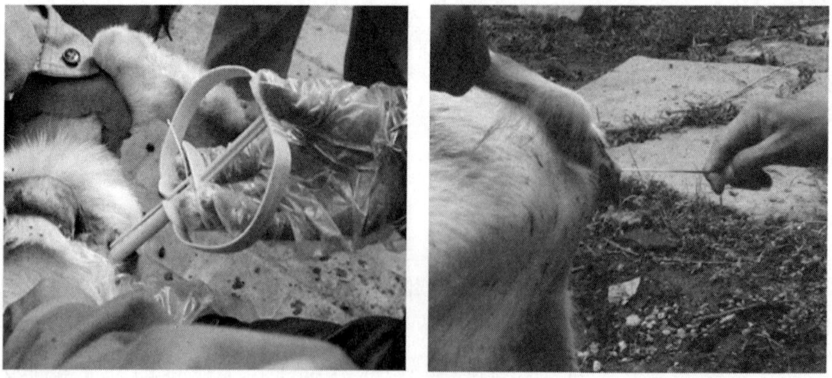

图 3-2-32　同期发情的激素处理

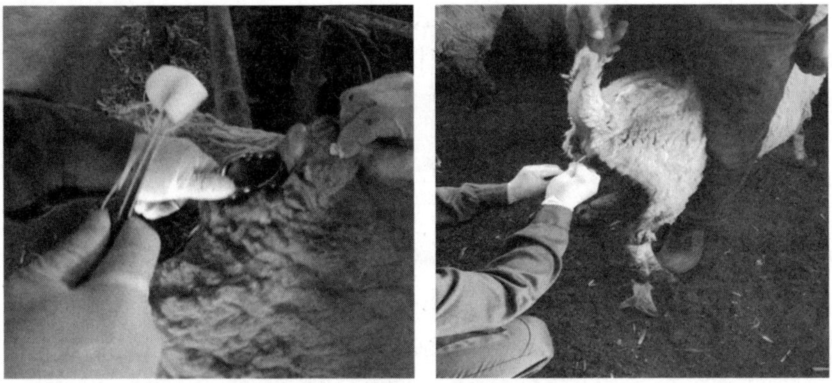

图 3-2-33 同期发情的激素处理

(1)皮下埋植法 将成形的孕激素埋植剂或装有药物的有孔细管埋植于母羊皮下组织,经过若干天的处理后取出。

(2)阴道栓塞法 将含有孕酮的阴道海绵栓借助开膣器置入母羊阴道深处,让其缓慢释放药物。

(3)将孕激素均匀拌入饲料中饲喂,直到药物处理结束为止。

(4)孕激素阴道栓 +PMSG 法 在生产母羊发情周期内的任意一天,将孕激素阴道栓放置在被处理羊的阴道深部,14 d 后取出,在取栓的同时肌内注射 PMSG,1～3 d 后羊群集中发情。平均同期发情率可达 95% 左右。由于操作较为简单、实效性高,在实际中多用此方法。

2. 前列腺素处理法

目前,PGF2α 处理可分为一次处理法和二次处理法。在母羊发情后数日向子宫内灌注或肌内注射 PGF2α 或氯前列烯醇,可以使发情高度同期化。但注射 1 次,可使 60%～70% 的母羊同期发情。一般采取 2 次注射法,第 2 次注射相隔 8～9 d,可提高同期发情率至 90% 以上。由于 PGF2α 药物可引起妊娠母羊流产,所以在使用前要认真对母羊进行妊娠检查,以避免流产(图 3-2-34)。

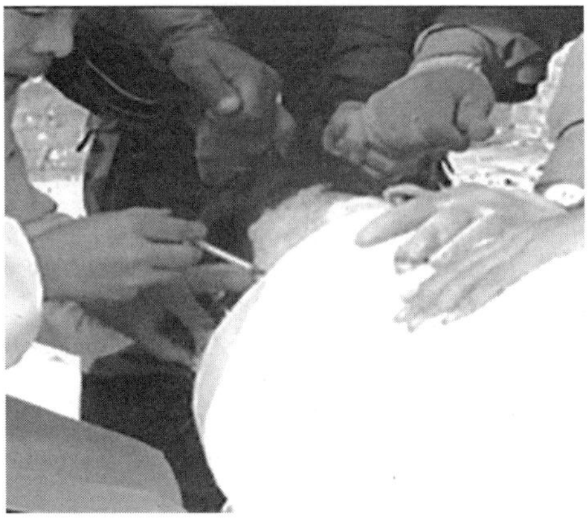

图 3-2-34 激素注射

3. 孕激素与前列腺素结合处理法

用孕激素制剂处理 7～9 d,在结束处理前 1 d,肌内注射 1 次 PGF2α。该方法的同期发情率和受胎率均较理想。

【岗位职责】

(1)从事繁育工作的人员热爱繁殖育种工作,为人诚实,工作作风踏实,身体健康,能适应岗位工作环境和条件要求。

(2)繁育员制订年度母羊同期发情处理计划。

(3)做好母羊同期发情后数据工作。

(4)繁育员及时记录母羊同期发情等技术数据,详细填写繁殖卡片。

(5)做好药品的出入库记录和汇总,月底上报财务。

(6)加强学习，提高自身技术水平，掌握科技信息，推广先进技术和经验。

(7)培养后备人才，以身作则，做好传、帮、带。

(8)与各岗位人员团结互助，服从领导安排，有牺牲小我的精神。

【业务经验】

一、影响同期发情的主要因素

(1)体况　在生产实践中，母羊的膘情直接影响同期发情效果。

(2)季节　绵羊属季节性发情动物，季节是影响同期发情效果的一个重要因素，在非繁殖季节卵巢处于静止状态，血液中的促性腺激素水平很低。绵羊的发情一般集中在秋季，可在9—10月份进行集中配种。

(3)处理方法　在生产中，同期发情处理方法很多。在注重同期发情效果的同时应考虑成本，氯前列烯醇(PGF2α)成本低，操作简单，但只能在羊的繁殖季节使用，在非繁殖季节使用效果不佳。孕激素阴道栓在繁殖和非繁殖季节均可使用，在使用时，配合注射孕马血清促性腺激素(PMSG)效果很好，但成本较高。

二、同期发情技术经验

(1)一只种公羊一次采精可以得到原精大约1 mL，经过精液稀释处理后，大约得到3 mL精液，每只母羊配种约0.15 mL，大约可以配20只母羊。并且羊集中同期发情处理，集中配种，一次配种数量大，配种时机也易把握，大大提高了配种工作效率。提高母羊的受配率。

(2)同期发情处理流程与诱导母羊发情的技术流程是一样的，因此，同期发情处理过程，也是治疗不发情母羊的过程。如果经过同期发情处理不能发情的母羊，通常也不能自然发情。这种有繁殖障碍的母羊在同期发情配种时，就能及时发现，及时做出调整或淘汰。

(3)春天和夏天是母羊发情不明显的季节，如果不做同期发情处理，发情配种的母羊会比较少。那么在羊不发情或者发情不明显的季节做同期发情，就突破了羊繁殖的季节性限制，实现了全年均衡生产。

(4)同期发情处理的母羊配种时间一致，将来母羊的分娩时间也一致，能够实现同期分娩、羔羊统一管理，统一上市。

(5)一直进行同期发情的羊场，母羊的繁殖周期大约215 d，可以实现母羊年产1.7胎，这比自然发情高0.3～0.4胎。

(6)同期发情处理的母羊群，可以使母羊的生产完全在人为的掌控之下。想让母羊什么时间产羔，或者不想让母羊在什么时间产羔，都可以达到目的。如果不想让母羊在春节期间产羔，那么8月中旬到9月中旬，就不要进行同期发情。

【知识拓展】

1. 加强营养，保持良好的繁殖体况

在配种前及配种期，应给予公、母羊足够的营养(蛋白质、维生素和微量元素等)。营养状况直接影响公羊精子的生成和母羊的卵泡发育以及胚胎存活。由于精子发生周期约为49 d，故应于配种前1.5个月加强营养。当体况差时，母羊为胎盘提供葡萄糖的能力低，使胚胎发育不良，甚至造成胚胎着床前死亡，降低受胎率。任何微量元素的严重缺乏都会影响到羊的各种基本功能，包括繁殖性能等。国内不少资料指出，在配种前2～3周提高母羊的营养水平，对提高母羊的发情率和排卵率有明显效果，值得仿效。

2. 诱发双羔、多胎

诱发母羊产双羔或者多胎，可以使用促性腺激素法刺激母羊，如可使用双羔素等。方法可与同期发情技术相结合，或者是可以采用激素免疫中和技术，动物生殖激素作为抗原，刺激母羊产生激素抗体，或者用激素抗体进行被动免疫来影响体内激素调节系统，使机体功能发挥，达到产双羔或者多羔的目的。

3. 控制母羊排卵数量

通过控制母羊的排卵数量可以实现一胎双羔或者一胎多羔，同时还可以为胚胎移植等技术的开展做前期的准备工作，主要是使用外源促性腺激素诱发卵巢上的多卵泡发育，然后排出具有受精能力的卵子，此过程被称为超数排卵，常用的诱导物主要为孕激素等。

4. 绵羊的超排方法

(1)FSH+PG法　在发情周期第12或13天开始肌内注射(或皮下注射)FSH，以递减剂量连续注射3 d共6次，每次间隔12 h，在第5次注射FSH的同时肌注PGF2α。国产FSH总剂量为150～300 IU，FSH注射完后随即每天上、下午进行试情。超排处理母羊发情后立即静脉注射LH 100～150 IU，有的用60 μg的LRH代替LH，获得同样的效果，有的不主张注射LH。

(2)FSH+孕激素+PG法　同牛，只是FSH剂量不同。

(3)PMSG法　在发情周期的12～13 d，一次肌内注射(或皮下注射)PMSG 800～1 500 IU，出现发情后或配种当天肌内注射HCG 500～750 IU。

(4)PVP+FSH法　分别用7.5 mg(中科院动物所产)、250 IU、300 IU(武汉生物制药厂产)FSH溶于10 mL 15% PVP。于性周期的第12～13天对中国美利奴羊、军垦型9岁淘汰母羊进行一次性注射超排处理，于羊发情后第5～6天进行手术采卵，结果头均获得胚胎数分别为5.0枚、4.67枚、5.0枚。

5. 山羊的超排方法

(1)FSH+孕激素+PG法：同牛。只是FSH剂量不同。

(2)PMSG法：在发情周期的16～18 d开始，总剂量800～1 500 IU，其他法同绵羊。

(3)PVP+FSH：给山羊放置阴道海绵栓1个，同时肌内注射雌二醇2 mg，进行预处理7 d。然后用300 g/L PVP 5～6 mL溶解FSH 250～300 IU，一次肌内注射。于处理后第3天下午撤除阴道海绵栓，同时皮下注射PGF2α 0.6 mg。发情后配种，取得较理想结果。

【工作任务实施记录与评价】

一、工作任务实施记录

1. 工作任务：羊同期发情处理

序号	耳号	舍号	胎次	技术员	处理日期	使用药品	使用量	有效期	发情时间

2. 工作任务实施记录

师傅指导记录	学徒任务实施记录			评价过程
	处理数	发情数	发情率	
日期：　年　月　日 指导内容：孕激素处理				
日期：　年　月　日 指导内容：前列腺素处理				
日期：　年　月　日 指导内容：两者结合处理				

二、绩效评价

序号	任务项目	理论考核 15%	操作考核 85%	权重	师傅签字
1	孕激素同期处理			65%	
2	前列腺素同期处理			15%	
3	孕激素 + 前列腺素结合处理			20%	
合计					
学习收获					

随着我国羊产业朝着集约化、标准化、融合化的方向发展，要求我国羊产业要进行不断的发展与升级。种业作为国家的“芯片”技术，就得加强各类畜禽的选种选配、杂交改良等技术。为此，加强羊的选种选配、杂交改良等技术对促进我国羊产业、畜牧业经济发展有着基础性的作用。

任务 7　羊的选种选配

【专业知识准备】

选种和选配是常用的两大育种手段。选种就是选出本身性能优良，且能将优良性状遗传给后代的个体。选配主要包括纯种繁育和杂交繁育两个方面，通过对优良个体开展纯种繁育和杂交繁育产生品质优良的后代。

一、选种

选种主要根据个体本身的体型外貌、生长发育和生产性能、同胞和后裔品质、系谱资料等进行。

(1) 体型外貌　在纯种繁育中非常重要，凡是不符合本品种特征的羊只不能留作种用。因为体型是体质和机能的综合外部表现，与生产性能有直接关系。一般要求肉用种羊头轻小，四肢较短，背腰宽广平直，后躯丰满多肉，体躯呈圆桶状。

(2) 生长发育和生产性能　生长发育主要测定出生、断乳、周岁、初配和成年阶段的体重和体尺，种羊必须达到品种相应标准。生产性能包括经济早熟性、日增重、饲料利用率、屠宰率、繁殖力等方面。尤其是生长性状的遗传力较高，通过个体本身选择效果明显，是选择肉用种羊的关键。

(3) 同胞和后裔品质　胴体和肉质性能需要在同胞或后裔中测定，但同胞测定可缩短测定时间，主要测定屠宰率、胴体长、眼肌面积、肉品质等性状。由于选种羊的目的是要产生品质优良的后代，本身具备优良性能是选种的前提条件，但更重要的是让它的后代性能优良。如果优良性能不能遗传给后代，即使种羊本身的体型外貌和生产性能优良也不能继续留作种用。

(4) 系谱资料　是开展早期选种的重要依据，它不仅提供了种羊亲代的有关生产性能记录和血统来源，而且对一些隐性基因和遗传缺陷在群体中的淘汰很有帮助。

二、选配

选配是对种羊的交配进行人为控制，使优良个体获得更多的交配机会，优良基因更好地重组，促进畜群的改良和提高。具体作用是选配可以创造必要的变异，把握变异方向，避免非亲和基因的配对，加速基因纯化，控制近交程度，防止近交衰退。

近交指有亲缘关系的个体间的交配或配子的结合，包括全同胞交配、半同胞交配、表兄妹间交配和回交等。近交的最重要遗传效应就是近交衰退，表现为近交后代的生活力下降，适应能力减弱，抗病能力较差，或出现一些畸形性状。近交退化的重要原因是这种交配方式提高了隐性致病基因纯合个体的出现频率。近交也有有利的一面，如近交的后代纯合性高，性状比较整齐一致，使动物便于饲养管理。近交的遗传效应可用近交系数来表示，是指一个个体从它的某一亲本那里得到一对完全相同的基因的概率。

三、羊的杂交改良

杂交可使群体中杂合体频率增加，非加性效应增大，从而提高了群体平均值，产生杂种优势。杂交的作用可以概括为三个方面：一是能综合双亲的优良性状，育成新品种；二是改良畜禽的生产方向；三是产生杂种优势，提高生产性能。

1. 级进杂交

级进杂交是以引用的某一优良品种公羊同被改良品种母羊及其各代杂种母羊进行杂交，彻底改变原有品种的经济性状。一般情况下，级进杂交进行到 4～5 代时，杂种羊才接近或达到改良品种的特性指标。在进行级进杂交时，需要创造性地应用，被改良品种的一些特性应当在杂种后代中得以保留。因此，级进杂交并不是级进代数越高越好。

2. 育成杂交

用育成杂交方法培育新品种分三个阶段。

(1) 杂交改良阶段　主要以培育新品种为目标，选择参与育种的品种和个体，大规模地开展杂交工作，以便获得大量的杂种个体。在杂交起始阶段，选择较好的基础母羊，可以缩短杂交过程。此阶段是用改良品种的优良性状去逐渐减少、削弱被改良品种的不良性状，把人们需要的优良性状的基因结合在一起。在杂交改良阶段，要强调整顿羊群，按质分群。

(2) 横交固定阶段(称自群繁育)　此阶段关键在于发现和培育优秀的理想型杂种公羊，往往个别杰出公羊在品种的形成过程中起着十分重要的作用。横交初期,后代性状分离比较大,需严格选择。凡不符合育种要求的个体,则应淘汰出育种群。此阶段是通过杂种羊的定向选择和培育,使达到理想性的公、母羊进行横交。

(3)发展提高阶段　在横交固定已形成种群后,通过纯繁扩大数量,经过选种手段再使品种类型、生产性能趋于一致,使基因型纯化,然后经过验收命名为新品种。这一阶段的主要任务就是建立品种内结构、增加新品种羊数量、提高新品种羊品质和扩大新品种分布区。

3. 导血杂交

导血杂交又叫引入杂交。在导血杂交后代中选择含外血 1/3 或 1/4 的优良个体与原品种进行回交,然后进行自群繁育。根据品种的生产方向和特性,能迅速有效地改进品种某些缺点。在导入外血之前,要对原品种的优缺点进行全面分析,确定哪些应当保留,哪些需要提高,然后再选用合适的品种和符合理想的个体。如新疆细毛羊,引入澳美羊的外血,取得了良好的效果。

4. 经济杂交

经济杂交是为了利用杂种优势而采用两个具有不同优点的羊品种进行杂交,杂种后代全部应用于生产畜产品的一种杂交方法。经济杂交的优点在于,杂种一代具有杂种优势,如活力强和发育快。杂种一代的公羔生长快,生产商品肉有重要意义,杂种一代的母羊不仅可以作为肉羊,也可用于杂交生产的母本而提高生产性能。经济杂交具有明显的杂交优势。

【任务目标与质量要求】

了解羊选种选配的特点和作用;制订牧场的选种选配和杂交改良的计划;掌握选种选配和杂交改良的方法并应用于实际生产;了解杂种优势所表现出的特征。

【学习产出目标】

(1)了解羊选种选配和杂交改良的特点和作用。

(2)制订本牧场的选种选配和杂交改良的计划。

(3)掌握选种选配和杂交改良的方法并应用于实际生产。

(4)掌握杂交概念以及杂交优势所表现出的特征。

(5)准确、详细记录选种选配和杂交改良的工作记录。

【工作程序与方法要求】

一、选种

(1)个体性能鉴定　种羊的鉴定有个体鉴定和等级鉴定两种。个体鉴定要按体型外貌评分、体尺测量和生产性能等的记录结果逐项进行,通常在初生、断奶、6 月龄、周岁时进行体质外形和生长发育鉴定。等公羊到了成年,母羊第一次产羔后体型外貌和生产性能达到充分表现时重点依据生产性能高低决定去留。等级鉴定不做具体的个体记录,根据个体鉴定结果评定等级高低。等级标准可根据育种目标的要求制定,一般肉用种羊等级分为特级、一级、二级和三级等标准。

(2)系谱选择　据系谱记载,通过审查备选个体各代祖先的体型外貌评分和生产性能表现及是否有遗传缺陷等情况，作为种羊进行早期选种的主要依据，但系谱选择只能得出备选种羊与祖先之间的血缘关系，只对备选个体做出品质优劣的大致判断。

(3)同胞选择　通过对备选种羊的全同胞或半同胞进行生产性能等方面的测定，以推断备选个体的品质优劣。同胞选择对于低遗传力性状(如繁殖性状)、被选个体本身无法直接度量的性状(如胴体和肉质性状)、限性性状(如产乳)选择效果明显。

(4)后裔选择　是通过测定肉用种羊后代的各项性能表现来评定个体种用价值高低的一种选择方法。重点测定后代品质的同时，对后代的适应性、抗病力等方面也要权衡考虑。由于选种的目的是要产生品质优良的后代，所以后裔选择是评定个体种用价值最可靠的方法，但后裔选择所需时间长、耗费大，通常只对经测定认为最优秀的种公羊才开展。

二、选配

1. 品质选配

为防止亲缘选配产生衰退等不良后果，首先必须严格选择和淘汰，根据体质外型和生产性能选择体质强壮的公、母羊配种，凡所生后代体质衰弱、生活力低的个体必须予以淘汰；其次是开展血缘更新，把亲缘选配的后代与培育在不同条件下没有血缘关系的同品种个体间交配，可以减少衰退发生；再次是对亲缘选配产生的后代，要加强和改善饲养管理条件，即良种需良养。

(1)同质选配　就是将具有相同生产特性或优点的公、母羊进行交配，使后代遗传和发展亲代的特点，使遗传性趋于稳定的选配方法。同质选配目的在于巩固和发展双亲的优点。但过分强调同质选配的优点，容易造成单方面的过度发育，使体质变弱，生活力降低。

(2)异质选配　就是选择具有不同优良性状的公、母羊交配，或具有优良性状的种公羊与具有某些缺点的母羊相配，使所生后代能结合双亲的优点，或克服母羊的某些缺点的选配方法。这种选配方式的优缺点，在某种程度上与同质选配相反。

(3)亲缘选配　就是具有一定亲缘关系的公、母羊之间的交配。亲缘选配的作用是可稳定遗传性，揭露有害基因，保持优良个体的血统，提高羊群的同质性等优点。但亲缘选配容易引起后代的适应性和生活力降低，羔羊体质衰弱，体格变小，繁殖性能和生产性能降低等衰退现象。

2. 纯种繁育

纯种繁育简称纯繁，是指在同一种群范围内，通过选种选配、品系繁育、改善培育条件等措施，以提高种群性能的一种繁育方法。目的是当一个种群的生产性能基本能满足社会经济需要，不必做大的方向性改变时，通过开展纯种繁育以保持和发展一个种群的优良特性，增加种群内优良个体的比重，同时克服种群的某些缺点，以达到保持种群纯度和提高种群质量的目的。

3. 杂交繁育

杂交繁育简称杂交，是选择不同品种(品系)的公、母羊之间的交配，即“异种群选配”。杂交繁育主要有引入杂交、级进杂交和经济杂交三种方式。

【岗位职责】

(1)从事繁育工作的人员热爱繁殖育种工作，为人诚实，工作作风踏实，身体健康，能适应岗位工作环境和条件要求。

(2)育种员制订年度选种选配和杂交改良计划。

(3)做好选种选配和杂交改良的前期准备工作。

(4)育种员及时记录相关测定数据,详细填写记录。

(5)加强学习,提高自身技术水平,掌握科技信息,推广先进技术和经验。

(6)培养后备人才,以身作则,做好传、帮、带。

(7)与各岗位人员团结互助,服从领导安排,有牺牲小我的精神。

【业务经验】

1. 挑选种公羊,及时淘汰不育公羊

从繁殖力高的母羊后裔中选择公羊。重视在不良的环境条件下进行抗不育性的选择,因为在不良环境条件下更容易显示和发现繁殖力差的种羊。

据研究,用多胎性选出的公羔,外周血中促黄体素(LH)的含量较高,而睾丸的生长主要依赖于促黄体素的作用。大睾丸公羊女儿的初情期比小睾丸公羊女儿的初情期早,因此,睾丸的大小可作为选择多胎性公羊的早期重要指标。又据张忠诚等(1995)报道,公羊阴囊周径与血清睾酮浓度和射精量之间存在强相关,即阴囊周径大的公羊,配种能力较强。经常检查精液品质,及时发现并剔除配种能力差、受胎率低的公羊。

2. 加强母羊选择

选择繁殖力强的母羊。母羊的产羔率随年龄而变化。一般4～5岁时的双羔率最高,在2～3岁时较低,头胎初产时最低。第1胎即产双羔的母羊,具有较大的繁殖力。选择头胎产双羔和前3胎产多羔的母羊,可以提高母羊的双羔率和繁殖力。根据家系选留多胎母羊也是一种选择方法。如澳大利亚培育出的布鲁拉品系,平均产羔率为210%,先是选出1只1产5羔的公羊和13只1产3～4羔的母羊,以后增加了1产5羔的公羊和1产6羔的母羊各1只,组成核心群,经精心选育而成。光脸型母羊(脸部裸露,眼下无细毛)比毛脸型母羊(脸部着生细毛)的产羔率高11%。年轻、体格较大且脸部裸霹的母羊所生的双羔,应优先选择利用。

3. 合理选配

合理选配是提高繁殖力的有效措施。单、双胎的公、母羊,不同组合的配种,双羔率不一样。如单 × 双为51.85%,双 × 单为38.27%,双 × 双为52.43%。采用双胎公羊配双胎母羊,可显著提高双羔率。

4. 做好育种记录

在羊的育种工作中,必须做好各种资料记载工作,并加以整理、分析和统计,为育种工作提供科学依据。对指导育种工作,改进技术措施和饲养管理有重大参考价值。主要记载特级、一级公、母羊,后裔测定公、母羊及其后代羔羊的个体鉴定记录,各项生产成绩;各等级母羊群的等级鉴定记录和生产成绩等。资料记载主要有:种公、母羊卡片,配种及产羔记录,胴体重,体重记录,羔羊生长发育记录和鉴定记录表等。

【知识拓展】

1. 合理的羊群结构

羊群结构包括羊群的品种结构、年龄结构和性别结构比例。羊群结构不合理是影响养羊生产效益的主要原因。就肉羊生产特点来讲其经济效益体现在羊群的数量和质量上，即羊群繁衍后代的数量多少、品质高低。以繁殖母羊为基础，按照适当比例配置其他性别、年龄、用途的羊，目的在于有利于组织再生产、降低生产成本、提高产品质量。

提高羊群中适繁母羊的比例，有利于提高肉羊的繁殖率。羊群结构对于肉羊的繁殖率也有很大的影响，羊群的结构要以适繁母羊作为基础，按照一定的比例来配置羊群的结构，羊群中的公羊、母羊、羔羊等比例要适宜，一般肉羊养殖羊群结构中适繁母羊的比例不能低于60%，适宜的公母比例应为1 ∶ 25。

生产母羊阶段划分为后备母羊待配期（达到配种体重和月龄）、空怀期（断奶后30 d内）、配种期（配种开始至45 d）、妊娠前期（前90 d）、妊娠后期（后60 d）、哺乳期（羔羊出生至60 d）。育肥阶段划分为保育期（断奶至120 d）、育成期（出栏前40～60 d）。

2. 采取适宜的经济杂交模式以及充分利用杂交优势

不同品种或品系的羊杂交所产生的后代，往往在生产力、生长势和生产性能等方面优于其亲本纯繁群体，表现杂种优势。据已有的研究成果，应用引进的优良肉羊品种作终端父本与国内适应性强、繁殖力高的品种进行经济杂交，杂交后代表现出适应性强、生长发育快、肉用性能明显等特点。

3. 繁殖育种

(1) 加强种羊的选择和选配，做好种羊的繁殖管理。近亲繁殖会导致肉羊的生产性能和繁殖性能下降，要做好种羊的繁殖管理工作。对于肉羊的配种、繁育等要做好记录，要及时地更新血缘，及时淘汰老、弱、病羊，防止发生近亲繁殖。推广采用冻精冷配技术，通过从外购买精液来对本场的种羊进行改良。实施人工输精技术，可以减少生殖系统疾病的发生，提高母羊的配种受胎率和产羔率。在人工输精时可以采取复配技术，即第一次配种后的8～12 h再输精1次。

(2) 已配种羊中妊娠羊饲养合理分群，前期增加运动量，后期以舍饲为主，增加营养成分的补充，临产前单独饲喂。

(3) 肉羊的产羔率具有遗传性，多胎公、母羊的后代也常为多胎，因此，在选择种羊时需要选择产多羔羊作为种母羊。生产实践表明，通常第一胎产羔多的母羊，终身的生产成绩也不会差，并且第一胎的产羔数与终身的产羔数呈正相关。因此，要加强第一胎母羊产羔性能的选择，通过选择具有较高产羔率的公羊与多胎母羊进行交配，在所得后代中选择公、母羊留作种用。另外，还可以引进多胎品种的种羊，利用该品种与地方品种进行杂交，这是提高肉羊繁殖率的最快、最简单的方法，也是最为有效的方法。

(4) 家畜性别控制是通过人为地干预或操纵，使母畜按人们的愿望繁殖所需性别仔畜的技术，它在羊生产中有很重要的意义。肉用公羊的产肉量、生长强度以及饲料报酬等优于肉用母羊。通过人为控制生公生母，就能成倍乃至几十倍地提高肉羊业的经济效益。家畜性别调控的研究，主要采用两大技术：精子分离和胚胎的性别鉴定。

【工作任务实施记录与评价】

一、工作任务实施记录

1. 工作任务：选种羊

(1) 做好种羊的相关表格记录。

(2)编号。羔羊出生后要及时编号,以便记录管理。羊只出现耳标破损、掉落的情况时,要及时补号。

(3)称重。称重是衡量羊只生长发育的重要指标,也是检查饲养管理工作的重要依据,包括初生重、断奶重、6月龄重和成年重。

(4)记录。做好每日记录,可随时掌握工作的完成情况,以及每只羊的健康状况。

(5)每日观察羊群,病羊早发现早治疗,也可及时发现其他生产环节中的问题。

种羊卡片(正面)

品　　种________　　个体号________　　登记号________
出生日期________　　性　别________　　出生时母亲月龄________
单(多)羔________　　初生重________/kg　　1月龄重________/kg
断奶重________/kg　　4月龄重________/kg　　6月龄重________/kg
12月龄外貌评分________　　等级________

指标	1岁	2岁	3岁	4岁	5岁	6岁
体高 /cm						
体长 /cm						
胸围 /cm						
管围 /cm						
体重 /kg						
繁殖成绩						

亲、祖代品质及性能(背面)

亲代	个体号	产自单(多)羔	等级	体高 /cm		体重 /kg			6月龄胴体重 /kg	繁殖成绩
				6月龄	12月龄	6月龄	12月龄	24月龄		
父亲										
母亲										
祖父										
祖母										
外祖父										
外祖母										

种羊生长发育记录表

品种(系)__________　　个体号__________　　出生日期__________
性别______________　　单(多)羔________

指标	1月龄	2月龄	3月龄	断奶	4月龄	5月龄	6月龄	9月龄	12月龄
体重 /kg									
体高 /cm									
体长 /cm									

续表

指标	1月龄	2月龄	3月龄	断奶	4月龄	5月龄	6月龄	9月龄	12月龄
胸围 /cm									
管围 /cm									
备注									

登记员________　　　　　技术员________

肉用绵羊个体鉴定记录表

序号	品种	羊号	性别	年龄	体型外貌	体重 /kg	胴体重 /kg	屠宰率 /%	眼肌面积 /cm^2	备注
1										
2										

鉴定时间________年____月____日　　　　鉴定员________　　　　记录员________

2. 任务实施记录

师傅指导记录	学徒任务实施记录	评价过程
日期：　年　月　日 指导内容：选种		
日期：　年　月　日 指导内容：选配		
日期：　年　月　日 指导内容：选种		
日期：　年　月　日 指导内容：选配		

二、绩效评价

序号	任务项目	理论考核 30%	操作考核 70%	权重	师傅签字
1	选种			45%	
2	选配			40%	
3	其他			15%	
合计					
学习收获					

学徒岗位三

猪育种员学徒岗位

我国是世界上最大的生猪生产和猪肉消费国，并且我国已经进入生猪育种专业化时代，专业的育种公司已经越来越多。

一、我国生猪养殖概况

随着我国生猪养殖技术的不断提升，生猪存栏量快速增长，2021 年中国生猪存栏量达 4.49 亿头，较 2020 年增加了 0.4 亿头，同比增长 10.51%，目前，我国养猪产业逐渐向着现代化以及规模化的方向不断发展。

二、我国生猪育种现状

近十年来，我国生猪遗传改良工作稳步推进，取得了显著成效。一是建成了相对完善的育种体系。遴选了 89 家国家生猪核心育种场和 4 家服务于核心场间遗传交流的种公猪站，覆盖全国 24 个省份。组建了 15 万头的核心群，累计收集品种登记数据近 900 万条、有效性能测定数据 700 万条。建立了以场内测定为主的生产性能测定体系，组建了全国种猪遗传评估中心，定期发布种猪遗传评估报告，指导企业科学选育。二是种群生产性能水平不断提高。杜洛克猪、大白猪和长白猪重要经济性状遗传进展获得稳步提升，100 kg 体重日龄分别降低 9 d、6.7 d 和 5 d，大白猪和长白猪总产仔数分别提高 1.7 头和 1 头，基本形成了持续改良、稳步提升的良性循环。三是自主创新能力不断提升。以地方遗传资源和引进品种为素材，培育了 15 个新品种、新品系及配套系。建立了基因组选择平台，建成了国家级保护猪品种 DNA 特征库。区域性联合育种实体企业相继成立，在开展实质性联合育种工作上迈出了重要一步。

三、我国生猪育种计划

2021 年 4 月农业农村部发布了《全国畜禽遗传改良计划(2021—2035 年)》，作为国家层面启动的第二轮畜禽遗传改良计划，提出了立足“十四五”、面向 2035 年推进畜禽种业高质量发展的主攻方向，这是确保种源自主可控、打好种业翻身仗的一个重要行动。养猪业是关乎国计民生的重要产业。良种是保障生猪产业健康发展的重要基础，是提升生猪产业核心竞争力的关键。为进一步提升我国生猪种业创新能力，引领和支撑生猪产业高质量发展，制订本计划。

1. 思路与目标

(1) 总体思路　坚持立足国内、自主创新、提质保供的发展战略，以推动种猪业高质量发展为主题，以国家生猪核心育种场、种公猪站、战略种源基地为抓手，以技术创新和机制创新为根本动力，大力支持专业化育种和联合育种发展，构建市场为导向、企业为主体、产学研深度融合的创新体系，逐步建立基于全产业链的新型育种体系，建成更加高效的生猪良种繁育体系，打造具有国际竞争力的现代生猪种业，引领和支撑生猪产业转型升级。

(2) 总体目标　到 2035 年，建成完善的商业化育种体系，自主创新能力大幅提升，核心种源自给率保持在 95% 以上；瘦肉型品种生产性能达到国际先进水平，保障更高水平的良种供给；以地方猪遗传资源为素材培育的特色品种能充分满足多元化市场消费需求；种源生物安全水平显著提高；形成"华系"种猪品牌，培育具有国际竞争力的种猪企业 3～5 个。

(3) 核心指标　通过对瘦肉型猪的持续改良，核心育种群主要性能指标达到：① 30～120 kg 日增重年均进展 1% 以上，达 120 kg 体重日龄 160 d 以下；②母系品种总产仔数年均进展 0.2 头，母猪年产断奶仔猪数达 32 头以上；③ 30～120 kg 饲料转化率达到 2.45 ： 1。

2. 技术路线

(1) 瘦肉型品种　以杜洛克猪、长白猪与大白猪等为基础创制育种素材，综合考虑不同目标性状之间的关系，优化综合选择指数，应用表型智能化精准测定技术和全基因组选择等育种新技术，实现种猪性能的持续改良。

(2) 培育品种　以地方品种与引进品种为育种素材，培育优质、高效新品种和配套系，满足市场对优质猪肉的需求。

(3) 地方品种　对肉质好、抗逆性强等特色优势明显的地方猪品种通过本品种选育，培育专门化新品系。

3. 重点任务

(1) 打造协同高效的育种体系　基于"国家生猪核心育种场 + 国家核心种公猪站 + 国家生猪战略种源基地"，建立统筹兼顾、系统完备、前瞻布局的育种框架，有力支撑生猪种业创新。遴选国家生猪核心育种场数量达到 120 个，其中遴选以地方品种或培育品种为核心群的国家生猪核心育种场 20 个；遴选建设国家核心种公猪站达到 30 个，存栏规模达 2 万头以上；创建国家生猪战略种源基地 5 个；培育区域性联合育种实体 8～10 个、全产业链育种企业 15 家，打造具有国际竞争力企业 3～5 家。

(2) 构建全产业链育种数据体系　建立高效智能化种猪性能测定体系，大幅提升育种数据采集能力。获取全产业链育种大数据，支撑高效精准育种。建立多元化高效育种技术服务和种猪质量认证体系，支持育种企业提升精准育种效率。建成国际一流水平的国家种猪遗传评估中心；基因组选择参考群规模达到 20 万头以上；形成优势互补、功能齐备的种猪育种服务体系，有效支撑育种企业发展壮大。

(3) 提升品种创新和资源利用水平　系统评价我国地方资源种质特性，发挥地方品种资源优势，提升品种创新能力和育种企业核心竞争力。

(4) 完善种猪生物安全体系　构建和完善种猪生物安全防控体系，大幅提高种猪健康水平。

四、繁育工作在生猪养殖中的地位

我国是世界上生猪生产与猪肉消费第一大国，生猪产业是我国畜牧乃至农业的支柱产业，而种猪又是生猪产业的“芯片”。稳产保供任务艰巨，必须要有强有力的种业支撑。第一期生猪遗传改良计划基本建立起了良种繁育体系，但育种基础工作仍然相对薄弱，基因组选择、表型组智能测定等关键技术应用总体滞后，育种机制不完善，自主创新能力不强，疫病净化不到位等问题依然突出。总体上，我国种猪性能水平与国际先进水平还有差距。新形势下，有必要继续实施生猪遗传改良计划，着力解决我国生猪种业发展的短板弱项，夯实产业发展的根基。

【典型人物案例】

刘孟洲，男，生于 1937 年 8 月，甘肃农业大学教授、博士生导师，享受国务院特殊津贴，曾获 2003 年度“甘肃省科技功臣”奖、改革开放 40 年养猪业终身贡献奖等多个奖项，并曾先后获得“甘肃省农业科技推广先进工作者”“有突出贡献的科技推广工作者”和“全国农业科技先进工作者”等称号。曾任甘肃省老教授协会会长，现任中国畜牧兽医学会养猪分会顾问，西北五省（区）养猪协会理事长。他的主要成就是在培育猪种和养猪产业化方面。把西北五省（区）养猪业推进到工厂化养猪、集约化生产、产业化经营的高级阶段；确立了我国猪配套系育种的理论和方法，育成了我国第一个猪的配套系，定义了猪配套系育种的概念和原则。2021 年与记者交谈的刘孟洲教授精神矍铄，博学睿智，谈吐风趣，对于艰难和困苦，不多著一字，举重若轻；对于成功和喜悦，不多谈一语，一笑置之。并说：“养猪是我一生的事业。”

在培育猪品种的研究中，他主持完成了多项甘肃省科技攻关计划项目。“七五”期间育成“甘肃白猪”新品种，并提出了“以地区划类进行闭锁繁育，以场组群生产优良猪种，以性能建立品系选育提高，以外引品种为父本，以培育品种为母本进行二元杂交”的“三级二元”瘦肉型猪生产配套模式，解决了甘肃省瘦肉型猪生产基地建设的品种问题。“八五”期间主持育成了三个“专门化”的瘦肉型猪新品系，完成了甘肃养猪业良种繁育体系的建设任务。“九五”期间主持完成了“配套选育合成系杂优猪”攻关计划项目，制定了《华特猪配套系地方标准》，解决了品种标准化问题。“十五”期间农业部认定“华特猪配套系”是全国推广的畜禽品种之一。

刘孟洲主持和参加完成了多项科研成果，并注重成果的应用推广和产业化工作。他主持研发的工厂化养猪“新型工厂化养猪舍”和“母猪分娩床”已申请了国家专利；他提出了工厂繁殖、分户肥育，实行统一供种、统一饲养标准、统一防疫灭病、统一技术规程、统一组织销售和农户分散肥育的“五统一分”养猪产业化新模式，同时将工厂化养猪工程工艺技术推广应用到西北五省（区）44 个万头级工厂化养猪企业，并在全国推广应用。出版了《中国培育猪种》《猪的配套系育种和甘肃猪种资源》。

典型人物事迹感想,工匠精神总结凝练:
我的启发:

任务 1　母猪发情鉴定

发情鉴定是养猪生产中的重要环节,判断母猪是否发情,并确定最佳配种时机,对提高母猪的受胎率,提高年产仔数具有重要的意义。

【专业知识准备】

1. 初情期

猪的初情期变化范围为 4～8 月龄,公猪初情期比母猪晚。一般会受品种、公猪接触、环境(尤其是舍饲或户外)、营养等因素的影响。

2. 发情周期

母猪到了初情期后,卵巢中规律性地进行着卵泡成熟和排卵过程,并周期性地重演。一般把上次发情开始到下次发情开始的这段时间称之为发情周期,也叫性周期。母猪发情周期一般在 18～23 d,平均 21 d。长年发情,不受季节限制。母猪在发情周期中,通常根据精神状态,对公猪的性欲反应,卵巢以及生殖道的生理变化等方面进行综合判断,可将发情周期分为 4 个阶段(图 3-3-1)。

(1) 发情前期　是卵泡准备发育的时期,从外阴部开始肿胀到接受公猪爬跨为止。对周围环境开始敏感、不安。但母猪尚无性欲表现,不接受公猪爬跨。

(2) 发情期　从接受公猪爬跨开始到拒绝公猪爬跨时为止。外阴部充血肿胀明显,腺体活动明显增强,流出黏液,性欲表现充分。接受公猪爬跨并允许交配,神经症状明显,寻找公猪,用手压背部,母猪呆立不动,两后腿微开。

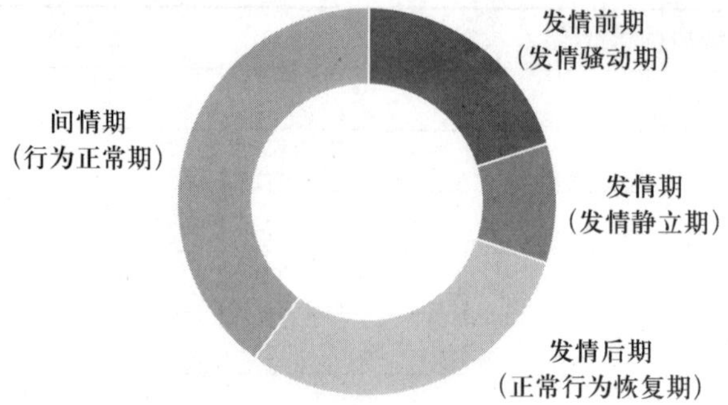

图 3-3-1　母猪发情周期

（3）发情后期　从拒绝公猪爬跨到发情症状完全消失为止。

（4）间情期　从这次发情症状消失至下次出现的时期，又称休情期。此时母猪性欲已完全停止，精神状态恢复正常。

3. 发情持续期

母猪发情持续期是指每次发情开始至休止的时间，包括如上所述的发情前期、发情期和发情后期。发情持续期也随品种、年龄、个体而不同。青年母猪持续期长，老龄母猪则短；初产母猪长于经产母猪，一般 3～5 d，最长的达 7～8 d；瘦肉型猪如长白猪、汉普夏猪等发情期较长，可达 5～7 d；脂肪型地方猪种发情期较短。

4. 母猪的发情排卵机理

如图 3-3-2 所示，母猪达到性成熟后，卵巢中即已生长着较大的卵泡，由于大脑层接受外界（光线、温度、食物等）和内在（激素）因素的各种刺激，发生冲动，传到下丘脑，分泌卵泡成熟并释放激素（FSH-SH）至脑下垂体，促使前叶迅速分泌促卵泡刺激素（FSH），在卵泡发育过程中，卵巢黏膜及卵泡鞘内层上皮细胞产生雌激素使母猪发情，此时雌激素负反馈刺激下丘脑，由于下丘脑分泌促黄体素释放激素（LHRH）又刺激脑下垂体前叶分泌促黄体生成素（LH），在 FSH 和 LH 的共同作用下，促使卵泡逐渐成熟。由于雌激素分泌的加强，抑制前叶大量分泌 FSH，促 LH 的分泌量增加，当 LH 增加到和 FSH 成一定比例时引起排卵。排卵后在破裂的卵泡中形成黄体，使卵泡内膜细胞黄体化，垂体前叶分泌促黄体素（LH），促进黄体细胞分泌孕酮，并和一定量的雌激素共同作用引起生殖道发生增殖性变化，如子宫充血、增厚、子宫腺体分泌增强等，为受精卵在子宫内着床准备条件。受精后黄体维持分泌功能，这时的黄体叫妊娠黄体。妊娠 90 d 后，黄体分泌的孕酮消失，由胎盘分泌孕酮所代替。未受精时，孕酮分泌量减少，LH 逐渐消失，黄体逐步退化萎缩，FSH 的分泌量增加，卵泡不断发育，开始进入第二个发情周期。

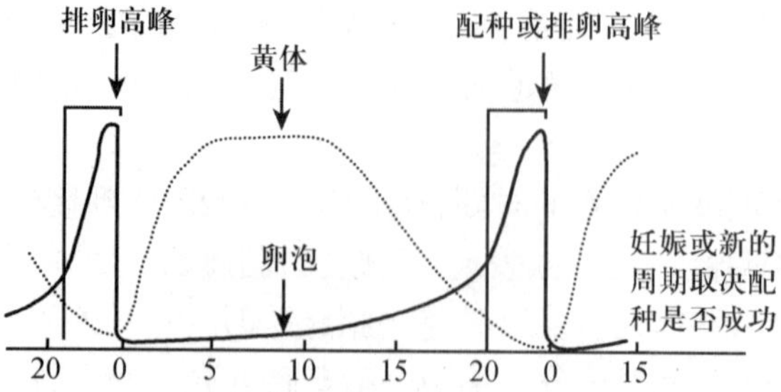

图 3-3-2　母猪的发情排卵机理

【任务目标与质量要求】

制定母猪发情鉴定操作规程和鉴定标准；熟练运用外部观察鉴定、公猪试情法、压背法等发情鉴定手段；准确鉴定出发情的母猪，检出准确率达到 90%；过程中使学徒具备仔细工作、认真负责的职业精神和团队合作意识；培养学徒主动学习掌握新知识并运用于岗位工作能力。

【学习产出目标】

(1) 制定本猪场母猪发情鉴定操作规程及标准。

(2) 熟练掌握并运用母猪的发情鉴定技术。

(3) 会分析母猪不发情的原因，并且提出解决措施。

(4) 准确鉴定出发情的母猪，检出准确率达到 90%。

【工作程序与方法要求】

(1) 外部观察法　发情鉴定多采用外部观察法。发情初期，母猪表现不安，时常哞叫，外阴稍充血肿胀，食欲减退，约经半天后外阴充血明显，微湿润，喜欢爬跨其他母猪，也接受其他母猪的爬跨。之后母猪的交配欲达到高峰，这时阴门黏膜充血更为明显，呈潮红湿润，慕雄性十分强烈，如有其他猪爬压其背部，则出现静立反应。图 3-3-3 为母猪发情时外生殖器特征。母猪发情期，一般持续 2～3 d(1～4 d)，排卵多在发情开始后 24～26 h。

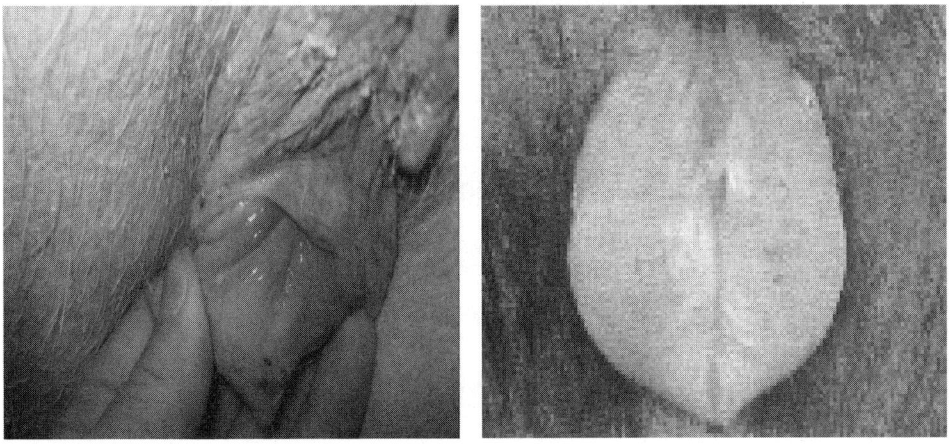

图 3-3-3　发情母猪外阴

(2) 试情法鉴定　每天早晚两次观察发情情况，由经验丰富的技术员进行，即在安静的环境下，有公猪在旁时，压背，以观察其站立反应。驱赶一头性欲旺盛的种公猪到母猪舍进行试情，试情时，公猪行走前方用一块挡板适当阻挡公猪行走的速度，保证公猪与母猪接触，并有一定的时间。发情母猪会主动接近公猪，母猪外阴部水肿，阴道黏膜潮红，有的有黏液流出(图 3-3-4)。

(3) 发情旺盛期　对限位栏内的母猪进行发情鉴定时，若发现有发情症状的母猪，还需要骑坐在母猪的背部，用脚按摩母猪的乳房进行刺激，如果出现“静立反射”，就说明达到了发情旺盛期(图 3-3-5)。

 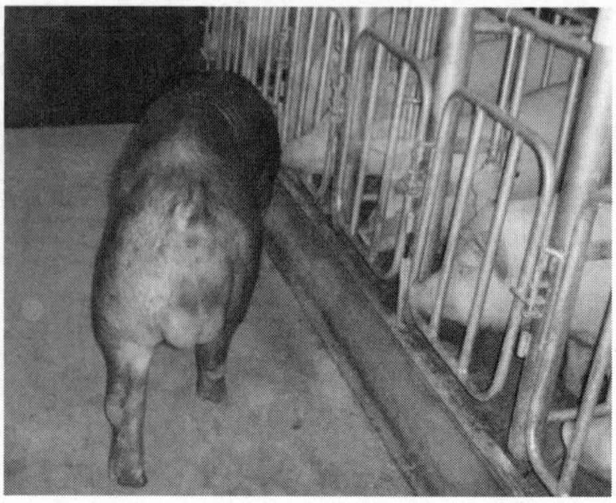

图 3-3-4 公猪试情

图 3-3-5 压背静立反射

【岗位职责】

(1)制定母猪发情鉴定工作制度、操作规程。

(2)详细填写记录表。

(3)加强学习,提高自身技术水平,掌握科技信息,推广先进技术和经验。

【业务经验】

一、母猪不发情的原因

母猪不发情可分为后备母猪不发情与经产母猪不发情。

(1)后备母猪不发情的原因　后备母猪背膘低于 15 mm 可能造成雌激素水平低下,使生殖系统特别是生殖激素系统发育不好;体重达到 90 kg 以后的缺乏公猪的反复诱情;采食了过量的霉变饲料损害生殖系统;饱受蓝耳病的危害。

(2)经产母猪不发情的原因　母猪初配时的年龄过小或体重过轻,没有完全的体成熟;哺乳期母猪饲养方法不正确导致哺乳期的失重太大(1.7～2 kg);子宫或生殖系统长期慢性炎症;长期采食了过量的霉变饲料。

二、不发情母猪的处理措施

(1) 公猪诱导法　经常用试情公猪去追爬不发情的空怀母猪，通过公猪分泌的外激素气味和接触刺激，能通过神经反射作用，引起脑下垂体分泌促卵泡激素，促使母猪发情排卵。此法简便易行有效。另一种简便有效的方法是，播放公猪求偶声录音磁带，利用条件反射作用，连续试情，这种生物模拟的做法效果也很好。

(2) 合群并圈　把不发情的空怀母猪合并到有发情母猪的圈内饲养，通过爬跨等行为刺激，促进空怀母猪发情排卵。

(3) 按摩乳房　每天早晨喂食后，用手掌进行表层按摩，每个乳房 10 min 左右，经过几天母猪有了发情症状后，再每天进行表层和深层按摩乳房各 5 min。配种当天深层按摩约 10 min。

(4) 加强运动　对不发情母猪进行驱赶运动，可促进新陈代谢，改善膘情。驱赶运动能接受日光的照射，呼吸新鲜空气，促使母猪发情排卵。如能与放牧相结合则效果会更好。

(5) 并窝　把产仔少和乳力差的母猪所生的仔猪在吃完初乳后全部寄养给同期产仔的其他母猪哺育，这样母猪可提前回乳，提早发情配种，增加年产窝数，增加年产仔头数。

(6) 激素处理　肌内注射 800～1 000 U 孕马血清促性腺激素诱导发情和促使卵泡发育，再肌内注射 600～800 U 人绒毛膜促性腺激素或氯前列稀醇 2 mL 促排，若第一次注射的是人绒毛膜促性腺激素，则需再注射氯前列稀醇 2 mL。治疗无效应立即淘汰。

(7) 如果长期不发情的母猪，一旦发情就要马上配种，间隔 12 h 再次配种，效果很明显。

(8) 一般情况下，断奶母猪经过 3 个发情周期仍然不发情或者配不上的、后备母猪一岁仍然不发情或者屡配不孕的，就要考虑及时淘汰了，避免无效饲养。

【知识拓展】

一、母猪发情排卵原理

母猪发情和排卵是在神经和激素的调节下进行的。母猪达到性成熟后，卵巢中已生长着较大的卵泡。大脑皮层接受外界（光线、温度、食物等）和内在（性激素）各种因素的刺激而发生兴奋，并传到下丘脑。下丘脑分泌促性腺激素释放激素，经垂体门脉系统运至垂体前叶，使之分泌促卵泡素，使卵泡生长、发育和成熟。在卵泡的发育成熟过程中，卵泡壁内膜细胞和颗粒细胞协同作用产生雌激素。当雌激素在血液中大量出现时即引起发情。同时大量的雌激素又通过负反馈作用抑制垂体前叶分泌促卵泡素，通过正反馈作用激发前叶分泌促黄体素。当血液中促黄体素增加到和促卵泡素成一定比例时，引起成熟卵泡破裂而排卵，进而在残余卵泡形成黄体。黄体在垂体前叶分泌的促乳素作用下分泌孕酮。孕酮通过负反馈作用抑制垂体前叶分泌促卵泡素，从而抑制卵泡发育，并促使子宫内膜增厚和促进子宫腺发育及其分泌，为受精卵在子宫内膜附植做好准备（图 3-3-6）。

二、母猪激素与发情外观表现关系

(1) 发情症状由雌激素的量决定　发情症状，是肉眼能看得到的一些现象。如跳圈、减料、活动不安、阴门红肿、流黏液、静立反射等，这些症状的出现，是体内雌激素的量达到一定时的

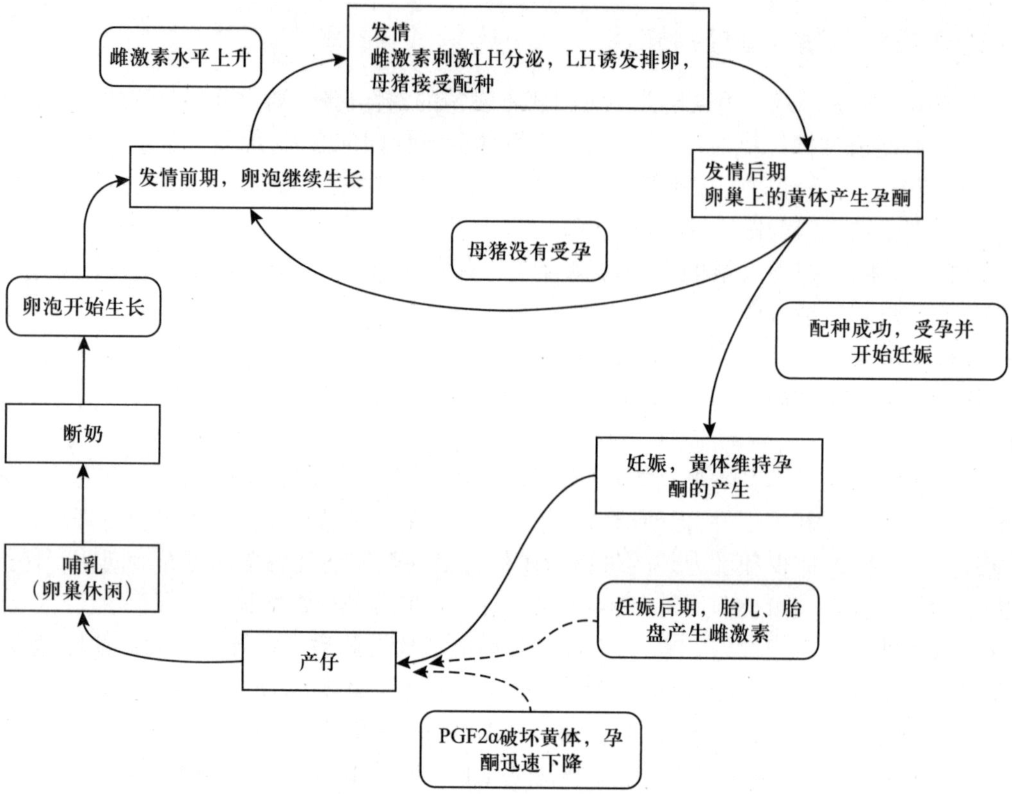

图 3-3-6　母猪激素分泌示意图

外部表现。雌激素量大，则表现明显。雌激素量小，则不表现或表现不明显。

（2）雌激素由成熟卵泡释放　在正常情况下，母猪体内的雌激素是恒定的。发情时的雌激素，是由成熟的卵泡释放出来的，而且量大；成熟卵泡多，则释放量大。成熟卵泡少，则释放量小。所以有时候会看到母猪有发情表现，但并不明显，很可能是雌激素的量不足。以此推理，很可能是成熟的卵泡数量少，即使配种受孕，产仔数也不会多。

（3）卵泡成熟要靠促卵泡素作用　只要是适龄母猪，卵巢中就会有无数的卵泡，这些卵泡都处于静止状态，个体小，也没有成熟的卵子；只有大到一定程度，才会有成熟的卵子排出来。对于母猪来说，正常一次发情，也可能是有 20 个成熟的卵泡，也可能是 30 个；这些卵泡成熟，是靠一种激素刺激后才快速发育的，这种激素叫促卵泡素，由脑垂体分泌。

（4）排卵需要促黄体素参与　上面说的促卵泡素可以使卵泡变大成熟，但并不会使卵泡释放出卵子。释放卵子，需要另一种激素，叫促黄体素，也是由脑垂体分泌的。

（5）维生素 E、高糖、胰岛素，影响促卵泡素的释放　激素水平要与生产关联起来，促卵泡素的量与许多营养成分或其他激素有关。激素类有胰岛素，营养类则有维生素 E 和葡萄糖。胰岛素是与血糖有关的，血糖就是血液中的葡萄糖。

【工作任务实施记录与评价】

一、工作任务实施记录

1. 工作任务:母猪发情鉴定记录

序号	耳号	背膘厚	胎次	发情时间	外阴特征	压背反应	备注
1							
2							

2. 工作任务实施记录

师傅指导记录	鉴定结果			评价过程
	总鉴定头数	准确鉴定头数	鉴定准确率 /%	
日期:　　年　月　日 指导内容:外部观察发情鉴定				
日期:　　年　月　日 指导内容:压背反应				

二、绩效评价

序号	任务项目	理论考核 15%	操作考核 85%	权重	师傅签字
1	外部观察法			65%	
2	静立反射			25%	
3	其他			10%	
合计					
学习收获					

采精作为人工输精的第一步是非常重要的一个环节,为了保证种公猪射精完全,采集到量多且优质的精液,并且要保证操作稳当、迅速、安全,需要掌握关键的采精方法。主要设备包括:显微镜,猪精子密度仪,恒温水浴箱,17 ℃精液保存箱,干燥箱,37 ℃恒温板,保温杯,电子天平,一次性食品袋,输精瓶,输精管,纱布等。

任务 2　种公猪采精

【专业知识准备】

一、公猪的生殖系统

公猪生殖系统由 4 部分组成。①性器官(性腺):睾丸;②输精管道:附睾(分头、体、尾部)、输精管、尿生殖道(骨盆部和阴茎部);③副性腺:精囊腺、前列腺、尿道球腺;④外生殖器及附属部分:阴茎、包皮、阴囊(图 3-3-7、图 3-3-8)。

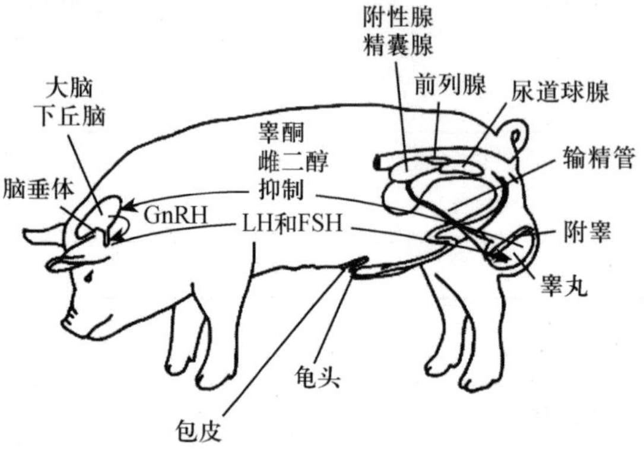

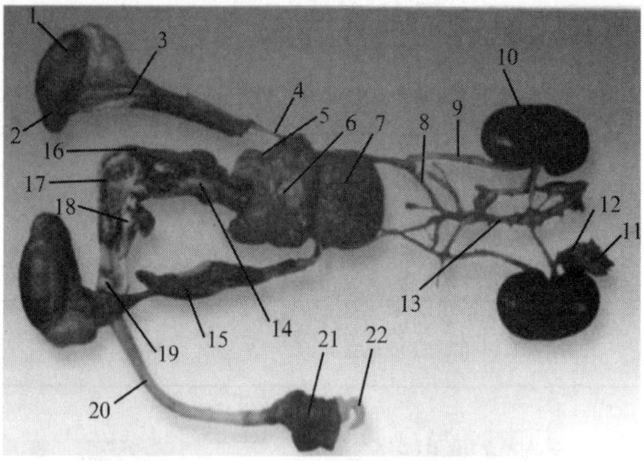

图 3-3-7　公猪的生殖系统

1. 睾丸　2. 附睾　3. 精索　4. 输精管　5. 精囊腺　6. 前列腺　7. 膀胱　8. 膀胱圆韧带　9. 输尿管　10. 肾　11. 肾脂肪囊　12. 肾上腺　13. 腹主动脉　14. 尿道球腺　15. 睾丸提肌　16. 阴茎缩肌　17. 球海绵体　18. 球海绵体肌　19. 阴茎曲部　20. 阴茎　21. 包皮囊　22. 阴茎头

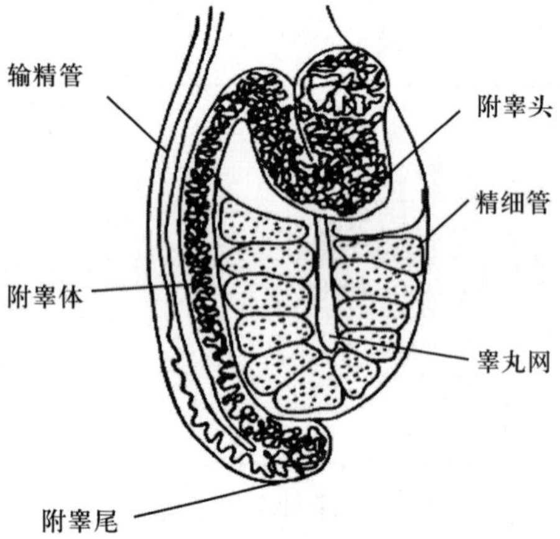

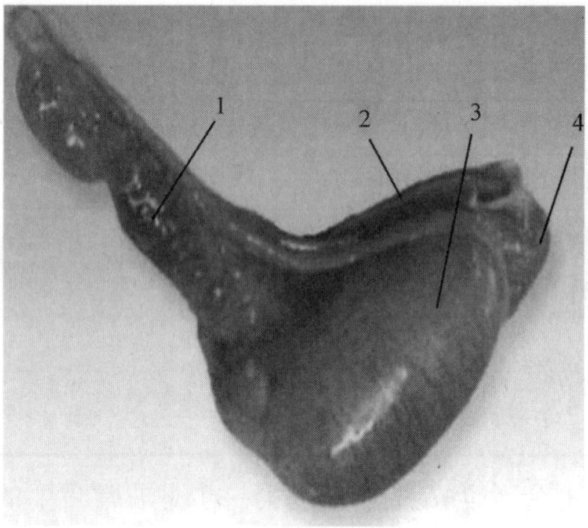

图 3-3-8　公猪睾丸结构图

1. 精索　2. 输精管　3. 睾丸　4. 附睾

二、公猪生殖生理特点

(1)睾丸　是常见家畜中绝对重量最大的。每克睾丸组织每天可产生精子 2 400 万 ～3 100 万个。

(2)输精管　根据上皮的形态,可将附睾分为头段、中段和末段三个功能区域。

(3)副性腺　猪的 3 组副性腺比其他家畜都发达,尤以精囊腺和尿道球腺最为发达。

(4)外生殖器及附属部分　阴茎为纤维弹性型,其游离端为钩状,S 状弯曲位于阴囊前,包皮开口狭窄。曲精细管终止于睾丸网,在该部位 10～12 条输出管共同形成弯曲的附睾;包皮腔特长,且背侧有盲囊,称为包皮憩室;阴囊位置紧靠两股间的会阴区,且皮肤的伸缩力低于其他家畜。

【任务目标与质量要求】

训练调教后备公猪能够在8月龄开始采精，而且调教成功率高。对于成年种公猪每次人工采精量大，公猪配合好。调教公猪要有耐心，不准打骂公猪。注意公猪和调教人员的安全。

【学习产出目标】

(1)熟知后备公猪采精调教工作流程和注意事项。

(2)熟知公猪采精的工作流程，熟悉每头公猪的特点。

(3)熟练掌握公猪的徒手采精。

【工作程序与方法要求】

一、采精前准备

(1)采精容器　很多种容器可作为采精容器，然而应该只使用那些能够保温并且容易消毒和清洗的容器。可以使用可罩有消毒过滤纱布的广口保温瓶或泡沫杯作为采精容器。

(2)牛奶过滤纸或手术消毒纱布(图3-3-9)。

(3)一次性乳胶手套或尼龙手套　注意，有些种类的手套对精子有毒害作用。要测试这些手套，可从手套的手指上剪下一小块儿，把它放入10 mL的原精中，停留15 min后用显微镜检查精液，有毒的手套将会杀死精子。

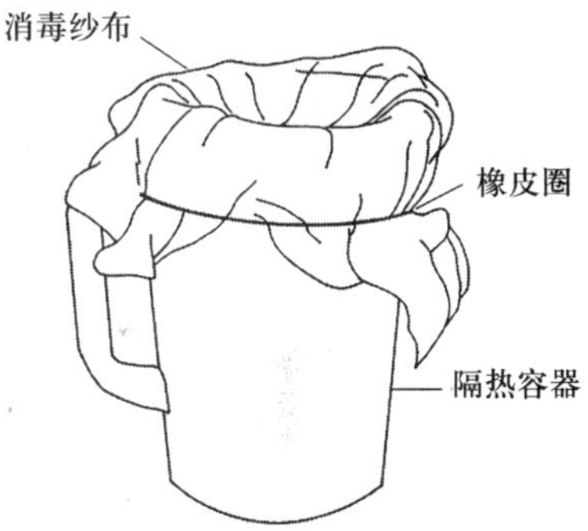

图3-3-9　收集精液用消毒纱布和聚苯乙烯杯

(4)消毒、干燥以及储存设备　精子对于渗透压、污染以及温度的很小变化都非常敏感，因此用来处理精液的工具和设备都需清洗干净后，干燥处理保存并且在使用前加热。

(5)采精场的准备　采精应有专门的场地，以便公猪建立稳固的条件反射。采精场要紧靠精液处理室，需宽敞明亮，平坦，清洁，安静，有较好的环境调控设施(图3-3-10)。

(6)台畜的准备　台畜是供公猪爬跨用的台架，有真台畜和假台畜之分。使用发情猪只或调教的公畜做台畜采精效果较好。使用假台畜采精既简单方便又安全，各种家畜均可采用。假台畜是用钢筋、木料、橡胶塑料制品等材料模仿家畜的外形制成的，固定在地面上，其大小与真畜相近。假台畜的外层覆以棉絮、泡沫等柔软之物，也可用畜皮包裹，以假乱真(图3-3-11)。

(7)公猪的准备　公畜精液品质的好坏与其体况密切相关。公猪必须保持良好的繁殖体况，给予全价饲料，精心饲养管理，加强运动，注意畜体与畜舍的环境卫生，做好疾病的预防和治疗工作。在每次采精前，需彻底清洗公猪的阴茎和包皮(图3-3-12)。

(8)术者的准备　采精员熟知采精技术操作，动作敏捷，操作时要注意人畜安全。对每一头公猪的采精条件和特点了如指掌。操作前，要求穿上长筒胶靴，身着紧身利落的工作服，工作服上衣应有2个口袋放盐水瓶、手套、纱布、卫生纸。采精瓶应是经消毒的量杯或玻璃瓶，上面盖以经消毒过的纱布，以过滤精液胶状物。指甲剪短磨光，避免与公畜及周围物体勾挂，影响操作。手要清洗消毒。

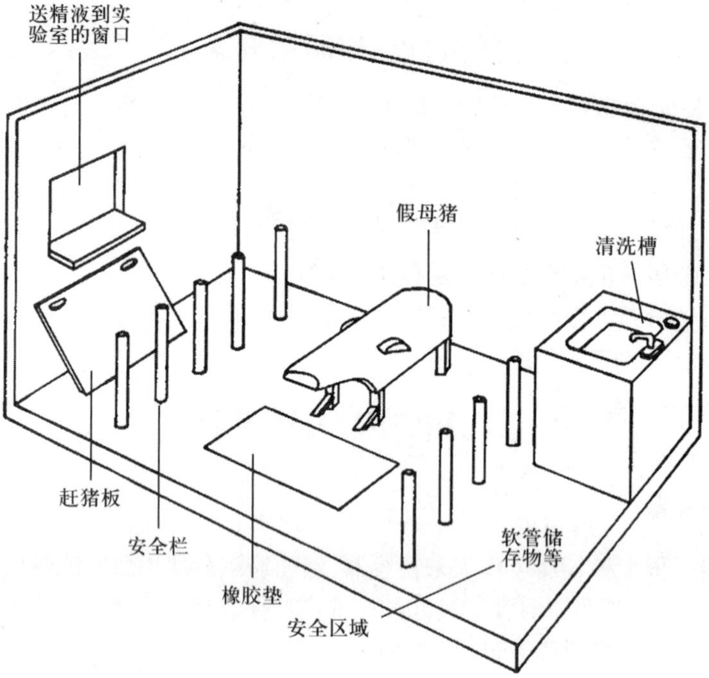

图 3-3-10　采精室

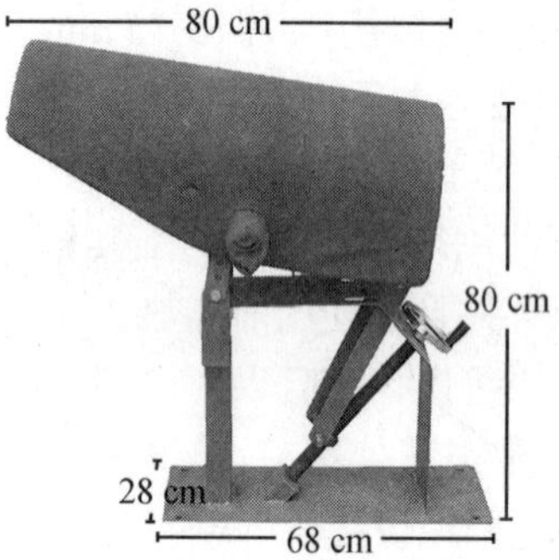

图 3-3-11　种猪的假台畜

图 3-3-12　公猪准备

二、采精过程

(1)为防止尿液流入采精瓶,采精员用卫生纸包在阴茎上,或抬高阴茎头部高于包皮。开始的精液是清的,作用是自然交配时冲洗阴道,里面细菌多,应丢掉,只接乳白色精液,直到阴茎回收。

(2)手握法是目前采集公猪精液普遍采用的一种方法,具有操作简单,能采集猪的浓分精液等优点。采精时术者戴好乳胶手套,涂抹少量润滑剂,蹲在台猪的左侧,当公猪爬上采精架时,挤净公猪包皮内尿液,用消毒液洗涤公猪包皮及其附近被毛,并用生理盐水冲刷,再用卫生纸擦干。用左手抓住公猪伸出的阴茎,力度合适时,公猪会自动伸出阴茎。将右手握成空拳,待公猪阴茎伸出时用生理盐水清洗手和阴茎头(用手套采精时,精液会更干净,且采精量多,因戴手套时可对阴茎头有较高的刺激,但手套一定是乙烯材料制作的,用橡胶手套会杀死精子),然后将其导入空拳,让阴茎自由转动片刻,再握紧阴茎的螺旋部不让龟头转动。当阴茎充分勃起后顺势向前牵拉,手指有弹性并具有节奏地下压,即可引起公猪射精。另一手持有过滤纱布的保温集精杯收集富含精子的精液。公猪排精时间可持续 5～7 min,分 3～4 次射出。第一次射出的精液,精子较少,可不收集。每次射精停止后,应按此法再次操作,直至射精完全结束。为避免污染,采精瓶不能放于地面。采好的精液要立即送检,应避光(图 3-3-13)。

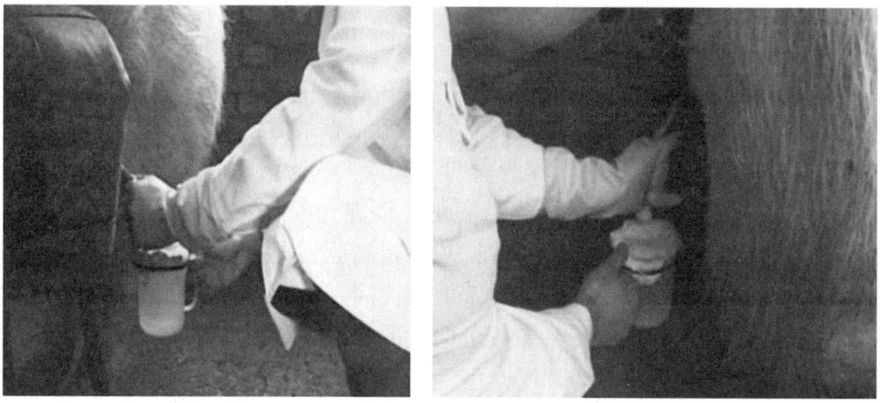

图 3-3-13　采精操作

【业务知识】

(1)强化运动　达到调教年龄的公猪,调教人员每天早晚将公猪赶出室外,驱赶运动 2 h/ 次以上,连续 5～7 d。运动时,晴天要避免太阳暴晒,以免发生中暑,雨天要避免雨淋,防止感冒发生。在调教期间,调教人员要经常接近、抚摸公猪,让公猪熟悉调教人员的声音、动作、训话等,以便让公猪对调教人员产生亲密感,为调教工作做好“人猪”结合的准备。

(2)强化营养　在调教前 3～5 d,适当提高饲料中能量和蛋白质的含量。一般情况下,能量和蛋白质水平需要比原来提高 2%～35%。

(3)选定采精地点　固定好采精架,采精地点空间要大小适中,便于操作。环境要卫生、安静、光线好,地面要平整。采精架的高矮根据公猪的高矮而定,一般为公猪高度的 2/3 为最佳。

(4)发情母猪的准备　种公猪经过调教前的准备后,找到一头正在发情的母猪,使其顺向站立于采精架旁。母猪的高矮最好与采精架的高矮一致或稍高一点，臀部与采精架后端看齐。另外，还可将母猪生殖道的黏液涂于采精架前后，使采精架具有发情母猪的气味。

（5）采精训练　将公猪赶入采精室，让公猪接触发情母猪产生性欲、性行为而爬跨母猪；当公猪爬跨母猪产生性兴奋伸出阴茎时，早已准备好的两人捧起公猪前躯，将公猪从母猪背上平稳地移动于采精架上（此时两人须默契配合，避免动作粗暴，且要平稳快速，不得高声喧哗），采精者用手把握公猪的阴茎，使公猪产生性兴奋到性高潮而射精，获得公猪在此处能交配的条件反射。与此同时，也要迅速将发情母猪赶出采精室，让公猪能安静地在采精架上在手的配合下，满足性欲，产生性高潮而完全射精。射精结束后，让公猪自由下架，自由休息片刻，然后将公猪赶入圈舍。这样，公猪便产生了能在此采精架上（由人手松紧有度的抓握公猪的阴茎）达到性高潮完全射精的条件反射。

（6）巩固条件反射　利用公猪的这一条件反射完成公猪人工采精的全过程，大约经过（重复）3～5 次人工采精活动（每次间隔 2～4 d），10～15 d 后，就此宣告公猪科学调教的成功。

（7）采精频率　合理安排采精频率既能最大限度地发挥公猪的利用率，也是维持公猪健康，延长使用年限的主要条件。采精频率是根据公猪的生精能力、精子在附睾的储存量、每次射出精液中的精子数及体况等来确定。成年公猪高强度利用可每天采精 1 次；中强度利用每 2 天采精 1 次。青年公猪高强度利用，每 2 d 采精 1 次；中强度利用，每 3 d 采精 1 次。

【业务经验】

1. 后备公猪的调教

（1）一般会在后备公猪 7 月龄以上、体重 130 kg 左右或者出现“喉闹”时开始调教。每次调教时间不超过 15 min，如果公猪不爬跨假母猪，就应将公猪赶回圈内，第二天再进行调教。在正式调教工作开展之前，调教人员应先与后备公猪建立和谐的人猪关系，消除猪的紧张感与对人的防备心理，主要方法如下：后备公猪转来公猪站后，饲喂与清扫圈舍卫生的工作最好是调教人员来做。这样每天的饲喂与清扫不仅可以让后备公猪慢慢熟悉调教人员，同时调教人员也可以了解每头后备公猪的脾气性格甚至性欲的强弱。在清扫圈舍时应注意不准踢打、大声呵斥后备公猪，如果条件允许，平时可以用毛刷给后备公猪刷拭体表的皮屑，并通过与后备公猪的“交谈”，逐步建立起人猪之间的和谐关系，给调教工作打下良好的基础。

（2）将发情旺盛母猪的尿液或分泌物涂在假母猪后部，公猪进入采精室后，让其先熟悉环境。公猪很快会去嗅闻、啃咬假母猪或在假母猪上蹭痒，然后就会爬跨假母猪。如果公猪比较胆小，可将发情旺盛母猪的分泌物或尿液涂在麻布上，使公猪嗅闻，并逐步引导其靠近和爬跨假母猪。同时可轻轻敲击假母猪以引起公猪的注意。必要时可录制发情母猪求偶时的叫声在采精室播放，以刺激公猪的性欲。

（3）一旦调教获得成功，分别在第 2、3 天各调教 1 次，进行巩固掌握该技术。

2. 猪的采精注意事项

（1）采用徒手采精时，采精室的温度不可过低，尤其是在冬季采精时更应该注意这一点，否则精子很容易由于低温打击而死亡。

（2）用 0.1% 高锰酸钾溶液清洗其腹部和包皮后，一定要用温水将高锰酸钾冲洗干净，否则会对精子造成损伤。

（3）猪的射精量较大，注意采集浓分精液。

(4)采精员要注意安全,一旦公猪出现攻击行为,采精员应立刻逃至安全位置。

(5)采精期间不准殴打公猪,防止出现性抑制。

(6)掌握适宜的采精频率,合理利用公猪,禁止过度采精。

(7)保持采精室的干净、整洁,以避免精液受到污染。

(8)刺激公猪提高性欲,挤出包皮内尿液,用湿抹布擦洗干净,再用手纸擦干,技术人员脱去戴在两只手上的双层手套的上面一层,以待采精。

(9)当公猪伸出阴茎时,采精人员要迅速抓住公猪阴茎前端的螺旋部,在公猪射精前给公猪一定的刺激。精液收集时一般要收集富精子部分。严格减少任何形式的精液污染。

(10)未成年公猪的使用标准:8～10月龄公猪1次/周;10～12月龄公猪1～2次/周;成年公猪的使用标准:12～18月龄公猪2次/周;18月龄以上公猪2～3次/周。

(11)采精的过程中应注意:①采精杯应避开阳光;②在收集精液过程中防止包皮部液体或其他如尿水等进入采精杯;③在采精过程中不要碰阴茎体,否则阴茎将迅速收回;④在采精过程中若被精液粘满了手,应该用清水将双手洗净、擦干,重新再采。建议使用采精手套,既保护了猪,也保护了人;⑤采集后的精液要立即丢掉滤纸,盖好盖,送往实验室检查。

【知识拓展】

(1)性成熟　指公猪生殖器官发育完善,具备典型的第二性特征,性机能成熟,能产生正常的精液(成熟的精液),一旦与母猪交配能使母猪正常受孕。性成熟是一渐进的发育过程,可以把初情期视为性成熟的起点,经过一定的时间逐渐达到性成熟。中国地方猪种3～4月龄,国外培育品种一般为6～7月龄。

(2)性行为　公猪性成熟后,在神经和激素的支配和作用下,表现性欲冲动、求偶(向母猪诱情)和交配三方面的反射,统称为性行为。性行为受高级中枢神经控制,中枢神经接受信号后,反馈给丘脑下部,脑下垂体前叶分泌性激素,在性激素的作用下,完成全部过程。

(3)初配年龄　又称适配年龄。性成熟的公猪,不宜立即用于采精或自然交配。过早配种会影响种公猪的生长发育,缩短利用年限。因此宜在性成熟后的一定时期再进行配种。中国地方品种7～8月龄,体重50～60 kg。大型培育品种10～12月龄,体重120 kg以上为宜(图3-3-14)。

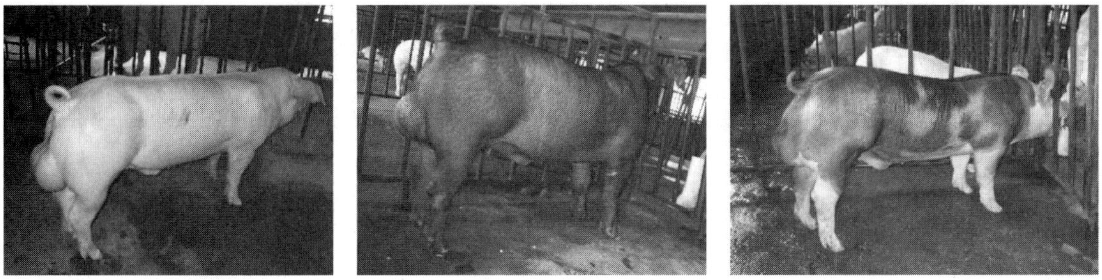

图3-3-14　初配适龄

(4)繁殖机能衰退期　公猪1.5～4岁时繁殖机能最强,性欲旺盛,射精量大。随着公猪年龄的增大繁殖机能逐渐衰退,其有效利用年限较母猪短,一般6岁以后宜淘汰。

(5)公猪的精子发生　在睾丸的曲精细管内,活动型精原细胞经有丝分裂增数,形成初级精母细胞;经减数分裂Ⅰ成为次级精母细胞;经减数分裂Ⅱ,成为单倍体的精细胞;单倍体精细胞经过变态，成为头尾分明形似蝌蚪的精子。这一过程称为精子的发生。

(6)一个猪精子发生的全过程需要 44～45 d。所以，同一批精子从发生到交配射出体外，大约需要 2 个月。在生产实践中，采用外环境条件(包括温度、光照、营养等)来改善精液品质和生精能力，需要 2 个月后才能见到效果。同样道理，公猪精液品质的某些突然变化，也应追溯到 2 个月前的某些影响因素。

【工作任务实施记录与评价】

一、工作任务实施记录

1. 工作任务：种公猪采精记录

公猪耳号	公猪品种	公猪年龄	采精量 /mL	公猪调教效果评价	采精手法熟练度评价

2. 工作任务实施记录

师傅指导记录	学徒任务实施记录	评价过程
日期：　　年　月　日 指导内容：采精前准备		
日期：　　年　月　日 指导内容：采精流程		
日期：　　年　月　日 指导内容：采精操作		

二、绩效评价

序号	任务项目	理论考核 20%	操作考核 80%	权重	师傅签字
1	采精前准备			15%	
2	采精流程			20%	
3	采精操作			60%	
4	其他			5%	
合计					
学习收获					

现代化养猪生产中，猪人工输精应用越来越普遍。因此，公猪的繁殖力不但会对商业化公猪站的经济效益造成直接影响，而且间接影响着与配母猪的繁殖性能。精液品质是评价公猪繁殖力的重要性状。种公猪的精液质量直接影响到母猪受胎率的大小。

任务3　精液品质检查

评价精液品质的指标一般包括：精液量、精子密度、精子活力和精子形态。公猪每次射精的总精子数主要反映了睾丸的精子生成能力，其会影响人工输精时母猪的配种数量和受胎率。正常形态精子的比例与母猪受胎率呈显著正相关，这是由于形态正常的精子其膜结构和功能趋于完善。

【专业知识准备】

1. 精液的组成

(1)射精量与精子密度。公猪睾丸大，精子发生周期短。每天每克睾丸组织产生的精子数量多(2 400万～3 100万个)，加之副性腺发达，所以每次射精量特别大。单位体积密度2.5亿个/mL，总精子数达600亿个以上。

(2)果糖、三梨醇是精子代谢的主要能量物质，猪精液中含量比其他家畜低。

(3)猪在同一次射精不同阶段的精液特性不相同。猪射精量大，射精持续时间特长，可达10～20 min。一次射精中有二三次间隙，各阶段射出的精液组成也不相同。

2. 精子的形态结构和生理特点

(1)精子的形态结构　猪精子的头部为椭圆形，长度为50～60 μm，须在显微镜下才能看到。精子在外形上可分为头、颈和尾三个部分。

(2)精子的运动　①精子运动的方式：直线前进、原地摆动和转圈运动；②精子运动的特性：向流性、向触性和趋化性；③精子运动的机理：尾部的摆动是由于相邻双微管相互滑动所致，ATP能激发双联微管的滑动。

【任务目标与质量要求】

(1)处理和检查精液实验室都必须根据高标准的生物安全和卫生标准来进行装备和运作。在大多数情况下，尽可能使用一次性的用品(用来进行精液采集和稀释的用品，输精管等)，这将会消除由于使用没有完全清洗干净的用品而造成潜在问题的存在。如果不使用一次性的用品，就必须建立一个有效的程序来清洁和消毒这些用品和设备。

(2)检测每头公猪每次采得精液的射精量、色泽、云雾状、气味。掌握精液直观指标检查项目和方法、精子活力检查估测及评级方法、精子的形态观察及畸形率测定。掌握猪的精液稀释液的基本成分及比例、配制精液稀释液的基本流程、稀释倍数、稀释方法、稀释后每毫升精子数量。严格按照操作规程和操作技术进行稀释液配制和精液稀释。

【学习产出目标】

(1)采集后的精液要立刻进行品质鉴定，以便决定是否留用，整个检查要进行得快速、准确，一般在5～10 min内完成。

(2)熟练使用显微镜，用估测法准确判定精子活力、密度，要求判断准确性100%。

【工作程序与方法要求】

一、准备检查设备

(1)显微镜　尽管可供选择使用的显微镜有多种,但必须应包括100倍,400倍和1 000倍物镜(油镜),目镜,恒温载物台。

(2)盖玻片、载玻片和毛细吸管。

(3)电子秤　精液的体积是通过称其重量来间接测量的,这是当前测量精液体积最常用的方法。

(4)温度计　两根30 cm的温度计。

(5)若干广口容器　体积1～5 L的玻璃或塑料广口容器,用来配制稀释液和稀释精液。

(6)精液包装设备　可手工、全自动或半自动化操作的精液分装仪器和设备。

(7)光密度仪　用来检测样本中精子的数量(精液密度或浓度),由此可以更加精确地进行精液稀释。但是光密度仪十分昂贵,且必须在使用前进行校准,因此其通常仅用于大规模以及商业化精液生产中(图3-3-15)。

(8)水浴锅　用来控制稀释液的温度。

(9)精液分装袋或输精瓶及瓶盖。

(10)精液储存设备　短期储存和运送精液所用的泡沫箱、恒温箱或者培养器(图3-3-16)。

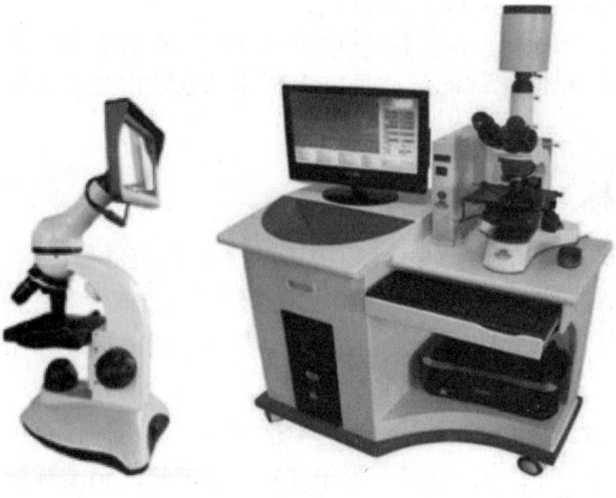

图3-3-15　猪精液分析检测设备

图3-3-16　精液保存恒温箱(杯)

二、精液品质检查

对采集的精液,要及时进行精液品质检查,判定精液的数量和品质,以保证人工输精的受胎率。精液品质检查主要从两方面进行,第一方面是外观检查,也称感观检查,即用视觉、嗅觉等感觉器官判定精液的数量和品质;另一方面是利用显微镜进行微观检查,准确评定精液品质。

(一)外观检查

(1)精液量　一般猪场或人工输精站常用电子天平称量精液,以每克1 mL计。通常1头公猪一次采精量滤除胶状物后，后备公猪的射精量为 150～200 mL，成年公猪的为 200～300 mL，有的高达 700～800 mL。

(2) 颜色　猪精液颜色为灰白色或略带黄色。

(3) 气味　正常的公猪精液含有公猪精液特有的微腥味，这种腥味不同于鱼类的腥味，没有腐败恶臭的气味。

(4) 酸碱度　可用 pH 试纸进行测定，公猪精液一般呈弱碱性或中性，pH 7.0～7.8，其酸碱度与精子密度呈负相关，pH 越接近中性或弱酸性，则精子密度越大，但是过酸过碱都会影响精子的活力。

（二）精子的活力检查

精子活力又称活率，是指精液中做直线运动的精子占整个精子数的百分比。活力是精液检查的重要指标之一，在采精后、稀释前后、保存和运输前后、输精前都要进行检查。鲜精活力要求 >0.7；冻精活力要求 >0.3。

（三）精子的密度检查

精子密度是指单位体积（1 mL）精液内所含有精子的数目。精子密度大，稀释倍数高，进而增加可配母畜数，也是评定精液品质的重要指标。

（四）精液的其他检查

精液的其他检查包括精子的畸形率检查、顶体异常率检查、精子生存时间和生存指数检查。畸形精子率，一般健康公猪异常精子比例不超过 17%（6%～10%），公猪如睾丸退化，头部不正常可达 20%。

【业务知识】

采得精液后，要迅速置于 30 ℃左右的恒温水浴中，以防止温度突然下降对精子造成低温打击。要求动作迅速，取样具有代表性，评定结果力求准确，操作过程中不应使精液品质受到危害，对精液品质标准要进行综合全面的分析，确定精子是否可以用于保存或输精。

一、精液的感观评定

精液的感观评定主要包括气味、颜色和体积。

(1) 精液量　以电子天平称量精液，按每克 1 mL 计（图 3-3-17）。公猪的平均射精量为 250 mL，范围为 150～500 mL。发现射精量过少，必须查明原因，只有都符合正常要求的精液才能做进一步的检查和处理。

(2) 颜色　正常的精液是乳白色或浅灰白色，精子密度越高，色泽越浓，其透明度越低。如带有绿色或黄色是混有尿液，若带有淡红色或红褐色是含有血液，有血往往是由于在采精时伤及公猪的生殖器官或生殖器官疾患而引起的，而出现尿液则说明采精时温度不适当。这样的精液应舍弃不用。

(3) 气味　猪精液略带腥味，这种腥味不同于鱼类的腥味，没有腐败恶臭的气味。如有异常气味，应废弃。

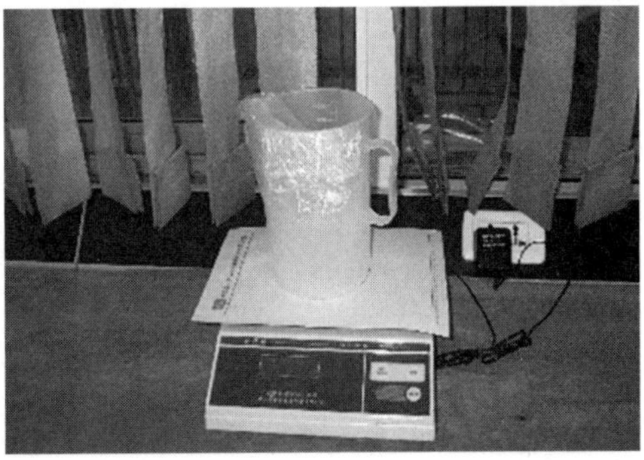

图 3-3-17　称重

二、精液的镜检

镜检内容包括精子活力、密度及精子形态的检查。

(1)精子活力的检查　精子的活力是指原精液在 37 ℃下呈直线运动的精子占全部精子总数的百分率。检查方法是将一滴原精液滴在一张加热的显微镜载玻片上,显微镜工作台的温度应保持在 37 ℃(图 3-3-18)。在显微镜下观察精子活力,原精一般按 0～5 分评分,稀释后的精液一般按 0～100% 评分。一般要求原精活力在 2 分以上可以进行稀释;稀释后精液活力在 70% 以上进行分装;储藏精液活力在 60% 以上可以使用。

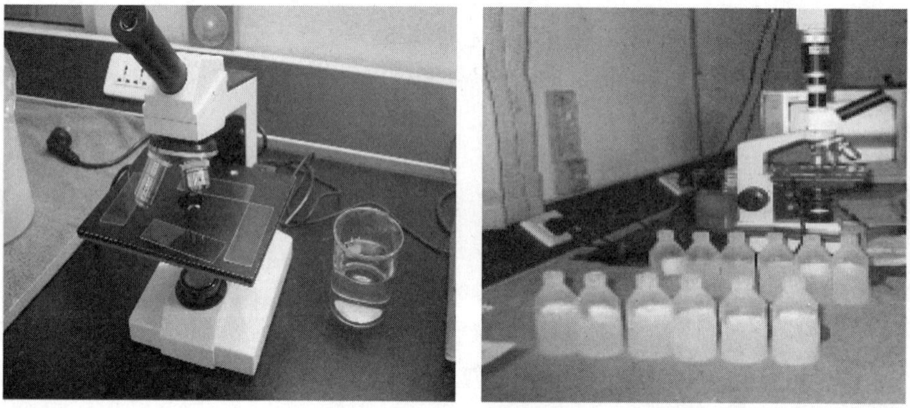

图 3-3-18　镜检

由于精子的活力受环境条件的影响很大,为了得到客观、准确的结果,在评定时应注意如下方面:检查活力时应在恒温条件下进行;不要让阳光直接照射到精液样品上;远离易挥发的化学物质或消毒剂;要多看几个视野,把各个视野的评定分数加在一起,求出平均数。

(2)精子密度的检查　精子密度是指每毫升精液中所含的精子数,是确定稀释倍数的重要指标。输精浓度过低会造成产仔数降低,浓度过高将使精液的保存期缩短。最常用的检查方法是白血球计数器。计算方法虽然比较准确,但费工费时,在生产条件下不便采精后都做检查。现在已经有了自动化程度很高的专门仪器,将分光光度计、电脑处理机、数字显示或打印机匹配,只要将一滴精液加入分光光度计中,就可以很快得到所需的精子密度和精子总数。正常精液精子密度平均 2.5 亿(1 亿 ～3 亿个 /mL),从镜检看精子密度高的精液往往呈云雾状(图 3-3-19)。

图 3-3-19　密度检查

(3)精子形态　正常精子形态像蝌蚪,形态异常的活力不高,为了保证受胎率必须检查精子的形态。精子畸形率是指异常精子的百分率,一般要求不超过 20%。精子畸形一般分四类:①头部异常,头部巨大、瘦小、细长、圆形、轮廓不明显、皱缩、缺损、双头等。②颈部异常,颈部膨大、纤细、曲折、不全、双颈等。③尾部异常,弯曲、短小、缺损、双尾等。④顶体异常,顶体不完全、异形。其中顶体完整率对受精影响最大。

【业务经验】

一、精液品质检查

一般来说，公猪正常的射精量范围为 150～500 mL。当然，有些公猪的射精量可达 600 mL 以上。也有个别射精量低于 150 mL 的公猪，但其密度一般会较高。精液量的多少与其品种、年龄、采精间隔、饲养管理水平等相关。精液的颜色正常为浅灰色或者乳白色，一般来说密度较大的精液会呈浅灰色，乳白色次之。精液颜色越淡则表示其密度越小。但凡发现精液颜色异常，应弃之不用，查找原因，加以解决。精液的气味正常为公猪精液特有的微腥味，异味者，应弃之。

二、稀释前准备工作

(1) 提前制作好稀释液。采精 1.5 h 前用量杯量取 1 000 mL 双蒸水，放入 37 ℃恒温水浴锅内，预热 20 min 后再加入稀释粉（这样更利于稀释粉的溶解）。

(2) 用玻璃棒或借用磁力搅拌器对其搅拌至完全溶解后，再放入水浴锅内预热 1 h 以上，待稀释液 pH 和渗透压达到最稳定状态后方可使用（稀释液的 pH 通常在 5.5～6.5。猪精子细胞渗透压 290～300 mosm/kg，一般稀释液渗透压在 250～300 mosm/kg 范围内不会对精子造成影响）。

(3) 打开恒温电热板并预热载玻片（温度设置为 37 ℃）。

(4) 打开空调制热使化验室内温度在 25 ℃以上，以防止精液在稀释过程中散失大量的热。

三、精液的稀释

(1) 评定完精液品质，应立即把盛装精液的集精袋转入水浴锅中预热，使其温度与稀释液的温度一致，方能做到等温稀释，温度差尽量不要超过 1 ℃。

(2) 待两者温度一致后便可进行稀释。方法为先将精液容量 1/2 的稀释液沿集精袋壁缓慢加入，然后轻轻摇动集精袋使其混合均匀。为防止精子受到“温柔的稀释伤害”，应在低倍稀释后给予精子 3 min 左右的适应过程。然后镜检，合格后再按照需求做高倍稀释。

(3) 稀释倍数的确定　稀释的比例在制作精液中非常重要。每头公猪的精液都有其一个适宜的稀释倍数。这个稀释倍数受许多因素影响，如精液（精液量、密度、活力、精子个体形态等）、稀释液（起始 pH、缓冲能力、渗透压等）或其他（需求份数、精液稀释后需储存的时间等）。一个理想的精液稀释倍数介于 1 ∶ (3～8)。但应注意的是，高倍稀释比低倍稀释更容易出现问题，因为高比例稀释会影响精子的活力，同时还会削弱精清对精子完整性的保护作用。如果非要以每剂精液中的精子数来确定稀释倍数的话，最好把每剂精液中的精子数量做到 50 亿个 / 剂。

图 3-3-20　稀释

(4) 稀释方法　首先确定原精中总活精子数，再计算出原精可分装的头份，继而确定需添加稀释液的量。原精中总活精子数 = 原精量 × 密度 × 活力；可分装的头份 = 原精中总活精子数 ÷ 每剂精液要求精子数；需添加稀释液的量 = 可分装的头份 × 剂量 – 原精量（图 3-3-20）。

四、精液的分装

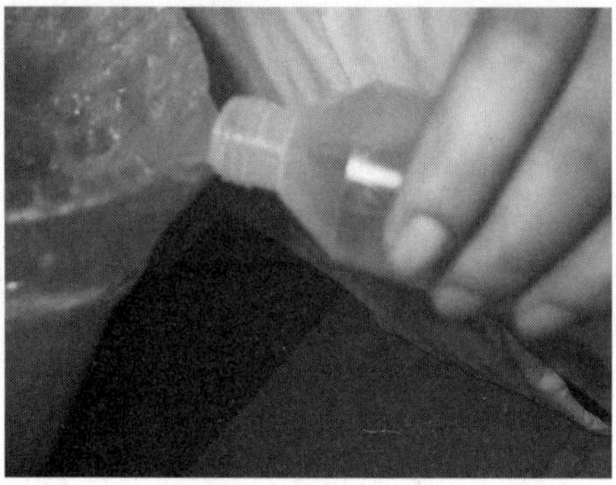

图 3-3-21　分装

精液的包装分为瓶装与袋装两种。瓶装的精液分装时简单方便，易于操作，但输精时需人为挤压；相对于瓶装精液，袋装精液可能具有一定优势。比如，在储存时呈扁平状的精液袋，可更好地使精子与营养液充分接触，以减少精液沉淀，从而更有利于精子的保存；在生产中袋装精液也可配合悬挂式输精，以减少劳动耗费，从而提高配种效率。但袋装精液在分装时需要专门的精液灌装机，这就意味着比瓶装精液的方式多出额外的投入。分装完毕后应在袋 / 瓶身注明公猪品种、耳号(图 3-3-21)。

五、精液的储存

分装完毕后的精液应用毛巾包裹，置室温下 40～60 min 后，待分装后的精液温度接近 17 ℃时，再转放入 17 ℃的恒温箱内。恒温箱内不要放置过多的精液或者稀释粉等杂物，否则会影响恒温箱内的热循环，以免导致温度上下不均匀；在储存过程中每间隔 12 h，应轻柔地将精液晃动一次，以避免精子因沉淀失去养分而死亡(图 3-3-22)。

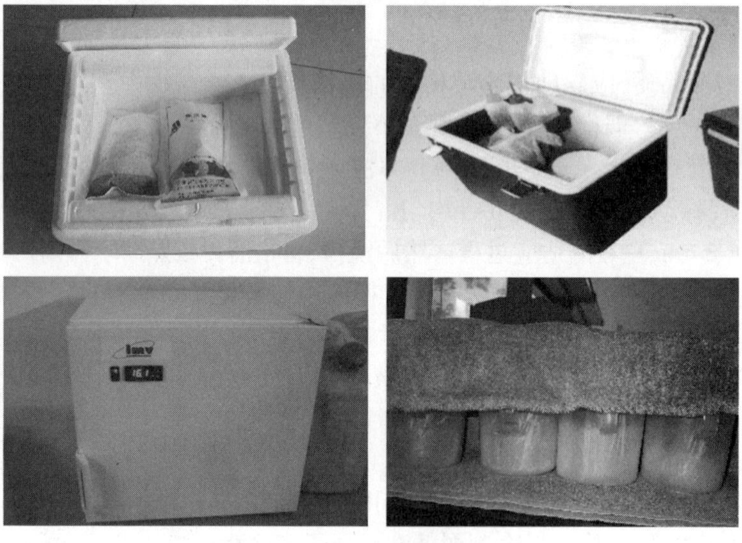

图 3-3-22　精液的储存

【知识拓展】

一、稀释液的种类

(1) 葡萄糖 - 柠檬酸钠 - 乙二胺四乙酸稀释液　葡萄糖 5～6 g，柠檬酸钠 0.3～0.5 g，乙二胺四乙酸(EDTA) 0.1 g，抗生素 10 WU，蒸馏水加至 100 mL。

(2) 丁维葡萄糖 - 柠檬酸钠稀释液　丁维葡萄糖(含维生素 D 250 IU) 5 g,柠檬酸钠 0.4～0.5 g,青、链霉素 5～10 万 U,蒸馏水 100 mL。

(3) 葡萄糖稀释液　葡萄糖 7 g,蒸馏水 100 mL。

(4) 蔗糖稀释液　蔗糖 11 g,蒸馏水 100 mL。

(5) 卵黄 - 磷酸盐稀释液　磷酸钠 2 g,磷酸钾 0.2 g,蒸馏水 100 mL,卵黄等量。

(6) 乳汁稀释液　即将鲜牛奶用 6～8 层纱布过滤后,煮沸消毒 2～4 min,冷却至 20～30 ℃,除去乳皮即可使用。

其他稀释液都是按照配方规定,将所用药品先溶于蒸馏水中,再过滤于盐水瓶或葡萄糖瓶内,经高压灭菌或蒸气消毒后制成的。

二、稀释粉

(1) 组成　葡萄糖、EDTA、KCl、$NaHCO_3$、柠檬酸纳和抗生素等。

(2) 作用　配制适宜猪精子存活、保持受精力的稀释液。稀释液与精液等渗,能维持精子存活适宜的 pH,抑制精液内微生物的繁殖,中和精子代谢产生的副产物,提供精子所需要的能量物质。用本品配制的稀释液稀释精液,精液在 17 ℃状态下可保存 5～7 d。

(3) 用法　使用时将一包稀释粉(规格 50 g) 放入洁净的烧杯中,加入 1 000 mL 纯水或蒸馏水,加盖搅拌,彻底溶解后,将烧杯放入 33～35 ℃的水浴锅中静置预温 10 min。采集到的猪精液应尽快稀释,稀释时,精液温度应与稀释液温度接近,温度差不超过 1 ℃ (必要时可将盛精液的容器与烧杯放在同一个水浴中等温 3 min)。根据精液的量和精子密度,向精液中加入适量的稀释液。稀释比例为 1 ∶ (4～9) (图 3-3-23)。

图 3-3-23　磁力搅拌器

三、精液的稀释倍数

精液进行适当的稀释可以提高精子的存活力,但是稀释超过一定的限度,精子的存活力则会随着稀释倍数的提高而逐渐下降,以致影响受精效果。因此,应准确计算精液的稀释倍数。

稀释倍数的确定:活力 ≥ 0.7 的精液,一般按每个输精剂量含 40 亿个总精子、输精量为 80～90 mL 确定稀释倍数。

$$\text{稀释倍数} = \frac{\text{原精液浓度} \times \text{活力}}{\text{每毫升最低有效精子数}} - 1$$

四、冷冻精液的储存

(1) 在液氮储存罐内储存的冷冻精液,必须切实地浸没于液氮中。

(2) 取放储存冷冻精液的提桶,只允许上提到液氮罐的罐颈段之下,严禁提出罐外,在罐内脱离液氮的时间不得超过 10 s。

(3)在向另一液氮储存罐内转移冷冻精液时,精液提桶不得脱离液氮 5 s。

(4)取放冷冻精液之后,应及时盖上罐塞,以减少液氮消耗及防止异物落入罐内。

(5)严防不同畜种、品种、个体公畜的冷冻精液混杂,难以辨识。

(6)对长期用作储存冷冻精液的液氮罐应定期清理和洗刷。

五、冷冻精液的包装、标记和运输

1. 冷冻精液的包装

(1)细管型冷冻精液应封闭严密。

(2)颗粒型冷冻精液必须以无菌容器包装。

(3)安瓿型冷冻精液应封闭严密,耐受冷冻。

2. 冷冻精液的标记

细管、安瓿的外壁和颗粒冷冻精液容器上应标记或栓系有标记牌。注明站名、公猪耳号、精液冷冻日期、批号以及该批冷冻精液的精子活力。

3. 冷冻精液的运输

(1)移动液氮储存罐时,应提握罐柄、轻拿轻放、防止冲撞。

(2)液氮储存罐及液氮运输罐装车运输时,应在罐底加防震软垫。罐体应加外套装入木箱,牢固地加以栓系,防止倾倒。

(3)运输冷冻精液应有专人押送,办理好交接手续卡片。途中应随时注意检查并及时补充冷源。

【工作任务实施记录与评价】

一、工作任务实施记录

1. 工作任务:种公猪精液品质检查及利用记录

品种________ 公猪耳号________

序号	采精			射精量/mL	原精液				稀释精液			稀释后品质			输精量/mL	输精母猪数	备注
	日期	时间	次数		色泽	气味	密度	活力	种类	倍数	活力	保存时间/h	保存温度/℃	活力			

检查日期________年____月____日 站(组)________ 技术员________

2. 工作任务实施记录

师傅指导记录	学徒任务实施记录	评价过程
日期: 年 月 日 指导内容:精液外观检查		
日期: 年 月 日 指导内容:精子活力检查		
日期: 年 月 日 指导内容:精子密度检查		

续表

师傅指导记录	学徒任务实施记录	评价过程
日期：　年　月　日 指导内容:精子畸形率检查		
日期：　年　月　日 指导内容:精液稀释		
日期：　年　月　日 指导内容:精液储存和运输		

二、绩效评价

序号	任务项目	理论考核 20%	操作考核 80%	权重	师傅签字
1	精液外观检查			25%	
2	精子活力检查			20%	
3	精子密度检查			15%	
4	精子畸形率检查			15%	
5	精液稀释			10%	
6	精液储存和运输			15%	
合计					
学习收获					

现阶段,随着科技的快速发展,人工输精技术已成为养猪业生产中一项辅助繁殖技术。人工输精技术越来越普遍的应用到各大小养殖场,对母猪进行人工输精已经成为一种比较常见和科学的配种方式,这样能够使饲养公猪的成本大大减少,还会使接触性疾病的发病率得到降低和控制。猪人工输精直接影响到经济效益的提升,在显著提高繁殖率的同时也在猪场疾病的净化中起到重要的作用。

任务 4　发情母猪人工输精

【专业知识准备】

一、猪的人工输精

1. 猪人工输精的意义

人工输精比较经济,按每头公猪每年配 30 头母猪计算,人工输精可以配 300 头左右,节约了公猪的饲养成本。本交时无法控制精液的质量,而人工输精可以保证精液的质量与配种效果。人工输精要求对公猪的选择强度加大,只要用遗传性能好的公猪配种就能很好地提高猪群的遗传水平，使各品系间的遗传交换更容易。人工输精对促进我国养猪业的可持续发展将起巨大的推动作用。

2. **猪人工输精的要求（表 3–3–1）**

表 3-3-1　母猪的输精要求

项目		输精量 /mL	输入有效精子数 / 亿个	适宜输精时间	输精次数	输精间隔时间 /h	输精部位
猪	液态	20～50	20～50	发情后 24～48 h，或开始接受“压背试验”后 8～12 h	1～2	12～18	子宫内
	冷冻	30～80	10～20				

二、母猪的生殖系统及功能

母猪的生殖系统包括三个部分：①性腺，即卵巢；②生殖道，包括输卵管、子宫、阴道；③外生殖器官，包括尿生殖前庭、阴唇、阴蒂（图 3-3-24）。

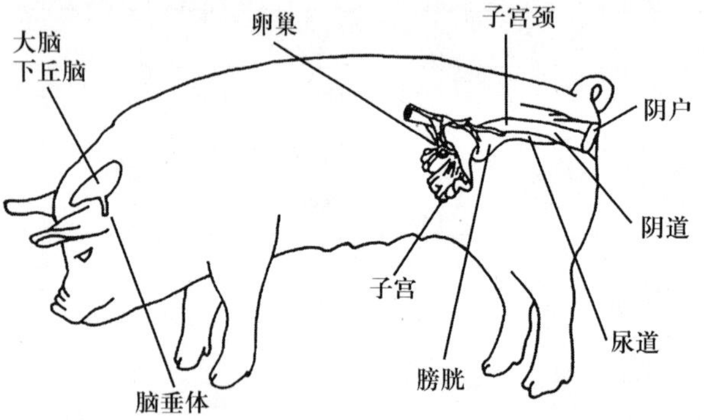

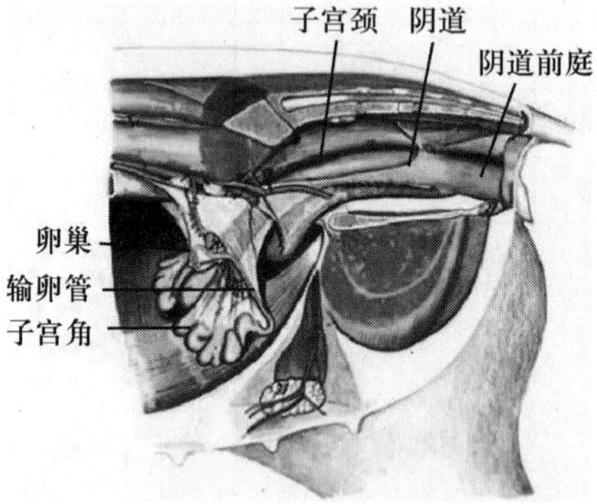

图 3-3-24　母猪的生殖系统

1. **卵巢（ovary）**

猪卵巢的形态及大小因年龄不同而有很大变化。初生仔猪的卵巢类似肾脏，表面光滑；接近初情期时，很像桑椹。初情期开始后，根据发情周期中时期的不同，卵巢上有大小不等的卵泡、红体或黄体突出于卵巢的表面凹凸不平，近似一串葡萄。猪的卵巢位于荐骨岬两旁稍后方，随着胎次的增多逐渐移向前下方（图 3-3-25）。

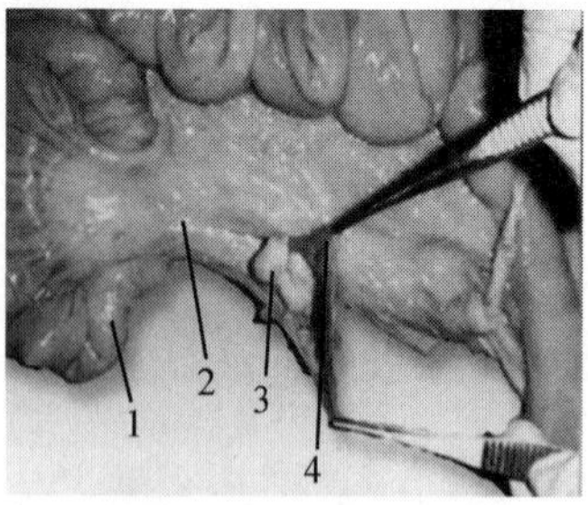

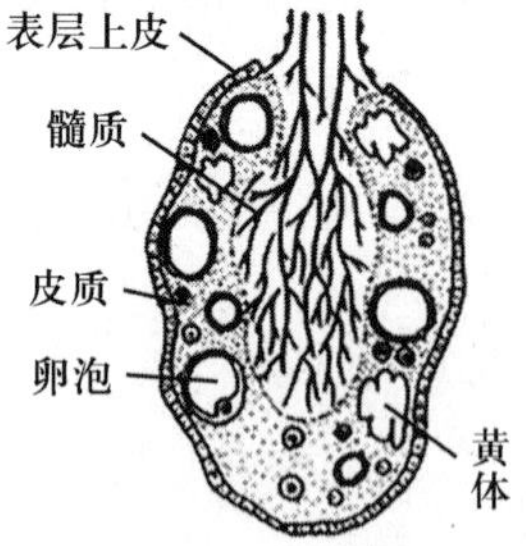

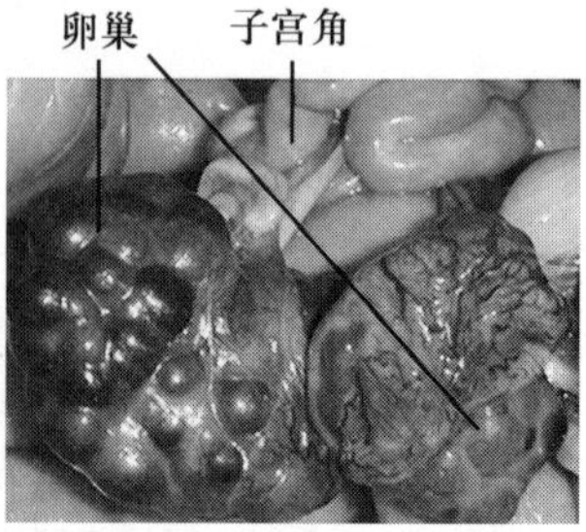

图 3-3-25　猪的卵巢

1. 子宫角　2. 子宫阔韧带　3. 卵巢　4. 输卵管伞

猪的卵巢组织分为皮质部和髓质部，两者的基质都是结缔组织。皮质内含有卵泡，髓质内含有许多细小的血管、神经。

功能：①卵泡发育和排卵；②分泌雌激素和孕酮。

2. **输卵管**（oviduct）

输卵管是卵子进入子宫必经的通道，包在输卵管系膜内，有许多弯曲，长 15～30 cm。管的前 1/3 段较粗，称为壶腹部，是卵子受精的地方。其余部分较细，称为峡部。壶腹和峡部连接处叫作壶峡连接部。靠近卵巢端扩大呈漏斗状，叫作漏斗部（图 3-3-26）。

功能：①承受并运送卵子；②精子获能、受精及卵裂的场所；③分泌机能。

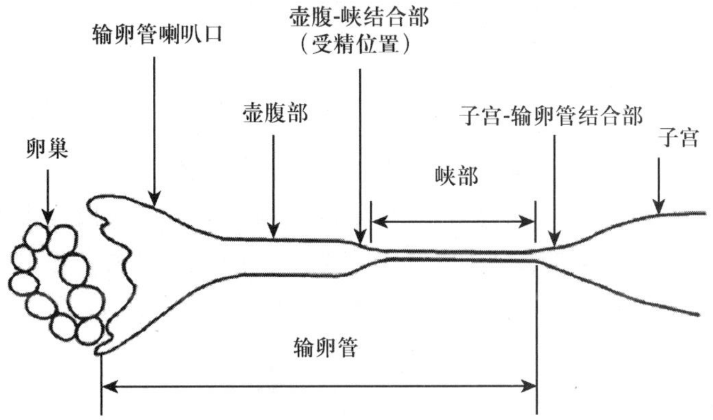

图 3-3-26　猪的输卵管示意图

3. **子宫**（uterus）

猪的子宫为双角子宫。①子宫角及子宫体。猪的子宫角长 1～1.5 m，宽 1.5～3 cm，形成很多弯曲，很似小肠；但管壁较厚，两角基部之间的纵隔不很明显；子宫体长 3～5 cm，子宫黏膜也形成纵襞，充塞于子宫腔；②子宫颈。猪的子宫颈长达 10～18 cm，内壁有左右两排彼此交错的半圆形突起，中部的较大，越靠近两端越小。子宫颈后端逐渐过渡为阴道，没有明显的阴道部。而且因为发情子宫颈管开放，所以给猪输精时，很容易穿过子宫颈而将输精器插入子宫体内（图 3-3-27）。

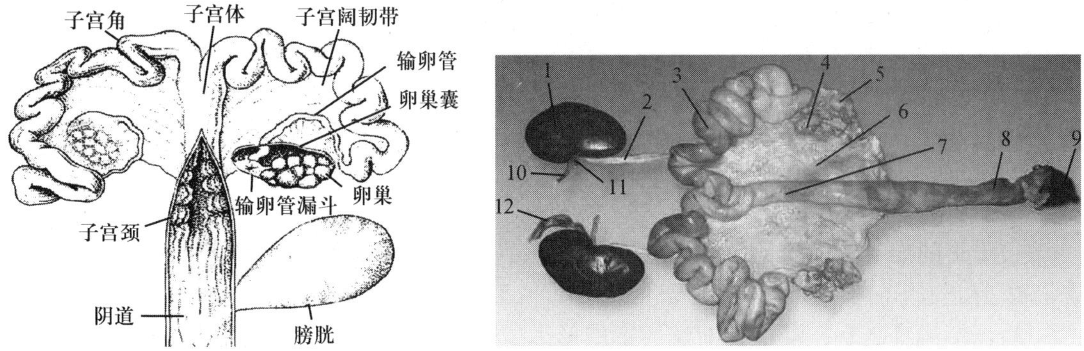

图 3-3-27　母猪的泌尿生殖系统

1. 肾　2. 输尿管　3. 子宫角　4. 卵巢　5. 输卵管　6. 子宫阔韧带　7. 子宫体
8. 子宫颈　9. 阴道　10. 肾动脉　11. 肾静脉　12. 肾上腺

4. **阴道(vagina)**

阴道在生殖过程中具有多种功能。

5. **外生殖器官**

(1)尿生殖前庭(urogenital vestibule) 猪的前庭自阴门下连合至尿道外口长 5～8 cm。在前庭两侧壁的黏膜下层有前庭大腺,为分支管状腺,发情时分泌增多。

(2)阴唇(1abium vulva) 猪的阴门下角呈锐角,二阴唇间的开口为阴门裂。阴唇的外面是皮肤,内为黏膜,二者之间有阴门括约肌及大量结缔组织。

(3)阴蒂(cmoris) 阴蒂由两个勃起组织构成,相当于公畜的阴茎。海绵体的两个脚附着在坐骨弓的中线两旁,阴蒂头相当于公畜的龟头,富有感觉神经末梢,位于阴唇下角的阴蒂凹内。

【任务目标与质量要求】

识别母猪生殖器官并了解其相应功能;制定规模化猪场发情母猪人工输精操作流程和操作标准;熟练掌握人工输精前的准备工作、母猪的输精方法和操作以及人工输精时的注意事项,提高受孕率。过程中使学徒具备基础知识扎实、操作熟练、认真仔细的职业精神以及团队合作意识;培养学徒主动学习掌握新知识并运用于岗位工作的能力。

【学习产出目标】

(1)能够识别母猪生殖器官并了解其相应功能。

(2)制定规模化猪场发情母猪人工输精操作流程和操作标准。

(3)熟练掌握人工输精前的准备工作。

(4)熟练掌握母猪的输精方法和操作。

(5)熟记人工输精时的注意事项,并应用于生产实践。

(6)准确、详细记录发情母猪人工输精的工作记录。

(7)学徒阶段年情期受胎率≥ 85%。

(8)年产仔数不低于 21 头 / 头母猪。

(9)年产窝数不低于 2.2 窝 /(头·年)。

(10)窝产活仔数不低于 9.5 头 / 头母猪。

(11)分娩率不低于 85.0%。

【工作程序与方法要求】

一、人工输精前准备

(1)母畜的准备 母畜经发情鉴定后,确定已到输精时间,将其牵入保定栏内保定,外阴清洗消毒,尾巴拉向一侧。

(2)器械的准备 在输精管前端的螺旋形体或膨大处涂上专用润滑剂。输精所用的器械均应彻底洗净后严格消毒,再用稀释液冲洗才能使用。每头猪备有一只输精管,至少多备留输精总数的 10% 输精管(图 3-3-28)。

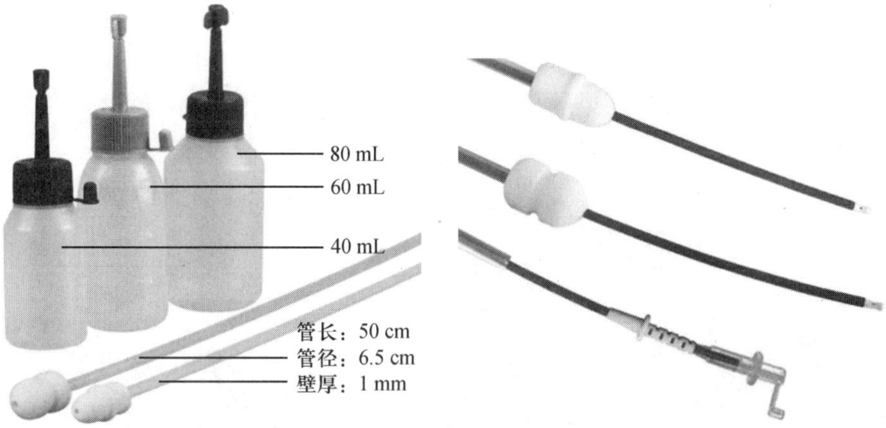

图 3-3-28　输精器械

(3)精液的准备　常温保存的精液需轻轻振荡后升温至 35 ℃,镜检精子活力不低于 0.6;低温保存的精液升温后的活力在 0.5 以上;冷冻精液解冻后的活力不低于 0.3。

(4)人员的准备　输精人员消毒清洁双手,输精员戴上医用乳胶手套。

(5)人工输精　输精是人工输精的最后一个环节,也是最重要的技术之一,能否及时、准确地把精液输送到母畜生殖道的适当部位,是保证受胎的关键。

二、母猪的人工输精

(1)输精时间　①断奶后 3～6 d 发情的经产母猪,发情出现静立反应后 6～12 h 进行第 1 次输精;②后备母猪和断奶后 7 d 以上发情的经产母猪,发情出现静立反应,即可进行输精(图 3-3-29)。

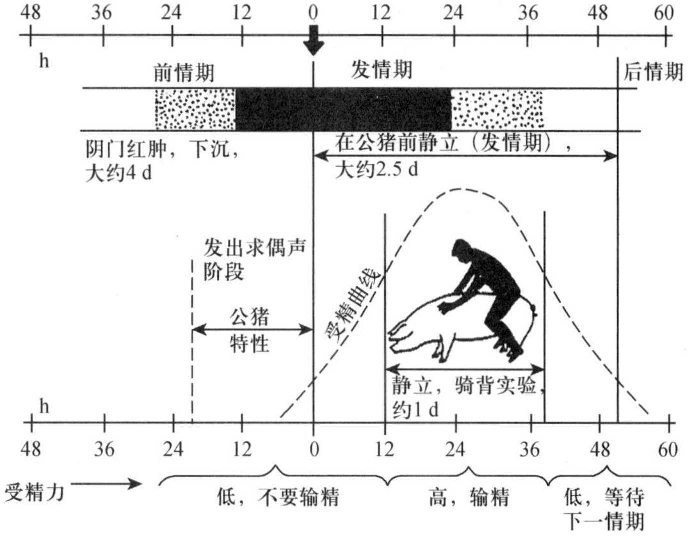

图 3-3-29　母猪的发情与输精时间

(2)精液检查　从 17 ℃精液保存箱中取出的精液,无需升温至 37 ℃,摇匀后可直接输精,但检查精液活力需将玻片预热至 37 ℃,用显微镜检查活力,精液活力≥ 0.7,才可进行输精。

(3)输精之前将试情公猪赶至待配母猪栏，使母猪在输精时与公猪口鼻部接触。

(4)用 0.1% 高锰酸钾水溶液清洁母猪外阴、尾根及臀部周围，再用干纸巾擦干净母猪的阴户。从密封袋中取出没受任何污染的一次性输精管(手不应接触输精管前 2/3 部分)，在其前端涂上精液作为润滑液(图 3-3-30、图 3-3-31)。

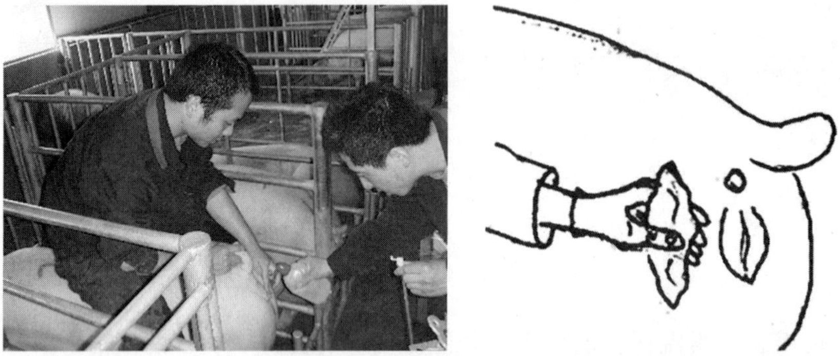

图 3-3-30　清洗、纸巾擦拭

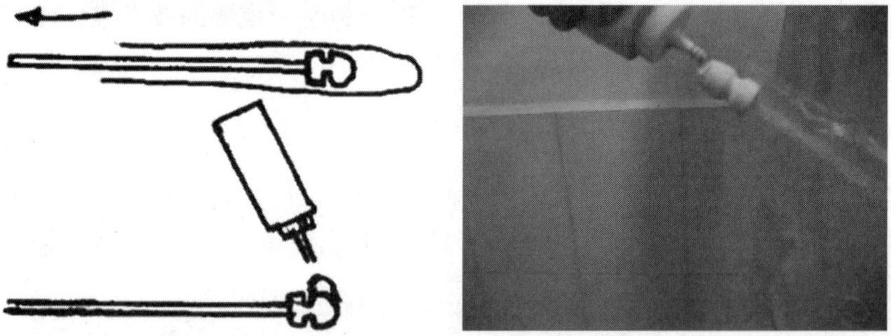

图 3-3-31　涂润滑油

(5)输精员一只手分开待输精母猪的阴门，另一只手将输精管螺旋形体的尖端 45° 角向上紧贴阴道背部插入阴道，并呈逆时针方向转动开始向斜上方插入约 10 cm(图 3-3-32)。

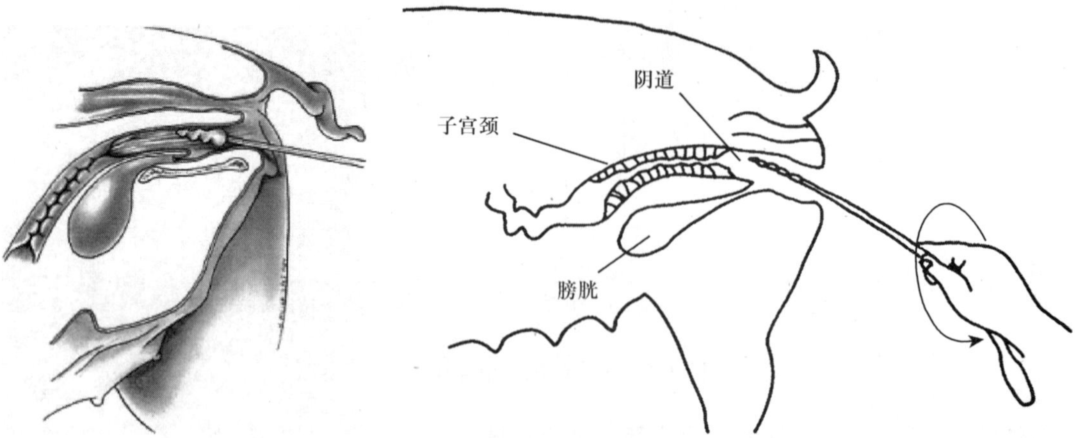

图 3-3-32　插入输精管

(6) 插入后，再继续向水平方向插入，输精管进入子宫颈 3～4 cm 之后，按逆时针方向捻转，直到感觉输精管前端被锁定(轻拉输精管而取不出)，并且确认真正被子宫颈锁定时，停止捻转插入(图 3-3-33)。

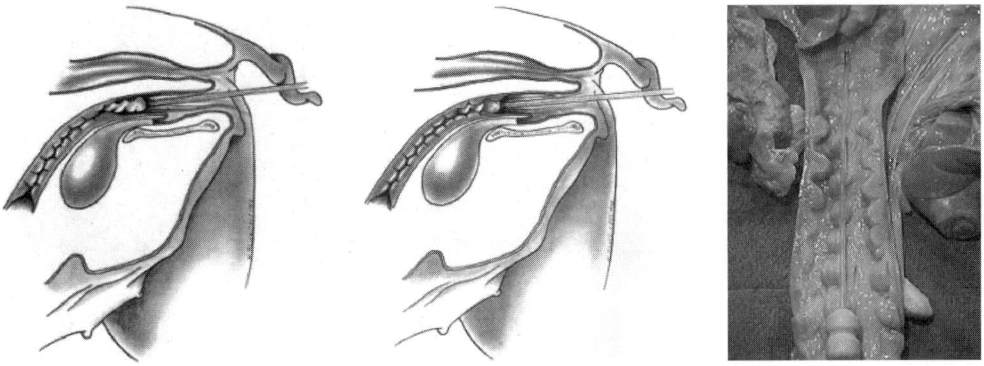

图 3-3-33　输精管顶端被“锁定”在子宫颈部位

(7) 从精液保温储存箱取出品质合格的精液，慢慢转动以混合精液，确认公猪品种、耳号。缓慢颠倒摇均精液，用剪刀剪掉盖子的顶端，接到输精管上，开始进行输精(图 3-3-34)。

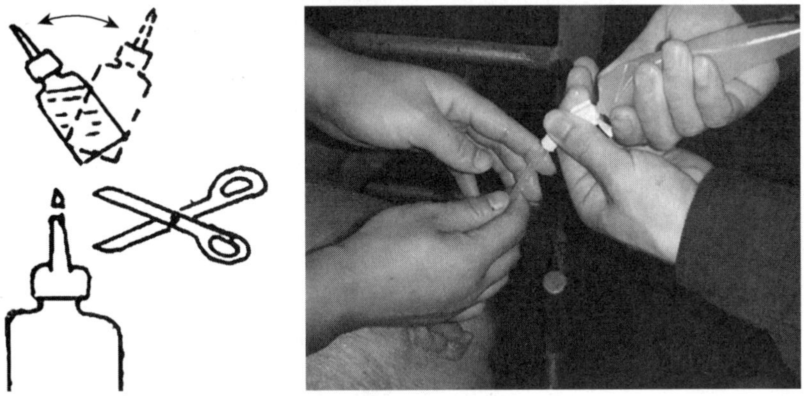

图 3-3-34　剪去顶嘴

(8) 用针头在输精瓶底部扎一个小孔。输精时抚摸母猪的乳房或外阴、压背刺激母猪，发情母猪子宫收缩产生负压将精液吸到体内；输精时切忌将精液挤入母猪生殖道内，防止精液倒流。输精时，尽量抬高输精瓶以使精液顺利通过输精管流入母猪体内(图 3-3-35)。

(9) 以控制输精瓶的高低来调节输精时间，输精时间要求 3～5 min。输完一头母猪后，应在防止空气进入母猪生殖道的情况下，把输精管后端一小段折起，放在输精瓶中，使其滞留在生殖道内 3～5 min，让输精管慢慢滑落。按顺时针方向将输精管慢慢取出，并用手拍打一下母猪臀部，防止精液逆流。让母猪在配种栏安静地停留在输精场 20 min 左右，慢慢地将母猪赶回。

(10) 经产母猪用一次性海绵头输精管，输精前检查海绵头是否松动；后备母猪用一次性螺旋头输精管。为防止子宫炎发生，每头母猪每次输精都应使用一支新的输精管。

(11) 每头母猪在一个发情期内至少输精 2 次，最好 3 次，两次输精时间间隔 8 h 左右。

(12) 填写好输精配种记录，重复使用的器械应进行消毒备用。

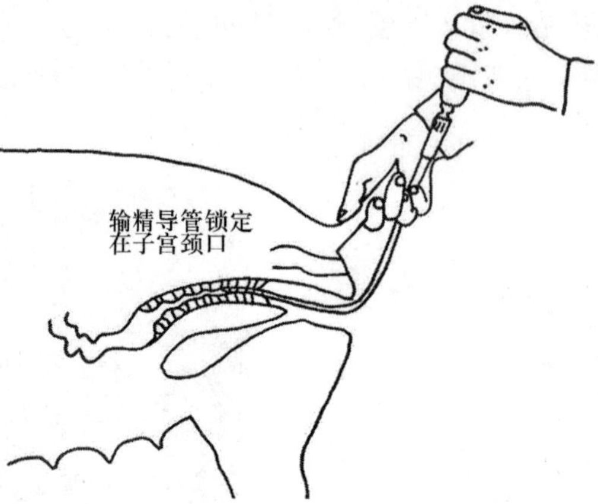

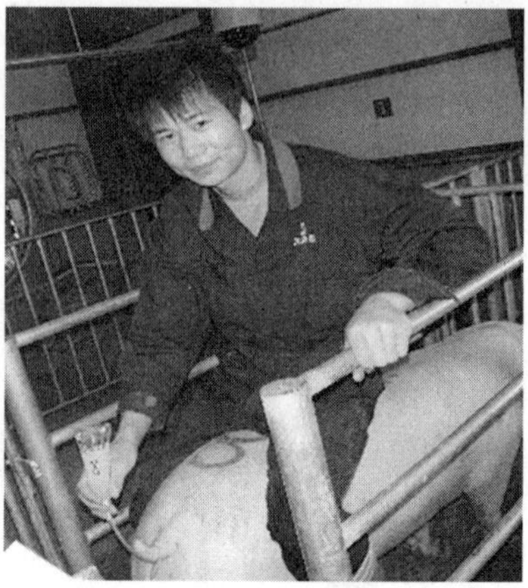

图 3-3-35　输精

【业务知识】

一、输精操作室要求

人工输精实验室主要功能是准备采精设备、检测精液、准备稀释液、稀释精液、保存精液、清洗人工输精设备。实验室直接同采精室相连以便最快地处理精液，用一窗口连接人工输精实验室和采精室有助于增强防疫措施，避免采精员将精液递到实验室时，将鞋子和衣服上的病原带入。人工输精实验室的所有操作都应建立卫生制度。房间的地面要易于清洗、墙面可擦洗，墙上应有小储柜、可清洗的工作台、污水池和晾干架等，至少要有 4 个插孔的电源和冷热水源。实验室的布置要视其操作规模而定，易于保持清洁，同时要准备足够的消耗性用品，如输精导管、手套、化学制品。不论是大型的商业化或小型的家庭式人工输精实验室，都要按最高的卫生标准来使用和维护人工输精实验室及其设备(图 3-3-36)。

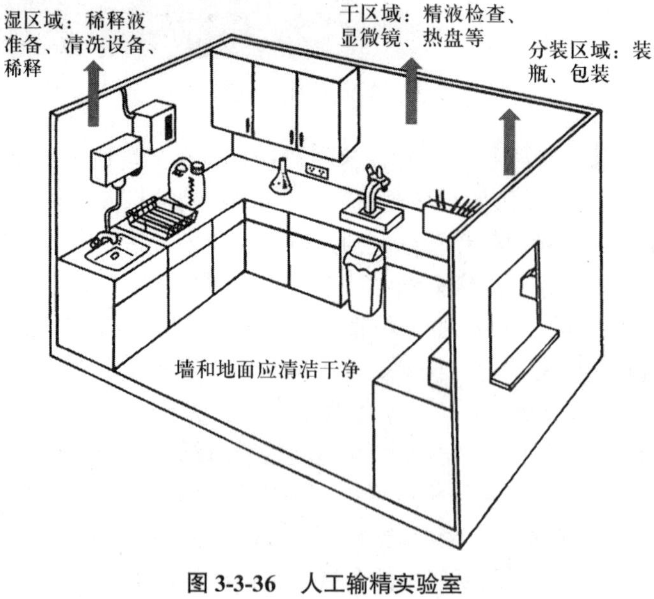

图 3-3-36　人工输精实验室

二、操作要求

(1)猪的输精概括起来有三要;三不输;三坚持。三要,即动作要轻,深度要准,速度要慢。三不输,即输精器械及外阴部未经消毒不输;精液质量未经检查不输;精液倒流时不输。三坚持,即输精时尽量坚持模仿自然交配的动作;坚持每输 1 头母猪调换 1 支输精管;坚持输精后立即填写母猪配种记录,以便总结经验,提高输精技术。

(2)母猪的阴道部和子宫界限不明显,输精器较容易插入。输精时,把输精导管涂以少量润滑剂,插入阴道内,先斜上方伸入,避开尿道口后再平直前进,边旋转边进入子宫,当遇到阻力时,将输精管稍向后拉,然后再向前伸入。胶管到达子宫后,接上吸有精液的注射器,缓缓注入精液。精液温度不要低于 25 ℃,否则不能刺激子宫收缩,易造成精液倒流。如遇到母猪不安定或来回走动,可停止输入精液,待安抚稳定后再继续输精。输精完毕后,慢慢抽出输精管,按压母猪臀部并使猪安静片刻,以防精液倒流。

【业务经验】

一、母猪输精过程中出现特殊情况的处理

(1)精液倒流　当看见精液流出阴户时,应将输精瓶(袋)放低,让精液流回到输精瓶(袋中),然后再略微抬高输精瓶(袋)。如果仍出现倒流,应试着将输精导管向前插入,并检查是否锁定在子宫颈内。如果输精导管仍无法被锁定,应将输精导管抽出,过 5～10 min,母猪子宫颈放松后,再重新插入。

(2)精液流动不畅　精液流动不畅的原因可能是:输精导管的前端被子宫黏膜堵塞;母猪受到应激,或在输精前没有给予足够的刺激,没有产生宫缩;精液袋(瓶)位置太低;由于精液瓶太硬,使精液瓶上部形成负压而影响精液流动。解决的方法是轻轻前后移动输精导管,使泡沫头离开阻塞处,当看到精液流动畅通,则说明已经离开阻塞处,如果确认泡沫头锁定在子宫颈内,可稍微向后上方提输精管,使泡沫头与堵塞输精管口的黏膜保持一定距离;输精前应避免母猪受到任何应激,并在输精前花几分钟时间按摩刺激母猪的敏感部位。如果是在输精开始时精液流动不畅,可挤压输精瓶(袋),使输精导管中充满精液并使部分精液进入子宫内,这样也有利于刺激宫缩;如果精液瓶(袋)位置太低,可适当抬高,如果精液瓶流出部分精液后,精液不再流动,可轻轻挤压精液瓶,必要时将精液瓶取下,进入空气后,再将其与输精导管相连接。

(3)当插入输精导管时母猪排尿　尿液可以杀死精子,因此,被尿污染的输精导管应丢弃,换一支新的输精导管。

(4)输精导管抽不出来　如果抽输精管时拉不动,不要强拉,以防塑料管与泡沫头分离,造成泡沫头滞留于子宫颈中。抽出时阻力很大,说明母猪仍处于兴奋状态,子宫颈将泡沫头卡得很紧,可观察十几分钟,母猪性兴奋过程消退后,即可抽出输精导管。如果泡沫头已经掉在子宫颈中,一般也不会造成太大的问题,母猪会在一段时间之后将其排出。

二、配种注意事项

(1)先制订计划。制订计划是为了使得母猪的配种工作与繁殖工作能够有序开展,依计划

进行。公猪的纯度应作为为母猪选择配种对象的首要原则,如果不按照计划进行,有可能会降低母猪的生产力,使配种的品种纯度日渐降低。

(2)有近亲关系的公、母双方不能进行配种;公、母双方都有遗传缺陷或者双方有共同的遗传缺陷时,不能接受配种;老母猪不能和年轻的公猪进行配种,年轻母猪也不能和老公猪进行配种。

(3)周围环境务必保持肃静。猪在配种过程中需要安静的环境,要避免无关人员靠近,防止对猪的噪声应激。

(4)温度的高低对配种的影响很大。在冬季配种时,要选择一天中温度较高的时段进行;如果是在夏季,需要选择一处能够遮光且湿度不大、温度适宜的场所进行。在体格上,如果公猪大、母猪小,公猪应站在下坡位;若公猪小、母猪大,公猪需要站在上坡位。如果情况特殊,也可以采取人工辅助进行配种。

(5)适当进行多次配种。母猪在发情期间进行 2～3 次配种最为适宜,期间间隔至少为 8 h。

例:后备母猪 / 延期发情	早上静立	配种:早上—下午—早上
后备母猪 / 延期发情	下午静立	配种:下午—早上—下午
经产母猪	早上静立	配种:下午—早上—下午
经产母猪	下午静立	配种:早上—下午—早上

【知识拓展】

一、后备母猪的配种适龄

后备母猪何时初配,是配种准备工作中应注意的问题。母猪性成熟的早晚与品种、气候、饲养水平等因素有关。我国地方猪种,特别是南方猪种,3～4 月龄即达到性成熟,而培育品种及其杂种母猪 5～6 月龄才开始发情。后备母猪的初配适龄取决于品种性成熟的早晚和机体发育情况。通常为性成熟后经过 2～3 次规律性发情,体重达到成年体重的 40%～50% 才予以配种。一般认为母猪初情期后,第 2 个发情期比第 1 个发情期增加 1～1.5 个卵子,故后备母猪到第 3 个发情周期后再配种,可提高产仔数 3～4 头。

一般来讲,培育品种及其杂种后备母猪,初配年龄不早于 8 个月龄,体重不低于 90 kg 为宜。北方的地方猪种年龄不早于 8 个月龄,体重不低于 70 kg 为宜。南方早熟猪不早于 6 个月龄,体重不低于 60 kg 为宜。配种过早不仅产仔数不高,而且影响母猪本身的发育和利用时间;配种过迟不仅增加培育期的费用,而且屡次发情不予配种,将引起青年母猪采食不安,甚至阻碍发育和性机能活动。

二、掌握适宜的配种时间

1. 母猪分娩后的发情规律

母猪分娩后通常在不长时间内出现 3 次发情:①第 1 次出现在产后 2～7 d,发情征状不明显,不能正常排卵受胎,是一次不孕的发情;②第 2 次出现在产后 22 d 左右,征状也不很明显,但若配种可以受胎,也不会影响泌乳和产仔成绩,是一次应该利用的配种时机;③第 3 次是断乳后 3～7 d。

2. 精子的运行和获能

(1)精子运行　精子运行是指精子在母猪的生殖道内由射精部位到受精部位的运动过程。

精子运行的动力,除靠精子本身的运动外,更借助于母猪生殖道的收缩和蠕动。但当精子趋近卵子时,主要靠精子本身运动实现与卵子的结合。

(2)精子获能　精子最初进入母猪的生殖道时不能立即使卵子受精,必须在子宫或输卵管的液体内至少经过 2～4 h,才能获得受精能力,这一过程称为获能作用。精子成熟或获能的这个最后过程对确定输精时间至关重要。获能作用导致精子稳定地释放一些水解酶,这些水解酶能为精子穿过卵子外膜打开一条通道。

3. 卵子的运行

卵子排出时,随卵泡液而被纳入输卵管伞部的纵皱,借上皮细胞纤毛的颤动和平滑肌的收缩,较快地进入输卵管。当到达输卵管下半段时,卵子进入输卵管峡部,运行速度显著减缓,对卵子的运行有一定减缓作用。

4. 适时配种

适时配种是影响受胎率和产仔数的关键因素。母猪一般在发情后 24～36 h 排卵,排卵持续时间一般为 10～15 h,卵子从卵巢排出运行至输卵管峡部以前的时间是 8～10 h,这也是卵子在输卵管内保持受精能力的时间。公猪交配时排出的精子,在母猪生殖道内需经 2～3 h 游动才能到达输卵管,精子在母猪生殖道内一般存活 10～20 h,据此推算,配种的适宜时间是在母猪排卵前 2～3 h,即在发情开始后的 20～40 h。也即按母猪允许公猪爬跨的时间计算适宜的配种时间。

三、同期发情

在自然条件下,任何一群母畜的个体,处于发情周期的不同阶段。同期发情技术就是应用某些激素制剂,打乱它们自然发情的周期规律,人为地造成发情周期的同期化,使之在预定的时间内集中发情,以便有计划地组织配种。

1. 同期发情原理

控制母畜黄体的生长和消退是控制母畜发情的关键。人为地控制黄体期的长短,就可以改变母畜发情的随机性,达到发情同期化。一般有两条途径来控制黄体期的长短,一个是延长黄体期,另一个是消除黄体,缩短黄体期。猪对外源激素的反应与牛、羊等畜种不同,因此同期发情的方法也不同。由于 PG 只对母猪发情周期第 12 天以后的黄体才产生作用,因此,PG 不适合诱导母猪同期发情。

2. 青年母猪的同期发情

(1)未进入初情期的青年母猪发情同期化方法——促性腺激素 PGF2α 法:每 4～6 头青年母猪为一群进行群养,根据经验预测青年母猪初次发情的时间,在青年母猪初次发情前 20～40 d,每头母猪一次注射 200 IU 的人绒毛膜促性腺激素(HCG)和 400 IU 孕马血清促性腺激素(PMSG)或 PG 600。如果从注射当日开始,每天让青年母猪与试情公猪直接接触,可增强激素的效果。在禁闭栏内饲养的青年母猪同期发情处理效果不及群养母猪。第一次激素处理尽管能使绝大多数青年母猪在一定时间内发情。但发情时间相差天数可达 3～4 d。要提高第二个发情期的同期发情率,应在第一次注射促性腺激素后 18 d 注射 PGF2α 及其类似物,如注射氯前列烯醇 200～300 μg,因为此时大多数母猪已经进入发情周期的 12 d 以上,这时,前列腺素对黄体有溶解作用。通常在注射 PGF2α 及其类似物后 3 d 母猪表现发情,而且发情时间趋于一致。如果注射过早,青年母猪在发情之后很长时间仍未达到初情年龄,则不再表现发情;如果注射太晚,青年母猪已经进入发情周期(即在初情期之后),则母猪不会因为注射促性腺激素而发情，发情时间就不会趋于一致。

⑵初情期后或已妊娠母猪发情同期化方法之一——PGF2α 法：如果母猪已经超过了初情期，可对发情母猪进行单圈配种 2 周，2 周后对全群注射 PGF2α 及其类似物。这样在注射激素后，妊娠母猪会流产，配种未受孕发情后超过 12 d 的青年母猪都会因黄体退化而同时发情。这种方法的缺点是可能造成部分母猪配种时间推迟。

⑶初情期后的青年母猪发情同期化方法之二——孕激素法：初情期后的青年母猪可用孕酮处理 14～18 d，停药后，母猪群可同期发情。其原理是：孕酮有抑制卵泡成熟和发情的作用，但并不影响黄体退化，所以当连续给母猪提供 14 d 以上的孕酮后，大多数母猪的黄体已经退化，如果停止提供孕酮，孕酮对卵泡成熟的抑制作用被解除，母猪群会在 3 d 后发情。与其他家畜相比，母猪需要较高水平的孕激素来抑制卵泡的生长和成熟。如用烯丙基去甲雄三烯醇酮，按 15～20 mg/d 的剂量饲喂母猪，18 d 后停药可以有效地达到母猪群的同步发情，其每窝产仔猪与正常情况下相同或略有提高。

3. 经产母猪的同期发情

⑴同期断奶法　经产母猪发情同期化，最简单、最常用的方法是同期断奶，对于分娩 21～35 d 的哺乳母猪，一般都会在断奶后 4～7 d 内发情。对于分娩时间接近的哺乳母猪实施同期断奶，可达到断奶母猪发情同期化目的。但单纯采用同期断奶，发情同期化程度较差。

⑵同期断奶和促性腺激素结合　在母猪断奶后 24 h 内注射促性腺激素，能有效地提高同期断奶母猪的同期发情率。使用 PMSG 诱导母猪发情应在断奶后 24 h 内进行，初产母猪的剂量是 1 000 IU，经产母猪 800 IU；使用 HCG 或者 GnRH 及其类似物进行同步排卵处理时，哺乳期为 3～4 周的母猪应在 PMSG 注射后 72～78 h 进行。哺乳期为 4～5 周的母猪应在注射后 56～58 h 进行。输精应在同步排卵处理后 24～26 h 和 42 h，分两次进行。

⑶哺乳期母猪的诱导发情　在母猪分娩的当天注射 HCG，可诱导 75% 的分娩母猪排卵，排卵后形成的黄体会在之后自然萎缩，但直到断奶，母猪才会发情，显然哺乳期黄体的萎缩并不是促使母猪发情的唯一因素，哺乳是哺乳期母猪不能发情的主要因素。

用生殖激素对母猪进行繁殖控制，能够有效地控制母猪的发情及分娩。把繁殖控制技术引入养猪生产是实现猪群繁殖高效率的重要手段。但生殖激素的应用需要相当丰富的生殖生理学尤其是激素生理方面的知识，不正确地使用生殖激素，可能会给猪的繁殖带来较多的问题。

【工作任务实施记录与评价】

一、工作任务实施记录

1. 工作任务

制定相关配种记录表格，对发情母猪的配种等情况作为技术管理的一项常规措施，制定专门的表格予以记录，建议使用电子记录。

配种记录

序号	猪耳号	舍号	产子日期	发情日期	发情鉴定		观察人	配否	输精日期	输精日期	输精日期	操作人
					外部观察	压背反应						

2. 工作任务实施记录

师傅指导记录	学徒任务实施记录	评价过程
日期：　年　月　日 指导内容:人工输精前准备		
日期：　年　月　日 指导内容:人工输精		
日期：　年　月　日 指导内容:同期发情处理		

二、绩效评价

序号	任务项目	理论考核 20%	操作考核 80%	权重	师傅签字
1	人工输精前准备			15%	
2	人工输精			65%	
3	同期发情处理			20%	
合计					
学习收获					

母猪妊娠诊断有助于在妊娠早期识别空怀母猪,并调整管理方案。正确的妊娠诊断是保证繁殖机能正常发挥、缩短胎间距、提高繁殖效率和经济效益的重要手段。母猪配种后,为了及时掌握母猪是否妊娠、妊娠的时间、胎儿及其生殖器官的异常情况,可以采用临床、实验室和影像的方法进行检查,称为妊娠诊断。

任务 5　配种后妊娠诊断

【专业知识准备】

一、妊娠及妊娠识别

猪在妊娠 11～13 d 开始产生雌激素,主要是硫酸雌酮,是母体识别孕体的信号,具有促进黄体分泌的功能。黄体所分泌的孕酮可被孕体代谢利用为雌激素,雌激素能作用于子宫内膜,改变 PGF2α 的分泌方向,使黄体不被溶解。猪的胚泡冲洗液中含有 HCG 样物质,可能具有促黄体作用。猪开始妊娠识别的时间在配种后 10～12 d。

二、附植

1. 附植的时间和部位

(1) 附植的时间　猪的附植时间是 22(20～30) d。实际上,动物胚胎附植的具体部位是固定的，即胚体位于子宫系膜的对侧，如此可使滋养层靠近血管稠密因而营养丰富的子宫系膜侧。

(2) 附植的部位　猪多趋于平均分布于两个子宫角内。即使摘除一侧卵巢，另一侧子宫角均约有胚胎总数的一半。

2. **附植过程**

猪的囊胚开始与子宫内膜发生接触大约在第 7 天透明带消失时。此时滋养层细胞迅速增殖，在妊娠第 11～13 天期间，囊胚发生变化。在第 10 天时的囊胚长 4～5 mm，呈椭圆形，至第 13 天时伸长达 60 mm 以上，呈线管状，但直径明显变小。在线管状胚胎的中部有一短小的膨大区，即胚。

【任务目标与质量要求】

空怀母猪的配种率达 95%；按月分娩率达 86%；窝均产健仔 9 头以上，初生均重在 1.35 kg 以上，畸形、弱仔率不得高于 3%(0.8 kg 以下为弱仔)；按月平均饲养量，生产母猪月死亡率不得高于 0.5%；按免疫程序完成各项免疫和消毒工作；严格执行选配计划，母猪提前 3～5 d 上产床，仔猪 21～23 d 断奶，要求膘情在七成以上，健康无病。

【学习产出目标】

(1) 制定本猪场配种母猪妊娠诊断的操作流程。

(2) 熟练利用 B 超仪进行妊娠前期诊断。

(3) 掌握并应用其他方法进行妊娠诊断。

(4) 准确、详细记录配种母猪妊娠诊断的工作记录。

【工作程序与方法要求】

目前，猪的妊娠诊断的方法主要包括临床诊断、实验室检验和影像诊断等。

一、临床诊断

妊娠在猪体内是一个连续变化的过程，临床检查是根据母猪妊娠过程中的生理结构特点及生理变化来判断其是否妊娠，主要是对妊娠母猪体型变化的观察和检查。猪的妊娠临床检查主要包括视诊、触诊、叩诊和听诊等一般物理检查法。这些方法操作简单、方便易行。

(1) 整体状态的检查　母猪在妊娠后表现为呈周期性变化的发情表征消失，性情变得温顺、安静，行为谨慎，食欲增加，营养状况逐渐得到改善，排尿次数逐渐增多，注重卫生，毛色更加润泽。妊娠后期体重大幅度增加，腹围增大，乳房增大，孕侧的腹部肋侧凹陷，腹部底部低下。双指对其腰背部掐压无静立反应，配种 10 d 后，观察母猪阴门阴道的颜色状态，如阴道颜色苍白，阴门附有浓稠黏液，手背触之干涩不润，说明已经妊娠。也可观察母猪外阴户，母猪在配种后如果阴户下联合处逐渐收缩紧闭，且呈明显地向上翘，说明已经妊娠。

(2) 腹部检查　在母猪妊娠前中期，可以结合听诊和触诊的方式对母猪腹部进行妊娠检查。听诊是利用听诊器在母猪耻骨前缘的腹白线周围听胎儿的胎心音和胎动音进行判断。当母体子宫对胚胎血液供给加强时，胎儿血循环加强，逐渐形成了胎心音和胎动音，由于听诊混杂着各种声音，需特别注意信号音的辨识。胎动音较胎心音出现较晚，在妊娠中期可以明显听到类似“犬吠声”。除了听诊，还可对其软腹壁进行触诊，方法是手指并拢，沿腹部进行深入地切入或压入，以感知内部器官组织尤其子宫角的紧张度和敏感性，结合母猪的刺激反应和长期的实践经验做出是否妊娠的判断。

(3) 直肠检查　母猪是多胎动物，怀孕后，胚胎以不完全相等间隔的距离占位平均分配于左右子宫角内，胎儿的发育情况，因其在子宫角内分配的位置不同而异。检查者要求手臂细长，检查前戴上长筒 PE 手套，手套表面均匀涂上液态石蜡，检查方法是五指并拢集成圆锥状，施转通过肛门伸入直肠，缓缓沿肠管方向伸入，动作轻柔，过程中掏出直肠中的粪便。当母猪妊娠时，触摸到的子宫搏动有力，子宫壁因子宫内含有羊水波动而富有弹性。当母猪未妊娠时，因为子宫内无羊水，子宫壁弹性差、波动较弱，子宫动脉搏动很弱。同时随着妊娠时间的增长，胎儿增大，子宫角直径也变得更粗。母猪直肠检查时间应在配种 3 周以后较为准确。

二、实验室检验

在母猪的妊娠检查中，实验室检验手段也多有研究，实验室检验因其诊断费用高少数应用于生产实践。实验室检验是利用物理学、化学和生物学等实验技术方法，对妊娠母猪的血液、尿液、体液、组织细胞等产物的物理性状和化学成分分析，通过寻找出其妊娠与非妊娠时期变化的差异产物，从而做出妊娠诊断。

三、影像诊断

在猪的实际生产中，母猪的早期妊娠影像诊断主要是利用超声波进行检查。超声波检查是利用超声波的物理特性及动物体的声学特征，对动物组织器官结构和妊娠状态做出判断的一种非创伤性检查。超声妊娠诊断法操作简单、易于掌握、准确率高，同时还可以鉴别胎儿的死活及预测胎儿的数目。超声检查的类型较多，按照其回声方式分类可分为 A 型（Amplitude Mode）超声探查法、B 型（Brightness Mode）超声探查法、M 型（Motion Type）超声探查法、D 型（Doppler Mode）超声探查法和 C 型（Constant Depth Mode）超声探查法 5 种，应用在动物生产诊断中主要以 D 型超声探查法和 B 型超声探查法为主。

(1) D 型超声探查法　即超声多普勒腹壁探查法，俗称彩超。应用超声波进行家畜的早期妊娠的诊断方法在国外早已进行。对于母猪妊娠检查也无需保定，以安静侧卧最好，趴卧站立均可进行。超声波检查在最后一对乳房前部的下腹部左右肋部进行，以“U”形探测方式向母猪前躯推进直到胸骨后端。检查前清除探测部位皮肤表面的污物，涂擦耦合剂在检查部位使探头紧贴皮肤，并不断变换探测方向寻找胎儿心音。妊娠早期由于胚胎很小，探头向耻骨前缘方向上下移动，寻找到母体动脉血流音，在其周围可探测到胎心音。胎心音在配种后妊娠 30 d 左右诊断准确率最高。胎动音在妊娠 50 d 以上时可以检测出。

(2) B 型超声探查法　又称超声断层扫描法，是一种以灰阶成像方式进行探查的方法，高灰阶的实时 B 超扫描仪可清晰显示脏器外形与毗邻关系。B 超因其操作简便、可多次重复、准确率高，并能及时得出结论，而且无其他禁忌等，在母猪的妊娠诊断中最为常用。母猪的早期妊娠检查在 12～16 d，但 B 超的检查一般需要在 3 周以后。利用 B 超对母猪进行妊娠检查时，超声探头向探查腹部发出数百束超声波，当发射出去的超声波遇到不同介质反射回不同强度的灰度点，大量灰度点形成一个二维切面图，即断层图像。由于猪的胎盘属弥散型胎盘（散布胎盘），每个胎儿由一个绒毛膜囊包裹起来，薄膜囊内的胎儿由羊水浸泡着，由于液体对超声波不反射声波，因此会在胎儿周围形成一个暗区，胎儿的形态初步凸现出来（图 3-3-37）。

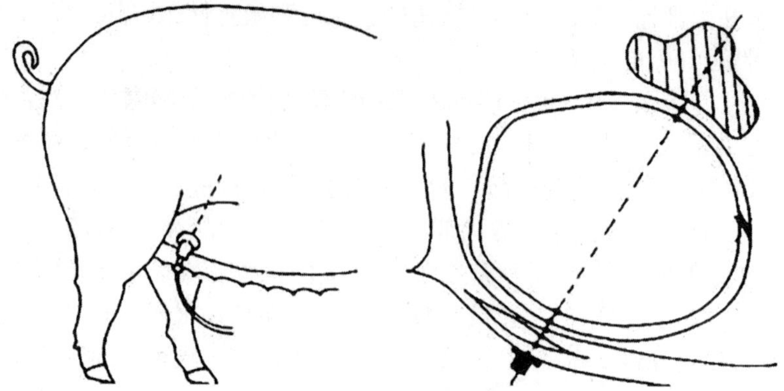

图 3-3-37 B 型超声探查法

(3) 其他影像检查　除了 D 型和 B 型超声波应用于动物妊娠探测之外，A 型超声由于本身特性，检查结果模糊，已经在医学上基本予以淘汰，少许猪场用于妊娠诊断。M 型和 C 型由于其技术壁垒和仪器成本较高，对生产一线配种员的素养要求也高，加之其功能对于母猪生产妊娠的诊断功能过于冗余，主要应用于人类医学和其他珍贵动物。影像诊断还包括 X 线检查、计算机体层摄影（CT）、核磁共振。在母猪妊娠诊断中，由于仪器设备造价昂贵、体型巨大、操作不便，部分检查设备对检查人员和母体胎儿有一定损伤（如 X 射线和 CT），故在猪的实际生产中未有应用。

【业务知识】

(1) 配种妊娠母猪批次安排顺序　在配种怀孕舍经常有很多种类的母猪，怀孕猪怀孕阶段也有不同，故我们常常将配种舍分为配种查情区，后备区，怀孕区；为方便管理，每区按每批次配种（周日 ～ 周六）和排列。

后备母猪群在配种查情区；配种前（18～36 周龄）猪群放大栏；待配母猪（36 周以上）放定位栏等待查情配种；断奶猪群，在查情配种区；延期发情母猪，在查情配种区；配种后 1～35 d，在查情配种区。按配种日龄排序，按批次顺排，同批猪放一起，此猪群要等待查返情，检查确定怀孕后再转入怀孕区；配种后 36～107 d 母猪在怀孕区，按配种日龄同批放在一起，为方便怀孕检查；配种猪群一定要有明显标志显示所在猪群和批次。

(2) 母猪转移方法　在配怀舍经常需要转动母猪进行配种，排序。如果移动方法不正确，母猪会累及应激进而影响怀孕效果及猪健康。正确的转猪方法是：转前检查耳号、批次并喷相应的颜色；检查空栏在可用状态，如饮水器、喷头是否能正常使用；转前要检查赶猪道能否正常使用（如不滑，无阻挡，栏杆向一个方向开启）。转猪一定要温柔，禁止鞭打伤害母猪；发现难转及应激母猪先让其休息，待后再转；转入时天气不能太热或刚吃完料即转；转猪时要仔细观察，避免争斗咬伤或母猪挡路，要有人接猪进准备好的栏。要观察转移后母猪能否按要求喝足水，发现喘气，要用凉水冲，直到不喘为止。转入猪要按原顺序排列，避免咬伤；配种 4～35 d，不能转运，以避免胎儿不能着床而流产。搬怀孕母猪上产床时，要清洗和消毒母猪。

(3) 查怀孕方法　一般怀孕 21 d、42 d 用公猪查情，其他批次方法如下：35 d 第一次用 B 超；36～42 d 第二次用 B 超，特别要对第一次检查未怀孕的母猪进行认真复查；84 d 用眼睛观察每一头母猪。28～35 d 时查出的未怀孕母猪背上打记号，1 周后再复查，复查仍未怀孕，及时转到配种区，用公猪刺激催情。

【业务经验】

(1)根据母猪发情周期查妊娠　配种后18～20 d可用公猪试情,若没有反应,基本可以确定已妊娠。

(2)根据母猪外阴及行为变化查妊娠　妊娠母猪外阴皱缩,颜色苍白,且食欲旺盛,精神宁静,眼神清亮,行走稳重。

(3)性激素注射查妊娠　配种后18～20 d注射2～4 mg苯甲酸雌二醇或戊雌二醇,空怀猪一般可在2 d内发情,妊娠猪无反应。

(4)土法确定是否妊娠　取母猪晨尿10 mL放入透明玻璃杯中,放入数滴醋、碘酒,在酒精灯上用文火加热至煮沸,呈红色者已妊娠,呈米黄色或褐绿色,冷却后颜色很快消失则为空怀。

(5)母猪怀孕后,子宫羊水逐渐增加,大约在配后30 d子宫前倾并贴于肚皮,配种30～35 d时检查是否怀孕,现常用B超,但此法并不代表子宫有胎儿,因为检查的是羊水。另外检查时,仪器的角度也很重要。检查部位在臁部与乳房之间及倒数第2～3个奶头中间处,角度为向上45°,与对侧最后肋骨对应。在检查时,母猪一定站稳,刚站起时,子宫未垂下,不应检查。母猪只怀有2～3个小猪时,在30 d时查不到,1周后要再次检查。检查时应先清洁检查部位和用食油涂抹,以达准确效果。

【知识拓展】

(1)胚胎生长发育　胚胎2/3的体重是在怀孕后期的1/3时间内生长的。胚胎生长发育规律,即妊娠的最后1个月是胎儿生长发育的高峰期,故应增加饲料喂量。但注意产前1周减料。在生产实践中,以80 d(11～12周)为界分妊娠前期和妊娠后期(表3-3-2、图3-3-38)。

表3-3-2　母猪妊娠期胚胎增重量

胎龄/d	胎重/g	占初生重/%
30	2.0	0.15
60	110.0	8.0
80	400.0	29.0
100	1 060.0	76.0
110	1 150.0	82.0
出生	1 300～1 500	100.0

(2)胚胎死亡　在妊娠期内,胚胎死亡大致有3个高峰期。第一次出现在受孕后9～13 d,此时胚泡已发育完全,开始与子宫接触,准备着床而又尚未完全植入。这一阶段死亡率占胚胎总数的20%～25%。第二次死亡高峰出现在受精后18～24 d,此期正处于胚胎器官形成阶段,胚胎在争夺胎盘分泌的某种有利于其发育的类蛋白质物质,在争夺中强者存弱者亡,此期胚胎死亡率占总数的10%～15%。第三次死亡高峰出现在妊娠的60～70 d,此期胎儿生长发育加速,而胎盘发育停止,营养供应不均导致胎儿死亡或发育不良。此期胎儿死亡占总数的5%～10%。除上述3个主要死亡时期外,妊娠后期和临产前的死亡也占5%～10%。由于这些损失,母猪发情期所排出的卵子,大约只有一半能在分娩时成为活的仔猪。

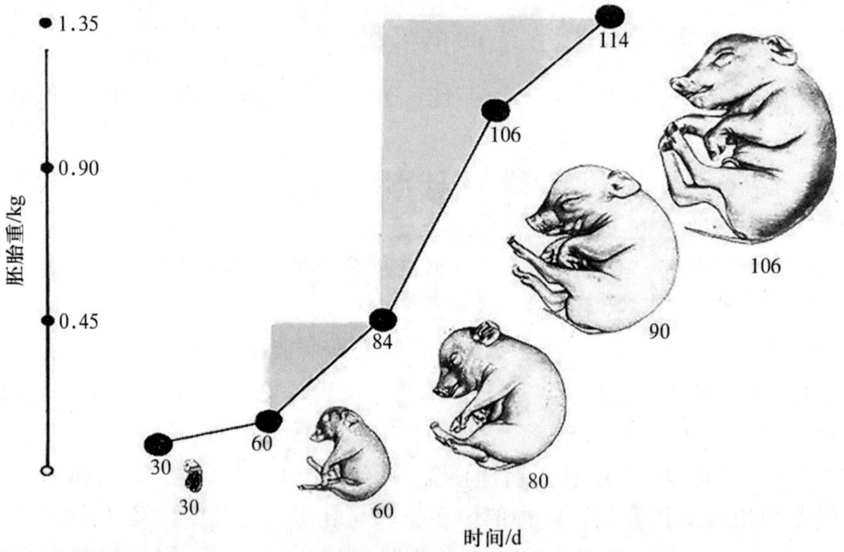

图 3-3-38 胚胎生长情况

【工作任务实施记录与评价】

一、工作任务实施记录

1. 工作任务:猪妊娠诊断记录

序号	耳号	配种员	舍号	技术员	配种日期	预产期	妊娠诊断方法		
							临床诊断	实验室检验	影像诊断

2. 工作任务实施记录

师傅指导记录	学徒任务实验记录	评价过程
日期:　　年　月　日 指导内容:临床诊断		
日期:　　年　月　日 指导内容:实验室检验		
日期:　　年　月　日 指导内容:影像诊断		
日期:　　年　月　日 指导内容:同期发情处理		

二、绩效评价

序号	任务项目	理论考核 15%	操作考核 85%	权重	师傅签字
1	临床诊断			40%	
2	实验室检验			15%	
3	影像诊断			35%	
4	同期发情处理			10%	
合计					
学习收获					

现代数量遗传是建立在大量测定数据基础之上的，大多采用动物模型 BLUP 法对所有被测定个体进行遗传评估，得出单个和几个目标性状的估计育种值（EBV），即基因的加性效应值，作为选种选配的主要依据。现在养猪生产的目的是为人类提供质优、量大的合格猪肉产品，以此来满足和提高人民的生活质量。对于养猪生产者来说培育和选择优秀的种猪是实现上述目标的关键因素。

任务 6　猪的选种选配

【专业知识准备】

一、种猪的选择与选配

1. 主选性状和综合选择指数

国家生猪遗传改良计划最近提出了主要三个目标选育性状，即总产仔数、达 100 kg 体重日龄和达 100 kg 体重活体背膘厚。由此三个性状组建的综合选择指数公式为：$I=0.6\times EBV_1+0.3\times EBV_2+0.1\times EBV_3$。

2. 测定和种猪选留

猪的育种就是通过测定和遗传评估，对种群的繁育进行人工干预，改变群体遗传进程，以便在世代的更替中，使群体内个体更好地接近特定选育目标。优良性状只有通过不断地选择才能得到巩固和提高，因此选择是改良和提高种猪生产性能的重要手段。测定的准确性是基础。测定数据是整个选育工作的源头，其准确性是成败的关键。可能影响准确性的因素很多，要尽力给予从严控制。

3. 选种要点

（1）后备公猪　选留的个体要求选择指数高，品种特征明显：肢蹄结实、结构好、背臀肌肉丰满；睾丸发育正常、左右对称，无明显的包皮积尿，性欲强；无传染性疾病，无肢蹄疾患；本身和同窝无遗传疾患。

(2) 后备母猪　选留的个体要求选择指数高，体型、毛色符合品种特征；外阴大小及形状正常，不上翘；无内翻乳头和瞎乳头，有效乳头数 6 对以上，排列均匀整齐；无传染性疾病；无明显的肢蹄疾患；本身和同窝无遗传疾患。

4. 选种标准

(1) 母猪　①母性要好；②体型符合品种特征；③健康；④腿坚固，前后腿都要直；⑤日增重高；⑥乳头均匀；⑦外阴有形；⑧瘦肉率高。

(2) 公猪　①蹄形好；②背腰平直，背宽臀圆；③健康；④日增重高；⑤性欲强；⑥瘦肉率高。

(3) 从前面看　①看耳号；②看鼻子是否正常；③看眼睛有无红肿、流泪。

(4) 从后面看　①看蹄形，蹄壳大小有无异常；②走路姿势是否正常；③看健康状况；④看体重与日龄是否相配；⑤看外阴是否与肛门相连；⑥看背部宽度及臀是否丰满。

(5) 从侧面看　①看乳头对数；②看腹部，腹线是否平直，腹部是否收紧。

5. 选种技术

选种就是准确选出优秀后备种猪的过程。一般公猪选择的重点是体型好、瘦肉率高、生长快、饲料转化效率高、肢蹄结实。母猪选择的重点是繁殖性能好、产仔多、泌乳力强、温顺和易管理。

6. 种猪选配

选种是选配的基础，但选种的作用必须通过选配来体现。利用选种改变群体动物的基因频率，利用选配有意识地组合后代的遗传基础。有了良好种源才能选配。反过来，选配产生优良的后代，才能保证在后代中选种。选配有同质选配、异质选配和亲缘选配三种类型。按综合选择指数选配时，在指数相同或相近的两个体间进行选配，整体上可视为同质选配，但就指数内单个性状而言可视为异质选配。在制订选配计划时往往以综合选择指数值为依据，同时考虑参配个体间的亲缘关系，即近交系数不得高于 12.5%。

二、猪的杂交利用

杂交是指两个以上不同种群（品系、品种乃至不同种属）个体间的交配繁殖方法。杂交是与纯繁相对的一个概念，它们互相依存，互相促进，没有纯种繁育，就产生不了优秀的纯种后代，杂交就得不到良好的效果。不同品种之间杂交能产生杂交优势（杂交后代生活力和繁殖力高于亲本）。不同的杂交方式杂交效果不同。目前，生产中应用最多的杂交方式有两种：二元杂交和三元杂交。三元杂交的效果优于二元杂交。三元杂交所用的母猪是一代杂种猪，一代杂种母猪生活力强、产仔多、哺育率高，又能利用第二杂父本增重快、饲料利用率高的特点，故三元杂交可获得良好的杂种优势。

(1) 二元杂交　用本地母猪和外种公猪杂交生产优质商品猪的方式。优点是简单易行。缺点是杂种的遗传基础较窄，不能利用多个品种的遗传互补效应。.

(2) 三元杂交　就是三个品种之间的杂交。以地方猪种作第一母本，分别用两个外来猪种作第一和第二父本进行杂交。优点是能利用二元杂母猪的杂种优势，还可以利用终端父本品种的互补效应，遗传基础广。缺点是需保持 3 个纯种，制种复杂，时间较长。

(3) 引进品种间的杂交　目前瘦肉型猪生产中常用杂交方式有两种：一是以大白猪为母本，长白猪为父本杂交生产的长大二元杂母猪作母本，再与杜洛克公猪杂交生产杜长大商品猪。二是以长白猪为母本，大白猪为父本杂交繁殖的大长二元杂母猪作母本，再与杜洛克公猪杂交生产杜大长商品猪。

【任务目标与质量要求】

了解猪选种选配的特点和作用；制订猪场的选种选配和杂交改良的计划；掌握选种选配和杂交改良的方法并应用于实际生产；了解杂种优势所表现出的特征。

【学习产出目标】

(1)会制订猪的选种选配工作实施方案。

(2)能在猪场开展种猪选种选配工作。

【工作程序与方法要求】

1. 选种

针对目标性状进行遗传评估得出综合育种值，选取同批测定猪中（例如2周内）指数值高的公猪6%、母猪30%先留下（测定猪批间的指数值会有一定幅度的波动，其选留比例就不能是统一的，不够基本标准的可以少留甚至不留），将群体内真正优秀的个体选留下来。选留时也要注意单个性状育种值特别高的个体，以维持群体良好的遗传素材。在根据综合育种值大小顺序选种时，还应注意公猪的血统，少量选留性能稍欠优的公猪，避免血缘过窄而致近交程度的快速上升。结合后备猪外貌逐头进行现场选留，主要兼顾品种特征、繁殖性征、四肢健壮以及健康状况等。待预留种猪达到210日龄，公猪经过2～3次采精，其精液品质达基本要求；母猪有过较明显的发情症状，据此确定正式选留。根据国家生猪遗传改良计划的要求，公、母猪的留种率分别在3%和25%以下。

在当代核心群母猪一胎、二胎、三胎产仔后，根据新获得的繁殖数据，再次计算综合选择指数，排序淘汰低端的20%。大于4胎的母猪全部退出核心群。

2. 自繁后备猪的四个选择阶段

(1)断奶阶段　第一次挑选（初选），可在仔猪断奶时进行。挑选的标准为：仔猪必须来自母猪产仔数较高的窝中，符合本品种的外形标准，生长发育好，体重较大，皮毛光亮，背部宽长，四肢结实有力，乳头数在7对以上（瘦肉型猪种6对以上），没有明显遗传缺陷。从大窝中选留后备小母猪，主要是根据母亲的产仔数，断奶时应尽量多留。一般来说，初选数量为最终预定留种数量公猪的10～20倍及以上，母猪的5～10倍及以上，以便后面能有较高的选留机会，使选择强度加大，有利于取得较理想的选择进展。

(2)保育结束阶段　保育猪要经过断奶、换环境、换料等几关的考验，保育结束一般仔猪达70日龄，断奶初选的仔猪经过保育阶段后，有的适应力不强，生长发育受阻，有的遗传缺陷逐步表现。因此，在保育结束拟进行第二次选择，将体格健壮，体重较大，没有瞎乳头，公猪睾丸良好的初选仔猪转入下阶段测定。

(3)测定结束阶段　性能测定一般在5～6月龄结束，这时个体的重要生产性状（除繁殖性能外）都已基本表现出来。因此，这一阶段是选种的关键时期，应作为主选阶段。应该做到：①凡体质衰弱，肢蹄存在明显疾患，有内翻乳头，体型有严重损征，外阴部特别小，同窝出现遗传缺陷者，可先行淘汰。要对公、母猪的乳头缺陷和肢蹄结实度进行普查；②其余个体均应按照生长速度和活体背膘厚等生产性状构成的综合育种值指数进行选留或淘汰。必须严格按综合育种值指数的高低进行个体选择,该阶段的选留数量可比最终留种数量多15%～20%。

(4)母猪配种和繁殖阶段　这时后备种猪已经过了3次选择,对其祖先、生长发育和外形等方面已有了较全面的评定。所以,该时期的主要依据是个体本身的繁殖性能。对下列情况的母猪可考虑淘汰:①至7月龄后毫无发情征兆者;②在一个发情期内连续配种3次未受胎者;③断奶后2～3月无发情征兆者;④母性太差者;⑤产仔数过少者。公猪性欲低、精液品质差,所配母猪产仔均较少者淘汰。

3. 种公猪的选择

(1)品种来源　应该选择来自种猪场、有档案记录,经过选育的生长速度快、饲料利用率高的优良纯种或杂种公猪,符合本品种的特征。

(2)生产性能　要求生长快,一般瘦肉型公猪体重达100 kg的日龄在170 d以下;生长育肥猪每千克增重耗料量在2.8 kg以下;背膘薄,100 kg体重测量时,倒数第三到第四肋骨、离背中线6 cm处超声波背膘厚15 mm以下。

(3)外貌特征　要求肌肉丰满,骨骼粗壮,四肢有力,体质强壮,肩部和臀部发达;头和颈较轻,占身体比例小,胸宽深,背宽平,体躯要长,腹部平直;要求生殖器官发育正常,睾丸发育良好,两侧对称一致,无单睾丸、隐睾或疝气,有缺陷的公猪要淘汰;对公猪精液品质要进行检查,精液质量优良,性欲良好,配种能力强。

4. 种猪选配的实际操作

具体方法及要点如下,可参考图3-3-39进行。

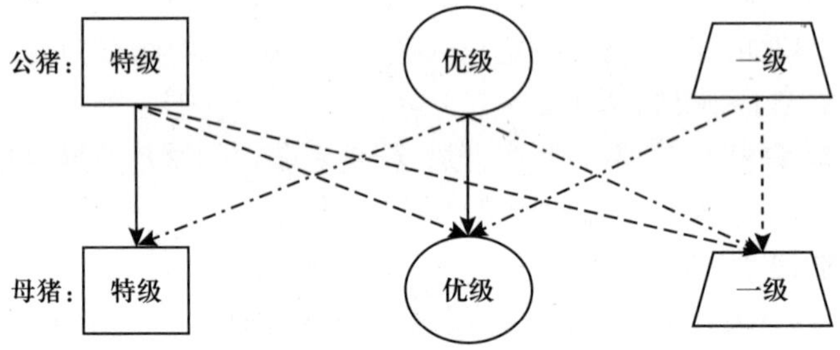

图3-3-39　种猪选配操作示意图

(1)将参加本配种时段的公、母猪按综合选择指数值大致分成特级、优级、一级三个群体。正常的状态下,"特级"和"一级"数量较少,"优级"数量略多。

(2)在"特级"的母猪群中,应以"特级"的公猪与之配合为主,不得选"一级"的公猪选配。在"优级"的母猪群中,则以"优级"的公猪与之选配为主,其余尽量安排"特级"的公猪与之选配。在"一级"的母猪群中,以"优级"和"一级"的公猪为主,少量以"特级"的公猪进行异质选配。

(3)通过选配,可使"特级"公猪的与配母猪比平均数多20%～30%,"一级"公猪的与配母猪比平均数少20%～30%。

(4)为控制群体近交程度不致过快上升,一般控制亲缘系数在12.5%以下,少数也不得突破25%。

(5)为迅速巩固某一特定性状,可采用半同胞以上的亲缘选配,特殊需要可采用全同胞和亲子交配。亲子交配以限1次为度，全同胞交配限2次为度，其后的选配须拉开亲缘距离。亲缘选配的总量须限制在全群的10%以内。

选配工作量大且烦琐，在育种团队中安排专人负责核心群全群选配计划的制订并切实执行。后备种猪的选配计划每月制订一次，其他各胎次母猪的选配计划每半月制订一次（包括综合选择指数的再计算）。

【业务知识】

(1) 选种主要指标　种母猪选留主要衡量产仔数、初生重、泌乳力、哺育率、断奶重等主要的繁殖性能指标。种公猪的选择主要衡量日增重大、饲料报酬高、瘦肉率高、肉质好、耐粗饲、配种能力强等主要繁殖指标。

(2) 加强后备母猪的日常管理　后备母猪需要有健康的体质，在日常的饲养管理过程中要注意每天保持有适当的运动，以达到促进新陈代谢、增强体质、提高抗病能力的目的。另外，合理的运动还可以避免后备母猪体况过肥、肢蹄软弱，还可以保持旺盛的性欲。在饲喂后备母猪时要注意做好饲料的管理工作，给其提供优质的饲料，发生霉变、受到污染的饲料严禁使用，同时还需要提供充足的饮水。一旦选择好后备母猪就要求做好建档工作，以便于日后的生产管理工作。

(3) 加强后备母猪的环境管理　养殖环境是否适宜，对于后备母猪的生长发育有着重要的影响作用。其中温度对母猪生产力的影响很大，尤其是在高温的夏季，在高温环境下母猪会发生热应激反应，不但导致后备母猪采食量下降，摄入的营养物质不足，影响生长发育和繁殖性能，还会导致代谢功能紊乱。因此，要控制好猪舍的环境温度，做好夏季的防暑降温工作。另外，还要做好冬季的御寒工作，避免后备母猪受凉。后备母猪养殖要忌高湿环境，如果养殖环境高温、高湿则对后备母猪的危害极大，因此还需要控制好猪舍的相对湿度，一般保持在60%～80%。加强猪舍的通风换气工作，避免舍内有害气体大量的蓄积，如果猪群长期生活在有害气体浓度超标的环境中，会引发多种疾病，因此一年四季都需要做好通风换气的工作。合理的光照对于母猪的繁殖性能、生长发育和抗病能力都有很大的影响作用。尽量让后备母猪接受正常的日光照射，冬季日短夜长，或者在光照不足的圈舍，则需要额外的补充光照。除此之外，要保持圈舍清洁卫生，定期彻底地进行清扫和消毒。

【业务经验】

1. 种猪品种选择

选种首先要根据市场需要确定养什么猪，即养种猪还是肉猪；养瘦肉型引入品种纯种猪还是纯种地方猪。其次要抓好猪的个体选择，种猪应健康无病，要特别注意体质是否结实，是否符合品种（或品系）的要求，注意与生产性能有密切关系的特征和行为，不要过分强调毛色、头型等细节。

2. 种猪性能测定

种猪是规模养猪场的核心猪群，其品质好坏关系全场猪的生产水平，直接影响猪场经济效益。因此，种猪的选择关系重大，在品种选择确定后，就必须认真进行种猪选择。最客观可信的选择是通过性能测定，比较各性能的好坏，来决定留种或淘汰。性能测定是指在相对集中的条件下对猪进行个体生产性能测定，其目的是在相对标准的、统一的和长期稳定的环境下，使被测定猪能充分发挥其遗传潜力，从而对其性能做出客观而公正的评价，为生产者选购种猪提出可靠可信的依据。性能测定主要有测定站测定和现场测定两种方式。大多数种猪场在条件许可的情况下应建立自己的性能测定猪舍，对本场猪样进行性能测定。测定的性状主要有产仔数、达标体重日龄和背膘厚。条件好的还可进行饲料转化率，屠宰性能，包括屠宰率、胴体瘦肉率、平均背膘厚、眼肌面积、pH、肉色等的测定。

3. 种猪个体挑选

(1)来自良种猪场，有档案记录。选育生长速度快、饲料利用率高、胴体品质好的优良公猪，最好是选择外来品种如杜洛克猪、长白猪、大中型约克夏猪的后代作为种公猪。

(2)外表特征基本符合该品种的要求。所选种猪整体结构要匀称，身体各部分之间的结合要良好。要求四肢强健、结实，行走时步伐大而有力，胸部宽深丰满，背腰部长且平直、宽阔，腹部紧凑，不松弛下垂。后躯充实，肌肉丰满，膘情良好。睾丸发育正常，大而明显，两侧匀称一致，无单睾丸或隐睾及赫尔尼亚(阴囊疝)，阴囊紧附于体壁，包皮无积尿。

(3)有正常的性行为。种公猪除了睾丸、乳房等发育正常外，还应具有正常的性行为，包括性成熟行为，求偶行为，交配行为，而且性欲要旺盛。

(4)种公猪要健康无病。所购种公猪必须来自一个健康的群体，购入种公猪后要先隔离饲养观察，检查其健康状况，待到适应猪场环境，证明无病后再投入使用。

4. 存在下列问题的猪不能作种用

(1)遗传缺陷　①9趾；②脐疝；③隐睾；④阴阳猪。

(2)健康问题　①消瘦；②呼吸不正常；③皮肤苍白、虚弱、喘气；④不吃料。

(3)外观方面　①后臀窄；②掉肚子。

(4)腿的问题　①关节炎；②脚痛；③八字步；④站立时两脚并在一起。

(5)乳头　①有效乳头少于12个；②前3对乳头中有连续2个瞎乳头。

(6)外阴　①太小；②翘起；③末端钝圆；④颜色苍白、不红润。

(7)其他　①有花斑；②有脓包；③耳朵肿大或卷曲；④睾丸大小不对称、不合适；⑤阴茎少于2个螺旋；⑥体重与周龄不对应。

【知识拓展】

1. 建立育种体系

猪的繁育体系可以用金字塔式说明。金字塔的最上部代表具有优良遗传品质的核心群，用于核心群和扩繁群母猪配种或输精的公猪应来自核心群，因为核心群决定了整个金字塔的遗传方向。在本交体系中，核心群猪只的后代将作为扩繁群，为商品猪繁育提供种源。商品猪(金字塔的下部)的遗传改良只能通过金字塔的作用而使遗传品质得以同步改良。在本交体系中，要将一头核心群公猪用于扩繁群或商品群是昂贵而困难的，然而，采用人工输精就可利用从核心群购买的精液来将优质的遗传品质扩散到扩繁群和商品群而取得更为快速的遗传进展，就可更加容易地将核心群的优异遗传品质直接推广到商品群(图3-3-40)。

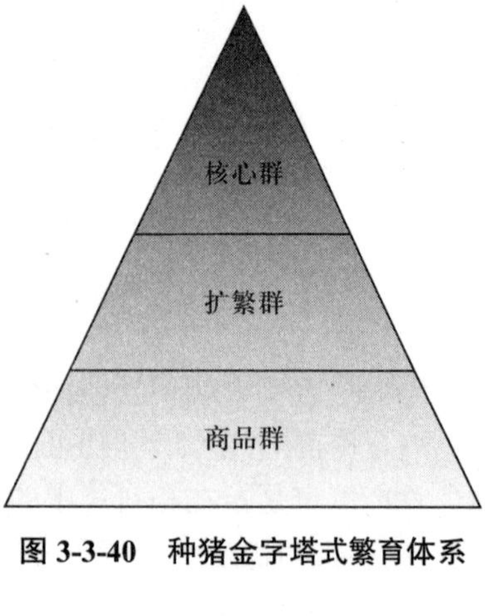

图3-3-40　种猪金字塔式繁育体系

2. 合理引种

养猪场在引种前，需要对所引种猪场当地疫病发生情况有一个充分的了解，如果在当地有疫情发生，或疑似有疫情发生时则严禁在该地引种。所引种的猪场必须是正规的猪场，在确定了引种猪场无疫情后，还要了解猪场的饲养管理情况、防疫情况、品种的纯度，更重要的是要了解猪场的的疫病发生情况，做到心中有数。要注意，所引进的种公猪必须要有种猪合格证、防疫合格证、产地证等，并且要求系谱健全，以从根本上保证种公猪的质量。在选择种公猪的个体时，要注意选择符合该品种外貌特征的种公猪，并且要求所选择的种公猪肌肉饱满、步态稳健、肢蹄健康、双眼明亮有神、生殖器官发育完好、睾丸饱满对称。在选择时尤其要注意种公猪的步态，这点不仅代表了种公猪的肢蹄健康，也代表了种公猪的健康状况。

3. 合理的世代间隔

缩短世代间隔是加快遗传进展的另一项重要手段。公猪的使用年限以不超过 10 个月为宜，这样，公猪的世代间隔大约为 1.5 年。母猪若能有自身繁殖性能数值，甚至有多胎繁殖性能数值将对其估计育种值的准确性大为提高，所以在一、二、三胎再进行重复选择对提高繁殖性能是很有好处的。母猪一胎、二胎、三四胎比例分别为 50%、30%、20% 左右，是较合理的胎龄结构，这样世代间隔也在 1.5 年内。

4. 杂交方式

(1) 二元杂交繁育体系

二元杂交繁育体系是最简单的杂交繁育体系形式，从纯系育种群到商品代的距离短，因此，遗传进展传递速度快。不足之处是不能在父母代利用杂种优势提高繁殖性能(图 3-3-41)。

祖代　　皮特兰♂×皮特兰♀　　　　杜洛克♂×杜洛克♀
　　　　　　↓　　　　　　　　　　　　↓
父母代　　　皮特兰♂　　　　×　　　　杜洛克♀
　　　　　　　　　　　　　↓
商品代　　　　　　　　　皮杜

图 3-3-41　皮杜二元杂交繁育体系

(2) 三元杂交繁育体系

三品种杂交是采用两品种杂交的杂种一代作母本，再与第三品种公猪交配，所生的后代作为商品猪肥育。采用这种杂交方式，杂交母本是两个不同品种的杂种，可充分利用杂交母本。与两元杂交相比既利用了杂交母本产仔多的优势，又利用了第三品种公猪生长速度快、饲料利用率高的优势。所以三元杂交是世界各国普遍采用的杂交方式。如杜长大三元杂交商品猪的生产模式(图 3-3-42)。

祖代　　　　　　　长白♂×大约克夏♀
　　　　　　　　　　　↓
父母代　　　　杜洛克♂×长大♀
　　　　　　　　　↓
商品代　　　　　杜长大

图 3-3-42　杜长大三元杂交繁育体系

(3)四系配套繁育体系

专门化配套系是根据猪的全部育种性状可以分解为若干组(繁殖性状,育肥性状和胴体性状)的原则,建立和培育的各具一组性状的品系。分别作为杂交的母本和父本。由于这种品系不仅各具特点,而且专门用以与另一特定品系杂交,自成一套完整的杂交繁育体系。所以称为专门化配套系。专门化配套系有三系配套(两个专门化母系,一个专门化父系)、四系配套(两个专门化母系,两个专门化父系)和五系配套。常见四系配套繁育体系如图 3-3-43 所示。

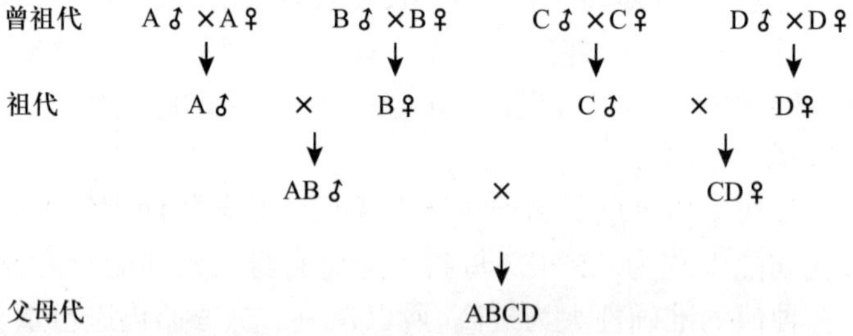

图 3-3-43　四系配套繁育体系

养猪业从事配套系的研究工作始于二十世纪六七十年代,随着专门化品系的培育及杂交利用,世界上许多国家相应出现了专门提供杂交亲本的育种公司。配套系是在纯系选育基础上,通过配合力测定而形成的种猪繁育体系。在其培育过程中,各系突出选择某一方面能稳定遗传且能与其他系相配套产生最大显性效应的性状。

【工作任务实施记录与评价】

一、工作任务实施记录

1. 工作任务:选种猪

选种卡片(正面)

品　　种________　　个体号________　　登 记 号________

出生日期________　　性　别________　　胎　　龄________

初 生 重 /kg________　　断奶重 /kg________　　6 月龄重 /kg________

指标	1 岁	2 岁	3 岁	4 岁	5 岁	6 岁
体高 /cm						
体长 /cm						
乳头数 / 对						
初生重 /kg						
断奶重 /kg						
120 kg 时天数 /d						
背膘厚 /cm						
繁殖成绩						

亲、祖代品质及性能（背面）

亲代	耳号	产子数	等级	体长 /cm				体重 /kg				120 kg 时天数 /d	繁殖成绩
				初生	断奶	6 月龄	12 月龄	初生	断奶	6 月龄	12 月龄		
父亲													
母亲													
祖父													
祖母													
外祖父													
外祖母													

种猪生长发育记录表

品种（系）________ 登记号________________ 出生日期____________
性别____________ 初生重 /kg________ 断 奶 重 /kg________

指标	初生	断奶	6 月龄	9 月龄	12 月龄
体重 /kg					
体高 /cm					
体长 /cm					
背膘厚 /cm					
备注					

登记员： 技术员：

2. 工作任务实施记录

师傅指导记录	学徒任务实施记录	评价过程
日期： 年 月 日 指导内容：选种		
日期： 年 月 日 指导内容：选配		
日期： 年 月 日 指导内容：配套系育种		

二、绩效评价

序号	任务项目	理论考核 30%	操作考核 70%	权重	师傅签字
1	选种			45%	
2	选配			40%	
3	配套系育种			15%	
合计					
学习收获					

参考文献

[1]李发弟,王维民,乐祥鹏等.肉羊种业的昨天、今天和明天[J].中国畜牧业,2021,(13):29-33.

[2]周其虎.动物解剖生理.2版.北京:中国农业出版社,2015.

[3]程会昌.动物生理学.郑州:河南科学技术出版社,2015.

[4]丑武江.家畜人工授精技术.乌鲁木齐:新疆人民出版社,2009.

[5]李凤玲.动物繁殖技术.北京:北京师范大学出版社,2018.

[6]张长兴,刘太宇.畜禽繁殖技术.南京:江苏教育出版社,2011.

[7]欧阳叙向.家畜遗传育种.2版.北京:中国农业出版社,2013.

[8]宋连喜.畜禽繁育.2版.北京:化学工业出版社,2016.

[9]石冬梅,周德忠.动物普通病防治.2版.北京:中国农业大学出版社,2011.

[10]关文怡.动物常见病防治.北京:中央广播电视大学出版社,2006.

[11]王会香.动物解剖原色图谱.合肥:安徽科学技术出版社,2008.

[12]徐作仁.动物疾病诊断技术.北京:北京师范大学出版社,2018.

[13]阿菲金中国销售服务网络平台技术资料.2021.

[14]新疆天润乳业股份有限公司奶牛繁育标准化操作规程.2022.

[15]内蒙古赛科星繁育生物技术(集团)股份有限公司牧场繁殖标准化操作规程.2020.

[16]光明牧业有限公司奶牛场标准化操作规程.2020.

[17]新疆天康畜牧科技有限公司种猪繁育标准化操作规程.2022.

[18]新疆正大食品有限公司种猪繁育标准化操作规程.2021.

[19]日发新西域牧业有限公司种羊繁育标准化操作规程.2022.

[20]蒋晓新.规模化牧场奶牛繁育技术.北京:中国农业出版社,2023.

附件

家畜繁殖员国家职业技能标准(2020年版)

1. 职业概况

1.1　职业名称　家畜繁殖员

1.2　职业编码　5-03-01-01

1.3　职业定义　使用家畜繁殖工具、监测仪器,监测调控繁殖活动,配种和繁育仔畜的人员。

1.4　职业技能等级　本职业共设五个等级,分别为:五级 / 初级工、四级 / 中级工、三级 / 高级工、二级 / 技师、一级 / 高级技师。

1.5　职业环境条件　室内、外,常温。

1.6　职业能力特征　具有一般智力,表达能力、计算能力和空间感正常,知觉、色觉、嗅觉正常,手指和手臂灵活,动作协调。

1.7　普通受教育程度　初中毕业(或相当文化程度)。

1.8　职业技能鉴定要求

1.8.1　申报条件

具备以下条件之一者,可申报五级 / 初级工:

(1) 累计从事本职业或相关职业工作 1 年(含)以上。

(2) 本职业或相关职业学徒期满。

具备以下条件之一者,可申报四级 / 中级工:

(1) 取得本职业或相关职业五级 / 初级工职业资格证书(技能等级证书)后,累计从事本职业或相关职业工作 4 年(含)以上。

(2) 累计从事本职业或相关职业工作 6 年(含)以上。

(3) 取得技工学校本专业或相关专业毕业证书(含尚未取得毕业证书的在校应届毕业生);或取得经评估论证、以中级技能为培养目标的中等及以上职业学校本专业或相关专业毕业证书(含尚未取得毕业证书的在校应届毕业生)。

具备以下条件之一者,可申报三级 / 高级工:

(1) 取得本职业或相关职业四级 / 中级工职业资格证书(技能等级证书)后,累计从事本职业或相关职业工作 5 年(含)以上。

(2)取得本职业或相关职业四级 / 中级工职业资格证书(技能等级证书),并具有高级技工学校、技师学院毕业证书(含尚未取得毕业证书的在校应届毕业生);或取得本职业或相关职业四级 / 中级工职业资格证书(技能等级证书),并具有经评估论证、以高级技能为培养目标的高等职业学校本专业或相关专业毕业证书(含尚未取得毕业证书的在校应届毕业生)。

(3)具有大专及以上本专业或相关专业毕业证书,并取得本职业或相关职业四级 / 中级工职业资格证书(技能等级证书)后,累计从事本职业或相关职业工作 2 年(含)以上。

具备以下条件之一者,可申报二级 / 技师:

(1)取得本职业或相关职业三级 / 高级工职业资格证书(技能等级证书)后,累计从事本职业或相关职业工作 4 年(含)以上。

(2)取得本职业或相关职业三级 / 高级工职业资格证书(技能等级证书)的高级技工学校、技师学院毕业生,累计从事本职业或相关职业工作 3 年(含)以上;或取得本职业或相关职业预备技师证书的技师学院毕业生,累计从事本职业或相关职业工作 2 年(含)以上。

具备以下条件者,可申报一级 / 高级技师:

取得本职业或相关职业二级 / 技师职业资格证书(技能等级证书)后,累计从事本职业或相关职业工作 4 年(含)以上。

1.8.2 鉴定方式

分为理论知识考试、技能考核以及综合评审。理论知识考试以笔试、机考等方式为主,主要考核从业人员从事本职业应掌握的基本要求和相关知识要求;技能考核主要采用现场操作、模拟操作等方式进行,主要考核从业人员从事本职业应具备的技能水平;综合评审主要针对技师和高级技师,通常采取审阅申报材料、答辩等方式进行全面评议和审查。

理论知识考试、技能考核和综合评审均实行百分制,成绩皆达 60 分(含)以上者为合格。职业标准中标注“★”的为涉及安全生产或操作的关键技能,如考生在技能考核中违反操作规程或未达到该技能要求的,则技能考核成绩为不合格。

1.8.3 监考人员、考评人员与考生配比

理论知识考试中的监考人员与考生配比不低于 1 ∶ 15,且每个考场不少于 2 名监考人员;技能考核中的考评人员与考生配比不低于 1 ∶ 5,且考评人员为 3 人(含)以上单数;综合评审委员为 3 人(含)以上单数。

1.8.4 鉴定时间 理论知识考试时间不少于 90 min;技能考核时间:五级 / 初级工、四级 / 中级工不少于 45 min,三级 / 高级工不少于 60 min,二级 / 技师、一级 / 高级技师不少于 90 min;综合评审时间不少于 45 min。

1.8.5 鉴定场所设备 理论知识考试在标准教室进行;技能考核应在工作现场进行,并配备符合相应等级考核的设备、工具和家畜等。

2. 基本要求

2.1 职业道德

2.1.1 职业道德基本知识

2.1.2 职业守则

(1)遵纪守法,服务生产。

(2)诚实守信,奉献社会。

(3)尊重科学，科教兴农。

(4)爱岗敬业，精益求精。

2.2　基础知识

2.2.1　专业基础知识

(1)家畜生殖器官解剖知识。

(2)家畜生殖激素知识。

(3)家畜生殖生理知识。

(4)家畜繁殖技术知识。

(5)家畜繁殖力评价与繁殖管理知识。

(6)家畜遗传与育种基础知识。

(7)家畜营养与饲料和饲养基本基础知识。

(8)家畜环境卫生与健康基本基础知识。

2.2.2　相关法律、法规知识

(1)《中华人民共和国劳动法》相关知识。

(2)《中华人民共和国畜牧法》相关知识。

(3)《家畜遗传材料生产许可办法》相关知识。

3. 工作要求

本标准对五级/初级工、四级/中级工、三级/高级工、二级/技师、一级/高级技师的技能要求和相关知识要求依次递进，高级别涵盖低级别的要求。

3.1　五级/初级工

职业功能	工作内容	技能要求	相关知识要求
1. 种畜饲养管理	1.1　种畜饲养	1.1.1　能识别家畜品种 1.1.2　能饲喂种畜	1.1.1　家畜品种知识 1.1.2　种畜饲喂方法
	1.2　种畜管理	1.2.1　能完成畜舍的消毒 1.2.2　能实施安全防护 1.2.3　能记录繁殖情况	1.2.1　常用消毒药品的种类和使用方法 1.2.2　畜场(舍)消毒基本要求 1.2.3　家畜繁殖性能主要指标 1.2.4　常用安全保护知识
2. 发情鉴定与发情控制	2.1　适配年龄确定	2.1.1　能确定家畜的适配年龄 2.1.2　能确定家畜的初配要求	2.1.1　家畜的生殖机能发育相关知识 2.1.2　家畜初配年龄、生长发育要求
	2.2　发情鉴定	2.2.1　能用外部观察法鉴定母畜是否发情 2.2.2　能用试情法鉴定母畜是否发情	2.2.1　母畜发情的外部表现基本知识与常用发情观察方法 2.2.2　试情相关知识
3. 配种	3.1　自然交配	3.1.1　能确定自然交配的适宜时间 3.1.2　能进行人工辅助自然交配	3.1.1　人工辅助自然交配的方式 3.1.2　适配期母畜发情特征
	3.2　人工授精	3.2.1　能进行输精前准备 3.2.2　能完成配种母畜的保定	3.2.1　输精主要设备的相关知识 3.2.2　家畜的安全保定知识

3.2 四级 / 中级工

职业功能	工作内容	技能要求	相关知识要求
1. 种畜饲养管理	1.1 种畜饲养	1.1.1 能饲喂初生仔畜 1.1.2 能护理初生仔畜	1.1.1 仔畜护理的相关知识 1.1.2 初乳的相关知识
	1.2 种畜管理	1.2.1 能护理临产前母畜 1.2.2 能护理产后母畜	1.2.1 母畜产前护理基本知识 1.2.2 母畜产后护理基本知识
2. 发情鉴定与发情控制	2.1 发情鉴定	2.1.1 能利用颜色标记法鉴定发情 2.1.2 能采用静立反应法观察发情	2.1.1 颜色标记法发情鉴定相关知识 2.1.2 母畜发情期相关知识
	2.2 发情控制	2.2.1 能进行母畜诱导发情操作 2.2.2 能区分诱导发情药物使用方法	2.2.1 诱导发情相关知识 2.2.2 诱导发情常用激素的基本知识
3. 配种	3.1 精液活力检查	3.1.1 能使用显微镜 3.1.2 能使用显微镜检查精液活力	3.1.1 显微镜的基本知识 3.1.2 精液活力的相关知识
	3.2 人工授精	3.2.1 能解冻冷冻精液 3.2.2 能进行输精操作	3.2.1 冷冻精液解冻方法和技术要求 3.2.2 家畜人工授精技术规程

3.3 三级 / 高级工

职业功能	工作内容	技能要求	相关知识要求
1. 种畜饲养管理	1.1 种畜饲养	1.1.1 能制定种公畜饲养方案 1.1.2 能制定种母畜饲养方案	1.1.1 不同家畜消化器官组成与消化特点 1.1.2 种畜饲料营养与饲料配方相关知识
	1.2 种畜管理	1.2.1 能管理繁殖数据 1.2.2 能进行种畜生产性能测定	1.2.1 种畜种用性能鉴定基础知识 1.2.2 繁育繁殖数据统计的相关知识 1.2.3 生产性能测定技术方法
2. 发情鉴定与发情控制	2.1 发情鉴定	2.1.1 能用直肠检查辨别家畜的子宫与卵巢 2.1.2 能用智能设备鉴定发情	2.1.1 直肠检查相关知识 2.1.2 智能设备基本原理
	2.2 发情控制	2.2.1 能处置常见的功能性繁殖障碍 2.2.2 能制定诱导发情方案	2.2.1 繁殖障碍基本知识 2.2.2 诱导发情的相关知识 2.2.3 发情周期生殖激素分泌特点
3. 配种	3.1 精液品质检查	3.1.1 能采集和稀释精液 3.1.2 能进行精液品质检查	3.1.1 采精相关知识 3.1.2 精液品质检查相关知识 3.1.3 不同家畜的精液产品标准
	3.2 人工授精	3.2.1 能确定最佳输精时间 3.2.2 能进行精液的低温保存 3.2.3 能进行深部输精操作	3.2.1 家畜冷冻精液生产技术规程 3.2.2 家畜人工授精技术规程 3.2.3 深部输精技术方法

续表

职业功能	工作内容	技能要求	相关知识要求
4. 妊娠鉴定与助产	4.1 妊娠鉴定	4.1.1 能用外部观察法进行母畜妊娠检查 4.1.2 能用直肠检查法诊断妊娠	4.1.1 家畜妊娠生理知识 4.1.2 妊娠鉴定知识
	4.2 助产	4.2.1 能判断临产母畜状态 4.2.2 能进行母畜接产与助产	4.2.1 母畜分娩知识 4.2.2 接产与助产基本知识

3.4 二级 / 技师

职业功能	工作内容	技能要求	相关知识要求
1. 种畜饲养管理	1.1 种畜选择	1.1.1 能对种畜进行体型外貌鉴定 1.1.2 能针对种畜特性选种选配	1.1.1 种畜体型外貌鉴定方法 1.1.2 选种选配知识
	1.2 种畜管理	1.2.1 能统计分析繁殖数据 1.2.2 能制订繁殖计划 1.2.3 能解读生产性能测定报告	1.2.1 家畜繁殖能力指标 1.2.2 家畜繁殖管理基本知识 1.2.3 生产性能测定报告主要内容
2. 发情鉴定与发情控制	2.1 发情鉴定	2.1.1 能用直肠检查法鉴定卵泡发育阶段 2.1.2 能用 B 超仪区分正常发育和非正常大卵泡	2.1.1 卵泡不同发育阶段的特点 2.1.2 卵巢囊肿的基本知识
	2.2 发情控制	2.2.1 能制定母畜的同期发情方案 2.2.2 能制定母畜的超数排卵方案	2.2.1 同期发情知识 2.2.2 超数排卵知识
3. 配种	3.1 精液保存	3.1.1 能选择和配制精液稀释液 3.1.2 能依据规范常温保存精液	3.1.1 精液稀释液相关知识 3.1.2 精液常温保存的相关知识
	3.2 人工授精	3.2.1 能组织实施人工授精操作规程 3.2.2 能设计人工授精室（站）	3.2.1 制定人工授精操作规程的相关知识 3.2.2 人工授精室（站）设施设备相关知识
4. 妊娠鉴定与助产	4.1 妊娠鉴定	4.1.1 能用仪器进行母畜早期妊娠鉴定 4.1.2 能判定胎龄	4.1.1 妊娠检测仪器使用方法 4.1.2 胎儿发育变化
	4.2 助产	4.2.1 能组织实施诱导分娩 4.2.2 能判断母畜难产	4.2.1 诱导分娩原理和方法 4.2.2 难产的种类及判断方法
5. 胚胎移植	5.1 供、受体的准备	5.1.1 能进行供、受体选择 5.1.2 能制定超数排卵方案和受体同期发情方案	5.1.1 供、受体选择技术方法 5.1.2 外源激素使用方法
	5.2 胚胎移植	5.2.1 能判别受体功能性黄体 5.2.2 能进行胚胎移植操作	5.2.1 功能性黄体发育过程 5.2.2 家畜胚胎移植技术规程
6. 培训与管理	6.1 培训	6.1.1 能制定培训方案 6.1.2 能对本级以下人员进行培训	6.1.1 培训的方式和方法 6.1.2 常规办公软件应用知识
	6.2 管理	6.2.1 能组织三级 / 高级工及以下级别人员实施技术操作 6.2.2 能对三级 / 高级工及以下级别人员进行技术指导	6.2.1 家畜繁殖关键点控制知识 6.2.2 繁殖生产管理知识

3.5　一级 / 高级技师

职业功能	工作内容	技能要求	相关知识要求
1. 配种	1.1　精液保存	1.1.1　能进行精液冷冻保存 1.1.2　能依据规范制作冷冻精液	1.1.1　冷冻精液保存技术方法 1.1.2　种畜冷冻精液生产与产品相关标准和技术规范
	1.2　人工授精	1.2.1　能制定定时输精方案 1.2.2　能进行性控精液输精	1.2.1　定时输精原理和方法 1.2.2　家畜性别控制知识
2. 妊娠鉴定与助产	2.1　妊娠鉴定	2.1.1　能选择妊娠鉴定方法 2.1.2　能用实验室方法进行母畜早期妊娠鉴定	2.1.1　妊娠鉴定方法的特点 2.1.2　免疫学鉴定方法的原理
	2.2　分娩控制	2.2.1　能制定同期分娩方案 2.2.2　能实施同期分娩	2.2.1　同期分娩原理和方法 2.2.2　流产和早产的相关知识
3. 胚胎移植	3.1　胚胎采集与胚胎质量评定	3.1.1　能采集胚胎 3.1.2　能用形态学方法评定胚胎质量	3.1.1　胚胎采集方法 3.1.2　形态学方法
	3.2　胚胎保存	3.2.1　能在室温和低温保存胚胎 3.2.2　能用慢速冷冻方法冷冻保存胚胎 3.2.3　能解冻冷冻胚胎	3.2.1　胚胎保存相关知识 3.2.2　胚胎冷冻保存相关知识 3.2.3　冷冻胚胎解冻方法
4. 培训与管理	4.1　培训	4.1.1　能编写培训讲义 4.1.2　能收集家畜繁殖新技术	4.1.1　培训讲义编写规则 4.1.2　家畜繁殖新技术
	4.2　管理	4.2.1　能制定繁殖风险控制方案 4.2.2　能解决生产过程中的繁殖疑难问题	4.2.1　繁殖影响因素 4.2.2　繁殖疑难问题处理方法

4　权重表

4.1　理论知识权重表

项目 \ 技能等级		五级 / 初级工（%）	四级 / 中级工（%）	三级 / 高级工（%）	二级 / 技师（%）	一级 / 高级技师（%）
基本要求	职业道德	5	5	5	5	5
	基础知识	25	20	20	15	15
相关知识要求	种畜饲养管理	23	15	20	15	—
	发情鉴定与发情控制	20	30	20	15	—
	配种	27	30	17	15	20
	妊娠鉴定与助产	—	—	18	20	15
	胚胎移植	—	—	—	10	40
	培训与管理	—	—	—	5	5
合计		100	100	100	100	100

4.2　技能要求权重表

项目 \ 技能等级		五级 / 初级工（%）	四级 / 中级工（%）	三级 / 高级工（%）	二级 / 技师（%）	一级 / 高级技师（%）
技能要求	种畜饲养管理	40	20	10	10	—
	发情鉴定与发情控制	40	40	30	20	—
	配种	20	40	30	20	25
	妊娠鉴定与助产	—	—	30	20	30
	胚胎移植	—	—	—	25	40
	培训与管理	—	—	—	5	5
合计		100	100	100	100	100